全国二级造价工程师职业资格考试（广东省）辅导用书

《建设工程计量与计价实务（安装工程）》

通关必刷习题集

霍海娥　王　飞　何继坤　段翠娥　主编

雷春林　主审

《JIANSHE GONGCHENG JILIANG YU JIJIA SHIWU (ANZHUANG GONGCHENG)》

TONGGUAN BISHUA XITIJI

中国计划出版社

北　京

图书在版编目（CIP）数据

《建设工程计量与计价实务（安装工程）》通关必刷习题集 / 霍海娥等主编. -- 北京 : 中国计划出版社, 2022.8
全国二级造价工程师职业资格考试（广东省）辅导用书
ISBN 978-7-5182-1482-2

Ⅰ. ①建… Ⅱ. ①霍… Ⅲ. ①建筑安装－建筑造价管理－资格考试－习题集 Ⅳ. ①TU723.3-44

中国版本图书馆CIP数据核字(2022)第144474号

责任编辑：沈　建　陈　杰　　封面设计：思梵星尚
责任校对：杨奇志　谭佳艺　　责任印制：李　晨　王亚军

中国计划出版社出版发行
网址：www.jhpress.com
地址：北京市西城区木樨地北里甲11号国宏大厦C座3层
邮政编码：100038　电话：（010）63906433（发行部）
北京市科星印刷有限责任公司印刷

787mm×1092mm　1/16　22.25印张　552千字
2022年8月第1版　2022年8月第1次印刷

定价：75.00元

前　言

2017年，人力资源社会保障部发布了《关于公布国家职业资格目录的通知》（人社部发〔2017〕68号），随后住房城乡建设部、交通运输部、水利部、人力资源社会保障部发布了《关于印发〈造价工程师职业资格制度规定〉和〈造价工程师职业资格考试实施办法〉的通知》（建人〔2018〕67号），对我国造价工程师考试制度做出了重大调整，将原造价工程师职业资格考试分为一级造价工程师职业资格考试和二级造价工程师职业资格考试。一级造价工程师职业资格考试全国统一大纲、统一命题、统一组织（纸考），二级造价工程师职业资格考试全国统一大纲，各省、自治区、直辖市自主命题并组织实施（纸考、机考）。

2019年，住房城乡建设部、交通运输部、水利部联合发布了经人力资源社会保障部审定的《全国二级造价工程师职业资格考试大纲》，标志着二级造价工程师职业资格考试正式拉开帷幕。2021年，国务院印发了《关于深化"证照分离"改革 进一步激发市场主体发展活力的通知》（国发〔2021〕7号），进一步强化了市场对造价工程师的职业资格要求。

广东省于2019年开始组织二级造价工程师职业资格考试，于2020年11月进行了首次无纸化考试，并取得了良好的效果。鉴于广大考生平时工作任务繁重，备考时间紧，很难在短期内熟悉考试大纲的要求和掌握考试培训教材内容的现状，我们特聘请了长期从事造价师职业资格考试培训的专家，在剖析考试大纲、准确把握命题规律、全面预测考题动向的基础上，严格按照广东省二级造价工程师职业资格考试指定教材用书、《建设工程工程量清单计价规范》GB 50500—2013、《通用安装工程工程量计算规范》GB 50856—2013、《广东省通用安装工程综合定额（2018）》、《关于贯彻〈通用安装工程工程量计算规范〉（GB 50856—2013）的实施意见》（粤建造发〔2014〕4号）编写了本丛书，旨在帮助考生尽快掌握二级造价工程师考试大纲、最新培训教材及最新考试命题动态，在较短的时间内顺利通过考试，早日拿到职业资格证书持证上岗。

建议考生按照以下顺序和方法进行复习以便顺利通过考试：

（1）全面掌握"本章知识导图"，准确领会本章考试重点，对本章的主要内容及其逻辑关系有充分了解，勾勒出本章清晰轮廓，明确各知识点在整个章节体系中的地位和作用，形成脉络分明的复习主线。

（2）根据每章节的复习主线，认真通过章节练习题进行自测，结合专家解析达到查缺补漏、巩固考点的效果。

（3）通过3套模拟测试卷，考生可深刻把握本科日的重要考点。同时，结合每道题的详细解析，考生能够掌握正确的解题思路和规范的解题步骤。此外，考生还可积累考试经验和掌握应试技巧，达到临场练兵、融会贯通，最终顺利通过考试。

本书紧扣《全国二级造价工程师职业资格考试大纲》和广东省二级造价工程师职业资格考试指定教材，并结合《广东省通用安装工程综合定额（2018）》，紧贴机考，全面覆盖所有知识点，总结归纳考点，突出重点和难点。题型按照《全国二级造价工程师职业资格考试大纲》及广东省二级造价工程师职业资格考试相关要求，力求丰富，难易程度适中，编排按照教材每节知识点的先后顺序排列，便于考生与教材配合同步学习，为考生提供大量练习、对比、掌握和提高的机会。希望本书能帮助考生提高复习效率，快速掌握本科目考试重点，最终顺利通过考试，为从事建设工程造价管理工作打下坚实的基础，从而为我国建设工程造价管理事业做出贡献。

本套丛书是专门针对广东省二级造价工程师职业资格考试的辅导用书，也可作为建设、设计、施工和工程咨询等单位从事工程造价的专业人员用书和高等院校工程造价专业的教学参考用书。

由于时间仓促，书中难免存在疏漏之处，希望广大考生和读者批评指正。如有意见或建议，请发至电子邮箱：3262069255@qq.com，以便再版时修正。

2022 年 6 月

兑换增值服务说明

为了提供更优质、更高效的知识服务，我社为购买正版造价工程师考试用书的读者提供网上视频增值服务，由名师对考试用书的重点、难点内容进行详细讲解，帮助读者掌握理解，提高应试水平。网上增值服务使用方法如下：

1. 计算机用户

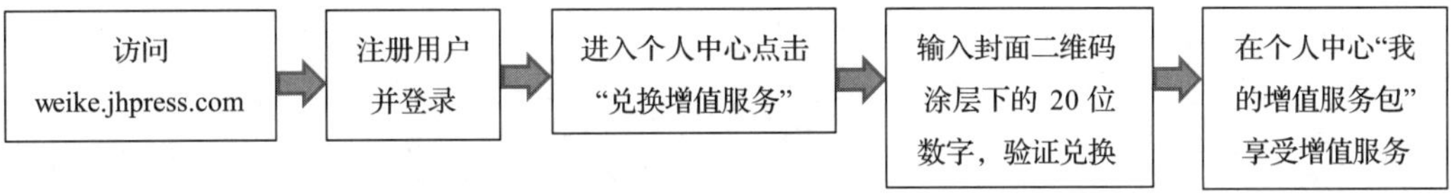

2. 移动端用户

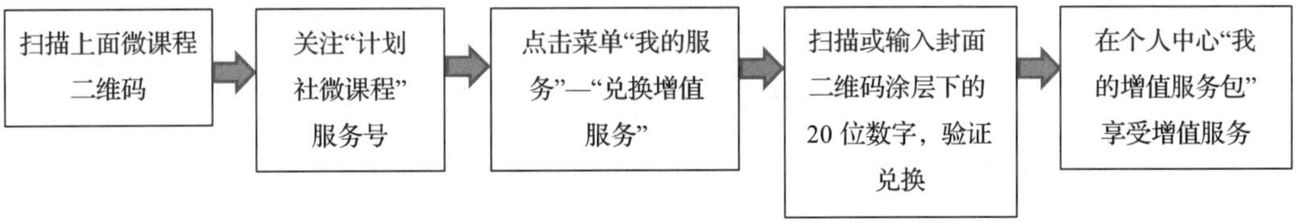

注：增值服务从兑换之日起 12 个月内有效，提供形式为在线观看。如果输入卡号或扫码后无法通过验证，请及时与我社联系。

客服电话：400 670 6390（工作日 9：00—17：00）

网上增值服务如有不完善之处，敬请广大读者提出宝贵意见和建议！

目　　录

第一篇　安装工程专业基础知识

本篇知识导图

第 1 章　安装工程的分类、特点及基本工作内容

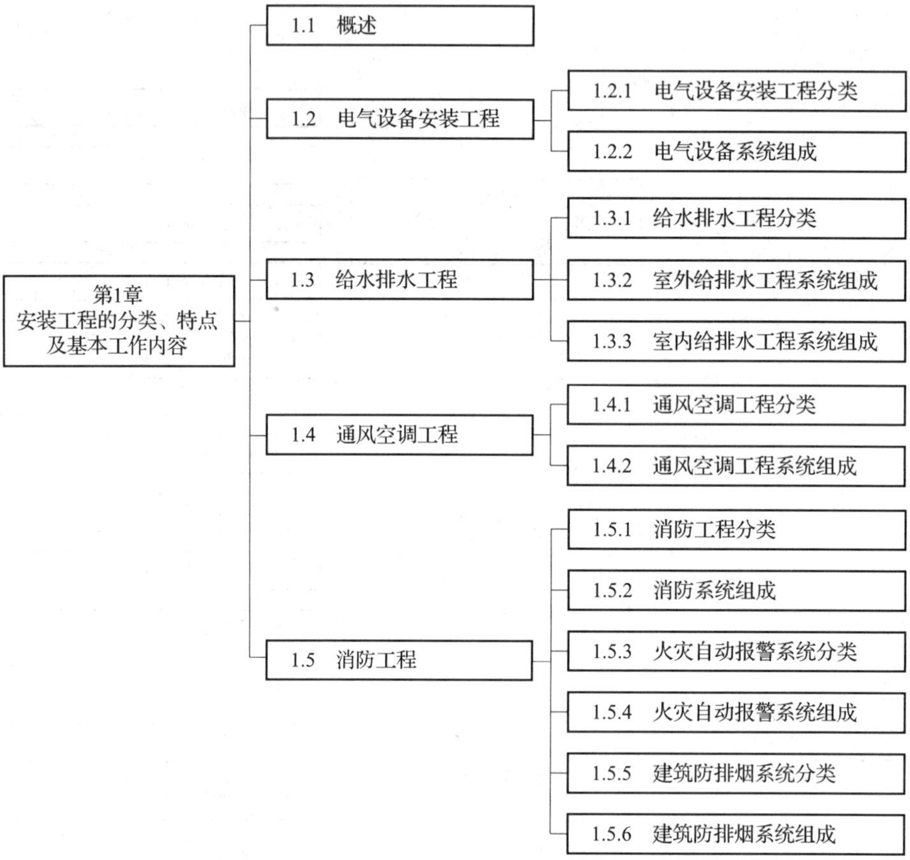

本章知识导图

本章习题精选

一、单项选择题（共 22 题，每题仅有 1 个选项正确）

1. 升高电压是为了在电能的远距离传输中（　　）。

A. 降低电流　　B. 降低损耗　　C. 降低频率　　D. 降低电感

2. 对供电可靠性要求高的负荷或大容量设备应采用（　　）配电系统。

A. 放射式　　B. 树干式　　C. 枝状式　　D. 混合式

3. 在潮湿及有酸碱腐蚀的场所配管应优先采用（　　）。

A. 水、煤气钢管　　B. 电线管　　C. 金属软管　　D. 刚性阻燃管

4. 电线管内导线的总截面（包括外护层）不应超过电线管内截面的（　　）。

A. 30%　　B. 40%　　C. 50%　　D. 60%

5. 线槽内电线或电缆的总截面（包括外护层）不应超过线槽内截面的（　　）。

A. 30%　　B. 40%　　C. 50%　　D. 60%

6. 低压配电系统的接地形式不包括（　　）。

A. TN 系统　　B. TT 系统　　C. IN 系统　　D. IT 系统

7. 适用于室外管网水压周期性不足的给水系统是（　　）。

A. 设水箱的给水方式　　B. 设水泵的给水方式

C. 设水泵和水箱的给水方式　　D. 气压给水方式

8. 室外给水配水管网一般采用埋地铺设，覆土厚度不小于（　　）m。

A. 0.5　　B. 0.7　　C. 0.9　　D. 1.0

9. 建筑通风的目的不包括（　　）。

A. 保证排除室内污染物　　B. 保证室内人员的热舒适

C. 满足室内人员对新鲜空气的需要　　D. 将室内噪声控制在一定范围内

10. 集中式空调为（　　）。

A. 全空气系统　　B. 全水系统　　C. 空气－水系统　　D. 制冷剂式系统

11. 不设新风系统的风机盘管系统为（　　）。

A. 全空气系统　　B. 全水系统　　C. 空气－水系统　　D. 制冷剂式系统

12. 有新风系统的风机盘管系统为（　　）。

A. 全空气系统　　B. 全水系统　　C. 空气－水系统　　D. 制冷剂式系统

13. 一般民用建筑的舒适性空调采用低速空调系统，风管风速不宜大于（　　）m/s。

A. 6　　B. 8　　C. 10　　D. 12

14. 下列（　　）是供应火场消防车用水的供水设备。

A. 地上式消火栓　　B. 地下式消火栓　　C. 低压消火栓　　D. 高压消火栓

15. 某消火栓给水系统适用于室外管网能满足生活、生产和消防的用水量，当用水量最大时，管网压力不能保证最高、最远端消火栓用水要求，当用水量较小时，管网压力较大，可补给水箱满足 10min 的消防用水量。此系统是（　　）。

A. 仅设水箱的室内消火栓给水系统

B. 设消防水泵和水箱的室内消火栓给水系统

C. 区域集中的室内高压消火栓给水系统

D. 分区给水的室内消火栓给水系统

16. 它用于舞台台口处、中庭周边处、自动扶梯和螺旋楼梯穿过楼板的开口周边处等的防火隔断，以及作为建筑物防火分区的防火隔断，这种自动喷水灭火系统是（　　）。

A. 湿式自动喷水灭火系统　　B. 预作用喷水灭火系统

C. 雨淋喷水灭火系统　　D. 水幕系统

17. 在高层建筑中，消火栓栓口的静水压力大于（　　）MPa 时，消火栓给水系统需进行分区供水。

A. 0.6　　B. 0.8　　C. 1.0　　D. 1.2

18. 下列自动喷淋系统中设有火灾探测器的是（　　）。

A. 湿式自动喷水灭火系统　　B. 预作用喷水灭火系统
C. 雨淋喷水灭火系统　　D. 水幕系统
19. 下列属于警报装置的是（　　）。
A. 声光报警器　　B. 火灾报警控制器
C. 火灾模拟显示屏　　D. 数据采集器
20. 不具备自然防排烟条件的楼梯间与前室，防烟设施设置部位为（　　）。
A. 前室　　B. 楼梯间　　C. 合用前室　　D. 楼梯间及前室
21. 加压送风机余压值在楼梯间为（　　）Pa。
A. 40 ~ 50　　B. 30 ~ 40　　C. 25 ~ 30　　D. 20 ~ 25
22. 前室的加压送风口为（　　）。
A. 自垂式百叶风口　　B. 蛋格式风口
C. 常开双层百叶风口　　D. 常闭百叶风口

二、多项选择题（共 15 题，每题选项中有 2 个或 2 个以上正确，至少有 1 个错项）

1. 强电的处理对象是能源（电力），其特点包括（　　）。
A. 电压高　　B. 电流大
C. 功率小　　D. 频率高
E. 电容高
2. 常见电光源中，属于气体放电发光电光源的有（　　）。
A. 卤钨灯　　B. 荧光灯
C. 高压汞灯　　D. 钠灯
E. 白炽灯
3. 低压配电方式有（　　）。
A. 放射式　　B. 枝状式
C. 环状式　　D. 树干式
E. 混合式
4. 防雷接地装置主要由（　　）三部分组成。
A. 接闪器　　B. 引下线
C. 断接卡子　　D. 接地装置
E. 等电位箱
5. 下列属于二类防雷建筑物的有（　　）。
A. 高度超过 50m 的建筑物
B. 国家级重点文物保护建筑物
C. 国际港口客运站
D. 年预计雷击次数大于 0.06 次的省级办公建筑
E. 年预计雷击次数大于或等于 0.06 次，且小于或等于 0.30 次的住宅
6. 下列属于三类防雷建筑物的有（　　）。
A. 19 层及以上的住宅建筑
B. 省级重点文物保护建筑物

C. 国际港口客运站
D. 年预计雷击次数大于 0.06 次的省级办公建筑
E. 年预计雷击次数大于或等于 0.06 次，且小于或等于 0.30 次的办公楼

7. 按通风系统的作用范围，通风工程可分为（　　）。
A. 自然通风　B. 全面通风
C. 局部通风　D. 机械通风
E. 混合通风

8. 按空气处理设备设置的集中程度分类，空调工程可分为（　　）。
A. 集中式空调系统　B. 半集中式空调系统
C. 恒温恒湿空调工程　D. 全分散式空调系统
E. 净化空调工程

9. 下列属于空气处理设备是（　　）。
A. 表面式冷却器　B. 喷水室
C. 消声器　D. 冷水机组
E. 加湿器

10. 下列属于开式自动喷水灭火系统的有（　　）。
A. 湿式自动喷水灭火系统　B. 干式自动喷水灭火系统
C. 雨淋喷水灭火系统　D. 预作用喷水灭火系统
E. 水幕系统

11. 下列属于闭式自动喷水灭火系统的有（　　）。
A. 湿式自动喷水灭火系统　B. 干式自动喷水灭火系统
C. 雨淋喷水灭火系统　D. 预作用喷水灭火系统
E. 水幕系统

12. 室内消火栓的规格有（　　）。
A. *DN*40　B. *DN*50
C. *DN*65　D. *DN*80
E. *DN*100

13. 按应用范围，火灾自动报警系统可分为（　　）。
A. 区域报警系统　B. 集中报警系统
C. 控制中心报警系统　D. 分区报警系统
E. 分散报警系统

14. 加压送风机余压值为 25 ~ 30Pa 的场所有（　　）。
A. 楼梯间　B. 前室
C. 合用前室　D. 走廊
E. 封闭避难层

15. 楼梯间的加压送风口一般采用（　　）。
A. 双层百叶风口　B. 自垂式百叶风口
C. 蛋格式风口　D. 常开百叶风口
E. 孔板式送风口

本章习题解析

一、单项选择题

1.【答案】B

【解析】本题考查的是变配电系统的组成。升高电压是为了在电能的远距离传输中降低损耗。

2.【答案】A

【解析】本题考查的是低压配电系统。放射式的优点是各个负荷独立受电，因而故障范围一般仅限于本回路，线路发生故障需要检修时，也只切断本回路而不影响其他回路；同时回路中电动机启动引起电压的波动，对其他回路的影响也较小。其缺点是所需开关设备和线路较多，因而建设费用较高。因此，放射式配电一般多用于对供电可靠性要求高的负荷或大容量设备。

3.【答案】D

【解析】本题考查的是室内配电线路的敷设。明敷于潮湿场所或埋地敷设的金属管布线，应采用水、煤气钢管（即厚壁钢管）；明敷或暗敷于干燥场所的金属管布线可采用电线管（即薄壁钢管），但不宜用于埋地敷设；硬质塑料管具有较强的耐酸、碱腐蚀性能，且防潮性能良好，可取代部分钢管作导线保护管，并可作明配和暗配用，在潮湿及有酸碱腐蚀的场所应优先采用。目前常用的硬质塑料管多为刚性阻燃管，即刚性 PVC 管（也称难燃线管），多用于一般居住和办公建筑等干燥场所的电气照明工程中作暗敷布线。

4.【答案】B

【解析】本题考查的是室内配电线路的敷设。电线管内导线的总截面（包括外护层）不应超过电线管内截面的 40%。

5.【答案】D

【解析】本题考查的是室内配电线路的敷设。线槽内电线或电缆的总截面（包括外护层）不应超过线槽内截面的 60%，载流导线不宜超过 30 根。

6.【答案】C

【解析】本题考查的是防雷系统的组成。低压配电系统的接地形式有以下三种：TN 系统、TT 系统、IT 系统。

7.【答案】A

【解析】本题考查的是室内给水系统的分类。设水箱的给水方式，适用于室外管网的水压周期性不足时采用。

8.【答案】B

【解析】本题考查的是室外给排水工程系统组成。室外给水配水管网一般采用埋地铺设，覆土厚度不小于 0.7m。

9.【答案】D

【解析】本题考查的是通风空调工程。建筑通风是指建筑物室内污浊的空气直接或净化后排至室外，再把新鲜的空气补充进去，从而保持室内的空气环境符合卫生标准。其目的是①保证排除室内污染物；②保证室内人员的热舒适；③满足室内人员对新鲜空气的需要。

10.【答案】A

【解析】本题考查的是通风空调工程。全空气系统，这种系统空调房间的负荷全部由经过处理的空气来负担。集中式空调即为全空气式空调。

11.【答案】B

【解析】本题考查的是通风空调工程。全水系统，这种系统空调房间的热湿负荷全部依靠水作为冷热媒介来负担。如不设新风系统的风机盘管系统就属于全水式系统。

12.【答案】C

【解析】本题考查的是通风空调工程。空气－水系统，这种系统空调房间的热湿负荷一部分靠空气负担，另一部分由水负担。有新风系统的风机盘管系统和诱导器系统均属此类。

13.【答案】B

【解析】本题考查的是通风空调工程。一般民用建筑的舒适性空调采用低速空调系统，风管风速不宜大于 8m/s。

14.【答案】C

【解析】本题考查的是消防工程分类。低压消火栓设置在室外低压消防给水系统的管网上。是供应火场消防车用水的供水设备。

15.【答案】A

【解析】本题考查的是消防工程分类。有水箱室内消火栓给水系统，常用于低层建筑，且水压变化比较大的城市或居住区，当生活、生产用水量达到最大时，室外管网不能保证室内最不利点消火栓的设计水压和流量，而当生活、生产用水量较小时，室外管网的压力又较大，能向高位水箱补水。因此，常设水箱调节生活、生产用水量，同时储存 10min 的消防用水量。

16.【答案】D

【解析】本题考查的是消防工程分类。水幕系统是一种将水喷洒成水帘状的消防隔火系统。它与自动喷水灭火系统中的雨淋喷水灭火系统，同属于开式消防给水方式，但是，雨淋喷灭火系统是扑灭面上的火灾，而水幕系统只是在线上起到阻止火灾蔓延的作用或是对防火隔断物进行喷水降温，以增强防火隔断物防火、耐火性能。它用于舞台台口处、中庭周边处、自动扶梯和螺旋楼梯穿过楼板的开口周边处等的防火隔断，以及作为建筑物防火分区的防火隔断。

17.【答案】C

【解析】本题考查的是消防工程分类。在高层建筑中，消火栓栓口的静水压力大于 1.0MPa 时，消火栓给水系统需进行分区供水。

18.【答案】B

【解析】本题考查的是自动喷淋灭火系统组成。预作用系统由闭式喷头、管道系统、雨淋阀、火灾探测器、报警控制装置、充气设备、控制组件和供水设施部件组成。

19.【答案】A

【解析】本题考查的是火灾自动报警系统组成。警报装置是在确认火灾后，由报警装置自动或手动向外界通报火灾发生的一种设备，可以是警铃、警笛、高音喇叭等音响设备，警灯、闪光等光指示设备或两者的组合，供疏散人群、向消防队报警等用。

20.【答案】B

【解析】本题考查的是建筑防排烟系统分类。不具备自然防排烟条件的楼梯间与前室，防烟设施设置部位为楼梯间。

21.【答案】A

【解析】本题考查的是建筑防烟系统组成。机械加压送风机的全压，除计算最不利环管压头外，尚有余压，余压值在楼梯间为 40 ~ 50Pa，前室、合用前室、消防电梯间前室、封闭避难层（间）为 25 ~ 30Pa。

22.【答案】C

【解析】本题考查的是建筑防烟系统组成。前室的加压送风口为常开的双层百叶风口，每层均设一个。

二、多项选择题

1.【答案】AB

【解析】本题考查的是电气设备安装工程分类。根据建筑电气工程的功能，电气设备安装工程可分为强电（电力）工程和弱电（信息）工程。强电的处理对象是能源（电力），其特点是电压高、电流大、功率大、频率低；弱电的处理对象主要是信息，即信息的传送与控制，其特点是电压低、电流小、功率小、频率高。

2.【答案】BCD

【解析】本题考查的是照明光源与灯具。电光源按发光原理可分为两大类：一类是热辐射光源，如白炽灯和卤鸽灯；另一类是气体放电光源，如荧光灯、高压汞灯、钠灯、金属卤化物灯、氙灯等。

3.【答案】ADE

【解析】本题考查的是低压配电系统。配电方式有放射式、树干式及混合式等数种。

4.【答案】ABD

【解析】本题考查的是防雷系统组成。防雷接地装置主要由接闪器、引下线和接地装置三部分组成。

5.【答案】BCD

【解析】本题考查的是防雷系统组成。二类防雷建筑物包括：

（1）高度超过 100m 的建筑物等。

（2）国家级重点文物保护建筑物。

（3）国家级的会堂、办公建筑物、档案馆、大型博展建筑物，特大型、大型铁路旅客站，国际性的航空港、通信枢纽，国宾馆、大型旅游建筑，国际港口客运站。

（4）国家级计算中心、国家级通信枢纽等对国民经济有重要意义且装有大量电子设备的建筑物。

（5）年预计雷击次数大于 0.06 次的部、省级办公建筑及其他重要或人员密集的公共建筑物。

（6）年预计雷击次数大于 0.30 次的住宅、办公楼等一般民用建筑物。

6.【答案】ABE

【解析】本题考查的是防雷系统组成。三类防雷建筑物包括：

（1）省级重点文物保护建筑物及省级档案馆。

（2）省级及以上大型计算中心和装有重要电子设备的建筑物。

（3）19 层及以上的住宅建筑和高度超过 50m 的其他民用建筑物。

（4）年预计雷击次数大于 0.012 次，且小于或等于 0.06 次的部、省级办公建筑及其他重要或人员密集的公共建筑物。

（5）年预计雷击次数大于或等于 0.06 次，且小于或等于 0.30 次的住宅、办公楼等一般民用建筑物。

（6）建筑群中最高或位于建筑群边缘高度超过 20m 的建筑物。

（7）通过调查确认当地遭受过雷击灾害的类似建筑物，历史上雷害事故严重地区或雷害事故较多地区的较重要建筑物。

（8）在平均雷暴日大于 15d/a 的地区，高度在 15m 及以上的烟囱、水塔等孤立的高耸构筑物；在平均雷暴日小于或等于 15d/a 的地区，高度在 20m 及以上的烟囱、水塔孤立的高耸构筑物。

7.【答案】BCE

【解析】本题考查的是通风空调工程。按通风系统的作用范围分类，通风工程可分为：全面通风、局部通风、混合通风。

8.【答案】ABD

【解析】本题考查的是通风空调工程。按空气处理设备设置的集中程度分类，空调工程可分为：集中式空调系统、半集中式空调系统、全分散式空调系统。

9.【答案】ABE

【解析】本题考查的是空调系统的组成。空气处理设备是对空气进行热湿处理和净化处理的主要设备，有表面式冷却器、喷水室、加热器、加湿器等。

10.【答案】CE

【解析】本题考查的是消防工程。雨淋喷水灭火系统所装备灭火喷头都是开式的；水幕系统是一种将水喷洒成水帘状的消防隔火系统，它与自动喷水灭火系统中的雨淋喷水灭火系统，同属于开式消防给水方式。

11.【答案】ABD

【解析】本题考查的是消防工程。雨淋喷水灭火系统所装备灭火喷头都是开式的；水幕系统是一种将水喷洒成水帘状的消防隔火系统，它与自动喷水灭火系统中的雨淋喷水灭火系统，同属于开式消防给水方式。

12.【答案】BC

【解析】本题考查的是消火栓灭火系统组成。消火栓是具有内扣式接口的球形阀式龙头，一端与消防管相连，另一端与水龙带相连，直径有 50mm、65mm 两种。

13.【答案】ABC

【解析】本题考查的是火灾自动报警系统分类。按火灾自动报警系统的应用范围分为：区域报警系统、集中报警系统、控制中心报警系统三类。

14.【答案】BCE

【解析】本题考查的是建筑防烟系统组成。机械加压送风机的全压，除计算最不利环管压头外，尚有余压，余压值在楼梯间为 40 ~ 50Pa，前室、合用前室、消防电梯间前室、封闭避难层（间）为 25 ~ 30Pa。

15.【答案】BD

【解析】本题考查的是建筑防烟系统组成。楼梯间的加压送风口一般采用自垂式百叶风口或常开的百叶风口。

第2章　安装工程常用材料的分类、基本性能及用途

本章知识导图

本章习题精选

一、单项选择题（共 52 题，每题仅有 1 个选项正确）

1. 槽钢 100×48×5.3 的含义正确的是（ ）。

A. 表示腰高为 100mm，腿宽为 48mm，腰厚为 5.3mm 的槽钢

B. 表示腰高为 48mm，腿宽为 100mm，腰厚为 5.3mm 的槽钢

C. 表示腰高为 100mm，腿宽为 5.3mm，腰厚为 48mm 的槽钢

D. 表示腰高为 48mm，腿宽为 5.3mm，腰厚为 100mm 的槽钢

2. 大量用于制造电线、电缆、电刷的是（ ）。

A. 白铜　　B. 黄铜　　C. 青铜　　D. 紫铜

3. 涂料由主要成膜物质、次要成膜物质和辅助成膜物质组成。下列材料属于辅助成膜物质的是（ ）。

A. 合成树脂　　B. 着色颜料　　C. 体质颜料　　D. 表面活性剂

4. 某种涂料具有耐盐、耐酸、耐各种溶剂等优点，且施工方便、造价低，广泛用于石油、化工、冶金行业的管道、容器、设备及混凝土构筑物表面等防腐领域，这种涂料为（ ）。

A. 过氯乙烯漆　　B. 沥青漆　　C. 聚氨酯漆　　D. 呋喃树脂漆

5. 具有良好的机械强度、抗紫外线、抗老化和抗阳极剥离等性能，广泛用于天然气和石油输配管线、市政管网、油罐、桥梁等防腐工程的涂料为（ ）。

A. 三聚乙烯涂料　　B. 环氧煤沥青涂料

C. 聚氨酯涂料　　D. 漆酚树脂涂料

6. 酚醛树脂漆、过氯乙烯漆及呋喃树脂漆在使用中，其共同的特点为（ ）。

A. 耐有机溶剂介质的腐蚀　　B. 具有良好耐碱性

C. 既耐酸又耐碱腐蚀　　D. 与金属附着力差

7. 耐寒性很好，具有杰出的防污和耐候性的涂料为（ ）。

A. 三聚乙烯涂料　　B. 氟 -46 涂料

C. 聚氨酯涂料　　D. 漆酚树脂涂料

8. 施工简单，价格便宜，具有良好的耐水性、耐油性、耐溶剂性及耐干湿交替的盐雾，适用于海水、清水、海洋大气、工业大气和油类等介质的涂料为（ ）。

A. 三聚乙烯涂料　　B. 氟 -46 涂料

C. 无机富锌漆　　D. 漆酚树脂涂料

9.（ ）在常温下能耐氧化氮、二氧化硫、三氧化硫、氨气、酸雾、氯气、低浓度的无机盐和浓度 40% 以下的碱、海水、土壤、盐类溶液以及酸性气体等介质腐蚀，但不耐油类、醇类、脂类、烃类等有机溶剂和强氧化剂等介质的腐蚀。

A. 生漆　　B. 酚醛树脂漆　　C. 沥青漆　　D. 环氧树脂漆

10. 大档距架空线路敷设宜采用（ ）。

A. 铜绞线　　B. 铝绞线　　C. 钢芯铜绞线　　D. 钢芯铝绞线

11. BVV 的意思是（ ）。

A. 铜芯塑料绝缘导线　　B. 铜芯塑料绝缘塑料护套电力电缆

C. 铜芯塑料绝缘软导线　　D. 铜芯塑料护套导线

12. RVB 表示的是（　　）。

A. 铜芯塑料绝缘导线　　B. 铜芯塑料护套导线

C. 铜芯塑料绝缘软导线　　D. 铜芯塑料绝缘平型软导线

13. 电缆外护层代号第一个数字 2 的含义是（　　）。

A. 钢带　　B. 双钢带　　C. 细圆钢丝　　D. 粗圆钢丝

14. 电缆型号为 $YJLV_{22}$–3×120 表示（　　）。

A. 铜芯、聚乙烯绝缘、聚氯乙烯护套、双钢带铠装、三芯截面为 120mm^2 的电力电缆

B. 铜芯、交联聚乙烯绝缘、聚氯乙烯护套、钢带铠装、三芯截面为 120mm^2 的电力电缆

C. 铝芯、聚乙烯绝缘、聚氯乙烯护套、双钢带铠装、三芯截面为 120mm^2 的电力电缆

D. 铝芯、交联聚乙烯绝缘、聚氯乙烯护套、双钢带铠装、三芯截面为 120mm^2 的电力电缆

15. 电缆型号为 $ZRVV_{22}$–3×25+1×16 表示（　　）。

A. 铜芯、聚氯乙烯绝缘和护套、双钢带铠装、三芯 25mm^2、一芯 16mm^2 阻燃电力电缆

B. 铜芯、聚乙烯绝缘和护套、钢带铠装、三芯 25mm^2、一芯 16mm^2 耐火电力电缆

C. 铜芯、聚氯乙烯绝缘和护套、钢带铠装、三芯 25mm^2、一芯 16mm^2 耐火电力电缆

D. 铜芯、聚乙烯绝缘和护套、双钢带铠装、三芯 25mm^2、一芯 16mm^2 阻燃电力电缆

16. 在实际建筑工程中，一般优先选用的电缆为（　　）。

A. 聚乙烯绝缘电缆　　B. 聚氯乙烯绝缘电缆

C. 交联聚乙烯电缆　　D. 不滴油纸绝缘电缆

17. 工程中直埋电缆必须选用（　　）。

A. 铠装电缆　　B. 普通油浸纸绝缘电缆

C. 不滴油纸绝缘电缆　　D. 交联聚乙烯电缆

18. 1kV 以下埋地电缆，采用（　　）。

A. YJV　　B. BLX　　C. VV　　D. VV_{22}

19. 聚氯乙烯绝缘聚氯乙烯护套电力电缆长期工作温度不超过 70℃，电缆导体的最高温度不超过 160℃，短路最长持续时间不超过 5s，施工敷设最低温度不得低于 0℃，最小弯曲半径不小于电缆直径的（　　）倍。

A. 5　　B. 10　　C. 15　　D. 20

20. 可以在竖井、水中、有落差的地方敷设，且能承受外力的电力电缆型号为（　　）。

A. $YJLV_{12}$　　B. $YJLV_{22}$　　C. $YJLV_{23}$　　D. $YJLV_{32}$

21. 若需沿竖井和水中敷设电力电缆，应选用（　　）。

A. 交联聚乙烯绝缘聚氯乙烯护套细钢丝铠装电力电缆

B. 交联聚乙烯绝缘聚氯乙烯护套双钢带铠装电力电缆

C. 交联聚乙烯绝缘聚乙烯护套双钢带铠装电力电缆

D. 交联聚乙烯绝缘聚乙烯护套电力电缆

22. 若需要在某一高层建筑竖井中敷设电力电缆，此时应选用的电力电缆名称为（　　）。

A. 交联聚乙烯绝缘聚乙烯护套电力电缆

B. 交联聚乙烯绝缘聚乙烯护套钢带铠装电力电缆

C. 交联聚乙烯绝缘聚氯乙烯护套双钢带铠装电力电缆

D. 交联聚乙烯绝缘聚氯乙烯护套细钢丝铠装电力电缆

23. 交联聚乙烯绝缘电力电缆在竖井、水中、有落差的地方及承受外力情况下敷设时，应选用的电缆型号为（　　）。

A. VLV　　B. YJV_{22}　　C. YJV_{32}　　D. VLV_{22}

24. 下列属于控制电缆的是（　　）。

A. VLV　　B. YJV　　C. KVV　　D. SYV

25. 一般用于安全防火要求较高场合的变压器是（　　）。

A. 强迫油循环风冷变压器　　B. 浇注干式变压器

C. 强迫油循环水冷变压器　　D. 油浸自冷变压器

26. 具有简单的灭弧装置，能通断一定的负荷电流和过负荷电流，但不能断开短路电流的高压变配电设备是（　　）。

A. 高压负荷开关　　B. 高压隔离开关

C. 真空断路器　　D. SF6 断路器

27. 10kV 及以下变配电室经常设有高压负荷开关，其特点为（　　）。

A. 能够断开短路电流　　B. 能够切断工作电流

C. 没有明显的断开间隙　　D. 没有灭弧装置

28. 具有明显的断开间隙和简单的灭弧装置，能通断一定的负荷电流和过负荷电流，但不能断开短路电流。该电气设备是（　　）。

A. 高压断路器　　B. 高压负荷开关

C. 高压隔离开关　　D. 高压熔断器

29. 应用最多的低压断路器是（　　）。

A. 油浸式　　B. 真空式　　C. 空气式　　D. 封闭式

30. 暗配电线管路垂直敷设中，导线截面为 120～240mm^2 时，装设接线盒或拉线盒的距离为（　　）m。

A. 18　　B. 20　　C. 25　　D. 30

31. 以下母线槽防潮效果最好的是（　　）。

A. 空气式插接母线槽　　B. 密集绝缘插接母线槽

C. 高强度封闭式母线槽　　D. 真空式插接母线槽

32.（　　）结构简单、严密性较高、制造和维修方便，但流体经过时要转弯改变流向，因此水流阻力较大，安装时要注意流体低进高出，方向不能装反。

A. 闸阀　　B. 球阀　　C. 止回阀　　D. 截止阀

33.（　　）有严格的方向性，只允许管路中的介质单向流动，反方向流动则自动关闭。

A. 蝶阀　　B. 球阀　　C. 止回阀　　D. 截止阀

34.（　　）只需要用旋转 90°的操作和很小的转动力矩就能开启和关闭严密。

A. 蝶阀　　B. 球阀　　C. 止回阀　　D. 截止阀

35.（　　）的作用是排除凝结水，同时防止蒸汽漏失。

A. 疏水阀　　B. 球阀　　C. 止回阀　　D. 截止阀

36.（　　）的优点是结构尺寸小，占据空间小，安装简便，补偿能力大。

A. 方形补偿器　　B. 套筒式补偿器

C. 波形补偿器　　D. L 形补偿器

37.（　　）的补偿能力小，工作压力低，通常用于大直径、低压力的煤气、空气等介质的管道上。

A. 方形补偿器　　B. 套筒式补偿器

C. 波形补偿器　　D. L 形补偿器

38.（　　）尺寸较大，占地面积大，尤其在不可通行地沟中较多采用。

A. 方形补偿器　　B. 套筒式补偿器

C. 波形补偿器　　D. L 形补偿器

39. 住宅或共建中洗手盆的安装高度为（　　）mm。

A. 510　　B. 600　　C. 800　　D. 900

40. 关于给水设备，说法正确的有（　　）。

A. 储水池一般设置在屋顶

B. 水箱设置的高度应使最高水位的标高满足最不利配水点或消火栓的流出水头要求

C. 在建筑给水系统中一般采用轴流泵

D. 水泵的扬程应满足最不利处的配水点或消火栓所需的水压

41. 将卫生器具或其他设备流来的污水排到立管中去的是（　　）。

A. 器具排水管　　B. 排水横支管

C. 排水立管　　D. 排出管

42.（　　）加工性能好、耐腐蚀。摩擦时不易产生火花，常用于通风工程的防爆系统。

A. 镀锌薄钢板　　B. 不锈钢板

C. 塑料复合钢板　　D. 铝及铝合金板

43. 常用于防尘要求较高的空调系统和 −10 ~ 70℃温度下耐腐蚀系统的风管板材是（　　）。

A. 镀锌薄钢板　　B. 铝及铝合金板

C. 不锈钢板　　D. 塑料复合钢板

44. 在高档商用建筑中，常选用（　　）百叶风口。

A. 碳钢　　B. 不锈钢　　C. 铝合金　　D. 塑料

45. 防火阀制作所需钢板厚度不得小于（　　）mm。

A. 1　　B. 2　　C. 3　　D. 4

46. 多安装在大截面风管上的风阀是（　　）。

A. 三通调节阀　　B. 多叶调节阀

C. 蝶阀　　D. 防火阀

47.（　　）适用于除尘系统及非腐蚀性有毒系统。

A. 伞形风帽　　B. 筒形风帽　　C. 锥形风帽　　D. 矩形风帽

48. 机械设备按使用范围可分为通用机械设备和专用机械设备，下列设备中属于专用机械设备的是（　　）。

A. 泵　　B. 锻压设备

C. 污水处理设备　　D. 压缩机

49. 易损件少，故障率低，寿命长；圆周运动平稳，低负荷运转时无“喘振”现象，噪声低，振动小；调节方便，可在 10%～100% 范围内无级调节，该冷水机组为（　　）。

A. 活塞式冷水机组　　B. 螺杆式冷水机组

C. 离心式冷水机组　　D. 冷风机组

50. 具有易损件少，工作可靠，结构紧凑，运转平稳，振动小，噪声低等优点，但在低负荷时会出现“喘振”现象，该制冷装置为（　　）。

A. 活塞式冷水机组　　B. 螺杆式冷水机组

C. 离心式冷水机组　　D. 冷风机组

51. 主要用于双动作消防联动设备的控制，同时可接收联动设备动作后的回答信号，该模块是（　　）。

A. 输入模块　　B. 输入输出模块

C. 中继模块　　D. 隔离模块

52. 下列线路可以穿在同一线管或线槽的同一槽孔内的是（　　）。

A. 照明花灯的导线　　B. 不同回路

C. 不同电压等级　　D. 不同电流类别

二、多项选择题（共 37 题，每题选项中有 2 个或 2 个以上正确，至少有 1 个错项）

1. 下列属于铝及铝合金特性的有（　　）。

A. 密度小　　B. 可通过冷处理强化

C. 耐腐蚀　　D. 冲击产生火花

E. 耐核辐射

2. 下列属于铸造铝合金的有（　　）。

A. 工业纯铝　　B. 铝硅系合金

C. 铝镁合金　　D. 铝铜合金

E. 热处理可强化的铝合金

3. 在安装工程中，常用的防腐材料主要有（　　）等。

A. 无机板材　　B. 各种防腐涂料

C. 玻璃钢　　D. 橡胶

E. 有机板材

4. 关于防锈漆和底漆，说法正确的是（　　）。

A. 底漆对物体表面具有较强的附着力

B. 防锈漆对物体表面具有较强的附着力

C. 防锈漆偏重于满足耐水、耐碱性能要求

D. 防锈漆可以打磨

E. 底漆可以打磨

5. 安装工程防腐蚀施工时，不能直接涂覆在金属表面的涂料有（　　）。
A. 聚氨基甲酸酯漆　　B. 过氯乙烯漆
C. 呋喃树脂漆　　D. 酚醛树脂漆
E. 环氧煤沥青
6. 聚氨酯漆是一种新型涂料，广泛用于石化、矿山、冶金等行业的管道、容器、设备及混凝土构筑物表面等防腐领域，其具有的特点包括（　　）。
A. 耐酸、耐盐　　B. 耐各种稀释剂
C. 施工方便　　D. 造价较高
E. 有毒
7. 聚氨酯漆是一种新型涂料，其主要性能有（　　）。
A. 能够耐盐、耐酸腐蚀　　B. 能够耐各种稀释剂
C. 可用于混凝土构筑物表面的涂覆　　D. 施工方便、无毒
E. 造价高
8. 环氧树脂涂料的特点有（　　）。
A. 良好的耐腐蚀性，但耐碱性差
B. 漆膜有良好的弹性与硬度，但收缩率较大
C. 若加入适量的呋喃树脂改性，可提高使用温度
D. 热固型环氧树脂涂料的耐温性和耐腐蚀性均比冷固型环氧树脂涂料好
E. 与金属有极好的附着力
9. 环氧树脂涂料与生漆的共同点有（　　）。
A. 耐碱性　　B. 耐磨性
C. 附着力强　　D. 无毒
E. 耐土壤腐蚀
10. 绝缘导线按工作类型可分为（　　）。
A. 非屏蔽型　　B. 普通型
C. 防火阻燃型　　D. 矿物质型
E. 补偿型
11. 关于电力电缆和控制电缆的说法，正确的有（　　）。
A. 电力电缆通常线径较粗，控制电缆截面一般不超过 $10mm^2$
B. 电力电缆和控制电缆均分为有铠装和无铠装
C. 电力电缆和控制电缆均有铜芯和铝芯
D. 电力电缆芯数少（一般少于 5 芯），控制电缆一般芯数多
E. 电力电缆绝缘层薄，控制电缆绝缘层相对要厚
12. 安全防火要求较高的场合宜采用的变压器形式有（　　）。
A. 浇注式　　B. 油浸自冷式
C. 油浸风冷式　　D. 充气式（SF6）
E. 强迫油循环水冷式
13. 关于变配电设备说法正确的是（　　）。
A. 高压负荷开关具有简单的灭弧装置，能通断一定的负荷电流和短路电流

B. 高压熔断器主要功能是对电路及其设备进行短路和过负荷保护
C. 高压隔离开关没有明显可见的断开间隙
D. 高压断路器不仅能通断正常负荷电流，而且能接通和承受一定时间的短路电流
E. 高压负荷开关是对电路及其设备进行短路和过负荷保护

14. 关于高压断路器，说法正确的是（　　）。
A. 能通断正常负荷电流　B. 能通断过负荷电流
C. 能接通和承受一定时间的短路电流　D. 有明显可见的断开间隙
E. 有灭弧装置

15. 关于高压负荷开关，说法正确的是（　　）。
A. 能通断正常负荷电流　B. 能通断过负荷电流
C. 能接通和承受一定时间的短路电流　D. 有明显可见的断开间隙
E. 没有灭弧装置

16. 低压断路器按灭弧介质分为（　　）。
A. 油浸式　B. 真空式
C. 空气式　D. 封闭式
E. 浇注式

17. 电缆线路的特点有（　　）。
A. 运行维护费用较低　B. 一次性投资费用较低
C. 易对周边环境造成电磁干扰　D. 维修方便
E. 可靠性比较高

18. 架空线路的特点有（　　）。
A. 运行维护费用较低　B. 一次性投资费用较低
C. 易对周边环境造成电磁干扰　D. 维修方便
E. 可靠性比较高

19. 配线保护管遇到下列情况之一时，应增设管路接线盒和拉线盒（　　）。
A. 管长度每超过 30m，无弯曲　B. 管长度每超过 20m，有 1 个弯曲
C. 管长度每超过 20m，有 2 个弯曲　D. 管长度每超过 8m，有 2 个弯曲
E. 管长度每超过 8m，有 3 个弯曲

20. 垂直敷设的电线保护管遇到下列情况之一时，应增设固定导线用的拉线盒（　　）。
A. 管内导线截面为 $50mm^2$ 及以下，长度每超过 30m
B. 管内导线截面为 $50mm^2$ 及以下，长度每超过 20m
C. 管内导线截面为 $70 \sim 95mm^2$，长度每超过 20m
D. 管内导线截面为 $120 \sim 240mm^2$，长度每超过 18m
E. 管内导线截面为 $120 \sim 240mm^2$，长度每超过 15m

21. 下列管材中，用公称直径表示的有（　　）。
A. 无缝钢管　B. 水煤气输送钢管
C. 螺旋缝电焊钢管　D. 不锈钢管
E. 铸铁管

22. 下列管材中，用外径 × 壁厚表示的有（　　）。

A. 无缝钢管　　B. 水煤气输送钢管
C. 螺旋缝电焊钢管　　D. 不锈钢管
E. 铸铁管

23. 常用的螺纹连接管件有（　　）。
A. 管堵头　　B. 冲压无缝弯头
C. 大小头　　D. 三通
E. 活接头

24. 下列管件属于管路延长连接用的有（　　）。
A. 管堵头　　B. 管箍
C. 大小头　　D. 三通
E. 活接头

25. 关于 J944T–16 阀门的表示方法，说法正确的是（　　）。
A. 公称压力为 16MPa　　B. 公称压力为 1.6MPa
C. 法兰连接　　D. 内螺纹连接
E. 电动驱动

26. 截止阀的特点包括（　　）。
A. 结构简单，严密性差
B. 改变流体方向，水流阻力大
C. 低进高出，方向不能装反
D. 可以排除凝结水
E. 只需要用旋转 90° 的操作和很小的转动力矩就能开启和关闭严密

27. 止回阀的形式有（　　）。
A. 直通式　　B. 升降式
C. 旋启式　　D. 杠杆式
E. 弹簧式

28. 安全阀的形式有（　　）。
A. 直通式　　B. 升降式
C. 旋启式　　D. 杠杆式
E. 弹簧式

29. 每台水泵的出水管上应装设（　　）。
A. 止回阀　　B. 过滤器
C. 阀门　　D. 压力表
E. 水位计

30. 下列属于清通设备的是（　　）。
A. 透气帽　　B. 伸缩节
C. 检查口　　D. 清扫口
E. 室内检查井

31. 输送含有腐蚀性介质气体的风管法兰垫料可采用（　　）。
A. 橡胶板　　B. 闭孔海绵橡胶板

C. 耐酸橡胶板　　D. 软聚氯乙烯塑料板
E. 石棉板

32. 以通风管制作方法分，连接方式有（　　）。
A. 咬口连接　　B. 有法兰连接
C. 抱箍连接　　D. 铆接
E. 焊接

33. 多叶调节阀的种类有（　　）。
A. 互锁式　　B. 平行式
C. 对开式　　D. 转角式
E. 联动式

34. 通风工程中所用的通风机，按其工作原理可分为（　　）。
A. 离心式通风机　　B. 轴流式通风机
C. 贯流式通风机　　D. 射流式通风机
E. 喷射式通风机

35. 泵的种类很多，按其结构可分为（　　）。
A. 叶片式泵　　B. 容积式泵
C. 真空泵　　D. 离心泵
E. 轴流泵

36. 下列属于叶片式泵的有（　　）。
A. 离心泵　　B. 往复泵
C. 螺旋泵　　D. 旋涡泵
E. 轴流泵

37. 下列属于报警装置的有（　　）。
A. 消防电话　　B. 警笛、警铃
C. 声光报警器　　D. 报警闪灯
E. 消防广播

本章习题解析

一、单项选择题

1.【答案】A

【解析】本题考查的是型钢。槽钢规格以腰高 $h\times$ 腿宽 $b\times$ 腰厚 d 的毫米数表示，如 $100\times48\times5.3$，表示腰高为 100mm，腿宽为 48mm，腰厚为 5.3mm 的槽钢，或称 10# 槽钢。

2.【答案】D

【解析】本题考查的是铜材的种类。紫铜即纯铜，又名红铜，具有很好的导电性和导热性，塑性极好，易于热压和冷压力加工，大量用于制造电线、电缆、电刷、电火花专用蚀电蚀铜等要求导电性良好的产品。

3.【答案】D

【解析】本题考查的是涂料。涂料大体上可分为三部分，即主要成膜物质、次要成膜物质和辅助成膜物质。

（1）主要成膜物质有油料、天然树脂和合成树脂。

（2）次要成膜物质为颜料。

（3）辅助成膜物质：①溶剂；②其他辅助材料。为了提高涂层的性能和满足施工要求，在涂料中还常常添加增塑剂（用来提高漆膜的柔韧性、抗冲击性和克服漆膜硬脆性及易裂的缺点）、触变剂（使涂料在刷涂过程中有较低的黏度，以易于施工）。另外，还有催干剂（加速漆膜的干燥）、表面活性剂、防霉剂、紫外线吸收剂和防污剂等。

4.【答案】C

【解析】本题考查的是涂料。聚氨酯漆是多异氰酸醋化合物和端羟基化合物进行预聚反应而生成的高分子合成材料。它广泛用于石油、化工、矿山、冶金等行业的管道、容器、设备以及混凝土构筑物表面等防腐领域。聚氨醋漆具有耐盐、耐酸、耐各种稀释剂等优点，同时又具有施工方便、无毒、造价低等特点。

5.【答案】A

【解析】本题考查的是涂料。三聚乙烯防腐涂料广泛用于天然气和石油输配管线、市政管网、油罐、桥梁等防腐工程。它主要由聚乙烯、炭黑、改性剂和助剂组成，经熔融混炼造粒而成，具有良好的机械强度、电性能、抗紫外线、抗老化和抗阳极剥离等性能，防腐寿命可达到 20 年以上。

6.【答案】D

【解析】本题考查的是涂料。过氯乙烯漆与金属表面附着力不强，特别是光滑表面和有色金属表面更为突出。呋喃树脂漆必须在酸性固化剂的作用和加热下才能固化，但酸类固化剂对金属（或混凝土）有酸性腐蚀作用，故不宜直接涂覆在金属或混凝土表面上，必须用其他涂料作为底漆。酚醛树脂漆漆膜较脆，温差变化大时易开裂，与金属附着力较差。

7.【答案】B

【解析】本题考查的是涂料。氟 –46 涂料具有优良的耐腐蚀性能，对强酸、强碱及强氧化剂，即使在高温下也不发生任何作用。它的耐热性仅次于聚四氟乙烯涂料，耐寒性很好，具有杰出的防污和耐候性，因此可维持 15 ~ 20 年不用重涂。故特别适用于对耐候性要求很高的桥梁或化工厂设施，在赋予被涂物美观外表的同时，避免基材的锈蚀。

8.【答案】C

【解析】本题考查的是涂料。无机富锌漆施工简单，价格便宜。它具有良好的耐水性、耐油性、耐溶剂性及耐干湿交替的盐雾，适用于海水、清水、海洋大气、工业大气和油类等介质。

9.【答案】C

【解析】本题考查的是涂料。沥青漆由于价格低廉，使用较多。它在常温下能耐氧化氮、二氧化硫、三氧化硫、氨气、酸雾、氯气、低浓度的无机盐和浓度 40% 以下的碱、海水、土壤、盐类溶液以及酸性气体等介质腐蚀，但不耐油类、醇类、脂类、烃类等有机溶剂和强氧化剂等介质腐蚀。

10.【答案】D

【解析】本题考查的是导线。在架空配电线路中，铜绞线因其具有优良的导线性能和较高的机械强度，且耐腐蚀性强，一般应用于电流密度较大或化学腐蚀较严重的地区；铝绞线的导电性能和机械强度不及铜导线，一般应用于档距比较小的架空线路；钢芯铝绞线具有较高的机械强度，导电性能良好，适用于大档距架空线路敷设。

11.【答案】D

【解析】本题考查的是导线。BVV 表示铜芯塑料护套导线。

12.【答案】D

【解析】本题考查的是导线。RVB 表示铜芯塑料绝缘平型软导线。

13.【答案】B

【解析】本题考查的是电力电缆。电缆通用外护层型号数字含义：1—钢带，2—双钢带，3—细圆钢丝，4—粗圆钢丝。

14.【答案】D

【解析】本题考查的是电力电缆。电缆型号为 $YJLV_{22}$–3×120 表示铝芯、交联聚乙烯绝缘、聚氯乙烯护套、双钢带铠装、三芯截面为 $120mm^2$ 的电力电缆。

15.【答案】A

【解析】本题考查的是电力电缆。电缆型号为 $ZRVV_{22}$–3×25+1×16 表示铜芯、聚氯乙烯绝缘和护套、双钢带铠装、三芯 $25mm^2$、一芯 $16mm^2$ 阻燃电力电缆。

16.【答案】C

【解析】本题考查的是电力电缆。在实际建筑工程中，一般优先选用交联聚乙烯电缆，其次用不滴油纸绝缘电缆，最后选用普通油浸纸绝缘电缆。

17.【答案】A

【解析】本题考查的是电力电缆。工程中直埋电缆必须选用铠装电缆。

18.【答案】D

【解析】本题考查的是电力电缆。工程中直埋电缆必须选用铠装电缆，VV_{22} 含义为铜芯、聚氯乙烯绝缘、聚氯乙烯护套、双钢带铠装电力电缆。

19.【答案】B

【解析】本题考查的是电力电缆。聚氯乙烯绝缘聚氯乙烯护套电力电缆长期工作温度不超过 70℃，电缆导体的最高温度不超过 160℃，短路最长持续时间不超过 5s，施工敷设最低温度不得低于 0℃，最小弯曲半径不小于电缆直径的 10 倍。

20.【答案】D

【解析】本题考查的是电力电缆。交联聚乙烯绝缘电力电缆特性见表 1–1。

表 1–1　交联聚乙烯绝缘电力电缆特性

电缆型号		名称	适用范围
铜芯	铝芯		
YJV	YJLV	交联聚乙烯绝缘聚氯乙烯护套电力电缆	室内、隧道、穿管、埋入土内（不承受机械力）
YJY	YJLY	交联聚乙烯绝缘聚乙烯护套电力电缆	
YJV_{22}	$YJLV_{22}$	交联聚乙烯绝缘聚氯乙烯护套双钢带铠装电力电缆	室内、隧道、穿管、埋入土内
YJV_{23}	$YJLV_{23}$		
YJV_{32}	$YJLV_{32}$	交联聚乙烯绝缘聚氯乙烯护套细钢丝铠装电力电缆	竖井、水中、有落差的地方，能承受外力
YJV_{33}	$YJLV_{33}$		

21.【答案】A

【解析】本题考查的是电力电缆。交联聚乙烯绝缘电力电缆特性见表 1–1。

22.【答案】D

【解析】本题考查的是电力电缆。交联聚乙烯绝缘电力电缆特性见表 1–1。

23.【答案】C

【解析】本题考查的是电力电缆。交联聚乙烯绝缘电力电缆特性见表 1–1。

24.【答案】C

【解析】本题考查的是控制电缆。K 表示控制电缆。

25.【答案】B

【解析】本题考查的是变压器。干式变压器的铁芯和绕组都不浸在任何绝缘液体中，而是采用空气对流直接冷却，有开启式、密闭式（也称充气式）、浇注式几种类型。它一般用于安全防火要求较高的场合。

26.【答案】A

【解析】本题考查的是高压配电装置。高压负荷开关具有简单的灭弧装置，专门用在高压装置中通断负荷电流，灭弧能力不高，故不能切断短路电流，它必须和高压熔断器串联使用，靠熔断器切断短路电流。

27.【答案】B

【解析】本题考查的是高压配电装置。高压负荷开关具有简单的灭弧装置，专门用在高压装置中通断负荷电流，灭弧能力不高，故不能切断短路电流，它必须和高压熔断器串联使用，靠熔断器切断短路电流。它的外形与隔离开关很相似，负荷开关也就是隔离开关加上一个简单的灭弧装置，以便能通断负荷电流。

28.【答案】B

【解析】本题考查的是高压配电装置。高压负荷开关具有简单的灭弧装置，专门用在高压装置中通断负荷电流，灭弧能力不高，故不能切断短路电流，它必须和高压熔断器串联使用，靠熔断器切断短路电流。它的外形与隔离开关很相似，负荷开关也就是隔离开关加上一个简单的灭弧装置，以便能通断负荷电流。

29.【答案】C

【解析】本题考查的是低压配电装置。低压断路器按灭弧介质分有油浸式、真空式和空气式，应用最多的是空气式，即自动空气开关。

30.【答案】A

【解析】本题考查的是配管。垂直敷设的电线保护管遇到下列情况之一时，应增设固定导线用的拉线盒：

（1）管内导线截面为 $50mm^2$ 及以下，长度每超过 30m；

（2）管内导线截面为 $70 \sim 95mm^2$，长度每超过 20m；

（3）管内导线截面为 $120 \sim 240mm^2$，长度每超过 18m。

31.【答案】C

【解析】本题考查的是母线。空气式插接母线槽（BMC），由于母线之间接头用铜片软接过渡，在南方天气潮湿，接头之间容易产生氧化，形成接头与母线接触不良，使触头容易发热，故在南方极少使用。密集绝缘插接母线槽（CMC）防潮、散热效果较差。高强度封闭式母线槽（CFW）线间通风良好，使母线槽的防潮和散热功能有明显的提高，比较适应南方气候。

32.【答案】D

【解析】本题考查的是阀门。截止阀结构简单、严密性较高、制造和维修方便，但流体经过截止阀时要转弯改变流向，因此水流阻力较大，安装时要注意流体低进高出，方向不能装反。

33.【答案】C

【解析】本题考查的是阀门。止回阀有严格的方向性，只允许管路中的介质单向流动，反方向流动则自动关闭。

34.【答案】B

【解析】本题考查的是阀门。球阀只需要用旋转 90°的操作和很小的转动力矩就能开启和关闭严密。球阀体积小，动作灵活，阻力损失小。

35.【答案】A

【解析】本题考查的是阀门。疏水阀是在蒸汽管道系统中凝结水管段上装设的专用器具，其作用是排除凝结水，同时防止蒸汽漏失，有的可排除空气。

36.【答案】B

【解析】本题考查的是补偿器。套筒式补偿器的优点是结构尺寸小，占据空间小，安装简便，补偿能力大。

37.【答案】C

【解析】本题考查的是补偿器。波形补偿器的补偿能力小，工作压力低，通常用于大直径、低压力的煤气、空气等介质的管道上。

38.【答案】A

【解析】本题考查的是补偿器。方形补偿器在热力管道中用得很多，尤其是在不可通行地沟中大都采用这种补偿器，因为工作可靠，不必检修，可不设检查井，作用于固定支座上的荷重也较小。但方形补偿器的尺寸较大，故占地面积大。

39.【答案】C

【解析】本题考查的是卫生器具。住宅中洗手盆的安装高度为 800mm。

40.【答案】D

【解析】本题考查的是给水设备。储水池一般多布置在室内地下室。水箱设置的高度应使最低水位的标高满足最不利配水点或消火栓的流出水头要求。在建筑给水系统中一般采用离心泵。水泵的扬程应满足最不利处的配水点或消火栓所需的水压。

41.【答案】B

【解析】本题考查的是排水设施。排水横支管是将卫生器具或其他设备流来的污水排到立管中去。排水立管是连接各排水支管的垂直总管。埋地干管连接各排水立管。排出管将室内污水排到室外第一个检查井。

42.【答案】D

【解析】本题考查的是风管板材。铝及铝合金板加工性能好、耐腐蚀。摩擦时不易产生火花，常用于通风工程的防爆系统。

43.【答案】D

【解析】本题考查的是风管板材。塑料复合钢板常用于防尘要求较高的空调系统

和 –10 ~ 70℃温度下耐腐蚀系统的风管。

44.【答案】C

【解析】本题考查的是通风空调部件。在高档商用建筑中，常选用铝合金百叶风口。

45.【答案】B

【解析】本题考查的是通风空调部件。防火阀制作所需钢板厚度不得小于 2mm。

46.【答案】B

【解析】本题考查的是通风空调部件。多叶调节阀有平行式和对开式两种，多安装在大截面风管上，如空调箱内和总送风（回风）管道上等。

47.【答案】C

【解析】本题考查的是通风空调部件。在排风系统中，使用风帽向室外排出污浊空气。常用风帽有伞形风帽、锥形风帽和筒形风帽三种形式。伞形风帽分圆形和矩形两种，适用于一般机械通风系统；筒形风帽适用于自然通风系统；锥形风帽适用于除尘系统及非腐蚀性有毒系统。

48.【答案】C

【解析】本题考查的是机械设备。机械设备按照其使用范围分为通用机械设备（又称定型设备）和专用机械设备两大类。专用机械设备是指专门用于某个生产方面的专用机械设备，如干燥、过滤、压滤机械设备，污水处理、橡胶、化肥、医药加工机械设备，炼油设备，胶片生产机械设备等。

49.【答案】B

【解析】本题考查的是冷水机组。螺杆式冷水机组的优点：结构简单，运动部件少，易损件少，仅是活塞式的 1/10，故障率低，寿命长；圆周运动平稳，低负荷运转时无“喘振”现象，噪声低，振动小；压缩比可高达 20，EER 值高；调节方便，可在 10% ~ 100% 范围内无级调节，部分负荷时效率高，节电显著。

50.【答案】C

【解析】本题考查的是冷水机组。离心式冷水机组的优点：叶轮转速高，输气量大，单机容量大；易损件少，工作可靠，结构紧凑，运转平稳，振动小，噪声低；单位制冷量重量指标小；制冷剂中不混有润滑油，蒸发器和冷凝器的传热性能好；EER 值高，理论值可达 6.9；调节方便，在 10% ~ 100% 内可无级调节。离心式冷水机组的缺点：单级压缩机在低负荷时会出现“喘振”现象，在满负荷时运转平稳。

51.【答案】B

【解析】本题考查的是消防工程。输入输出模块主要用于双动作消防联动设备的控制，同时可接收联动设备动作后的回答信号。例如，可完成对二步降防火卷帘门、水泵、排烟风机等双动作设备的控制。

52.【答案】A

【解析】本题考查的是消防工程。不同系统、不同电压等级、不同电流类别的线路，不应穿在同一线管或线槽的同一槽孔内。

二、多项选择题

1.【答案】ACE

【解析】本题考查的是铝及铝合金。铝及铝合金的特性：①密度小；②可强化，再经过热处理进一步强化，其强度可与优质的合金钢相媲美；③易加工；④耐腐蚀；⑤导电、导热性好；⑥反射性强；⑦无磁性、冲击不生火花；⑧有吸音性；⑨耐核辐射；⑩美观。

2.【答案】BCD

【解析】本题考查的是铝及铝合金。变形铝合金分为工业纯铝、热处理不可强化的铝合金、热处理可强化的铝合金。铸造铝合金分为铝硅系合金、铝铜合金、铝镁合金、铝锌系合金。

3.【答案】ABCD

【解析】本题考查的是防腐材料。安装工程中常用的防腐材料主要有各种涂料、玻璃钢、橡胶制品、无机板材等。

4.【答案】ACE

【解析】本题考查的是涂料。防锈漆和底漆都能防锈。它们的区别是：底漆的颜料较多，可以打磨，漆料对物体表面具有较强的附着力；而防锈漆其漆料偏重于满足耐水、耐碱等性能的要求。防锈漆一般分为钢铁表面防锈漆和有色金属表面防锈漆两种，底漆不但能增强涂层与金属表面的附着力，而且对防腐蚀也起到一定的作用。

5.【答案】BCD

【解析】本题考查的是涂料。聚氨基甲酸酯（也称聚氨酯）漆具有良好的耐化学腐蚀性、耐油性、耐磨性和附着力，漆膜韧性和电绝缘性均较好。过氯乙烯漆与金属表面附着力不强，特别是光滑表面和有色金属表面更为突出。呋喃树脂漆必须在酸性固化剂的作用和加热下才能固化，但酸类固化剂对金属（或混凝土）有酸性腐蚀作用，故不宜直接涂覆在金属或混凝土表面上，必须用其他涂料作为底漆。酚醛树脂漆漆膜较脆，温差变化大时易开裂，与金属附着力较差。环氧煤沥青广泛用于城市给水管道、煤气管道以及炼油厂、化工厂、污水处理厂等设备、管道的防腐处理。

6.【答案】ABC

【解析】本题考查的是涂料。聚氨酯漆广泛用于石油、化工、矿山、冶金等行业的管道、容器、设备以及混凝土构筑物表面等防腐领域。聚氨酯漆具有耐盐、耐酸、耐各种稀释剂等优点，同时又具有施工方便、无毒、造价低等特点。

7.【答案】ABCD

【解析】本题考查的是涂料。聚氨酯漆广泛用于石油、化工、矿山、冶金等行业的管道、容器、设备以及混凝土构筑物表面等防腐领域。聚氨酯漆具有耐盐、耐酸、耐各种稀释剂等优点，同时又具有施工方便、无毒、造价低等特点。

8.【答案】CDE

【解析】本题考查的是涂料。环氧树脂涂料具有良好的耐腐蚀性能，特别是耐碱性，并有较好的耐磨性。与金属和非金属（除聚氯乙烯、聚乙烯等外）有极好的附着力，漆膜有良好的弹性与硬度，收缩率也较低。若在环氧树脂中加入适量的呋喃树脂改性，可以提高其使用温度。热固型环氧涂料的耐温性和耐腐蚀性均比冷固型环氧涂料好。在无条件进行热处理时，采用冷固型涂料。

9.【答案】BC

【解析】本题考查的是涂料。生漆具有耐酸性、耐溶剂性、抗水性、耐油性、耐磨性和附着力很强等优点。缺点是不耐强碱及强氧化剂。漆膜干燥时间较长，毒性较大，施工时易引起人体中毒。生漆的使用温度约 150℃。生漆耐土壤腐蚀，是地下管道的良好涂料；环氧树脂涂料具有良好的耐腐蚀性能，特别是耐碱性，并有较好的耐磨性。与金属和非金属（除聚氯乙烯、聚乙烯等外）有极好的附着力，漆膜有良好的弹性与硬度，收缩率也较低。若在环氧树脂中加入适量的呋喃树脂改性，可以提高其使用温度。热固型环氧涂料的耐温性和耐腐蚀性均比冷固型环氧涂料好。在无条件进行热处理时，采用冷固型涂料。

10.【答案】BCE

【解析】本题考查的是绝缘导线。绝缘导线按工作类型可分为普通型、防火阻燃型、屏蔽型及补偿型。

11.【答案】AD

【解析】本题考查的是电缆。电力电缆和控制电缆区分如下：

（1）电力电缆有铠装和无铠装的，控制电缆一般有编织的屏蔽层；

（2）电力电缆通常线径较粗，控制电缆截面一般不超过 $10mm^2$；

（3）电力电缆有铜芯和铝芯，控制电缆一般只有铜芯；

（4）电力电缆有高耐压的，所以绝缘层厚，控制电缆一般是低压的，绝缘层相对要薄；

（5）电力电缆芯数少（一般少于 5 芯），控制电缆一般芯数多。

12.【答案】AD

【解析】本题考查的是变压器。干式变压器的铁芯和绕组都不浸在任何绝缘液体中，而是采用空气对流直接冷却，有开启式、密闭式（也称充气式）、浇注式几种类型。它一般用于安全防火要求较高的场合。

13.【答案】BD

【解析】本题考查的是高压配电装置。高压负荷开关具有简单的灭弧装置，专门用在高压装置中通断负荷电流，但因灭弧能力不高，故不能切断短路电流，它必须和高压熔断器串联使用，靠熔断器切断短路电流；高压熔断器功能主要是对电路及电路设备进行短路保护，有的也具有过负荷保护的功能；高压隔离开关主要用于隔离高压电源，以保证其他设备和线路的安全检修，用了隔离开关，可以将高压装置中需要修理的设备与其他带电部分可靠地断开，并构成明显可见的断开间隔，充分保证检修人员和设备的安全；高压断路器的功能是不仅能通断正常负荷电流，而且能接通和承受一定时间的短路电流，并能在保护装置作用下自动跳闸，切除短路的故障。

14.【答案】ACE

【解析】本题考查的是高压配电装置。高压断路器的功能是不仅能通断正常负荷电流，而且能接通和承受一定时间的短路电流，并能在保护装置作用下自动跳闸，切除短路的故障。高压断路器按其采用的灭弧介质可分为油断路器、空气断路器、六氟化硫断路器、真空断路器等。

15.【答案】ABD

【解析】本题考查的是高压配电装置。高压负荷开关具有简单的灭弧装置，专门用在高压装置中通断负荷电流，但因灭弧能力不高，故不能切断短路电流，它必须和高压熔断器串联使用，靠熔断器切断短路电流。户内高压负荷开关的外形与隔离开关很相似，负荷开关也就是隔离开关加上一个简单的灭弧装置，以便能通断负荷电流。由于负荷开关断开时，也有一个明显可见的断开间隙，因此也能起隔离电源，保证安全检修的作用。

16.【答案】ABC

【解析】本题考查的是低压配电装置。低压断路器按灭弧介质分有油浸式、真空式和空气式，应用最多的是空气式，即自动空气开关。

17.【答案】AE

【解析】本题考查的是配电线路。电缆线路的优点：运行故障率相对较低，运行维护费用较低，可靠性比架空线路高，适应各种恶劣气象条件；电缆线路的缺点：建设期一次性投资费用高，故障点查找困难。架空线路的优点：架设及维修比较方便，成本较低；架空线路的缺点：容易受到气象和环境（如大风、雷击、污秽、冰雪等）的影响而引起故障，同时整个输电走廊占用土地面积较多，易对周边环境造成电磁干扰。

18.【答案】BCD

【解析】本题考查的是配电线路。电缆线路的优点：运行故障率相对较低，运行维护费用较低，可靠性比架空线路高，适应各种恶劣气象条件；电缆线路的缺点：建设期一次性投资费用高，故障点查找困难。架空线路的优点：架设及维修比较方便，成本较低；架空线路的缺点：容易受到气象和环境（如大风、雷击、污秽、冰雪等）的影响而引起故障，同时整个输电走廊占用土地面积较多，易对周边环境造成电磁干扰。

19.【答案】ABE

【解析】本题考查的是配管。管路较长或有弯时，宜适当加装拉线盒，两个拉线点之间的距离应符合以下要求：

（1）管长度每超过 30m，无弯曲；

（2）管长度每超过 20m，有 1 个弯曲；

（3）管长度每超过 15m，有 2 个弯曲；

（4）管长度每超过 8m，有 3 个弯曲。

20.【答案】ACD

【解析】本题考查的是配管。垂直敷设的电线保护管遇到下列情况之一时，应增设固定导线用的拉线盒：

（1）管内导线截面为 $50mm^2$ 及以下，长度每超过 30m 时；

（2）管内导线截面为 $70\sim95mm^2$，长度每超过 20m 时；

（3）管内导线截面为 $120\sim240mm^2$，长度每超过 18m 时。

21.【答案】BE

【解析】本题考查的是管材分类。无缝钢管的规格通常用外径 × 壁厚表示，如 $D57\times4.5$。水煤气输送钢管的规格以公称通径 DN 表示，如 $DN100$。螺旋缝电焊钢管的规格以外径 × 壁厚表示，如 $D529\times8$。不锈钢管的规格以外径 × 壁厚表示，如 $\phi27\times3$。铸铁管的规格常用公称直径 DN 表示，如 $DN200$。

22.【答案】ACD

【解析】本题考查的是管材分类。无缝钢管的规格通常用外径 × 壁厚表示，如 $D57\times4.5$。水煤气输送钢管的规格以公称通径 DN 表示，如 $DN100$。螺旋缝电焊钢管的规格以外径 × 壁厚表示，如 $D529\times8$。不锈钢管的规格以外径 × 壁厚表示，如 $\phi27\times3$。

铸铁管的规格常用公称直径 *DN* 表示，如 *DN*200。

23.【答案】ACDE

【解析】本题考查的是管材分类。管件按其用途可分为管路延长连接用配件（管箍、外丝、活接头）、管路分支连接用配件（三通、四通）、管路转弯用配件（90°弯头、45°弯头）、节点碰头连接用配件（补心、大小头）、管路堵口用配件（丝堵、管堵头、盲板）。

24.【答案】BE

【解析】本题考查的是管材分类。管件按其用途可分为管路延长连接用配件（管箍、外丝、活接头）、管路分支连接用配件（三通、四通）、管路转弯用配件（90°弯头、45°弯头）、节点碰头连接用配件（补心、大小头）、管路堵口用配件（丝堵、管堵头、盲板）。

25.【答案】BCE

【解析】本题考查的是阀门。J944T-16 表示电动驱动、法兰连接、公称压力为 1.6MPa 的截止阀。

26.【答案】BC

【解析】本题考查的是阀门。截止阀结构简单、严密性较高、制造和维修方便，但流体经过截止阀时要转弯改变流向，因此水流阻力较大，安装时要注意流体低进高出，方向不能装反。

27.【答案】BC

【解析】本题考查的是阀门。止回阀有严格的方向性，只允许管路中的介质单向流动，反方向流动则自动关闭。止回阀有升降式和旋启式两种。升降式止回阀只可水平安装，一般用于小管径；旋启式止回阀既可水平安装，也可垂直安装，多用于大管径。

28.【答案】DE

【解析】本题考查的是阀门。安全阀按结构分主要有弹簧式和杠杆式两大类。

29.【答案】ACD

【解析】本题考查的是给水设备。每台水泵的出水管上应装设止回阀、阀门和压力表。

30.【答案】CDE

【解析】本题考查的是排水设施。清通设备是疏通排水管道的设备，包括检查口、清扫口和室内检查井。

31.【答案】CD

【解析】本题考查的是法兰垫料。输送含有腐蚀性介质气体的风管，应用耐酸橡胶板或软聚氯乙烯塑料板等。

32.【答案】ADE

【解析】本题考查的是通风管道。通风管道的连接方式分为制作连接方式和安装连接方式。按通风管制作方法划分，连接方式有咬口连接、铆接和焊接三种形式；按通风管安装形式划分，连接方式有法兰连接和无法兰连接（抱箍连接）两种形式。

33.【答案】BC

【解析】本题考查的是通风空调部件。多叶调节阀有平行式和对开式两种，多安装在大截面风管上，如空调箱内和总送风（回风）管道上等。

34.【答案】AB

【解析】本题考查的是机械设备。通风工程中所用的通风机，按其工作原理分，有离心式通风机和轴流式通风机两种。

35.【答案】ABC

【解析】本题考查的是机械设备。泵的种类很多，按其结构可分为三大类，即叶片式泵、容积式泵、真空泵。

36.【答案】ADE

【解析】本题考查的是机械设备。叶片式泵包括离心泵、轴流泵、混流泵和旋涡泵。

37.【答案】BCD

【解析】本题考查的是消防工程。报警装置通常指警铃、警笛、声光报警器、报警闪灯等，一般安装在墙壁上，距地面 1.8～2.5m。

第3章　安装工程主要施工的基本程序、工艺流程及施工方法

本章知识导图

本章习题精选

一、单项选择题（共33题，每题仅有1个选项正确）

1. 电缆穿越可能有机械损伤的地方，如跨越马路，均应穿（　　）进行保护。

A. 钢管　　B. 塑料管　　C. 混凝土管　　D. 铝管

2. 3kV及以上的高压电缆敷设前应进行（　　）。

A. 耐压试验　　B. 局部放电试验

C. 接地电阻测试　　D. 绝缘电阻测试

3. 1kV以下的电缆按相关规范要求进行（　　）。

A. 耐压试验　　B. 局部放电试验

C. 接地电阻测试　　D. 绝缘电阻测试

4. 1kV 以下的电缆按相关规范要求进行绝缘电阻测试，绝缘电阻不应小于（　　）MΩ。

A. 2　　B. 5　　C. 10　　D. 20

5. 聚氯乙烯绝缘电力电缆敷设的最小弯曲半径为（　　）*D*。

A. 5　　B. 10　　C. 15　　D. 20

6. 交联聚乙烯绝缘电力电缆敷设的最小弯曲半径为（　　）*D*。

A. 5　　B. 10　　C. 15　　D. 20

7. 开关柜、高低压柜安装顺序正确的是（　　）。

A. 开箱检查→二次搬运→土建基础检查及基础型钢制作安装→柜体就位固定→母线或电缆连接→二次线路连接→试验调整→送电运行验收

B. 开箱检查→二次搬运→土建基础检查及基础型钢制作安装→柜体就位固定→二次线路连接→母线或电缆连接→试验调整→送电运行验收

C. 开箱检查→二次搬运→土建基础检查及基础型钢制作安装→柜体就位固定→母线或电缆连接→二次线路连接→送电运行验收→试验调整

D. 开箱检查→二次搬运→土建基础检查及基础型钢制作安装→柜体就位固定→二次线路连接→母线或电缆连接→试验调整→送电运行验收

8. 变压器安装顺序正确的是（　　）。

A. 开箱检查→变压器二次搬运→变压器基座制作安装→变压器本体安装→附件安装→送电前检查→变压器交接试验→送电运行验收

B. 开箱检查→变压器二次搬运→变压器基座制作安装→变压器本体安装→附件安装→变压器交接试验→送电前检查→送电运行验收

C. 开箱检查→变压器二次搬运→变压器基座制作安装→附件安装→变压器本体安装→变压器交接试验→送电前检查→送电运行验收

D. 开箱检查→变压器二次搬运→变压器基座制作安装→附件安装→变压器本体安装→送电前检查→变压器交接试验→送电运行验收

9. 变压器安装完毕后，必须进行（　　）。

A. 耐压试验　　B. 试运行　　C. 交接试验　　D. 绝缘电阻测试

10. 变压器试运行时，一般应先进行（　　）次空载全电压冲击。

A. 3 ~ 5　　B. 4 ~ 6　　C. 5 ~ 7　　D. 6 ~ 8

11. 电气配管直埋于地下时，其弯曲半径不宜小于管外径的（　　）倍。

A. 4　　B. 6　　C. 8　　D. 10

12. 配电箱内导线的预留长度应为配电箱箱体周长的（　　）。

A. 1/2　　B. 1/3　　C. 2 倍　　D. 3 倍

13. 电缆管长度在 30m 以上时，管内径不应小于电缆外径的（　　）倍。

A. 1.2　　B. 1.3　　C. 1.5　　D. 2

14. 质量大于 3kg 的悬吊灯具，固定在螺栓或预埋吊钩上，螺栓或预埋吊钩的直径不应小于灯具挂销直径，且不应小于（　　）mm。

A. 4　　B. 6　　C. 8　　D. 10

15. 当采用钢管作灯具吊杆时，其内径不应小于 10mm，壁厚不应小于（　　）mm。

A. 1.0　　B. 1.5　　C. 2.0　　D. 2.5

16. 质量大于10kg的灯具，固定装置及悬吊装置应按灯具重量的（　　）倍恒定均布荷载做强度试验，且持续时间不得少于15min。

A. 2　　B. 3　　C. 5　　D. 6

17. 关于插座安装施工工艺流程及施工方法，下列说法错误的是（　　）。

A. 当设计无要求时，插座距地面高度一般为0.3m

B. 接地（PE）或接零（PEN）线在插座间不串联连接，必须使用压线帽并联连接

C. 同一场所的三相插座，其接线的相序必须一致

D. 潮湿场所采用密封并带保护地线触头的保护型插座，安装高度不低于1.8m

18. 插座的接线应符合的规定为（　　）。

A. 单相三孔插座，面对插座，右孔应与相线连接，左孔应与零线连接

B. 单相三孔的保护接地导体（PE）必须接在左孔

C. 保护接地导体（PE）在插座间可以串联连接

D. 单相两孔插座，面对插座，下孔应与相线连接，上孔应与零线连接

19. 人工接地体（网）宜采用圆钢、钢管、角钢或扁钢等热镀锌型材制作，垂直接地体的长度宜为（　　）m。

A. 1.0　　B. 1.5　　C. 2.5　　D. 5.0

20. 重要设备机房（如高低压配电房、变压器室、发电机房等）室内明装接地干线距地面高度不小于（　　）m。

A. 0.3　　B. 0.5　　C. 0.6　　D. 0.8

21. 利用建筑物结构柱内主筋做引下线，钢筋连接方式为（　　）时采用搭接焊接。

A. 电渣压力焊　　B. 对焊　　C. 螺纹连接　　D. 绑扎搭接

22. 一般利用结构外圈梁内不少于（　　）根主筋通长焊接成闭合环路作为均压环。

A. 1　　B. 2　　C. 3　　D. 4

23. 室内给水管道施工工艺流程正确的是（　　）。

A. 施工准备→预制加工→主立管安装→水平管安装→立管安装→支管安装→配水点安装→压力试验→消毒冲洗→系统调试→防腐绝热

B. 施工准备→预制加工→主立管安装→水平管安装→立管安装→支管安装→配水点安装→消毒冲洗→压力试验→防腐绝热→系统调试

C. 施工准备→预制加工→主立管安装→水平管安装→立管安装→支管安装→配水点安装→压力试验→消毒冲洗→防腐绝热→系统调试

D. 施工准备→预制加工→主立管安装→水平管安装→立管安装→支管安装→配水点安装→压力试验→防腐绝热→消毒冲洗→系统调试

24. 排水管道进行通球试验时，通球球径不应小于排水管道管径的（　　）。

A. 1/3　　B. 1/2　　C. 2/3　　D. 3/4

25. 托、吊排水干管在吊顶内，需做（　　）。

A. 闭水试验　　B. 水压试验　　C. 通水试验　　D. 通球试验

26. 负荷试运转应由（　　）组织。

A. 施工单位　　B. 建设单位　　C. 监理单位　　D. 设计单位

27. 风管弯头，当大边长大于或等于（　　）mm 时，需做导流弯头。

A. 400　　B. 500　　C. 800　　D. 1 000

28. 喷淋系统管道安装，$DN \leqslant 100$ 的镀锌钢管采用（　　）连接。

A. 螺纹　　B. 法兰　　C. 焊接　　D. 卡箍

29. 阀门试验应以每批（同牌号、同规格、同型号）数量中抽查（　　），且不少于一个。

A. 3%　　B. 5%　　C. 10%　　D. 15%

30. 对于安装在主干管上起切断作用的闭路阀门，应（　　）做强度和严密性试验。

A. 抽查 30%　　B. 抽查 50%　　C. 抽查 80%　　D. 逐个

31. 报警阀组应安装在便于操作的明显位置，距室内地面高度宜为（　　）m。

A. 1.0　　B. 1.1　　C. 1.2　　D. 1.3

32. 室内消火栓阀门中心距地面为（　　）m。

A. 0.8　　B. 1.0　　C. 1.1　　D. 1.2

33. 手动火灾报警按钮应安装在明显和便于操作的墙上，距地高度（　　）m，安装牢固并不应倾斜。

A. 1.1　　B. 1.2　　C. 1.4　　D. 1.5

二、多项选择题（共 13 题，每题选项中有 2 个或 2 个以上正确，至少有 1 个错项）

1. 电缆沟或廊道中敷设的电缆应在（　　）处挂标示牌。

A. 始端　　B. 终端

C. 转弯　　D. 手孔井

E. 建筑物

2. 电缆沟或廊道中敷设的电缆应在相应规范要求处挂标示牌，注明（　　）。

A. 电缆用途　　B. 回路编号

C. 电缆长度　　D. 型号规格

E. 敷设人员

3. 电缆终端头的类型有（　　）。

A. 干包式　　B. 保温式

C. 浇注式　　D. 屏蔽式

E. 热缩式

4. 接地线的焊接一般采用搭接焊接。关于搭接长度的说法，正确的有（　　）。

A. 扁钢与角钢搭接时，搭接长度为扁钢宽度的 6 倍

B. 圆钢与圆钢搭接时，搭接长度为圆钢直径的 6 倍

C. 圆钢与扁钢搭接时，搭接长度为圆钢直径的 6 倍

D. 圆钢与扁钢搭接时，搭接长度为扁钢宽度的 2 倍

E. 扁钢与扁钢搭接时，搭接长度为扁钢宽度的 2 倍

5. 利用建筑物结构柱内主筋做引下线，钢筋连接方式为（　　）时采用跨越焊接。

A. 电渣压力焊　　B. 对焊

C. 螺纹连接　　D. 绑扎搭接

E. 卡压连接

6. 根据建筑物的防雷等级和设计要求，（　　）预留建筑物外墙金属门窗、阳台栏杆、幕墙、外立面广告牌等防雷接地端子板或抽头。

A. 一类防雷建筑物 30m 以上　　B. 一类防雷建筑物 45m 以上

C. 二类防雷建筑物 45m 以上　　D. 二类防雷建筑物 60m 以上

E. 三类防雷建筑物 60m 以上

7. 关于天面避雷带（网）的网格密度，说法错误的是（　　）。

A. 一类防雷建筑物不大于 5m × 5m

B. 一类防雷建筑物不大于 6m × 6m

C. 二类防雷建筑物不大于 10m × 10m

D. 二类防雷建筑物不大于 12m × 12m

E. 三类防雷建筑物不大于 20m × 20m

8. 喷淋系统管道安装，DN>100 的镀锌钢管采用（　　）连接。

A. 螺纹　　B. 法兰

C. 焊接　　D. 卡箍

E. 承插

9. 阀门在安装前应做的试验有（　　）。

A. 强度试验　　B. 严密性试验

C. 真空试验　　D. 通水试验

E. 灌水试验

10. 关于阀门试验，说法正确的有（　　）。

A. 强度试验压力为公称压力的 1.2 倍

B. 强度试验压力为公称压力的 1.5 倍

C. 强度试验压力为公称压力的 2 倍

D. 严密性试验压力应为阀门出厂规定之压力的 1.1 倍

E. 严密性试验压力应为阀门出厂规定之压力

11. 关于信号阀和水流指示器的安装，说法正确的是（　　）。

A. 水流指示器安装应在管道试压和冲洗合格后进行

B. 信号阀安装应在管道试压和冲洗合格后进行

C. 水流指示器前后应保持有 10 倍安装管径长度的直管段

D. 信号阀应安装在水流指示器前的管道上

E. 信号阀与水流指示器之间的距离不应小于 500mm

12. 关于喷淋管道的试压和冲洗，说法正确的是（　　）。

A. 试验用的压力表不少于 2 只，精度不应低于 1.0 级

B. 压力表量程应为试验压力值的 1.5 ~ 2 倍

C. 水压强度试验的测试点应设在系统管网的最高点

D. 严密性试验压力应为设计工作压力

E. 管道冲洗的水流速度不宜小于 3m/s

13. 关于喷淋系统施工要求，以下说法正确的是（　　）。

A. 安装在主干管上起切断作用的闭路阀门应抽查 10%，且不少于一个做阀门试验

B. 阀门强度试验压力为公称压力的 1.5 倍
C. 阀门严密性试验压力应为公称压力的 1.1 倍
D. 试验用的压力表不少于 1 只，精度不应低于 1.5 级
E. *DN*>100 的镀锌钢管采用焊接、法兰连接或卡箍连接

本章习题解析

一、单项选择题

1.【答案】A

【解析】本题考查的是电缆线路敷设。电缆穿越可能有机械损伤的地方，如跨越马路，均应穿钢管进行保护。

2.【答案】A

【解析】本题考查的是电缆线路敷设。敷设前，应检查电缆有无机械损伤，电缆盘是否完好，对 3kV 及以上的高压电缆应进行耐压试验，1kV 以下的电缆按相关规范要求进行绝缘电阻测试，绝缘电阻不应小于 10MΩ。

3.【答案】D

【解析】本题考查的是电缆线路敷设。敷设前，应检查电缆有无机械损伤，电缆盘是否完好，对 3kV 及以上的高压电缆应进行耐压试验，1kV 以下的电缆按相关规范要求进行绝缘电阻测试，绝缘电阻不应小于 10MΩ。

4.【答案】C

【解析】本题考查的是电缆线路敷设。敷设前，应检查电缆有无机械损伤，电缆盘是否完好，对 3kV 及以上的高压电缆应进行耐压试验，1kV 以下的电缆按相关规范要求进行绝缘电阻测试，绝缘电阻不应小于 10MΩ。

5.【答案】B

【解析】本题考查的是电缆线路敷设。电缆的最小弯曲半径为：聚氯乙烯绝缘电力电缆 10*D*，交联聚乙烯绝缘电力电缆 15*D*（*D* 为电缆外径）。

6.【答案】C

【解析】本题考查的是电缆线路敷设。电缆的最小弯曲半径为：聚氯乙烯绝缘电力电缆 10*D*，交联聚乙烯绝缘电力电缆 15*D*（*D* 为电缆外径）。

7.【答案】A

【解析】本题考查的是开关柜、高低压柜安装。工艺流程：开箱检查→二次搬运→土建基础检查及基础型钢制作安装→柜体就位固定→母线或电缆连接→二次线路连接→试验调整→送电运行验收。

8.【答案】B

【解析】本题考查的是变压器安装。工艺流程：开箱检查→变压器二次搬运→变压器基座制作安装→变压器本体安装→附件安装→变压器交接试验→送电前检查→送电运行验收。

9.【答案】C

【解析】本题考查的是变压器安装。变压器安装完毕后，必须进行交接试验。

10.【答案】A

【解析】本题考查的是变压器安装。变压器应进行 3 ~ 5 次全压冲击合闸，无异常情

况，保护无误动作，对相序无误，方可带电运行。

11.【答案】D

【解析】本题考查的是电气配管。埋设于混凝土内的导管，其弯曲半径不宜小于管外径的 6 倍，当直埋于地下时，其弯曲半径不宜小于管外径的 10 倍。

12.【答案】A

【解析】本题考查的是管内穿线。配电箱内导线的预留长度应为配电箱箱体周长的 1/2。

13.【答案】C

【解析】本题考查的是电缆敷设。电缆管长度在 30m 以上时，管内径不应小于电缆外径的 1.5 倍。

14.【答案】B

【解析】本题考查的是灯具施工方法。质量大于 3kg 的悬吊灯具，固定在螺栓或预埋吊钩上，螺栓或预埋吊钩的直径不应小于灯具挂销直径，且不应小于 6mm。

15.【答案】B

【解析】本题考查的是灯具施工方法。当采用钢管作灯具吊杆时，其内径不应小于 10mm，壁厚不应小于 1.5mm。

16.【答案】C

【解析】本题考查的是灯具施工方法。质量大于 10kg 的灯具，固定装置及悬吊装置应按灯具重量的 5 倍恒定均布载荷做强度试验，且持续时间不得少于 15min。

17.【答案】D

【解析】本题考查的是插座施工方法。当设计无要求时，插座底边距地面高度不宜小于 0.3m；同一场所的三相插座，接线的相序一致；接地（PE）或接零（PEN）线在插座间不串联连接，必须使用压线帽并联连接；潮湿场所采用密封并带保护地线触头的保护型插座，安装高度不低于 1.5m。

18.【答案】A

【解析】本题考查的是插座施工方法。单相两孔插座，面对插座的右孔或上孔与相线连接，左孔或下孔与零线连接；单相三孔插座，面对插座的右孔与相线连接，左孔与零线连接；单相三孔、三相四孔及三相五孔插座的接地（PE）或接零（PEN）线接在上孔。同一场所的三相插座，接线的相序一致。接地（PE）或接零（PEN）线在插座间不串联连接，必须使用压线帽并联连接。

19.【答案】C

【解析】本题考查的是防雷、接地工程。人工接地体（网）宜采用圆钢、钢管、角钢或扁钢等热镀锌型材制作，垂直接地体的长度宜为 2.5m。

20.【答案】A

【解析】本题考查的是防雷、接地工程。重要设备机房（如高低压配电房、变压器室、发电机房等）室内明装接地干线距地面高度不小于 0.3m。

21.【答案】D

【解析】本题考查的是防雷、接地工程。一般利用建筑物结构柱内对角直径不小于 ϕ10mm 的主筋或型钢柱通长焊接作为引下线（钢筋连接方式为电渣压力焊、对焊、螺纹连接等方式时采用跨越焊接，钢筋连接方式为绑扎搭接等方式时采用搭接焊接）。

22.【答案】B

【解析】本题考查的是防雷、接地工程。一般利用结构外圈梁内不少于 2 根主筋通长焊接成闭合环路作为均压环。

23.【答案】C

【解析】本题考查的是给排水工程。室内给水管道施工工艺流程：施工准备→预制加工→主立管安装→水平管安装→立管安装→支管安装→配水点安装→压力试验→消毒冲洗→防腐绝热→系统调试。

24.【答案】C

【解析】本题考查的是给排水工程。排水管道进行通球试验时，通球球径不应小于排水管道管径的三分之二，通球率必须达到 100%。

25.【答案】A

【解析】本题考查的是给排水工程。托、吊排水干管在吊顶内，需做闭水试验，按隐蔽工程项目办理隐检手续。

26.【答案】B

【解析】本题考查的是给排水工程。负荷试运转应由建设单位派人操作，安装单位参加。

27.【答案】B

【解析】本题考查的是通风空调工程。风管弯头，当大边长大于或等于 500mm 时，需做导流弯头。

28.【答案】A

【解析】本题考查的是消防工程。喷淋系统管道安装，$DN \leqslant 100$ 的镀锌钢管采用螺纹连接，$DN>100$ 的镀锌钢管采用焊接、法兰连接或卡箍连接。

29.【答案】C

【解析】本题考查的是消防工程。阀门试验应以每批（同牌号、同规格、同型号）数量中抽查 10%，且不少于 1 个，对于安装在主干管上起切断作用的闭路阀门，应逐个做强度和严密性试验。

30.【答案】D

【解析】本题考查的是消防工程。阀门试验应以每批（同牌号、同规格、同型号）数量中抽查 10%，且不少于 1 个，对于安装在主干管上起切断作用的闭路阀门，应逐个做强度和严密性试验。

31.【答案】C

【解析】本题考查的是消防工程。报警阀组应安装在便于操作的明显位置，距室内地面高度宜为 1.2m。

32.【答案】C

【解析】本题考查的是消防工程。室内消火栓其栓口应朝外，且不应与门框相碰。阀门中心距地面为 1.1m，距箱后内表面为 100mm。

33.【答案】D

【解析】本题考查的是消防工程。手动火灾报警按钮应安装在明显和便于操作的墙上，距地高度为 1.5m，安装牢固并不应倾斜。

二、多项选择题

1.【答案】ABCD

【解析】本题考查的是电缆线路敷设。电缆沟或廊道中敷设的电缆应在相应规范要求处（如始端、终端、中间接头、中间每间隔适当距离、手孔井或工作井和走向变化处等）挂标示牌，注明电缆用途、回路编号、型号规格、敷设日期等。

2.【答案】ABD

【解析】本题考查的是电缆线路敷设。电缆沟或廊道中敷设的电缆应在相应规范要求处（如始端、终端、中间接头、中间每间隔适当距离、手孔井或工作井和走向变化处等）挂标示牌，注明电缆用途、回路编号、型号规格、敷设日期等。

3.【答案】ACE

【解析】本题考查的是电缆敷设。常用塑料类电缆应根据电压等级、使用部位、防护要求等选择采用干包式、热缩式、浇注式电缆终端头。

4.【答案】BCE

【解析】本题考查的是防雷、接地工程。扁钢与扁钢搭接不应小于扁钢宽度的 2 倍，且应至少三面施焊；圆钢与圆钢搭接不应小于圆钢直径的 6 倍，且应双面施焊；圆钢与扁钢搭接不应小于圆钢直径的 6 倍，且应双面施焊；扁钢与钢管、扁钢与角钢焊接应紧贴角钢外侧两面，或紧贴 3/4 钢管表面，上下两侧施焊。

5.【答案】ABC

【解析】本题考查的是防雷、接地工程。一般利用建筑物结构柱内对角直径不小于 ϕ10mm 的主筋或型钢柱通长焊接作为引下线（钢筋连接方式为电渣压力焊、对焊、螺纹连接等方式时采用跨越焊接，钢筋连接方式为绑扎搭接等方式时采用搭接焊接）。

6.【答案】ACE

【解析】本题考查的是防雷、接地工程。根据建筑物的防雷等级和设计要求（一类防雷建筑物 30m 以上，二类防雷建筑物 45m 以上，三类防雷建筑物 60m 以上），预留建筑物外墙金属门窗、阳台栏杆、幕墙、外立面广告牌等防雷接地端子板或抽头。

7.【答案】BD

【解析】本题考查的是防雷、接地工程。天面避雷带（网）的网格密度应满足设计要求（一类防雷建筑物不大于 5m×5m 或 6m×4m，二类防雷建筑物不大于 10m×10m 或 12m×8m，三类防雷建筑物不大于 20m×20m 或 24m×16m）。

8.【答案】BCD

【解析】本题考查的是消防工程。喷淋系统管道安装，$DN \leqslant 100$ 的镀锌钢管采用螺纹连接，$DN>100$ 的镀锌钢管采用焊接、法兰连接或卡箍连接。

9.【答案】AB

【解析】本题考查的是消防工程。阀门试验应以每批（同牌号、同规格、同型号）数量中抽查 10%，且不少于 1 个，对于安装在主干管上起切断作用的闭路阀门，应逐个做强度和严密性试验。

10.【答案】BE

【解析】本题考查的是消防工程。阀门强度试验压力为公称压力的 1.5 倍，严密性试验压力应为阀门出厂规定之压力。

11.【答案】AD

【解析】本题考查的是消防工程。水流指示器安装应在管道试压和冲洗合格后进行。水流指示器前后应保持有5倍安装管径长度的直管段。信号阀的规格、型号和安装位置均应符合设计要求，应安装在水流指示器前的管道上，与水流指示器之间的距离不应小于300mm。

12.【答案】BDE

【解析】本题考查的是消防工程。试验用的压力表不少于2只，精度不应低于1.5级，量程应为试验压力值的1.5~2倍。水压强度试验的测试点应设在系统管网的最低点。水压严密性试验应在水压强度试验和管网冲洗合格后进行，试验压力应为设计工作压力，稳压24h，应无泄漏。管道冲洗的水流速度不宜小于3m/s。

13.【答案】BE

【解析】本题考查的是消防工程。安装在主干管上起切断作用的闭路阀门应逐个做强度和严密性试验。阀门强度试验压力为公称压力的1.5倍，严密性试验压力应为阀门出厂规定之压力。试验用的压力表不少于2只，精度不应低于1.5级，量程应为试验压力值的1.5~2倍。喷淋系统管道安装，$DN \leq 100$的镀锌钢管采用螺纹连接，$DN>100$的镀锌钢管采用焊接、法兰连接或卡箍连接。

第4章 常用施工机械及检测仪表的类型及应用

本章知识导图

本章习题精选

一、单项选择题（共 2 题，每题仅有 1 个选项正确）

1. 关于汽车式起重机，说法正确的是（　　）。

A. 机动性差　　B. 工作时须支腿

C. 能带负荷行驶　　D. 适合在松软或泥泞的场地上工作

2. 根据对地激光点为机器精准定位，在墙面投射出水平线、垂直线条，并能延伸到天顶画出十字线的仪器是（　　）。

A. 水准仪　　B. 经纬仪　　C. 激光水平仪　　D. 测量轮

二、多项选择题（共 5 题，每题选项中有 2 个或 2 个以上正确，至少有 1 个错项）

1. 卷扬机分为（　　）。

A. 手动卷扬机　　B. 电动卷扬机

C. 液压卷扬机　　D. 气压卷扬机

E. 两用卷扬机

2. 下列属于电气工程施工机械及检测仪表的有（　　）。

A. 测量轮　　B. 液化气喷火枪

C. 热熔机　　D. 弯管机

E. 声级计

3. 下列属于给水排水工程施工机械及检测仪表的有（　　）。

A. 测量轮　　B. 套丝机

C. 热熔机　　D. 弯管机

E. 声级计

4. 下列属于通风空调工程施工机械及检测仪表的有（　　）。

A. 测量轮　　B. 剪板机

C. 热熔机　　D. 咬口机

E. 声级计

5. 下列属于消防工程施工机械及检测仪表的有（　　）。

A. 滚槽机　　B. 剪板机

C. 热熔机　　D. 咬口机

E. 开孔机

本章习题解析

一、单项选择题

1.【答案】B

【解析】本题考查的是电气工程施工机械及检测仪表。汽车起重机是装在普通汽车底盘或特制汽车底盘上的一种起重机，其行驶驾驶室与起重操纵室分开设置。这种起重机的优点是机动性好，转移迅速。缺点是工作时需支腿，不能负荷行驶，也不适合在松软或泥泞的场地上工作。

2.【答案】C

【解析】本题考查的是电气工程施工机械及检测仪表。激光水平仪又称激光投线仪。它兼备原有的水准仪、经纬仪画线的功能，以激光线条将工作准线精确地投射到工作对象上。根据对地激光点为机器精准定位，在墙面投射出水平线、垂直线条，并能延伸到天顶画出十字线。

二、多项选择题

1.【答案】ABC

【解析】本题考查的是电气工程施工机械及检测仪表。卷扬机分为手动卷扬机、电动卷扬机及液压卷扬机三种。

2.【答案】ABD

【解析】本题考查的是电气工程施工机械及检测仪表。电气工程施工机械及检测仪表有汽车式起重机、手动液压叉车、卷扬机、台式钻床、电动葫芦、手动葫芦、电焊机、电动工具、弯管机、数字万用表、测量轮、激光水平仪、液压压线钳、电缆剥皮器、液化气喷火枪。

3.【答案】BC

【解析】本题考查的是给水排水工程施工机械及检测仪表。给水排水工程施工机械及检测仪表有套丝机、热熔机、管子钳、管子铰板。

4.【答案】BDE

【解析】本题考查的是通风空调工程施工机械及检测仪表。通风空调工程施工机械及检测仪表有剪板机、咬口机、手动折方机、风速风温风压湿度测试仪、声级计。

5.【答案】AE

【解析】本题考查的是消防工程施工机械及检测仪表。消防工程施工机械及检测仪表有滚槽机、开孔机。

第5章　施工组织设计的编制原理、内容及方法

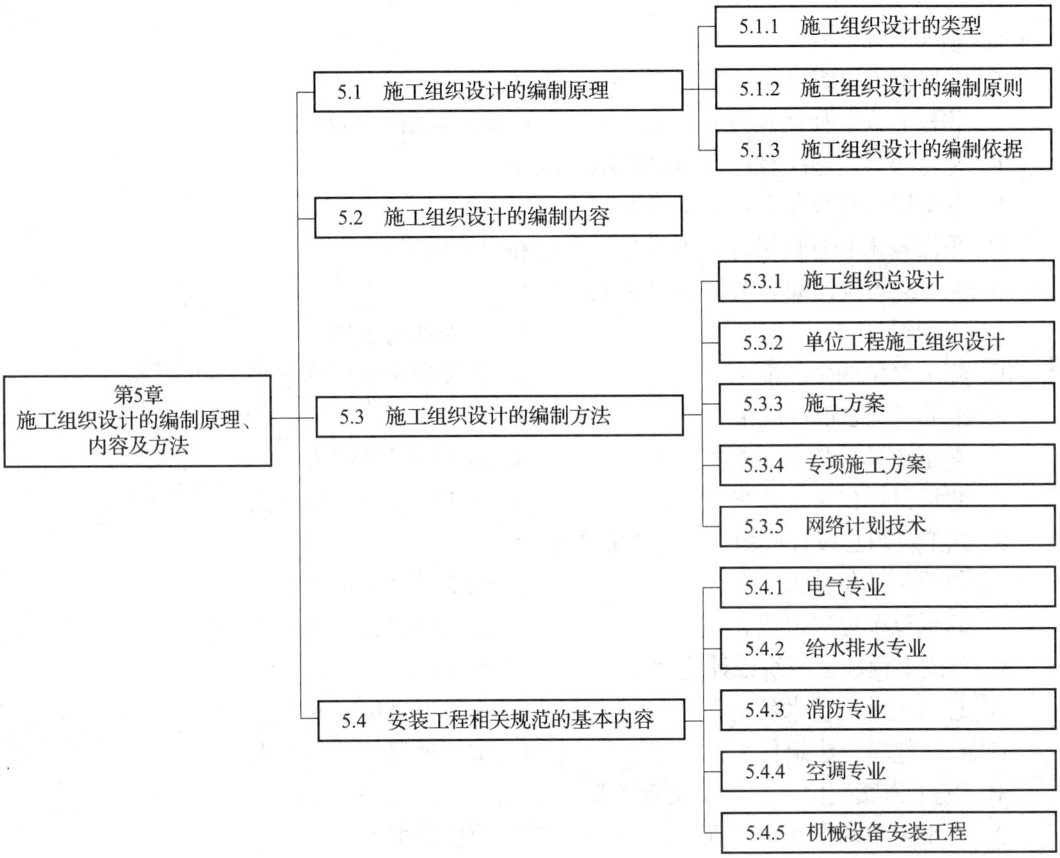

本章知识导图

本章习题精选

一、单项选择题（共17题，每题仅有1个选项正确）

1.（　　）是以一个建设项目为编制对象，规划其施工全过程各项活动的技术、经济的全局性控制性文件。

A. 施工组织总设计　　B. 单项工程施工组织设计

C. 单位工程施工组织设计　　D. 分部分项工程施工组织设计

2.（　　）是以单位工程为编制对象，用来指导其施工全过程各项活动的技术、经济的局部性、指导性文件。

A. 施工组织总设计　　B. 单项工程施工组织设计

C. 单位工程施工组织设计　　D. 分部分项工程施工组织设计

3.（　　）是以某些新结构、新工艺、技术复杂的或缺乏施工经验的分部（分项）工程为编制对象，用来指导其施工活动的技术、经济文件。

A. 施工组织总设计　　B. 单项工程施工组织设计

C. 单位工程施工组织设计　　D. 分部分项工程施工组织设计

4. 下列需要编制分部分项工程施工组织设计的是（　　）。

A. 大型结构构件吊装工程　　B. 单位工程

C. 单项工程　　D. 建设项目

5. 下列施工组织设计的编制原则中，错误的是（　　）。

A. 积极开发、使用新技术和新工艺，推广应用新材料和新设备

B. 坚持科学的施工程序和合理的施工顺序

C. 尽量增加现场作业和劳动强度

D. 采取技术和管理措施，推广建筑节能和绿色施工

6. 施工组织设计编制依据不包括（　　）。

A. 工程设计文件　　B. 工程现场条件

C. 施工单位的生产能力　　D. 建设单位的管理水平

7. 施工组织总设计应由（　　）主持编制。

A. 总承包单位技术负责人　　B. 施工项目负责人

C. 总承包单位法定代表人　　D. 施工项目技术负责人

8. 施工组织总设计应由（　　）负责审批。

A. 总承包单位技术负责人　　B. 施工项目负责人

C. 总承包单位法定代表人　　D. 施工项目技术负责人

9. 单位工程施工组织设计应由（　　）主持编制。

A. 总承包单位技术负责人　　B. 施工项目负责人

C. 总承包单位法定代表人　　D. 施工项目技术负责人

10. 施工方案应由（　　）负责审批。

A. 总承包单位技术负责人　　B. 项目负责人

C. 监理工程师　　D. 项目技术负责人

11. 重点、难点分部（分项）或专项工程的施工方案应由施工单位技术部门组织相关专家评审，应由（　　）负责审批。

A. 总承包单位技术负责人　　B. 施工单位负责人

C. 监理工程师　　D. 施工单位技术负责人

12. 超过一定规模的危险性较大的分部分项工程专项施工方案应当由（　　）组织召开专家论证会。

A. 建设单位　　B. 施工单位　　C. 监理单位　　D. 设计单位

13. 在不影响总工期的前提下，本工作可以利用的机动时间为（　　）。

A. 工作总时差　　B. 工作自由时差

C. 工作机动时差　　D. 工作随机时差

14. 在不影响所有紧后工作最早开始的前提下，本工作可以利用的机动时间为（　　）。

A. 工作总时差　　B. 工作自由时差

C. 工作机动时差　　　　D. 工作随机时差

15. 某建设工程项目的网络计划图上，某项工作的（　　）最小，表示该工作为关键工作。

A. 时间间隔　　B. 持续时间　　C. 总时差　　D. 自由时差

16. 在工程网络计划中，工作 A 的最迟完成时间为 18 天，其持续时间为 4 天。如果工作最早开始时间为 8 天，则工作 A 的总时差为（　　）天。

A. 4　　B. 5　　C. 6　　D. 7

17. 某网络计划中，工作 F 有两项紧后的平行工作 G 和 H，工作 G 的最迟开始时间是第 12 天，最早开始时间是第 8 天；工作 H 的最迟完成时间是 14 天，最早完成时间是第 12 天。工作 F 和 G、H 之间的时间间隔分别为 4 天和 5 天，则工作 F 的总时差为（　　）天。

A. 4　　B. 5　　C. 7　　D. 8

二、多项选择题（共 11 题，每题选项中有 2 个或 2 个以上正确，至少有 1 个错项）

1. 根据编制阶段的不同，施工组织设计可划分为（　　）。

A. 标前设计　　　　B. 施工组织总设计

C. 单位工程施工组织设计　　　　D. 分部分项工程施工组织设计

E. 标后设计

2. 施工组织设计按编制对象和范围不同可划分为（　　）。

A. 单位工程施工组织设计　　　　B. 单项工程施工组织设计

C. 施工组织总设计　　　　D. 专项工程施工组织设计

E. 分部分项工程施工组织设计

3. 施工组织设计编制依据包括工程建设有关法律、法规及政策、工程设计文件、与工程有关的资源供应条件、施工单位的生产能力、机具设备状况及技术水平、（　　）等。

A. 施工进度计划

B. 工程建设标准和技术经济指标

C. 工程现场条件，工程地质与水文地质、气象等条件

D. 与质量、环境和职业健康安全三个管理体系有效结合

E. 工程施工合同文件

4. 工程项目施工过程中，施工组织总设计应进行修改或补充的情况有（　　）。

A. 工程设计有重大修改　　　　B. 相关标准规范修订和废止

C. 原审批人员发生变更　　　　D. 主要施工资源配置有重大调整

E. 施工环境有重大改变

5. 在施工组织总设计中，施工总进度计划可以用（　　）表示。

A. 直线图　　　　B. 横道图

C. 网络图　　　　D. 折线图

E. 雷达图

6. 总体施工准备包括（　　）。

A. 技术准备　　　　B. 人员准备

C. 现场准备　　　　D. 资金准备

E. 管理准备

7. 施工总平面布置图应包括的内容有（　　）。

A. 工程项目施工用地范围内的地形状况

B. 全部拟建的建（构）筑物和其他基础设施的位置

C. 工程项目施工用地范围外的各种设施

D. 施工现场外的安全、消防、保卫和环境保护等设施

E. 相邻的地上、地下既有建（构）筑物及相关环境

8. 单位工程施工组织设计的主要内容包括（　　）。

A. 工程概况　　B. 主要施工方案

C. 施工进度计划及资源需求量计划　　D. 工程量清单

E. 施工平面图及主要技术经济指标

9. 单位工程施工组织设计应由施工项目负责人主持编制，应由（　　）负责审批。

A. 总承包单位技术负责人　　B. 施工单位技术负责人

C. 总承包单位法定代表人　　D. 施工单位技术负责人授权的技术人员

E. 监理工程师

10. 专项施工方案应包括（　　）。

A. 工程概况　　B. 施工计划

C. 施工方案　　D. 施工安全保证措施

E. 施工总平图

11. 我国常用的工程网络计划类型包括（　　）。

A. 双代号网络计划　　B. 双代号搭接网络计划

C. 双代号时标网络计划　　D. 单代号网络计划

E. 单代号时标网络计划

本章习题解析

一、单项选择题

1.【答案】A

【解析】本题考查的是施工组织设计的类型。施工组织总设计是以一个建设项目为编制对象，规划其施工全过程各项活动的技术、经济的全局性控制性文件。

2.【答案】C

【解析】本题考查的是施工组织设计的类型。单位工程施工组织设计是以单位工程为编制对象，用来指导其施工全过程各项活动的技术、经济的局部性、指导性文件。

3.【答案】D

【解析】本题考查的是施工组织设计的类型。分部分项工程施工组织设计是以某些新结构、新工艺、技术复杂的或缺乏施工经验的分部（分项）工程为编制对象（如大型吊装工程、复杂的基础工程以及有特殊要求的高级装饰工程等），用来指导其施工活动的技术、经济文件。

4.【答案】A

【解析】本题考查的是施工组织设计的类型。分部分项工程施工组织设计是以某些新

结构、新工艺、技术复杂的或缺乏施工经验的分部（分项）工程为编制对象（如大型吊装工程、复杂的基础工程以及有特殊要求的高级装饰工程等），用来指导其施工活动的技术、经济文件。

5.【答案】C

【解析】本题考查的是施工组织设计的编制原则。施工组织设计的编制原则如下：

（1）符合施工合同或招标文件中有关工程进度、质量、安全、环境保护、造价等方面的要求。

（2）积极开发、使用新技术和新工艺，推广应用新材料和新设备。

（3）坚持科学的施工程序和合理的施工顺序，采用流水施工和网络计划等方法，科学配置资源，合理布置现场，采取季节性施工措施，实现均衡施工，达到合理的经济技术指标。

（4）采取技术和管理措施，推广建筑节能和绿色施工。

（5）与质量、环境和职业健康安全三个管理体系有效结合。

6.【答案】D

【解析】本题考查的是施工组织设计的编制依据。施工组织设计的编制依据如下：

（1）工程建设有关法律法规及政策。

（2）工程建设标准和技术经济指标。

（3）工程设计文件。

（4）工程施工合同文件。

（5）工程现场条件，工程地质与水文地质、气象等条件。

（6）与工程有关的资源供应条件。

（7）施工单位的生产能力、机具设备状况及技术水平等。

7.【答案】B

【解析】本题考查的是施工组织设计的编制方法。施工组织总设计应由施工项目负责人主持编制，应由总承包单位技术负责人负责审批。

8.【答案】A

【解析】本题考查的是施工组织设计的编制方法。施工组织总设计应由施工项目负责人主持编制，应由总承包单位技术负责人负责审批。

9.【答案】B

【解析】本题考查的是施工组织设计的编制方法。单位工程施工组织设计应由施工项目负责人主持编制，应由施工单位技术负责人或其授权的技术人员负责审批。

10.【答案】D

【解析】本题考查的是施工组织设计的编制方法。施工方案应由项目技术负责人审批。

11.【答案】D

【解析】本题考查的是施工组织设计的编制方法。重点、难点分部（分项）或专项工程的施工方案应由施工单位技术部门组织相关专家评审，施工单位技术负责人批准。

12.【答案】B

【解析】本题考查的是施工组织设计的编制方法。超过一定规模的危险性较大的分部分项工程，专项施工方案应当由施工单位组织召开专家论证会。

13.【答案】A

【解析】本题考查的是网络计划技术。工作总时差是指在不影响总工期的前提下，本工作可以利用的机动时间。

14.【答案】B

【解析】本题考查的是网络计划技术。工作自由时差是指在不影响所有紧后工作最早开始的前提下，本工作可以利用的机动时间。

15.【答案】C

【解析】本题考查的是网络计划技术。在网络计划中，总时差最小的工作为关键工作，特别地，当网络计划的计划工期等于计算工期时，总时差为零的工作就是关键工作。

16.【答案】C

【解析】本题考查的是网络计划技术。LS=LF−D=18−4=14（d），TF=LS−ES=14−8=6（d）。

17.【答案】C

【解析】本题考查的是网络计划技术。工作 G 的总时差 =12−8=4（d），工作 H 的总时差 =14−12=2（d），工作 F 的总时差 =min（4+4，5+2）=7（d）。

二、多项选择题

1.【答案】AE

【解析】本题考查的是施工组织设计的类型。根据编制阶段的不同，施工组织设计可划分为两类：一类是投标前编制的施工组织设计，简称“标前设计”；另一类是中标后编制的施工组织设计，简称“标后设计”。

2.【答案】ACE

【解析】本题考查的是施工组织设计的类型。施工组织设计按编制对象和范围不同可划分为三类：施工组织总设计、单位工程施工组织设计和分部分项工程施工组织设计。

3.【答案】BCE

【解析】本题考查的是施工组织设计的编制依据。施工组织设计的编制依据如下：

（1）工程建设有关法律法规及政策。

（2）工程建设标准和技术经济指标。

（3）工程设计文件。

（4）工程施工合同文件。

（5）工程现场条件，工程地质与水文地质、气象等条件。

（6）与工程有关的资源供应条件。

（7）施工单位的生产能力、机具设备状况及技术水平等。

4.【答案】ABDE

【解析】本题考查的是施工组织设计的编制方法。工程项目施工过程中发生下列情形之一时，应及时修改、补充施工组织总设计：

（1）工程设计有重大修改。

（2）有关法律法规、标准的实施、修订或废止。

（3）主要施工方法有重大调整。

（4）主要施工资源配置有重大调整。

（5）施工环境有重大改变。

修改、补充后的施工组织总设计经审批后方可实施。

5.【答案】BC

【解析】本题考查的是施工组织设计的编制方法。施工总进度计划既可以用横道图表示，也可以用网络图表示。

6.【答案】ACD

【解析】本题考查的是施工组织设计的编制方法。总体施工准备包括技术准备、现场准备和资金准备等。

7.【答案】ABE

【解析】本题考查的是施工组织设计的编制方法。施工总平面布置图的内容包括：

（1）工程项目施工用地范围内的地形状况。

（2）全部拟建的建（构）筑物和其他基础设施的位置。

（3）工程项目施工用地范围内的加工设施、运输设施、存储设施、供电设施、供水供热设施、排水排污设施、临时施工道路和办公、生活用房等。

（4）施工现场必备的安全、消防、保卫和环境保护等设施。

（5）相邻的地上、地下既有建（构）筑物及相关环境。

8.【答案】ABC

【解析】本题考查的是施工组织设计的编制方法。单位工程施工组织设计的主要内容：工程概况、施工部署、施工进度计划、施工准备与资源配置计划、主要施工方案、施工现场平面布置。

9.【答案】BD

【解析】本题考查的是施工组织设计的编制方法。单位工程施工组织设计应由施工项目负责人主持编制，应由施工单位技术负责人或其授权的技术人员负责审批。

10.【答案】ABD

【解析】本题考查的是施工组织设计的编制方法。专项施工方案应当包括以下内容：

（1）工程概况。包括危险性较大的分部分项工程概况、施工平面布置、施工要求和技术保证条件。

（2）编制依据。包括相关法律、法规、规范性文件、标准、规范及图纸（国标图集）、施工组织设计等。

（3）施工计划。包括施工进度计划、材料与设备计划。

（4）施工工艺技术。包括技术参数、工艺流程、施工方法、检查验收等。

（5）施工安全保证措施。包括组织保障、技术措施、应急预案、监测监控等。

（6）劳动力计划。包括专职安全生产管理人员、特种作业人员等。

（7）计算书及相关图纸。

11.【答案】ACD

【解析】本题考查的是网络计划技术。我国常用的工程网络计划类型包括双代号网络计划、双代号时标网络计划、单代号网络计划、单代号搭接网络计划。

第二篇　安装工程计量

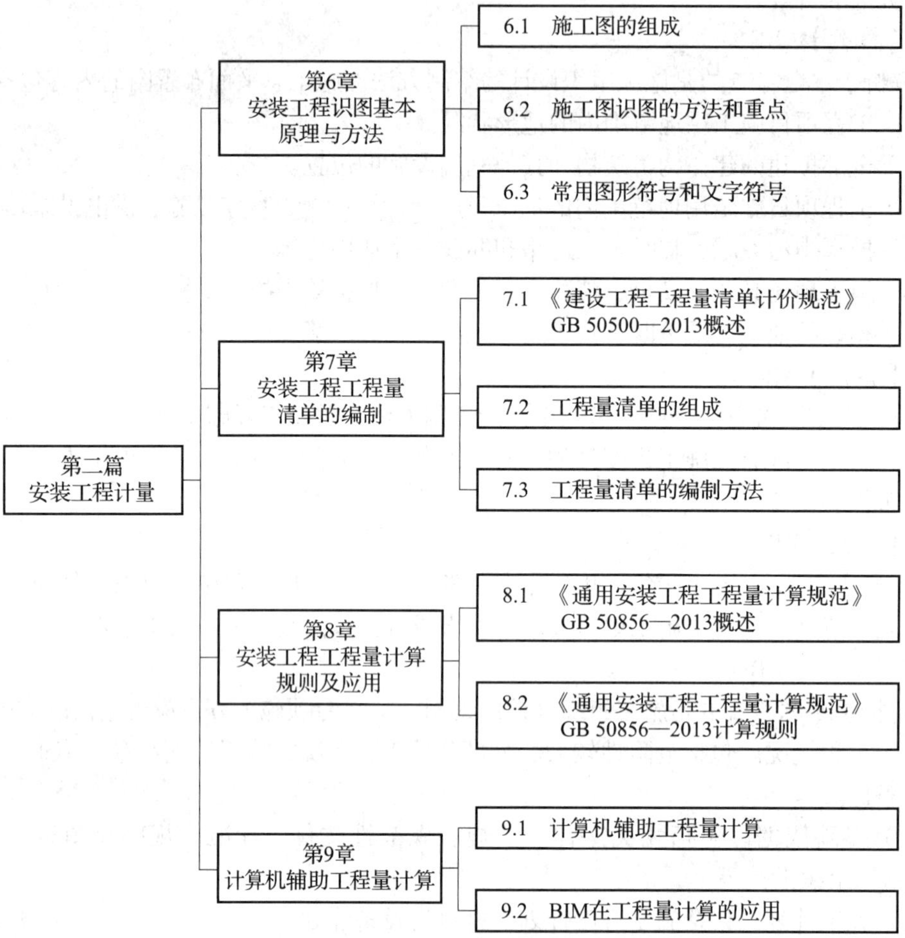

本篇知识导图

第6章　安装工程识图基本原理与方法

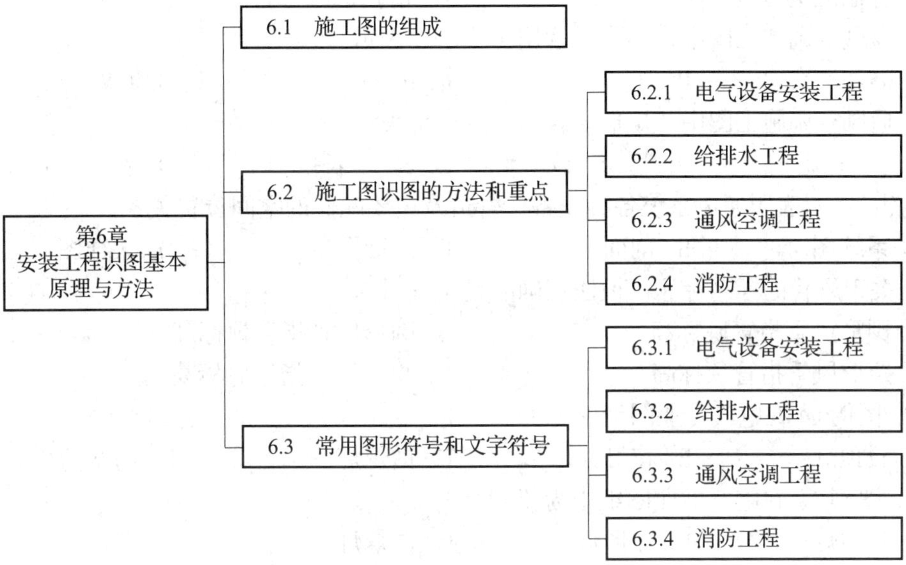

本章知识导图

本章习题精选

一、单项选择题（共23题，每题仅有1个选项正确）

1.（　　）表示配电线路所用导线的型号、截面、穿管管径和管材、敷设方式和敷设部位等。

A. 电气系统图　　B. 电气平面图　　C. 电气大样图　　D. 电气原理图

2. 电气工程施工图的识图顺序为（　　）。

A. 总配电箱→总进线→系统干线→分配电箱→回路→设备

B. 总配电箱→系统干线→总进线→分配电箱→回路→设备

C. 总进线→总配电箱→系统干线→分配电箱→回路→设备

D. 总进线→系统干线→总配电箱→分配电箱→回路→设备

3. 给水系统图的阅读顺序正确的是（　　）。

A. 引入管、干管、立管、支管到用水设备

B. 引入管、立管、干管、支管到用水设备

C. 引入管、支管、立管、干管到用水设备

D. 引入管、支管、干管、立管到用水设备

4. 排水系统图的阅读顺序正确的是（　　）。

A. 排水设备→横管→支管→立管→干管→排出管

B. 排水设备→横管→立管→支管→干管→排出管

C. 排水设备→支管→立管→横管→干管→排出管

D. 排水设备→支管→横管→立管→干管→排出管

5. 给排水管道平面图不能表示出（　　）。

A. 卫生器具的数量　　B. 引入管的位置

C. 保温层的厚度　　D. 清扫口的位置

6. 通风空调施工图中，圆形风管用（　　）表示。

A. ϕ　　B. D　　C. d　　D. DN

7. 通风空调施工图中，矩形风管用（　　）表示。

A. 长 × 宽　　B. 宽 × 高　　C. 宽 × 长　　D. 宽 × 高

8.（　　）表明通风系统各种设备、管道及主要配件的空间位置关系。

A. 系统图　　B. 剖面图　　C. 平面图　　D. 大样图

9. 关于风管的标高标注，说法正确的是（　　）。

A. 圆形风管指管底标高　　B. 圆形风管指管顶标高

C. 矩形风管指管顶标高　　D. 矩形风管指管底标高

10. 图例  在电气专业图纸中为（　　）。

A. 吸顶灯　　B. 花灯　　C. 白炽灯　　D. 防水防尘灯

11. 图例  在电气专业图纸中为（　　）。

A. 吸顶灯　　B. 球形灯　　C. 白炽灯　　D. 壁灯

12. 图例  在电气专业图纸中为（　　）。

A. 单极单控暗开关　　B. 单极双控暗开关

C. 双极单控暗开关　　D. 双极双控暗开关

13. 线路敷设方式中，MR 表示的是（　　）。

A. 钢索敷设　　B. 金属线槽　　C. 塑料线槽　　D. 桥架

14. 线路敷设方式中，SC 表示的是（　　）。

A. 金属软管　　B. 塑料管　　C. 电线管　　D. 钢管

15. 图例  在给排水工程专业图纸中为（　　）。

A. 清扫口　　B. 透气帽　　C. 地漏　　D. 疏水器

16. 图例  在给排水工程专业图纸中为（　　）。

A. 闸阀　　B. 三通阀　　C. 截止阀　　D. 角阀

17. 图例  在给排水工程专业图纸中为（　　）。

A. 闸阀　　B. 水表　　C. 截止阀　　D. 减压阀

18. 图例 —ZS— 在通风空调工程专业图纸中为（　　）。

A. 正压送风系统　　B. 人防送风系统

C. 正压排烟系统　　D. 人防排风系统

19. 图例  在通风空调工程专业图纸中为（　　）。

A. 手动对开多叶调节阀　　B. 电动对开多叶调节阀

C. 手动蝶阀　　D. 电动蝶阀

20. 图例  在通风空调工程专业图纸中为（　　）。

A. 水泵　　B. 风机　　C. 风帽　　D. 压缩机

21. 图例  在消防工程专业图纸中为（　　）。

A. 感温探测器　　B. 感烟探测器

C. 气体探测器　　D. 感光探测器

22. 图例  在消防工程专业图纸中为（　　）。

A. 湿式报警阀　　B. 预作用报警阀

C. 雨淋阀　　D. 喷头

23. 图例  在消防工程专业图纸中为（　　）。

A. 室外消火栓　　B. 室内消火栓

C. 水泵接合器　　D. 湿式报警阀

二、多项选择题（共 5 题，每题选项中有 2 个或 2 个以上正确，至少有 1 个错项）

1. 电气工程施工图包括（　　）。

A. 电气外线总平面图　　B. 电气系统图

C. 电气剖面图　　D. 大样图

E. 电气平面图

2. 给排水工程施工图不包括（　　）。

A. 系统图　　B. 剖面图

C. 原理图　　D. 大样图

E. 平面图

3. 通风空调工程施工图不包括（　　）。

A. 系统图　　B. 剖面图

C. 风机原理图　　D. 大样图

E. 接线图

4. 线路的文字标注基本格式为：ab–*c*（*d*×*e*+*f*×*g*）i–j*h*，下列说法正确的是（　　）。

A. b——型号　　B. *c*——线缆芯数

C. *d*——线缆根数　　D. *e*——线芯截面

E. j——线路敷设部位

5. 电气图中 BV–5×10–SC40 的含义为（　　）。

A. 5 根导线　　B. 5 芯电缆

C. 配管为 40mm 钢管　　D. 配管为 40mm 电线管

E. 配管为 40mm 塑料管

本章习题解析

一、单项选择题

1.【答案】A

【解析】本题考查的是电气工程施工图的识读方法。系统图表示配电系统的组成，配电线路所用导线的型号、截面、穿管管径和管材、敷设方式和敷设部位等。

2.【答案】C

【解析】本题考查的是电气工程施工图的识读方法。识图时可按“总进线→总配电箱→系统干线→分配电箱→回路→设备”这个顺序进行。

3.【答案】A

【解析】本题考查的是给排水工程施工图的识读方法。阅读给水系统图时，可从建筑的给水引入管开始，沿水流方向经干管、立管、支管到用水设备。

4.【答案】D

【解析】本题考查的是给排水工程施工图的识读方法。阅读排水系统图时，可由排水设备开始，沿排水方向经支管、横管、立管、干管到排出管。

5.【答案】C

【解析】本题考查的是给排水工程施工图的识读方法。给排水管道平面布置图是施工图中最基本和最重要的，它主要表明建筑物内给排水管道、卫生器具和用水设备的平面布置。在阅读平面布置图时，应该掌握的主要内容和注意事项如下：

（1）查清卫生器具、用水设备和升压设备的类型、数量、安装位置、定位尺寸。

（2）查清给水引入管和污水排出管的平面位置、走向、定位尺寸、与室外给排水管网的连接形式、管径及坡度等。

（3）查清给排水干管、立管、支管的平面位置与走向、管径尺寸及立管编号。

（4）在给水管道上设置水表时，必须查清水表的型号、安装位置以及水表前后阀门的设置情况。

（5）对于室内排水管道，还要查清清通设备的布置情况，清扫口和检查口的型号和位置。

6.【答案】A

【解析】本题考查的是通风空调工程施工图的识读方法。圆形风管以“ϕ”表示，矩形风管以“宽 × 高”表示。

7.【答案】B

【解析】本题考查的是通风空调工程施工图的识读方法。圆形风管以“ϕ”表示，矩形风管以“宽 × 高”表示。

8.【答案】A

【解析】本题考查的是通风空调工程施工图的识读方法。通风空调管网系统图是根据各层通风系统中管道及设备的平面位置和竖向标高，用轴测投影法绘制而成，它表明通风系统各种设备、管道及主要配件的空间位置关系。

9.【答案】D

【解析】本题考查的是通风空调工程施工图的识读方法。通风管道和设备的安装高度用标高表示，圆形风管指管中心线标高，矩形风管指管底标高。

10.【答案】D

【解析】本题考查的是电气设备安装工程的图形符号和文字符号。⊗ 表示防水防尘灯。

11.【答案】D

【解析】本题考查的是电气设备安装工程的图形符号和文字符号。◒ 表示壁灯。

12.【答案】C

【解析】本题考查的是电气设备安装工程的图形符号和文字符号。●^ 表示双极单控暗开关。

13.【答案】B

【解析】本题考查的是电气设备安装工程的图形符号和文字符号。线路敷设方式中，MR 表示的是金属线槽。

14.【答案】D

【解析】本题考查的是电气设备安装工程的图形符号和文字符号。线路敷设方式中，SC 表示的是钢管。

15.【答案】C

【解析】本题考查的是给排水工程的图形符号和文字符号。 在给排水工程专业图纸中为地漏。

16.【答案】D

【解析】本题考查的是给排水工程的图形符号和文字符号。 在给排水工程专业图纸中为角阀。

17.【答案】B

【解析】本题考查的是给排水工程的图形符号和文字符号。 在给排水工程专业图纸中为水表。

18.【答案】A

【解析】本题考查的是通风空调工程的图形符号和文字符号。—ZS— 在通风空调工程专业图纸中为正压送风系统。

19.【答案】A

【解析】本题考查的是通风空调工程的图形符号和文字符号。 在通风空调工程专业图纸中为手动对开多叶调节阀。

20.【答案】B

【解析】本题考查的是通风空调工程的图形符号和文字符号。 在通风空调工程专业图纸中为风机。

21.【答案】B

【解析】本题考查的是消防工程的图形符号和文字符号。 在消防工程专业图纸中为烟感探测器。

22.【答案】A

【解析】本题考查的是消防工程的图形符号和文字符号。◉ 在消防工程专业图纸中为湿式报警阀。

23.【答案】C

【解析】本题考查的是消防工程的图形符号和文字符号。 在消防工程专业图纸中为水泵接合器。

二、多项选择题

1.【答案】ABDE

【解析】本题考查的是电气工程施工图的识读。电气设备安装工程施工图主要由以下几部分组成：①首页；②电气外线总平面图；③电气系统图；④电气平面图；⑤大样图。

2.【答案】BC

【解析】本题考查的是给排水工程施工图的识读。给排水工程施工图主要由以下几部分组成：①首页；②平面布置图；③系统图；④大样图。

3.【答案】CE

【解析】本题考查的是通风空调工程施工图的识读。通风空调工程施工图主要由以下几部分组成：①首页；②平面图；③剖面图；④系统图；⑤大样图。

4.【答案】ADE

【解析】本题考查的是电气设备安装工程的图形符号和文字符号。线路的文字标注基本格式为：$ab-c(d\times e+f\times g)$ i-jh，其中：a 为线缆编号，b 为型号，c 为线缆根数，d 为线缆线芯数，e 为线芯截面（mm^2），f 为 PE、N 线芯数，g 为线芯截面（mm^2），i 为线路敷设方式，j 为线路敷设部位，h 为线路敷设安装高度（m）。

5.【答案】AC

【解析】本题考查的是电气设备安装工程的图形符号和文字符号。电气图中 BV-5×10-SC40 的含义为 5 根截面为 $10mm^2$ 的导线穿 40mm 钢管敷设。

第7章　安装工程工程量清单的编制

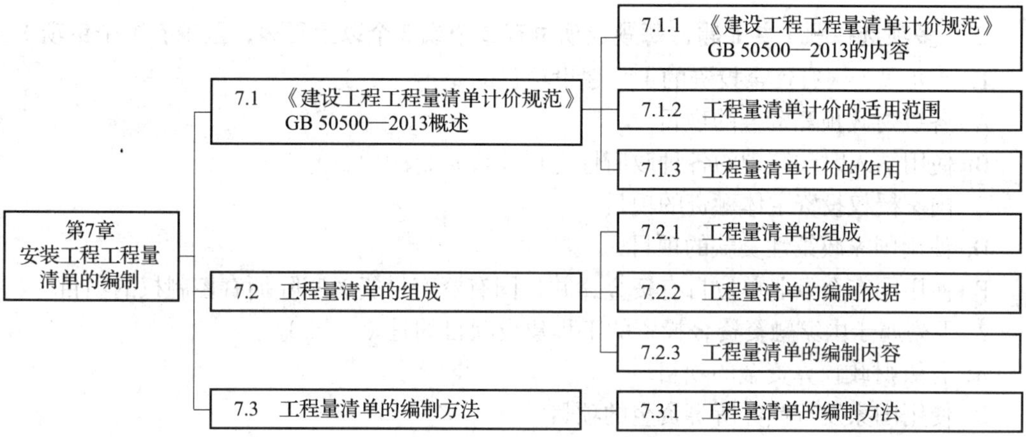

本章知识导图

本章习题精选

一、单项选择题（共6题，每题仅有1个选项正确）

1. 招标工程量清单应由具有编制招标文件能力的（　　）进行编制。

A. 招标人

B. 招标人或受其委托具有相应资质的中介机构

C. 招标人或受其委托具有相应资质的工程造价咨询人

D. 建设行政主管部门

2. 国有资金投资的工程建设项目不包括（　　）。

A. 使用各级财政预算资金的项目

B. 使用纳入财政管理的各种政府性专项建设资金的项目

C. 使用国有企事业单位自有资金，并且国有资产投资者实际拥有控制权的项目

D. 使用国家政策性贷款的项目

3. 招标工程量清单必须作为招标文件的组成部分，其准确性和完整性由（　　）负责。

A. 招标人　B. 投标人　C. 建设单位　D. 设计单位

4. 招标工程量清单应以（　　）为单位编制。

A. 建设项目　B. 单位（项）工程

C. 分部工程　D. 分项工程

5. 工程量清单不包括（　　）。

A. 分部分项工程项目清单　B. 措施项目清单

C. 其他项目清单　D. 附加税

6. 下列不是工程量清单编制依据的是（　　）。
A. 建设工程设计文件及相关资料
B. 国家或省级、行业建设主管部门颁发的计价定额和办法
C. 拟定的施工组织设计
D. 与建设工程有关的标准、规范、技术资料

二、多项选择题（共 6 题，每题选项中有 2 个或 2 个以上正确，至少有 1 个错项）

1. 下列属于国有资金投资的工程建设项目的是（　　）。
A. 各级财政预算资金的项目
B. 使用纳入财政管理的各种政府性专项建设资金的项目
C. 国家授权投资主体融资的项目
D. 使用国家政策性贷款的项目
E. 使用国有企事业单位自有资金，并且国有资产投资者实际拥有控制权的项目
2. 下列属于国家融资资金投资的工程建设项目的是（　　）。
A. 各级财政预算资金的项目
B. 使用国家发行债券所筹资金的项目
C. 国家授权投资主体融资的项目
D. 使用国家政策性贷款的项目
E. 使用国有企事业单位自有资金，并且国有资产投资者实际拥有控制权的项目
3. 下列属于国有资金（含国家融资资金）为主的工程建设项目的是（　　）。
A. 国有资金占投资总额 50% 以上
B. 国有资金占投资总额 60% 以上
C. 国有资金占投资总额 80% 以上
D. 国有资金占投资总额虽不足 50% 但国有投资者实质上拥有控股权
E. 国有资金占投资总额虽不足 60% 但国有投资者实质上拥有控股权
4. 下列关于工程量清单描述正确的是（　　）。
A. 在工程招标时，工程量清单是招标文件的组成部分
B. 工程量清单应由具有编制投标文件能力的投标人编制
C. 工程量清单应由受招标人委托且具有相应资质的中介机构进行编制
D. 招标工程量清单必须作为招标文件的组成部分，其准确性和完整性由招标人负责
E. 招标工程量清单必须作为投标文件的组成部分，其准确性和完整性由投标人负责
5. 工程量清单的编制内容不包括（　　）。
A. 编制说明　　B. 分部分项工程量清单
C. 其他项目清单　　D. 增值税项目清单
E. 变更说明
6. 下列选项中属于总说明内容的有（　　）。
A. 工程概况
B. 项目资金流动情况
C. 工程招标和专业工程发包范围

D. 工程质量、材料、施工等的特殊要求

E. 招标人自行采购材料的名称、规格型号、厂家等

本章习题解析

一、单项选择题

1.【答案】C

【解析】本题考查的是安装工程工程量清单的编制。招标工程量清单应由具有编制能力的招标人或受其委托、具有相应资质的工程造价咨询人编制。

2.【答案】D

【解析】本题考查的是工程量清单计价的适用范围。国有资金投资的工程建设项目包括：

（1）使用各级财政预算资金的项目。

（2）使用纳入财政管理的各种政府性专项建设资金的项目。

（3）使用国有企事业单位自有资金，并且国有资产投资者实际拥有控制权的项目。

3.【答案】A

【解析】本题考查的是工程量清单的组成。招标工程量清单必须作为招标文件的组成部分，其准确性和完整性由招标人负责。

4.【答案】B

【解析】本题考查的是工程量清单的组成。根据《建设工程工程量清单计价规范》GB 50500—2013，招标工程量清单应以单位（项）工程为单位编制。

5.【答案】D

【解析】本题考查的是工程量清单的组成。根据《建设工程工程量清单计价规范》GB 50500—2013，招标工程量清单应以单位（项）工程为单位编制，由分部分项工程项目清单、措施项目清单、其他项目清单、规费项目清单和税金项目清单组成。

6.【答案】C

【解析】本题考查的是工程量清单的编制依据。工程量清单的编制依据如下：

（1）《建设工程工程量清单计价规范》GB 50500—2013 和相关工程的国家计量规范。

（2）国家或省级、行业建设主管部门颁发的计价定额和办法。

（3）建设工程设计文件及相关资料。

（4）与建设工程有关的标准、规范、技术资料。

（5）拟定的招标文件。

（6）施工现场情况、地勘水文资料、工程特点及常规施工方案。

（7）其他相关资料。

二、多项选择题

1.【答案】ABE

【解析】本题考查的是工程量清单计价的适用范围。国有资金投资的工程建设项目包括：

（1）使用各级财政预算资金的项目。

（2）使用纳入财政管理的各种政府性专项建设资金的项目。

（3）使用国有企事业单位自有资金，并且国有资产投资者实际拥有控制权的项目。

2.【答案】BCD

【解析】本题考查的是工程量清单计价的适用范围。国家融资资金投资的工程建设项目包括：

（1）使用国家发行债券所筹资金的项目。

（2）使用国家对外借款或者担保所筹资金的项目。

（3）使用国家政策性贷款的项目。

（4）国家授权投资主体融资的项目。

（5）国家特许的融资项目。

3.【答案】AD

【解析】本题考查的是工程量清单计价的适用范围。国有资金（含国家融资资金）为主的工程建设项目是指国有资金占投资总额 50% 以上，或虽不足 50% 但国有投资者实质上拥有控股权的工程建设项目。

4.【答案】AD

【解析】本题考查的是工程量清单的编制。招标工程量清单应由具有编制能力的招标人或受其委托、具有相应资质的工程造价咨询人编制。招标工程量清单必须作为招标文件的组成部分，其准确性和完整性由招标人负责。

5.【答案】DE

【解析】本题考查的是工程量清单的编制内容。根据《建设工程工程量清单计价规范》GB 50500—2013，编制工程量清单的内容包括：

（1）编制说明。主要对工程项目的基本概况、工程量清单的编制依据、编制内容、工程质量标准要求及其他需要说明的内容等进行说明。

（2）分部分项工程量清单。

（3）措施项目清单。

（4）其他项目清单。

（5）规费项目清单。

（6）税金项目清单。

6.【答案】ACD

【解析】本题考查的是工程量清单的编制方法。总说明应按下列内容填写：

（1）工程概况：建设规模、工程特征、计划工期、施工现场实际情况、自然地理条件、环境保护要求等。

（2）工程招标和专业工程发包范围。

（3）工程量清单编制依据。

（4）工程质量、材料、施工等的特殊要求。

（5）其他需说明的问题。

第8章 安装工程工程量计算规则及应用

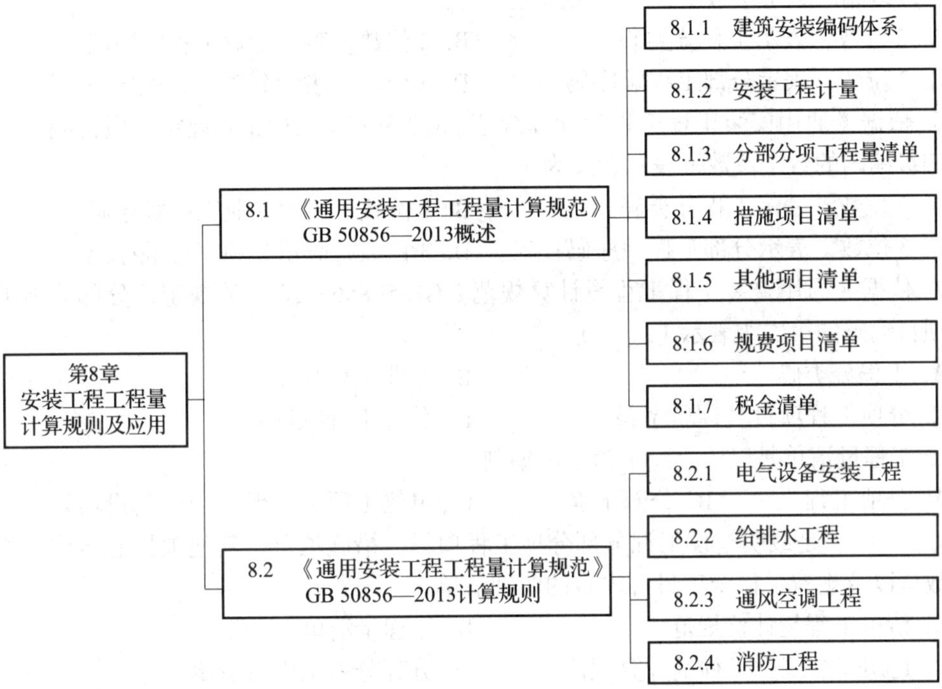

本章知识导图

本章习题精选

一、单项选择题（共 138 题，每题仅有 1 个选项正确）

1. 招投标阶段的工程计量是依据（　　）对拟建工程予以计量。

A. 安装施工图　　B. 实际完成的工程数量

C. 合同约定　　D. 竣工图

2. 分部分项工程工程量清单项目编码采用 12 位阿拉伯数字表示，设置（　　）级项目编码。

A. 3　　B. 4　　C. 5　　D. 6

3. 分部分项工程量清单项目编码采用 12 位阿拉伯数字表示，以（　　）的顺序进行项目编码设置。

A. 安装工程—安装分部工程—安装专业工程—安装分项工程—具体安装分项工程

B. 安装工程—安装专业工程—安装分部工程—安装分项工程—具体安装分项工程

C. 安装工程—安装专业工程—安装分项工程—安装分部工程—具体安装分项工程

D. 安装工程—安装分项工程—安装分部工程—安装专业工程—具体安装分项工程

4. 依据《通用安装工程工程量计算规范》GB 50856—2013 的规定，项目编码设置中的第二级编码的数字位数及表示含义为（　　）。

A. 2 位数，表示工程分类码　　B. 2 位数，表示专业工程顺序码

C. 2 位数，表示分部工程顺序码　　D. 3 位数，表示分项工程顺序码

5. 依据《通用安装工程工程量计算规范》GB 50856—2013 的规定，项目编码设置中的第三级编码的数字位数及表示含义为（　　）。

A. 2 位数，表示工程分类码　　B. 2 位数，表示专业工程顺序码

C. 2 位数，表示分部工程顺序码　　D. 3 位数，表示分项工程顺序码

6. 依据《通用安装工程工程量计算规范》GB 50856—2013 的规定，项目编码设置中的第四级编码的数字位数及表示含义为（　　）。

A. 2 位数，表示工程分类码　　B. 2 位数，表示专业工程顺序码

C. 3 位数，表示分部工程顺序码　　D. 3 位数，表示分项工程顺序码

7. 依据《通用安装工程工程量计算规范》GB 50856—2013 的规定，分部分项工程量清单项目编码的第二级表示（　　）。

A. 工程分类码　　B. 专业工程顺序码

C. 分项工程项目名称顺序码　　D. 分部工程顺序码

8. 工程量清单是以（　　）为单位编制。

A. 分项工程　　B. 分部工程　　C. 单位（项）工程　　D. 建设项目

9.（　　）是载明建设工程分部分项工程项目、措施项目、其他项目的名称、单位和相应数量以及规费、税金项目等内容的明细清单。

A. 清单工程量计价规范　　B. 工程量清单

C. 通用安装工程工程量计算规范　　D. 分部分项工程量清单

10. 汇总工程量时精确度取值：以“m^3、m^2、m、kg”为单位，应保留小数点后（　　）位数。

A. 4　　B. 3　　C. 2　　D. 1

11. 以“(　　)”为单位，应保留小数点后三位数字，第四位小数四舍五入。

A. m^2　　B. m^3　　C. kg　　D. t

12. 关于工程计量时每一项目汇总的有效位数，以下说法正确的是（　　）。

A. 以“t”为单位，应保留小数点后两位数字

B. 以“kg”为单位，应保留小数点后三位数字

C. 以“m”为单位，应保留小数点后两位数字

D. 以“组”为单位，应保留小数点后两位数字

13. 依据《通用安装工程工程量计算规范》GB 50856—2013，安装工程分类编码体系中，第一、二级编码为 0308，表示（　　）。

A. 电气设备安装工程　　B. 通风空调工程

C. 工业管道工程　　D. 消防工程

14. 依据《通用安装工程工程量计算规范》GB 50856—2013 的规定，编码 0310 所表示的专业工程为（　　）。

A. 消防工程　　B. 给排水、采暖、燃气工程

C. 通风空调工程　　D. 工业管道工程

15. 依据《通用安装工程工程量计算规范》GB 50856—2013 的规定，电气设备安装工程的编码是（　　）。

A. 0301　　B. 0302　　C. 0303　　D. 0304

16. 工业给水管道与市政工程管网工程的界限为（　　）。

A. 以厂区入口水表井为界

B. 以墙外皮 1.5m 为界

C. 以厂区入口第一个计量表（阀门）为界

D. 以与市政工程管网的碰头为界

17. 工业燃气管道与市政工程管网工程的界限为（　　）。

A. 以厂区入口水表井为界　　B. 以与市政工程管网的碰头为界

C. 以厂区入口的三通为界　　D. 以厂区入口第一个计量表（阀门）为界

18. 依据《通用安装工程工程量计算规范》GB 50856—2013，室外给水管道与市政管道界限划分应为（　　）。

A. 以项目厂区入口水表井为界　　B. 以项目厂区围墙外 1.5m 为界

C. 以项目厂区围墙外三通为界　　D. 以市政管道碰头井为界

19. 依据《通用安装工程工程量计算规范》GB 50856—2013，室外排水管道与市政管道界限划分应为（　　）。

A. 以项目厂区入口污水井为界　　B. 以项目厂区围墙外 3m 为界

C. 以市政管道碰头井为界　　D. 以项目厂区围墙外第一个污水井为界

20. 一个分部分项工程量清单应包括五个要件，即项目编码及（　　）。

A. 项目名称、项目特征、计量单位、工程量

B. 项目名称、项目特征、计量单位、工程内容

C. 项目名称、计量单位、工程量、工程内容

D. 项目名称、计量单位、工程量、计算规则

21. 在工程量清单中，最能体现分部分项工程项目自身价值的本质的是（　　）。

A. 项目特征　　B. 项目编码　　C. 项目名称　　D. 计量单位

22. 依据《通用安装工程工程量计算规范》GB 50856—2013，项目安装高度若超过基本高度，则应在“项目特征”中描述。对于附录 G“通风空调工程”，其基本安装高度为（　　）m。

A. 3.6　　B. 5　　C. 6　　D. 10

23. 依据《通用安装工程工程量计算规范》GB 50856—2013，项目安装高度若超过基本高度时，应在“项目特征”中描述。对于附录 D“电气设备安装工程”，其基本安装高度为（　　）m。

A. 3.6　　B. 5　　C. 6　　D. 10

24.（　　）指为完成工程项目施工，发生于该工程施工准备和施工过程中的技术、生活、安全、环境保护等方面的项目。

A. 其他项目　　B. 企业管理费　　C. 规费项目　　D. 措施项目

25. 措施项目中可以计算工程量的项目，宜采用（　　）的方式编制。

A. 分部分项工程量清单　　B. 其他项目清单
C. 总价措施项目清单　　D. 规费清单

26. 措施项目中不可以计算工程量的项目，以“(　　)”为计量单位。
A. 个　　B. 组　　C. 项　　D. 系统

27. 依据《通用安装工程工程量计算规范》GB 50856—2013 的规定，下列不属于措施项目费中安全文明施工费的是（　　）。
A. 环境保护费　　B. 临时设施费　　C. 夜间施工增加费　　D. 安全施工费

28. 下列费用项目中，不属于措施项目费的是（　　）。
A. 环境保护费　　B. 二次搬运费　　C. 工程定位复测费　　D. 总承包服务费

29. 二次搬运费属于（　　）。
A. 分部分项工程费　　B. 措施项目费
C. 规费　　D. 企业管理费

30. 依据《通用安装工程工程量计算规范》GB 50856—2013，下列项目中属于安全文明施工及其他措施项目的有（　　）。
A. 已完工程及设备保护　　B. 有害化合物防护
C. 高浓度氧气防护　　D. 脚手架搭拆费

31. 大型机械设备进出场及安拆，应按（　　）相关项目编码列项。
A.《房屋建筑与装饰工程工程量计算规范》GB 50854—2013
B.《通用安装工程工程量计算规范》GB 50856—2013
C.《市政工程工程量计算规范》GB 50857—2013
D.《园林绿化工程工程量计算规范》GB 50858—2013

32. 当拟建工程中有工艺钢结构预制安装和工业管道预制安装时，措施项目清单可列项（　　）。
A. 设备、管道施工的安全防冻和焊接保护
B. 工程系统检测、检验
C. 平台铺设、拆除
D. 金属抱杆安装拆除、移位

33. 当拟建工程中有三类容器制作、安装，有超过 10MPa 的高压管道敷设时，措施项目清单可列项（　　）。
A. 设备、管道施工的安全防冻和焊接保护
B. 工程系统检测、检验
C. 平台铺设、拆除
D. 金属抱杆安装拆除、移位

34. 当拟建工程有大于 40t 的设备安装时，措施项目清单可列项（　　）。
A. 设备、管道施工的安全防冻和焊接保护
B. 工程系统检测、检验
C. 平台铺设、拆除
D. 金属抱杆安装拆除、移位

35. 依据《通用安装工程工程量计算规范》GB 50856—2013 的规定，其他项目清单一

般包括（　　）。

A. 暂列金额、材料购置费、总承包服务费、计日工费

B. 总承包管理费、材料购置费、暂列金额、计日工费

C. 暂列金额、暂估价、计日工、总承包服务费

D. 暂列金额、总承包费、分包费、材料购置费

36. 依据《通用安装工程工程量计算规范》GB 50856—2013 的规定，下列选项中不属于其他项目清单的是（　　）。

A. 暂列金额　　B. 暂估价　　C. 计日工　　D. 税金

37. 招标人在工程量清单中提供的用于支付必然发生但暂不能确定价格的材料、工程设备的单价及专业工程的金额是（　　）。

A. 暂列金额　　B. 暂估价　　C. 总承包服务费　　D. 计日工

38. 关于计日工的说法正确的是（　　）。

A. 完成工程量清单中没有规定的项目所需要的费用

B. 完成工程量清单中暂列金额的项目所需要的费用

C. 按合同中约定的总价计价的一种方式

D. 完成招标人提出的施工合同以外的零星项目或工作

39. 根据《通用安装工程工程量计算规范》GB 50856—2013 附录 A 机械设备安装工程，工业炉烘炉应按规范（　　）相关项目编码列项。

A. 附录 A 机械设备安装工程

B. 附录 B 热力设备安装工程

C. 附录 D 静置设备与工艺金属结构制作安装工程

D. 附录 N 措施项目

40. 根据《通用安装工程工程量计算规范》GB 50856—2013 附录 A 机械设备安装工程，工作内容中已包括（　　），不得按措施项目单独列项。

A. 设备负荷试运转　　B. 联合试运转

C. 设备单机试运转　　D. 生产准备试运转

41. 根据《通用安装工程工程量计算规范》GB 50856—2013 附录 A 机械设备安装工程计算规范中，下列（　　）安装工作内容中包括设备的电气安装、调试。

A. 泵安装　　B. 输送设备安装

C. 压缩机安装　　D. 电梯安装

42. 根据《通用安装工程工程量计算规范》GB 50856—2013 附录 C 静置设备与工艺金属结构制作安装工程，静置设备压力是指（　　），以“MPa”表示。

A. 工作压力　　B. 工艺压力

C. 设计压力　　D. 容器内部压力

43. 根据《通用安装工程工程量计算规范》GB 50856—2013 附录 C 静置设备与工艺金属结构制作安装工程，容器组装项目特征中的到货状态是指（　　）运到施工现场。

A. 组装成整体　　B. 容器本体及内部固定件

C. 设备以分段或分片的结构状态　　D. 设备本体及内部固定件重量

44. 根据《通用安装工程工程量计算规范》GB 50856—2013 附录 C 静置设备与工艺

金属结构制作安装工程，球形罐组装如需进行焊接工艺评定，编制清单时应在（　　）中列项。

A. 无损检验　　B. 专业措施项目

C. 工业管道　　D. 自动化控制仪表

45.《通用安装工程工程量计算规范》GB 50856—2013 电气设备安装计算中，变压器油如需试验、化验、色谱分析应按该规范（　　）相关项目编码列项。

A. 附录 B 热力设备安装工程

B. 附录 C 静置设备与工艺金属结构制作安装工程

C. 附录 N 措施项目

D. 附录 H 工业管道工程

46.《通用安装工程工程量计算规范》GB 50856—2013 电气设备安装计算中，空气断路器的储气罐及储气罐至断路器的管路应按该规范（　　）相关项目编码列项。

A. 附录 B 热力设备安装工程

B. 附录 C 静置设备与工艺金属结构制作安装工程

C. 附录 N 措施项目

D. 附录 H 工业管道工程

47.《通用安装工程工程量计算规范》GB 50856—2013 电气设备安装计算中，互感器需描述的是（　　）。

A. 油过滤要求　　B. 容量（A）　　C. 电压等级（kV）　　D. 安装部位

48.《通用安装工程工程量计算规范》GB 50856—2013 电气设备安装计算中，软母线工程量计算规则是（　　）。

A. 按设计图示数量计算

B. 按设计图示尺寸以中心线长度计算

C. 按设计图示尺寸以单相长度计算（含预留长度）

D. 按设计图示尺寸以长度计算

49.《通用安装工程工程量计算规范》GB 50856—2013 电气设备安装计算中，工业按钮应该选用（　　）的项目名称。

A. 控制开关　　B. 控制器　　C. 其他电器　　D. 小电器

50.《通用安装工程工程量计算规范》GB 50856—2013 电气设备安装计算中，汽车充电桩应该选用（　　）的项目名称。

A. 控制开关　　B. 控制器　　C. 其他电器　　D. 小电器

51.《通用安装工程工程量计算规范》GB 50856—2013 电气设备安装计算中，小型安全变压器应该选用（　　）的项目名称。

A. 控制开关　　B. 控制器　　C. 其他电器　　D. 小电器

52.《通用安装工程工程量计算规范》GB 50856—2013 电气设备安装计算中，太阳能电池工作内容包括（　　）。

A. 防震支架安装　　B. 电池方阵铁架安装

C. 充放电　　D. 接地

53.《通用安装工程工程量计算规范》GB 50856—2013 电气设备安装计算中，22t 电动机为（ ）电动机。

A. 微型 B. 小型 C. 中型 D. 大型

54.《通用安装工程工程量计算规范》GB 50856—2013 电气设备安装计算中，轻轨滑触线终端预留长度为（ ）m/ 根。

A. 0.2 B. 0.5 C. 1.0 D. 0.8

55.《通用安装工程工程量计算规范》GB 50856—2013 电气设备安装计算中，电缆井、电缆排管、顶管，应按（ ）相关项目编码列项。

A.《房屋建筑与装饰工程工程量计算规范》GB 50854—2013

B.《市政工程工程量计算规范》GB 50857—2013

C.《通用安装工程工程量计算规范》GB 50856—2013

D.《园林绿化工程工程量计算规范》GB 50858—2013

56.《通用安装工程工程量计算规范》GB 50856—2013 电气设备安装计算中，电缆 VV–4×25 应按（ ）项目编码列项。

A. 控制电缆 B. 电力电缆 C. 预分支电缆 D. 井道电缆

57.《通用安装工程工程量计算规范》GB 50856—2013 电气设备安装计算中，电缆 KVV–4×25 应按（ ）项目编码列项。

A. 控制电缆 B. 电力电缆 C. 预分支电缆 D. 井道电缆

58.《通用安装工程工程量计算规范》GB 50856—2013 电气设备安装计算中，电力电缆工程量计算规则正确的是（ ）。

A. 按设计图示数量计算

B. 按设计图示尺寸以中心线长度计算

C. 按设计图示尺寸以长度计算（含预留长度及附加长度）

D. 按设计图示尺寸以长度计算

59.《通用安装工程工程量计算规范》GB 50856—2013 电气设备安装计算中，电力电缆至电动机预留长度正确的是（ ）m。

A. 1.5 B. 1.0 C. 0.5 D. 0.3

60. 某工程室外埋地敷设 1 根电缆 YJV_{23}–4×95+1×70，图示长度为 165m，依据《通用安装工程工程量计算规范》GB 50856—2013，计算该电缆铺砂、盖砖工程量为（ ）m。

A. 165 B. 166.98 C. 169.13 D. 171.44

61.《通用安装工程工程量计算规范》GB 50856—2013 电气设备安装计算中，防火隔板（ ）。

A. 按设计图示数量以“处”计算 B. 按设计图示尺寸以“m^2”计算

C. 按设计图示尺寸以“m”计算 D. 按设计图示尺寸以“kg”计算

62.《通用安装工程工程量计算规范》GB 50856—2013 电气设备安装计算中，利用桩基础做接地极，桩主筋应按（ ）计算。

A. 避雷网 B. 引下线 C. 均压环 D. 接地母线

63.《通用安装工程工程量计算规范》GB 50856—2013 电气设备安装计算中，用电缆作接地线，应按（ ）项目编码列项。

A. 附录 D 中电缆敷设 B. 附录 D 中户内接地母线

C. 附录 D 中户外接地母线　　　　D. 附录 D 中配线

64.《通用安装工程工程量计算规范》GB 50856—2013 电气设备安装计算中，用电线作接地线，应按（　　）项目编码列项。

A. 附录 D 中电缆敷设　　　　B. 附录 D 中户内接地母线

C. 附录 D 中户外接地母线　　　　D. 附录 D 中配线

65.《通用安装工程工程量计算规范》GB 50856—2013 电气设备安装计算中，利用柱主筋做引下线的，（　　）。

A. 每桩台下需焊接柱筋根数　　　　B. 应描述桩台下桩的根数

C. 需描述圈梁筋焊接根数　　　　D. 需描述柱筋焊接根数

66.《通用安装工程工程量计算规范》GB 50856—2013 电气设备安装计算中，利用圈梁筋作均压环的，（　　）。

A. 每桩台下需焊接柱筋根数　　　　B. 应描述桩台下桩的根数

C. 需描述圈梁筋焊接根数　　　　D. 需描述柱筋焊接根数

67.《通用安装工程工程量计算规范》GB 50856—2013 电气设备安装计算中，接地母线、引下线、避雷网附加长度是（　　）%。

A. 1.5　　　B. 2.5　　　C. 3.5　　　D. 3.9

68.《通用安装工程工程量计算规范》GB 50856—2013 电气设备安装计算中，避雷网工程量计算规则正确的是（　　）。

A. 按设计图示数量计算

B. 按设计图示尺寸以中心线长度计算

C. 按设计图示尺寸以长度计算（含附加长度）

D. 按设计图示尺寸以长度计算

69. 某工程接地母线热镀锌扁钢-40×4 按设计图示尺寸以长度计算工程量为 522m，依据《通用安装工程工程量计算规范》GB 50856—2013，计算该接地母线热镀锌扁钢-40×4 工程量为（　　）m。

A. 522　　　B. 529.83　　　C. 532.44　　　D. 542.36

70.《通用安装工程工程量计算规范》GB 50856—2013 电气设备安装计算中，10kV 以下导线架设工程量计算规则正确的是（　　）。

A. 按设计图示数量计算

B. 按设计图示尺寸以中心线长度计算

C. 按设计图示尺寸以长度计算（含预留长度）

D. 按设计图示尺寸以长度计算

71.《通用安装工程工程量计算规范》GB 50856—2013 电气设备安装计算中，10kV 以下杆上设备调试应按（　　）相关项目编码列项。

A. 杆上设备安装　　B. 变压器安装　　C. 配电装置安装　　D. 电气调整试验

72.《通用安装工程工程量计算规范》GB 50856—2013 电气设备安装计算中，架空导线架设进户线预留长度是（　　）m/ 根。

A. 1.5　　　B. 2.5　　　C. 3.5　　　D. 3.9

73.《通用安装工程工程量计算规范》GB 50856—2013 电气设备安装计算中，横担组装工作内容包含（　　）。

A. 施工定位　　B. 工地运输　　C. 导线架设　　D. 瓷瓶、金具组装

74.《通用安装工程工程量计算规范》GB 50856—2013 电气设备安装计算中，导线架设项目特征需描述的是（　　）。

A. 电压等级（kV）　　B. 跨越类型

C. 接地要求　　D. 瓷瓶型号、规格

75.《通用安装工程工程量计算规范》GB 50856—2013 电气设备安装计算中，杆上设备安装工作内容包括（　　）。

A. 工地运输　　B. 施工定位　　C. 支撑架安装　　D. 瓷瓶安装

76.《通用安装工程工程量计算规范》GB 50856—2013 电气设备安装计算中，配管工作内容包括（　　）。

A. 支架安装　　B. 钢索架设（拉紧装置安装）

C. 补刷（喷）油漆　　D. 瓷瓶安装

77.《通用安装工程工程量计算规范》GB 50856—2013 电气设备安装计算中，配线工程量计算规则正确的是（　　）。

A. 按设计图示数量计算

B. 按设计图示尺寸以中心线长度计算

C. 按设计图示尺寸以长度计算（含预留长度）

D. 按设计图示尺寸以长度计算

78.《通用安装工程工程量计算规范》GB 50856—2013 电气设备安装计算中，装饰灯清单不包括（　　）。

A. 标志灯　　B. 点光源艺术灯　　C. 诱导装饰灯　　D. 紫外线杀菌灯

79.《通用安装工程工程量计算规范》GB 50856—2013 电气设备安装计算中，配合机械设备及其他工艺的单体试车，应按该规范（　　）相关项目编码列项。

A. 附录 E 建筑智能化工程　　B. 附录 F 自动化控制仪表安装工程

C. 附录 A 机械设备安装工程　　D. 附录 N 措施项目

80.《通用安装工程工程量计算规范》GB 50856—2013 建筑智能化工程计算中，电缆 HH-10×2×0.5 应按（　　）项目编码列项。

A. 电力电缆　　B. 控制电缆　　C. 多芯电缆　　D. 大对数电缆

81.《通用安装工程工程量计算规范》GB 50856—2013 建筑智能化工程计算中，由国家或地方检测验收部门进行的检测验收应按该规范（　　）项目编码列项。

A. 附录 C 静置设备与工艺金属结构制作安装工程

B. 附录 D 电气设备安装工程

C. 附录 N 措施项目

D. 附录 E 建筑智能化工程

82. 某工程有单口非屏蔽信息插座 720 个，依据《通用安装工程工程量计算规范》GB 50856—2013 建筑智能化工程计算规范，该双绞线缆测试工程量为 720（　　）。

A. 个　　B. 链路　　C. 套　　D. 系统

83.《通用安装工程工程量计算规范》GB 50856—2013 通风空调工程计算中，通风空

调设备安装的地脚螺栓按（　　）。

A. 设计数量计算　B. 预留　C. 设备自带考虑　D. 现场制作安装

84.《通用安装工程工程量计算规范》GB 50856—2013 通风空调工程计算中，风机盘管安装的支架制作和安装（　　）。

A. 按附录 H 编码列项　B. 按附录 C 编码列项

C. 按附录 G 编码列项　D. 包含在工作内容中

85.《通用安装工程工程量计算规范》GB 50856—2013 通风空调工程计算中，空调器安装工作内容包括（　　）。

A. 试压　B. 调试及运行

C. 设备支架制作、安装　D. 过滤器安装

86.《通用安装工程工程量计算规范》GB 50856—2013 通风空调工程计算中，风机盘管安装项目特征需描述（　　）。

A. 试压要求　B. 材质　C. 类型　D. 质量

87.《通用安装工程工程量计算规范》GB 50856—2013 通风空调工程计算中，穿墙套管按展开面积计算，根据材质及厚度要求计入（　　）工程量中。

A. 通风管道　B. 通风管道部件　C. 通风设备　D. 设备部件

88.《通用安装工程工程量计算规范》GB 50856—2013 通风空调工程计算中，净化通风管的空气洁净度按（　　）级标准编制。

A. 10 000　B. 15 000　C. 50 000　D. 100 000

89.《通用安装工程工程量计算规范》GB 50856—2013 通风空调工程计算中，通风空调清单的弯头导流叶片数量按（　　）或规范要求计算。

A. 通风管道工程量　B. 通风设备工程量

C. 设计图纸　D. 空调设备工程量

90.《通用安装工程工程量计算规范》GB 50856—2013 通风空调工程计算中，通风空调清单编制，净化通风管使用的型钢材料如要求镀锌时，（　　）。

A. 通风管道项目特征中描述　B. 通风设备项目特征中描述

C. 支架形式中描述　D. 工作内容应注明支架镀锌

91.《通用安装工程工程量计算规范》GB 50856—2013 通风空调工程计算中，通风管道部件静压箱的面积计算：按设计图示尺寸以展开面积计算，不扣除（　　）的面积。

A. 开口　B. 阀门　C. 通风管件　D. 柔性接口

92.《通用安装工程工程量计算规范》GB 50856—2013 通风空调工程计算中，风管展开面积不包括（　　）部分面积。

A. 检查孔　B. 测定孔　C. 送风口　D. 风管、管口重叠

93.《通用安装工程工程量计算规范》GB 50856—2013 通风空调工程计算中，通风空调工程计算风管展开面积时，支管的风管中心线长度应以（　　）为准。

A. 主管与支管以其中心线交点划分　B. 主管中心线减去主管半边长度

C. 主管与支管咬口连接处　D. 主管与支管管口重叠处

94.《通用安装工程工程量计算规范》GB 50856—2013 通风空调工程计算中，关于通风空调管道的过跨风管落地支架制作、安装，表述错误的是（　　）。

A. 包含在工作内容中　　B. 在项目特征中描述
C. 单独列清单项目　　D. 描述支架设计要求

95.《通用安装工程工程量计算规范》GB 50856—2013 通风空调工程计算中，复合型风管工程量计算规则是（　　）。

A. 按设计图示内径尺寸以展开面积计算
B. 按设计图示中心线以长度计算
C. 按设计图示数量计算
D. 按设计图示外径尺寸以展开面积计算

96.《通用安装工程工程量计算规范》GB 50856—2013 通风空调工程计算中，通风部件清单如图纸要求用成品只安装不制作，在（　　）。

A. 工作内容应说明　　B. 项目特征应明确描述
C. 应按设计数量描述　　D. 应按设计要求描述制作

97.《通用安装工程工程量计算规范》GB 50856—2013 通风空调工程计算中，风管漏光试验、漏风试验工程量计算规则是（　　）。

A. 按设计图示内径尺寸以展开面积计算
B. 按设计图纸或规范要求以展开面积计算
C. 按设计图示数量计算
D. 按设计图示外径尺寸以展开面积计算

98.《通用安装工程工程量计算规范》GB 50856—2013 工业管道工程计算中，冷冻机组站内的管道安装应按该规范附录（　　）相关项目编码列项。

A. F 自动化控制仪表安装工程　　B. K 给排水工程
C. K 采暖工程　　D. H 工业管道工程

99.《通用安装工程工程量计算规范》GB 50856—2013 工业管道工程计算中，无损探伤管材表面超声波探伤的计量方法有（　　）。

A. 按管材无损探伤检测体积以“m^3”计算
B. 按管材表面探伤检测面积以“m^2”为计量单位
C. 按规范或设计技术要求计算
D. 按设计图示管道中心线以长度计算

100.《通用安装工程工程量计算规范》GB 50856—2013 工业管道工程计算中，下列关于工业管道安装工程按管件计算工程量的是（　　）。

A. 套管　　B. 仪表附件　　C. 配法兰的盲板　　D. 焊接盲板

101.《通用安装工程工程量计算规范》GB 50856—2013 消防工程计算中，末端试水装置，附件安装包括（　　）。

A. 连接管　　B. 压力表　　C. 排水管　　D. 喷头

102.《通用安装工程工程量计算规范》GB 50856—2013 消防工程计算中，减压孔板若在法兰盘内安装，其法兰（　　）。

A. 按附录 C 静置设备与工艺金属结构制作安装工程编码列项
B. 按附录 F 自动化控制仪表安装工程编码列项
C. 按附录 H 工业管道工程编码列项

D. 计入组价中

103.《通用安装工程工程量计算规范》GB 50856—2013 消防工程计算中，消防水炮有（　　）。

A. 自动控制水炮　　B. 计算机控制水炮

C. 智能控制水炮　　D. 自动化控制水炮

104.《通用安装工程工程量计算规范》GB 50856—2013 消防工程计算中，地下式消火栓安装包括（　　）。

A. 弯管底座　　B. 水龙头　　C. 挂架　　D. 自救卷盘

105.《通用安装工程工程量计算规范》GB 50856—2013 消防工程计算中，消防管道如需进行探伤，应按（　　）相关项目编码列项。

A. 附录 C 静置设备与工艺金属结构制作安装工程

B. 附录 F 自动化控制仪表安装工程

C. 附录 H 工业管道工程

D. 附录 N 措施项目

106.《通用安装工程工程量计算规范》GB 50856—2013 消防工程计算中，消防管道上的阀门、管道及设备支架制作安装，应按（　　）相关项目编码列项。

A. 附录 C 静置设备与工艺金属结构制作安装工程

B. 附录 F 自动化控制仪表安装工程

C. 附录 H 工业管道工程

D. 附录 K 给排水、采暖、燃气工程

107.《通用安装工程工程量计算规范》GB 50856—2013 消防工程计算中，水喷淋（雾）喷头安装部位应区分（　　）。

A. 天棚内　　B. 天棚外　　C. 有吊顶、无吊顶　　D. 支架上

108.《通用安装工程工程量计算规范》GB 50856—2013 消防工程计算中，末端试水装置安装中连接管及排水管安装（　　）。

A. 其工程量并入消防管道　　B. 按附录 F 自动化控制仪表安装工程计算

C. 按附录 H 工业管道工程计算　　D. 按附录 K 给排水、采暖、燃气工程计算

109.《通用安装工程工程量计算规范》GB 50856—2013 消防工程计算中，气体驱动装置管道安装已含（　　）。

A. 选择阀　　B. 卡、套连接件　　C. 气体喷头　　D. 系统调试

110.《通用安装工程工程量计算规范》GB 50856—2013 消防工程计算中，气体灭火系统调试，按气体灭火系统装置的（　　）以点计算。

A. 选择阀　　B. 气体喷头　　C. 瓶头阀　　D. 贮存装置

111.《通用安装工程工程量计算规范》GB 50856—2013 消防工程计算中，气体灭火系统贮存装置安装，包括（　　）等。

A. 选择阀　　B. 压力指示仪　　C. 电磁阀　　D. 喷头

112.《通用安装工程工程量计算规范》GB 50856—2013 消防工程计算中，泡沫液贮罐内如需充装泡沫液，应明确描述泡沫灭火剂（　　）。

A. 充装方式　　B. 充装数量　　C. 充装要求　　D. 充装品种、规格

113.《通用安装工程工程量计算规范》GB 50856—2013 消防工程计算中，线型探测器工程量（　　）。

A. 按设计图示长度以“m”计算　　B. 按设计图示数量以“个”计算

C. 按设计图示数量以“套”计算　　D. 按设计图示数量以“对”计算

114.《通用安装工程工程量计算规范》GB 50856—2013 消防工程计算中，点型探测器安装工作内容包括（　　）。

A. 接线盒　　B. 接线箱　　C. 底座安装　　D. 接口模块

115.《通用安装工程工程量计算规范》GB 50856—2013 消防工程计算中，水灭火管道工程量计算，不扣除阀门、管件及（　　）所占长度以延长米计算。

A. 水喷头　　B. 减压孔板　　C. 装饰板　　D. 各种组件

116.《通用安装工程工程量计算规范》GB 50856—2013 消防工程计算中，水喷淋（雾）喷头项目特征需描述（　　）。

A. 装饰盘设计要求　　B. 组装形式

C. 附件规格　　D. 压力等级

117.《通用安装工程工程量计算规范》GB 50856—2013 消防工程计算中，气体灭火系统贮存装置工作内容包括（　　），并应在项目特征中描述。

A. 调试　　B. 压力试验　　C. 充氩保护　　D. 气体增压

118.《通用安装工程工程量计算规范》GB 50856—2013 第 K.1 节给排水、采暖、燃气管道中，安装部位指管道安装在（　　）。

A. 墙内、墙外　　B. 室内、室外　　C. 天棚内、天棚外　　D. 埋地、地面

119.《通用安装工程工程量计算规范》GB 50856—2013 第 K.1 节给排水、采暖、燃气管道中，室内给水管道工程量按（　　），不扣除阀门及管件所占长度。

A. 设计图示管道长度以“m”计量　　B. 设计图示管道中心线长度以“m”计量

C. 设计图示数量以“m”计量　　D. 设计图示长度以“m”计量

120.《通用安装工程工程量计算规范》GB 50856—2013 第 K.3 节管道附件中，减压器、疏水器、倒流防止器等项目按设计数量以（　　）计算工程量。

A. 台　　B. 套　　C. 组　　D. 个

121.《通用安装工程工程量计算规范》GB 50856—2013 第 K.1 节给排水、采暖、燃气管道中，室外排水管道长度应（　　）长度计算。

A. 按上一个井中心至下一个井中心　　B. 扣除管道井

C. 扣除阀门井　　D. 扣除检查井

122.《通用安装工程工程量计算规范》GB 50856—2013 第 K.2 节支架及其他中，单件支架质量 100kg 以上的管道支吊架（　　）制作安装。

A. 执行钢结构　　B. 执行设备支吊架

C. 执行支架　　D. 执行铁构件

123.《通用安装工程工程量计算规范》GB 50856—2013 第 K.3 节管道附件中，减压器规格（　　）描述。

A. 按配置阀门规格　　B. 按压力表规格

C. 按低压侧管道规格　　D. 按高压侧管道规格

124.《通用安装工程工程量计算规范》GB 50856—2013 第 K.3 节管道附件中，减压器、疏水器、倒流防止器等项目包括（　　），项目特征应根据设计要求描述附件配置情况。

A. 组成与安装工作内容　　B. 电气接线

C. 调试　　D. 支架制作安装

125.《通用安装工程工程量计算规范》GB 50856—2013 第 K.4 节卫生器具中，下列属于给、排水附（配）件的是（　　）。

A. 阀门　　B. 水嘴　　C. 喷头　　D. 弯头

126.《通用安装工程工程量计算规范》GB 50856—2013 第 K.5 节供暖器具中，地板辐射采暖，包括与分集水器连接和（　　）用工。

A. 暖风机　　B. 热媒集配装置　　C. 集气罐　　D. 配合地面浇注

127.《通用安装工程工程量计算规范》GB 50856—2013 第 K.6 节采暖、给排水设备中，地源热泵机组，接管以及接管上的阀门、（　　）另行计算，应按相关项目编码列项。

A. 软接头　　B. 附件　　C. 调试　　D. 配件

128.《通用安装工程工程量计算规范》GB 50856—2013 第 K.9 节采暖、空调水工程系统调试，当采暖工程系统、空调水工程系统中管道工程量发生变化时，系统调试费用应（　　）。

A. 按投标报价计取　　B. 作相应调整

C. 按投标合同价包干　　D. 因以系统计量单价不作调整

129.《通用安装工程工程量计算规范》GB 50856—2013 中，医疗气体管道及附件应按本规范（　　）相关项目编码列项。

A. 附录 C 静置设备与工艺金属结构制作安装工程

B. 附录 F 自动化控制仪表安装工程

C. 附录 K 给排水、采暖、燃气管道工程

D. 附录 H 工业管道工程

130.《通用安装工程工程量计算规范》GB 50856—2013 第 M.1 节刷油工程中，设备筒体、管道表面积不包括（　　）。

A. 阀门　　B. 附属构筑物　　C. 法兰　　D. 人孔

131.《通用安装工程工程量计算规范》GB 50856—2013 第 M.1 节刷油工程中，金属结构刷油按金属结构的理论质量计量方法为（　　）。

A. 一般钢结构刷油以“t”为计量单位

B. 一般钢结构刷油以“kg”为计量单位

C. 一般钢结构刷油以“m”为计量单位

D. 一般钢结构刷油以“m^2”为计量单位

132.《通用安装工程工程量计算规范》GB 50856—2013 第 M.2 节防腐蚀涂料工程中，分层内容指设备、管道涂刷（　　）。

A. 遍数　　B. 漆膜厚度　　C. 每一层的内容　　D. 品种

133.《通用安装工程工程量计算规范》GB 50856—2013 第 M.2 节防腐蚀涂料工程中，计算设备、管道内壁防腐蚀工程量，当壁厚大于 10mm 时，按（　　）计算。

A. 长度　　B. 直径　　C. 外径　　D. 内径

134.《通用安装工程工程量计算规范》GB 50856—2013 第 M.4 节橡胶板及塑料板衬里工程中，带有超过总面积（　　）衬里零件的贮槽、塔类设备需说明。

A. 15%　　B. 10%　　C. 8%　　D. 5%

135.《通用安装工程工程量计算规范》GB 50856—2013 第 M.8 节绝热工程中，防潮层、保护层的层数指（　　）等。

A. 一布二油、两布三油　　B. 底层

C. 中间层　　D. 面层

136. 某工程首层车间通风空调系统安装工程，层高为 4m。风管采用薄钢板圆风管，法兰咬口连接，风管规格 ϕ630、板厚 δ=1.20、长度 42m。依据《通用安装工程工程量计算规范》GB 50856—2013 第 M.1 节刷油工程，计算该风管刷油工程量为（　　）m^2。

A. 83.08　　B. 82.01　　C. 80.08　　D. 78.01

137. 某工程首层车间通风空调系统安装工程，层高为 4m。风管采用镀锌薄钢板圆风管，法兰咬口连接，风管规格 ϕ630、板厚 δ=1.20、长度 26m，风管采用橡塑玻璃棉保温，保温厚度 δ=25。依据《通用安装工程工程量计算规范》GB 50856—2013 第 M.8 节绝热工程，计算该风管绝热工程量为（　　）m^3。

A. 1.34　　B. 1.36　　C. 1.37　　D. 1.38

138. 某工程首层车间通风空调系统安装工程，层高为 4m。风管采用镀锌薄钢板圆风管，法兰咬口连接，风管规格 ϕ450、板厚 δ=1.20、长度 42m，风管采用橡塑玻璃棉保温，保温厚度 δ=25，采用铁丝网做保护层。依据《通用安装工程工程量计算规范》GB 50856—2013 第 M.8 节绝热工程，计算该风管保护层工程量为（　　）m^2。

A. 66.26　　B. 67.35　　C. 63.72　　D. 62.64

二、多项选择题（共 105 题，每题选项中有 2 个或 2 个以上正确，至少有 1 个错项）

1. 关于分部分项工程量清单项目编码中第一、二位数字，说法正确的是（　　）。

A. 01- 房屋建筑与装饰工程　　B. 02- 通用安装工程

C. 04- 市政工程　　D. 05- 园林绿化工程

E. 06- 仿古建筑工程

2. 依据《通用安装工程工程量计算规范》GB 50856—2013 的规定，下列关于工程量清单项目编码的说法中，正确的有（　　）。

A. 第三级编码为分部工程顺序码，由三位数字表示

B. 分部分项工程量清单的项目编码，按五级设置，用十位阿拉伯数字表示

C. 第一级表示专业工程代码，编码 02 为通用安装工程

D. 第五级编码表示清单项目名称顺序码，采用三位数字（即第十、十一、十二位数字）表示

E. 在编制工程量清单时，在同一份工程量单中所列的分部分项工程清单项目的编码不得重码

3. 对分部分项工程工程量清单的项目编码，说法有误的是（　　）。

A. 分部分项工程工程量清单的项目编码，应采用十二位阿拉伯数字表示，一至九位应按标准附录的规定设置

B. 项目编码一、二位为专业工程顺序码

C. 项目编码三、四位为分部工程顺序码

D. 同一招标工程的项目编码不得有重码

E. 第五级编码表示清单项目名称顺序码，由清单编制人从 001 起编

4. 以（　　）为单位，应保留小数点后两位数字，第三位小数四舍五入。

A. m　　B. m^2

C. m^3　　D. t

E. kg

5. 关于工程计量时每一项目汇总工程量的有效位数应遵守的规定，下列说法正确的有（　　）。

A. 以“m”为单位，应保留三位小数，第四位小数四舍五入

B. 以“t”为单位，应保留三位小数，第四位小数四舍五入

C. 以“m^2”为单位，应保留两位小数，第三位小数四舍五入

D. 以“kg”为单位，应保留两位小数，第三位小数四舍五入

E. 以“组”“系统”为单位，应取整数

6. 安装工程工程量的计算除依据《通用安装工程工程量计算规范》GB 50856—2013 的各项规定外，还应依据（　　）文件。

A. 总体规划、统一标准

B. 建设工程设计文件及相关资料

C. 拟定的招标文件

D. 国家或省级、行业建设主管部门颁发的计价定额和办法

E. 施工现场情况、地勘水文资料、工程特点及常规施工方案

7. 下列属于分部分项工程量清单必须包括的五部分的是（　　）。

A. 项目编码　　B. 项目特征

C. 工程量计算规则　　D. 计量单位

E. 工作内容

8. 关于工业管道工程与市政管网工程的界限，说法正确的是（　　）。

A. 给水管道以厂区入口水表井为界

B. 给水管道以建筑外墙皮 1.5m 为界

C. 排水管道以厂区围墙外第一个污水井为界

D. 热力和燃气以厂区入口第一个计量表（阀门）为界

E. 排水管道以建筑外墙皮 3m 为界

9. 关于室外给排水、采暖、燃气工程与市政工程管网工程的界限说法正确的是（　　）。

A. 室外排水管道以市政管道碰头井为界

B. 室外给水管道以水表井为界

C. 室外采暖管道以市政管道碰头井为界

D. 室外采暖、燃气管道以计量表为界

E. 室外燃气管道以市政管道碰头井为界

10. 可以按《通用安装工程工程量计算规范》GB 50856—2013 相应项目执行的有（　　）。

A. 住宅小区的道路路灯安装工程

B. 厂区的庭院艺术喷泉等电气设备安装工程

C. 厂区入口水表井为界以外的给水管道

D. 市政管道碰头井为界以内的室外给排水、采暖、燃气管道

E. 市政道路的路灯安装工程

11. 关于安装工程工程量清单的补充项目，下列说法不正确的是（　　）。

A. 补充项目的编码应从 01B001 起顺序编制

B. 补充的工程量清单中需附有补充项目的名称、项目特征、工作内容

C. 补充的工程量清单中需附有补充项目的计量单位、工程量计算规则

D. 编制的补充项目需报市（县）级或行业工程造价管理机构备案

E. 同一招标工程的项目不得重码

12. 工程量清单补充项目的编码由安装工程的代码 03 与 B 和三位阿拉伯数字组成，并应从 03B001 起顺序编制，同一招标工程的项目不得重码，须附有补充项目的名称、计量单位、项目特征以及（　　）。

A. 工程量计算规则　　B. 工作内容

C. 定额编号　　D. 综合单价

E. 措施单价

13. 分部分项工程项目清单必须载明（　　）。

A. 项目名称　　B. 工程内容

C. 项目编码　　D. 项目特征

E. 工程量计算规则

14. 下列关于项目特征的描述，正确的有（　　）。

A. 项目特征是进行概算审查的依据　　B. 项目特征可凭经验填写

C. 项目特征是确定综合单价的依据　　D. 项目特征是进行投资估算的依据

E. 项目特征必须准确并且全面

15. 依据《通用安装工程工程量计算规范》GB 50856—2013，项目安装高度若超过基本高度时，应在“项目特征”中描述。基本安装高度为 5m 的专业工程有（　　）。

A. 附录 A 机械设备安装工程　　B. 附录 D 电气设备安装工程

C. 附录 E 建筑智能化工程　　D. 附录 J 消防工程

E. 附录 K 给排水、采暖、燃气工程

16. 依据《通用安装工程工程量计算规范》GB 50856—2013，项目安装高度若超过基本高度时，应在“项目特征”中描述。基本安装高度为 6m 的专业工程有（　　）。

A. 附录 A 机械设备安装工程　　B. 附录 D 电气设备安装工程

C. 附录 G 通风空调工程　　D. 附录 J 消防工程

E. 附录 M 刷油、防腐蚀、绝热工程

17. 关于工程量清单项目的计量单位，说法正确的是（　　）。

A. 清单项目工程量的计量单位均采用基本单位

B. 清单项目工程量的计量单位可以采用扩大单位

C. 有两个或两个以上计量单位的，应结合拟建工程的实际选择其中一个

D. 同一工程项目的计量单位应一致

E. 同一工程项目的计量单位可以不一致

18. 措施项目费是指为完成建设项目施工，发生于该工程施工前和施工过程中的技术、生活、安全、环境保护等方面的费用。下列属于措施项目费的是（　　）。

A. 财务费　　B. 夜间施工增加费

C. 管理人员工资　　D. 已完工程及设备保护费

E. 企业管理费

19. 下列费用中属于措施项目费的是（　　）。

A. 二次搬运费　　B. 夜间施工增加费

C. 环境保护费　　D. 社会保险费

E. 脚手架搭拆费

20. 依据《通用安装工程工程量计算规范》GB 50856—2013，措施项目清单中，下列属于专业措施项目的是（　　）。

A. 二次搬运　　B. 高层施工增加费

C. 焊接工艺评定　　D. 脚手架搭拆费

E. 夜间施工增加费

21. 依据《通用安装工程工程量计算规范》GB 50856—2013，下列属于安全文明施工及其他措施项目的是（　　）。

A. 安全文明施工　　B. 非夜间施工照明

C. 冬雨季施工增加　　D. 安装与生产同时进行施工增加

E. 二次搬运

22. 依据《通用安装工程工程量计算规范》GB 50856—2013，下列属于措施项目的是（　　）。

A. 环境保护　　B. 文明施工

C. 工程排污费　　D. 临时设施

E. 社会保险费

23. 依据《通用安装工程工程量计算规范》GB 50856—2013，以下安装工程工程量清单中的措施项目清单属于通用项目的是（　　）。

A. 环境保护　　B. 金属抱杆安装、拆除、移位

C. 胎（模）具制作安装拆除　　D. 夜间施工

E. 特殊地区施工增加

24. 依据《通用安装工程工程量计算规范》GB 50856—2013，下列项目中属于安全文明施工及其他措施项目的是（　　）。

A. 已完工程及设备保护　　B. 二次搬运

C. 高浓度氧气防护　　D. 高层施工增加

E. 吊装加固

25. 下列属于环境保护范围的是（　　）。

A. 现场施工机械设备降低噪声、防扰民措施
B. 水泥和其他易飞扬细颗粒建筑材料密闭存放或采取覆盖措施
C. 现场围挡的墙面美化
D. 施工现场操作场地的硬化
E. 工程防扬尘洒水
26. 下列属于文明施工范围的是（ ）。
A. 现场施工机械设备降低噪声、采取防扰民措施
B. 五牌一图
C. 现场围挡的墙面美化
D. 施工现场操作场地的硬化
E. 工程防扬尘洒水
27. 下列属于安全施工范围的是（ ）。
A. 现场施工机械设备降低噪声、防扰民措施
B. 消防设施与消防器材的配备
C. 三宝、四口、五临边
D. 施工现场操作场地的硬化
E. 建筑工地起重机械的检验检测
28. 下列属于临时设施范围的是（ ）。
A. 施工现场围挡
B. 现场围挡的墙面美化
C. 临时宿舍
D. 施工现场操作场地的硬化
E. 临时供电管线
29. 依据《通用安装工程工程量计算规范》GB 50856—2013 的规定，措施项目清单中，关于高层施工增加的规定，表述正确的是（ ）。
A. 单层建筑物檐口高度超过 20m，应分别列项
B. 多层建筑物超过 8 层时，应分别列项
C. 突出主体建筑物顶的电梯机房、水箱间、排烟机房等不计入檐口高度
D. 计算层数时，地下室不计入层数
E. 计算层数时，地下室计入层数
30. 依据《通用安装工程工程量计算规范》GB 50856—2013 的规定，下列（ ）可列“特殊地区施工增加”措施项目。
A. 高原、高寒地区
B. 有害气体产生区域
C. 高浓度氧气区域
D. 地震多发地区
E. 粉尘产生场所
31. 下列项目属于其他项目清单的是（ ）。
A. 专业工程暂估价
B. 计日工
C. 总承包服务费
D. 社会保险费
E. 暂列金额
32. 依据《通用安装工程工程量计算规范》GB 50856—2013 的规定，关于其他项目清单中的暂列金额，说法正确的是（ ）。

A. 用于工程合同签订时尚未确定或者不可预见的所需材料、工程设备、服务的采购等费用
B. 施工过程中出现质量问题或事故的处理费用
C. 施工中可能发生工程变更所需的费用
D. 合同约定调整因素出现时的合同价款调整及发生的索赔、现场签证确认等的费用
E. 不包括在合同价款中

33. 暂估价包括（　　）。
A. 材料暂估单价
B. 工程设备暂估单价
C. 专业工程暂估价
D. 暂列金额
E. 机械暂估价

34. 关于暂估价的说法错误的是（　　）。
A. 用于支付必然发生但暂时不能确定价格的材料、工程设备的单价以及专业工程的金额
B. 招标人在工程量清单中暂定并包括在合同价款中的一笔款项
C. 编制最高投标限价时，材料暂估价、工程设备暂估单价应按招标人在其他项目清单中列出的单价计入综合单价
D. 编制投标报价时，材料暂估价、工程设备暂估单价应按招标人在其他项目清单中列出的单价计入其他项目清单
E. 用于施工中可能发生工程变更所需的费用

35. 总承包服务费是指（　　）等服务所需的费用。
A. 总承包人为配合协调发包人进行专业工程发包
B. 对发包人自行采购的材料、工程设备等进行保管
C. 施工现场管理
D. 竣工资料汇总整理
E. 监督分包人

36. 根据《通用安装工程工程量计算规范》GB 50856—2013 附录 A 机械设备安装工程，各类泵安装以“台”为计量单位，深井泵设备总质量中包括（　　）的质量。
A. 支架
B. 电动机
C. 底座
D. 设备扬水管
E. 本体

37. 根据《通用安装工程工程量计算规范》GB 50856—2013 附录 A 机械设备安装工程，相关问题及说明正确的有（　　）。
A. 起重设备电气安装、调试按《通用安装工程工程量计算规范》GB 50856—2013 附录 D 电气设备安装工程相关项目编码列项
B. 钢结构及支架制作、安装，按《通用安装工程工程量计算规范》GB 50856—2013 附录 C 静置设备与工艺金属结构制作安装工程相关项目编码列项
C. 工业炉烘炉、设备负荷试运转、联合试运转、生产准备试运转，按《通用安装工程工程量计算规范》GB 50856—2013 附录 N 措施项目相关项目编码列项
D. 设备的除锈、刷漆（补刷漆除外）、保温及保护层安装，按《通用安装工程工程

量计算规范》GB 50856—2013 附录 L 刷油、防腐蚀、绝热工程相关项目编码列项

E. 大型设备安装所需的专用机具、专用垫铁、特殊垫铁和地脚螺栓应在清单项目特征中描述，组成完整的工程实体

38. 根据《通用安装工程工程量计算规范》GB 50856—2013 附录 C 静置设备与工艺金属结构制作安装工程，平台、桁架、管廊、设备框架、单梁结构质量计算中不扣除（　　）所占质量。

A. 孔眼　　B. 切角

C. 孔洞　　D. 配件

E. 人孔

39.《通用安装工程工程量计算规范》GB 50856—2013 附录 C 静置设备与工艺金属结构制作安装工程中，无损检验工程量清单项目有（　　）。

A. 射线探伤　　B. 超声波探伤

C. 磁粉探伤　　D. 整体热处理

E. 工艺评定

40.《通用安装工程工程量计算规范》GB 50856—2013 电气设备安装计算中，消弧线圈安装应包括（　　）。

A. 油过滤　　B. 干燥

C. 油漆　　D. 温控箱安装

E. 接地

41.《通用安装工程工程量计算规范》GB 50856—2013 电气设备安装计算中，油浸变压器项目特征应描述（　　）。

A. 容量（kV · A）　　B. 干燥要求

C. 温控箱型号、规格　　D. 油过滤要求

E. 接地

42.《通用安装工程工程量计算规范》GB 50856—2013 电气设备安装计算中，电容器项目特征应描述（　　）。

A. 容量（kV · A）　　B. 规格

C. 质量　　D. 安装部位

E. 接地

43.《通用安装工程工程量计算规范》GB 50856—2013 电气设备安装计算中，低压封闭式插接母线槽项目特征应描述（　　）。

A. 容量（A）　　B. 绝缘子类型

C. 线制　　D. 安装部位

E. 型号

44.《通用安装工程工程量计算规范》GB 50856—2013 电气设备安装计算中，配电箱清单项目特征必须描述的内容有（　　）。

A. 名称　　B. 型号

C. 接线端子材质、规格　　D. 端子板外部接线材质、规格

E. 接地方式

45.《通用安装工程工程量计算规范》GB 50856—2013 电气设备安装计算中，继电、信号屏工作内容包括（　　）。

A. 焊、压接线端子　　B. 盘柜配线、端子接线
C. 小母线安装　　D. 绝缘子安装
E. 接地

46.《通用安装工程工程量计算规范》GB 50856—2013 电气设备安装计算中，事故照明切换屏项目特征应描述（　　）。

A. 型号　　B. 质量
C. 接线端子材质、规格　　D. 端子板外部接线材质、规格
E. 小母线材质、规格

47.《通用安装工程工程量计算规范》GB 50856—2013 电气设备安装计算中，下列属于控制开关的是（　　）。

A. 刀型开关　　B. 组合控制开关
C. 声控开关　　D. 漏电保护开关
E. 限位开关

48.《通用安装工程工程量计算规范》GB 50856—2013 电气设备安装计算中，小电器包括（　　）。

A. 刀型开关　　B. 按钮
C. 风扇　　D. 测量表计
E. 水位电气信号装置

49.《通用安装工程工程量计算规范》GB 50856—2013 电气设备安装计算中，低压交流异步电动机项目特征应描述（　　）。

A. 型号　　B. 容量（kW）
C. 接地要求　　D. 安装方式
E. 接线端子材质、规格

50.《通用安装工程工程量计算规范》GB 50856—2013 电气设备安装计算中，电缆保护管清单项目特征描述必须描述的是（　　）。

A. 名称　　B. 材质
C. 规格　　D. 地形
E. 敷设方式

51.《通用安装工程工程量计算规范》GB 50856—2013 电气设备安装计算中，关于电缆预留长度的说法正确的是（　　）。

A. 电梯电缆与电缆架固定点 0.3m　　B. 电缆进入建筑物预留 2.0m
C. 电缆至电动机 0.3m　　D. 电力电缆终端头预留 1.5m
E. 电缆中间接头盒两端各预留 2.0m

52.《通用安装工程工程量计算规范》GB 50856—2013 电气设备安装计算中，电力电缆清单项目特征必须描述的是（　　）。

A. 种类　　B. 型号
C. 规格　　D. 敷设方式、部位

E. 电压等级（kV）

53.《通用安装工程工程量计算规范》GB 50856—2013 电气设备安装计算中，避雷引下线项目特征应描述的是（　　）。

A. 名称　　B. 材质

C. 规格　　D. 安装部位

E. 安装高度

54.《通用安装工程工程量计算规范》GB 50856—2013 电气设备安装计算中，线槽安装不扣除管路中间的（　　）所占长度。

A. 接线箱　　B. 接线盒

C. 灯头盒　　D. 开关盒

E. 配电箱

55.《通用安装工程工程量计算规范》GB 50856—2013 电气设备安装计算中，配管名称指（　　）等。

A. 暗配管　　B. 明配管

C. 波纹管　　D. 塑料管

E. 防爆管

56.《通用安装工程工程量计算规范》GB 50856—2013 电气设备安装计算中，配线形式指（　　）等敷设。

A. 管内穿线　　B. 线槽配线

C. 动力线路　　D. 在木结构，砖、混凝土结构

E. 沿支架

57.《通用安装工程工程量计算规范》GB 50856—2013 电气设备安装计算中，配线保护管（　　）时，应增设管路接线盒和拉线盒。

A. 管内导线截面为 70 ~ 95mm^2，长度每超过 30m

B. 管长度每超过 30m，无弯曲

C. 管长度每超过 20m，有 1 个弯曲

D. 管长度每超过 15m，有 2 个弯曲

E. 管长度每超过 8m，有 3 个弯曲

58.《通用安装工程工程量计算规范》GB 50856—2013 电气设备安装计算中，电气配管工程量清单项目特征应描述（　　）。

A. 名称　　B. 配置形式

C. 接地要求　　D. 敷设方式

E. 钢索材质、规格

59.《通用安装工程工程量计算规范》GB 50856—2013 电气设备安装计算中，关于导线的预留，说法正确的是（　　）。

A. 导线进出配电箱处要预留，预留长度为配电箱高

B. 电源与管内导线连接（管内穿线与软、硬母线接点）预留长度为 1.5m

C. 导线进出配电箱处要预留，预留长度为配电箱高 + 宽

D. 导线进入单独安装的闸刀开关，预留长度为 0.3m

E. 导线进入单独安装的闸刀开关，预留长度为 0.5m

60.《通用安装工程工程量计算规范》GB 50856—2013 电气设备安装计算中，下列属于普通灯具的是（　　）。

A. 软线吊灯　　B. 座灯头

C. 密闭灯　　D. 标志灯

E. 壁灯

61.《通用安装工程工程量计算规范》GB 50856—2013 电气设备安装计算规范中，高度标志（障碍）灯包括（　　）。

A. 烟囱标志灯　　B. 投光灯

C. 高塔标志灯　　D. 标志灯

E. 高层建筑屋顶障碍指示灯

62.《通用安装工程工程量计算规范》GB 50856—2013 电气设备安装计算中，表述正确的是（　　）。

A. 工厂灯包括工厂罩灯、标志灯等

B. 中杆灯是指安装在高度小于或等于 19m 的灯杆上的照明器具

C. 高杆灯是指安装在高度大于 19m 的灯杆上的照明器具

D. 高度标志（障碍）灯包括投光灯、泛光灯等

E. 医疗专用灯包括病房指示灯、病房暗脚灯、紫外线杀菌灯、无影灯等

63.《通用安装工程工程量计算规范》GB 50856—2013 电气设备安装计算中，功率大于 10kW 电动机及发电机启动调试用的（　　）应说明。

A. 人员　　B. 蒸汽

C. 电力　　D. 设备需烘干处理

E. 变压器空载试运转的电力消耗

64.《通用安装工程工程量计算规范》GB 50856—2013 建筑智能化工程计算中，大对数电缆敷设清单项目特征描述必须描述的内容有（　　）。

A. 名称　　B. 类别

C. 规格　　D. 线缆对数

E. 敷设方式

65.《通用安装工程工程量计算规范》GB 50856—2013 建筑智能化工程计算中，信息插座清单项目特征描述可不描述的有（　　）。

A. 安装高度　　B. 类别

C. 规格　　D. 进货方式

E. 安装方式

66.《通用安装工程工程量计算规范》GB 50856—2013 通风空调工程计算中，碳钢通风管道制作安装清单项目特征应描述（　　）。

A. 接口形式　　B. 材质

C. 类型　　D. 规格

E. 管件、法兰等附件及支架设计要求

67.《通用安装工程工程量计算规范》GB 50856—2013 通风空调工程计算中，风管展

开面积计算时，不扣除（　　）所占面积。

A. 阀门　　B. 散流器

C. 送风口　　D. 吸风口

E. 测定孔

68.《通用安装工程工程量计算规范》GB 50856—2013 通风空调工程计算中，柔性接口清单项目，描述正确的有（　　）。

A. 计量单位为“个”

B. 项目特征包括名称、规格、材质、形式、类型

C. 工作内容有柔性接口制作、安装

D. 工程量按设计图示尺寸以展开面积计算

E. 计量单位为“m^2”

69.《通用安装工程工程量计算规范》GB 50856—2013 通风空调工程计算中，通风管道部件，风口类制作安装清单的材质包括（　　）。

A. 复合材质　　B. 不锈钢

C. 塑料　　D. 玻璃钢

E. 铝及铝合金

70.《通用安装工程工程量计算规范》GB 50856—2013 通风空调工程计算中，通风空调工程量清单关于静压箱，下述正确的是（　　）。

A. 计量单位按“个”计算

B. 计量按设计展开面积计算应扣除开口的面积

C. 计量可以按设计展开面积计算

D. 工作内容包含了静压箱的制作、安装

E. 工作内容包含了支架的制作、安装

71.《通用安装工程工程量计算规范》GB 50856—2013 通风空调工程计算中，通风管道部件制作安装清单的消声器包括（　　）。

A. 消声弯头　　B. 阻抗复合式消声器

C. 卡普隆纤维管式消声器　　D. 矿棉管式消声器

E. 玻璃棉管式消声器

72.《通用安装工程工程量计算规范》GB 50856—2013 通风空调工程计算中，通风管道部件制作安装清单的碳钢风口、散流器、百叶窗包括（　　）。

A. 矩形空气分布器　　B. 旋转吹风口

C. 流线型散流器　　D. 测定孔

E. 活动箅式风口

73. 风管采用镀锌薄钢板矩形风管、法兰咬口连接，风管规格 1 000×300，板厚 δ=1.20，依据《通用安装工程工程量计算规范》GB 50856—2013，正确描述该风管的是（　　）。

A. 镀锌薄钢板通风管道　　B. 1 000×300

C. δ=1.2　　D. 顶棚内

E. 法兰咬口连接

74. 某工程首层车间通风空调系统安装工程，层高为4m，采用1台恒温恒湿机进行室内空气调节，并配合土建砌筑混凝土基础和预埋地脚螺栓安装，其型号为YSL-DHS-225，外形尺寸为1 200×1 100×1 900。依据《通用安装工程工程量计算规范》GB 50856—2013，正确描述该恒温恒湿机的是（　　）。

A. 恒温恒湿机　　B. YSL-DHS-225

C. 地脚螺丝配置　　D. 落地安装

E. 橡胶隔振垫 δ =2

75.《通用安装工程工程量计算规范》GB 50856—2013工业管道工程计算中，低压碳钢管项目特征应包含（　　）。

A. 材质　　B. 安装位置

C. 连接形式　　D. 焊接方法

E. 规格

76.《通用安装工程工程量计算规范》GB 50856—2013工业管道工程计算中，工业管道工程应纳入措施项目的有（　　）。

A. 压力试验　　B. 组装平台搭拆

C. 管道防冻和焊接保护　　D. 高压管道检验

E. 无损检验

77.《通用安装工程工程量计算规范》GB 50856—2013工业管道工程计算中，工业管道脱脂介质种类有（　　）。

A. 酒精　　B. 四氯化碳

C. 丙酮　　D. 蒸汽

E. 三氯乙烯

78.《通用安装工程工程量计算规范》GB 50856—2013消防工程计算中，水灭火管道工程量计算，不扣除（　　）所占长度以延长米计算。

A. 阀门　　B. 套管

C. 管件　　D. 软管

E. 各种组件

79.《通用安装工程工程量计算规范》GB 50856—2013消防工程计算中，水喷淋（雾）喷头安装部位应区分（　　）。

A. 嵌入　　B. 有吊顶

C. 吸顶　　D. 无吊顶

E. 支架上

80.《通用安装工程工程量计算规范》GB 50856—2013消防工程计算中，报警装置安装说法正确的是（　　）。

A. 适用于干湿两用报警装置

B. 适用于电动雨淋报警装置

C. 不包括装配管的安装

D. 包括水力警铃进水管安装

E. 适用于预作用报警装置

81.《通用安装工程工程量计算规范》GB 50856—2013 消防工程计算中，湿式报警装置包括（　　）等。

A. 加速器　　B. 延时器
C. 泄放试验阀　　D. 压力开关
E. 过滤器

82.《通用安装工程工程量计算规范》GB 50856—2013 消防工程计算中，温感式水幕装置包括（　　）等的安装。

A. 给水三通至喷头　　B. 各种组件
C. 阀门间的管道　　D. 阀门
E. 喷头

83.《通用安装工程工程量计算规范》GB 50856—2013 消防工程计算中，气体灭火管道工程量计算，不扣除（　　）所占长度以延长米计算。

A. 套管　　B. 管件
C. 软管　　D. 阀门
E. 各种组件

84.《通用安装工程工程量计算规范》GB 50856—2013 消防工程计算中，无管网气体灭火系统由（　　）等组成。

A. 柜式预制灭火装置　　B. 火灾探测器
C. 火灾自动报警灭火控制器　　D. 灭火剂存储器
E. 压力指示仪

85.《通用安装工程工程量计算规范》GB 50856—2013 消防工程计算中，点型探测器包括（　　）可燃气体探测器等。

A. 火焰　　B. 线型
C. 烟感　　D. 温感
E. 红外光束

86.《通用安装工程工程量计算规范》GB 50856—2013 消防工程计算中，自动报警系统调试是指对（　　）等组成的报警系统调试。

A. 报警控制器　　B. 报警按钮
C. 各种探测器　　D. 控制阀
E. 报警器

87.《通用安装工程工程量计算规范》GB 50856—2013 消防工程计算中，关于管道界限的划分说法正确的是（　　）。

A. 喷淋系统水灭火管道：室内外界限应以建筑物外墙皮 1.5m 为界，入口处设阀门者应以阀门为界
B. 喷淋系统水灭火管道：设在高层建筑物内消防泵间管道应以泵间外墙皮为界
C. 消火栓管道：给水管道室内外界限划分应以外墙皮 1.5m 为界，入口处设阀门者应以阀门为界
D. 与工业管道给水管道的界限：以与工业给水管道碰头点（井）为界
E. 与市政给水管道的界限：以与市政给水管道碰头点（井）为界

88. 某工程办公楼，层高4.0m，吊顶距地3.2m；简易自动喷水灭火系统由消防水源、湿式报警阀、ZSJZ型水流指示器、ZSTX-15A快速响应洒水喷头（带装饰盘）、末端试水装置、管道、水泵接合器等设施组成。依据《通用安装工程工程量计算规范》GB 50856—2013，水喷淋喷头项目特征描述应包括（　　）。

A. 有吊顶

B. ZSTX-15A下垂型快速响应玻璃球洒水喷头

C. 连接形式：丝接

D. 总线制

E. 带装饰盘

89.《通用安装工程工程量计算规范》GB 50856—2013第K.1节给排水、采暖、燃气管道中，管道输送介质是指（　　）等。

A. 给水　　B. 蒸汽

C. 雨水　　D. 热媒体

E. 中水

90.《通用安装工程工程量计算规范》GB 50856—2013第K.1节给排水、采暖、燃气管道中，排水管道安装包括（　　）。

A. 阻火圈　　B. 套管

C. 立管检查口　　D. 支架

E. 透气帽

91.《通用安装工程工程量计算规范》GB 50856—2013第K.1节中，室外管道碰头指（　　）。

A. 适用于新建或扩建工程热源、水源、气源管道与原（旧）有管道碰头

B. 带介质管道碰头包括开关闸、临时放水管线铺设等费用

C. 室内外管道碰头

D. 热源管道碰头每处包括供、回水两个接口

E. 碰头形式指带介质碰头、不带介质碰头

92.《通用安装工程工程量计算规范》GB 50856—2013第K.1节中，给排水、采暖、燃气管道工程量计算不扣除（　　）所占长度。

A. 减压器　　B. 疏水器

C. 水表　　D. 卫生器具

E. 构筑物

93.《通用安装工程工程量计算规范》GB 50856—2013第K.3节管道附件中，塑料阀门连接形式需描述（　　）等方式。

A. 螺纹连接　　B. 法兰连接

C. 热熔连接　　D. 粘接

E. 热风焊接

94.《通用安装工程工程量计算规范》GB 50856—2013第K.4节卫生器具中，成品卫生器具项目中的附件安装，主要指给水附件包括（　　）等。

A. 存水弯　　B. 水嘴

C. 阀门　　D. 喷头

E. 排水栓

95.《通用安装工程工程量计算规范》GB 50856—2013 第 K.4 节中，成品卫生器具项目中的排水配件包括（　　）等。

A. 存水弯　　B. 阀门

C. 下水口　　D. 喷头

E. 排水栓

96.《通用安装工程工程量计算规范》GB 50856—2013 给排水、采暖、燃气工程计算规范第 K.4 节中，成品卫生器具项目中的给、排水附（配）件是指独立安装的（　　）等。

A. 检查口　　B. 排水栓

C. 水嘴　　D. 地漏

E. 地面扫出口

97.《通用安装工程工程量计算规范》GB 50856—2013 给排水、采暖、燃气工程计算规范第 K.6 节采暖、给排水设备中，变频给水设备、稳压给水设备、无负压给水设备安装说明应分别列项计算，下述正确的是（　　）。

A. 泵组底座安装，不包括基础砌（浇）筑，应按现行国家标准《市政工程工程量计算规范》GB 50857—2013 相关项目编码列项

B. 压力容器包括气压罐、稳压罐、无负压罐

C. 水泵包括主泵及备用泵，应注明数量

D. 附件包括给水装置中配备的阀门、仪表、软接头，应注明数量，含设备、附件之间管路连接

E. 控制柜安装及电气接线、调试应按本规范附录 D 电气设备安装工程相关项目编码列项

98.《通用安装工程工程量计算规范》GB 50856—2013 给排水、采暖、燃气工程计算中，管道界限的划分说明正确的是（　　）。

A. 给水管道室内外界限划分：以建筑物外市政阀门井为界

B. 给水管道室内外界限划分：以建筑物外墙皮 1.5m 为界，入口处设阀门者以阀门为界

C. 排水管道室内外界限划分：以出户第一个排水检查井为界

D. 采暖管道室内外界限划分：以建筑物外墙皮 1.5m 为界，入口处设阀门者以阀门为界，室外设有采暖入口装置者以入口装置循环管三通为界

E. 燃气管道室内外界限划分：地下引入室内的管道以室内第一个阀门为界，地上引入室内的管道以墙外三通为界

99. 某工程使用 *DN*32J11W-10T 螺纹阀门，依据《通用安装工程工程量计算规范》GB 50856—2013，项目特征描述正确的是（　　）。

A. J11W-10T 截止阀　　B. 铜

C. 法兰连接　　D. *DN*32 低压

E. 丝接

100.《通用安装工程工程量计算规范》GB 50856—2013 第 M.1 节刷油工程中，结构类型指涂刷金属结构的类型，如（　　）等类型。

A. 矩形管道　　B. 一般钢结构

C. 管廊钢结构　　D. H 型钢钢结构

E. 铸铁、暖气片

101.《通用安装工程工程量计算规范》GB 50856—2013 第 M.1 节刷油工程中，设备筒体、管道表面积包括管件（　　）。

A. 阀门　　B. 附属构筑物

C. 法兰　　D. 人孔

E. 管口凹凸部分

102.《通用安装工程工程量计算规范》GB 50856—2013 第 M.1 节刷油工程中，金属结构刷油的计量方法有（　　）。

A. 按设计图示表面积计算

B. 按一般钢结构的理论质量计算

C. 以平方米计量，按设计图示表面积尺寸以面积计算

D. 以千克计量，按金属结构的理论质量计算

E. 按管廊钢结构的理论质量计算

103.《通用安装工程工程量计算规范》GB 50856—2013 第 M.8 节绝热工程中，防潮层、保护层项目特征需描述对象指管道（　　）。

A. 保温盒　　B. 设备

C. 通风管道　　D. 阀门

E. 法兰

104. 根据《通用安装工程工程量计算规范》GB 50856—2013，由国家或地方检测部门进行的各类检测，指安装工程不包括的属经营服务性项目，如（　　）等。

A. 通电测试　　B. 防雷装置检测

C. 消防工程检测　　D. 有害气体检测

E. 室内空气质量检测

105. 根据《通用安装工程工程量计算规范》GB 50856—2013，应按其他措施编码列项的有（　　）。

A. 消防工程检测　　B. 工业炉烘炉

C. 联合试运转　　D. 安装工程设备场外运输

E. 设备负荷试运转

本章习题解析

一、单项选择题

1.【答案】A

【解析】本题考查的是《通用安装工程工程量计算规范》GB 50856—2013 的概述。招投标阶段的工程计量是依据安装施工图对拟建工程予以计量，项目实施阶段的工程计量是根据合同约定及实际完成的安装工程数量进行计量，竣工验收阶段的工程计量是依据竣工

图对安装工程进行最终确认。

2.【答案】C

【解析】本题考查的是建筑安装编码体系。按照《通用安装工程工程量计算规范》GB 50856—2013 的规定，分部分项工程量清单项目编码采用 12 位阿拉伯数字表示，以“安装工程—安装专业工程—安装分部工程—安装分项工程—具体安装分项工程”的顺序进行五级项目编码设置。

3.【答案】B

【解析】本题考查的是建筑安装编码体系。按照《通用安装工程工程量计算规范》GB 50856—2013 的规定，分部分项工程量清单项目编码采用 12 位阿拉伯数字表示，以“安装工程—安装专业工程—安装分部工程—安装分项工程—具体安装分项工程”的顺序进行五级项目编码设置。

4.【答案】B

【解析】本题考查的是建筑安装编码体系。第二级编码表示各专业工程，采用两位数字（即第三、四位数字）表示。

5.【答案】C

【解析】本题考查的是建筑安装编码体系。第三级编码表示各专业工程下的各分部工程，采用两位数字（即第五、六位数字）表示。

6.【答案】D

【解析】本题考查的是建筑安装编码体系。第四级编码表示各分部工程的各分项工程，即表示清单项目。采用三位数字（即第七、八、九位数字）表示。

7.【答案】B

【解析】本题考查的是建筑安装编码体系。第二级编码表示各专业工程，采用两位数字（即第三、四位数字）表示。

8.【答案】C

【解析】本题考查的是建筑安装编码体系。工程量清单是以单位（项）工程为单位编制。

9.【答案】B

【解析】本题考查的是安装工程计量。工程量清单是载明建设工程分部分项工程项目、措施项目、其他项目的名称、单位和相应数量以及规费、税金项目等内容的明细清单。

10.【答案】C

【解析】本题考查的是安装工程计量。汇总工程量时，其精确度取值：以“m^3”“m^2”“m”“kg”为单位，应保留两位小数；以“t”为单位，应保留三位小数；以“台”“套”或“件”等为单位，应取整数，两位或三位小数后的位数按四舍五入法取舍。

11.【答案】D

【解析】本题考查的是安装工程计量。汇总工程量时，其精确度取值：以“m^3”“m^2”“m”“kg”为单位，应保留两位小数；以“t”为单位，应保留三位小数；以“台”“套”或“件”等为单位，应取整数，两位或三位小数后的位数按四舍五入法取舍。

12.【答案】C

【解析】本题考查的是安装工程计量。汇总工程量时，其精确度取值：以“m^3”“m^2”

“m”“kg”为单位，应保留两位小数；以“t”为单位，应保留三位小数；以“台”“套”或“件”等为单位，应取整数，两位或三位小数后的位数按四舍五入法取舍。

13.【答案】C

【解析】本题考查的是安装工程计量。电气设备安装工程编码为“0304”，通风空调工程编码为“0307”，工业管道工程编码为“0308”，消防工程编码为“0309”。

14.【答案】B

【解析】本题考查的是安装工程计量。消防工程编码为“0309”，给排水、采暖、燃气工程编码为“0310”，通风空调工程编码为“0307”，工业管道工程编码为“0308”。

15.【答案】D

【解析】本题考查的是安装工程计量。在《通用安装工程工程量计算规范》GB 50856—2013 中，按专业、设备特征或工程类别分为机械设备安装工程、热力设备安装工程等 13 部分，形成附录 A ~ 附录 N，具体为：

（1）附录 A 机械设备安装工程（编码：0301）；

（2）附录 B 热力设备安装工程（编码：0302）；

（3）附录 C 静置设备与工艺金属结构制作安装工程（编码：0303）；

（4）附录 D 电气设备安装工程（编码：0304）；

（5）附录 E 建筑智能化工程（编码：0305）；

（6）附录 F 自动化控制仪表安装工程（编码：0306）；

（7）附录 G 通风空调工程（编码：0307）；

（8）附录 H 工业管道工程（编码：0308）；

（9）附录 J 消防工程（编码：0309）；

（10）附录 K 给排水、采暖、燃气工程（编码：0310）；

（11）附录 L 通信设备及线路工程（编码：0311）；

（12）附录 M 刷油、防腐蚀、绝热工程（编码：0312）；

（13）附录 N 措施项目（编码：0313）。

16.【答案】A

【解析】本题考查的是《通用安装工程工程量计算规范》GB 50856—2013 与其他计量规范相关内容的界线划分。工业管道工程与市政工程管网工程的界限：给水管道以厂区入口水表井为界，排水管道以厂区围墙外第一个污水井为界，热力和燃气以厂区入口第一个计量表（阀门）为界。

17.【答案】D

【解析】本题考查的是《通用安装工程工程量计算规范》GB 50856—2013 与其他计量规范相关内容的界线划分。工业管道工程与市政工程管网工程的界限：给水管道以厂区入口水表井为界，排水管道以厂区围墙外第一个污水井为界，热力和燃气以厂区入口第一个计量表（阀门）为界。

18.【答案】D

【解析】本题考查的是《通用安装工程工程量计算规范》GB 50856—2013 与其他计量规范相关内容的界线划分。安装给排水、采暖、燃气工程与市政工程管网工程的界定：室外给排水、采暖、燃气管道以市政管道碰头井为界（如给水管道有水表井的以水表井为界）。

19.【答案】C

【解析】本题考查的是《通用安装工程工程量计算规范》GB 50856—2013 与其他计量规范相关内容的界线划分。安装给排水、采暖、燃气工程与市政工程管网工程的界定：室外给排水、采暖、燃气管道以市政管道碰头井为界（如给水管道有水表井的以水表井为界）。

20.【答案】A

【解析】本题考查的是分部分项工程量清单。在编制分部分项工程量清单时，应根据《通用安装工程工程量计算规范》GB 50856—2013 规定的项目编码、项目名称、项目特征、计量单位和工程量计算规则进行编制，即一个分部分项工程量清单应包括五个要件：项目编码、项目名称、项目特征、计量单位和工程量，这五个要件在分部分项工程项目清单的组成中缺一不可。

21.【答案】A

【解析】本题考查的是分部分项工程量清单。项目特征是指构成分部分项工程量清单项目、措施项目自身价值的本质特征。

22.【答案】C

【解析】本题考查的是分部分项工程量清单。项目安装高度若超过基本高度时，应在“项目特征”中描述。《通用安装工程工程量计算规范》GB 50856—2013 安装工程各附录基本安装高度为：“附录 A 机械设备安装工程”10m，“附录 D 电气设备安装工程”5m，“附录 E 建筑智能化工程”5m，“附录 G 通风空调工程”6m，“附录 J 消防工程”5m，“附录 K 给排水、采暖、燃气工程”3.6m，附录 M“刷油、防腐蚀、绝热工程”6m。

23.【答案】B

【解析】本题考查的是分部分项工程量清单。项目安装高度若超过基本高度时，应在“项目特征”中描述。《通用安装工程工程量计算规范》GB 50856—2013 安装工程各附录基本安装高度为：“附录 A 机械设备安装工程”10m，“附录 D 电气设备安装工程”5m，“附录 E 建筑智能化工程”5m，“附录 G 通风空调工程”6m，“附录 J 消防工程”5m，“附录 K 给排水、采暖、燃气工程”3.6m，“附录 M 刷油、防腐蚀、绝热工程”6m。

24.【答案】D

【解析】本题考查的是措施项目清单。措施项目指为完成工程项目施工，发生于该工程施工准备和施工过程中的技术、生活、安全、环境保护等方面的项目。

25.【答案】A

【解析】本题考查的是措施项目清单。措施项目中可以计算工程量的项目，宜采用分部分项工程量清单的方式编制。

26.【答案】C

【解析】本题考查的是措施项目清单。对不可以计算工程量的项目，以“项”为计量单位。

27.【答案】C

【解析】本题考查的是措施项目清单。依据《通用安装工程工程量计算规范》GB 50856—2013 的规定，安全文明施工费包括环境保护、文明施工、安全施工、临时设施费。

28.【答案】D

【解析】本题考查的是措施项目清单。依据《通用安装工程工程量计算规范》

GB 50856—2013 的规定，环境保护费、二次搬运费、工程定位复测费属于安全文明施工及其他措施项目。

29.【答案】B

【解析】本题考查的是措施项目清单。依据《通用安装工程工程量计算规范》GB 50856—2013 的规定，二次搬运费属于措施项目中的安全文明施工及其他措施项目。

30.【答案】A

【解析】本题考查的是措施项目清单。依据《通用安装工程工程量计算规范》GB 50856—2013 的规定，安全文明施工、夜间施工、非夜间施工、二次搬运、冬雨季施工增加、已完工程及设备保护、高层施工增加属于措施项目中的安全文明施工及其他措施项目。

31.【答案】A

【解析】本题考查的是措施项目清单。大型机械设备进出场及安拆，应按《房屋建筑与装饰工程工程量计算规范》GB 50854—2013 相关项目编码列项。

32.【答案】C

【解析】本题考查的是措施项目清单。当拟建工程中有工艺钢结构预制安装和工业管道预制安装时，措施项目清单可列项“平台铺设、拆除”。

33.【答案】B

【解析】本题考查的是措施项目清单。当拟建工程中有三类容器制作、安装，有超过10MPa 的高压管道敷设时，措施项目清单可列项“工程系统检测、检验”。

34.【答案】D

【解析】本题考查的是措施项目清单。当拟建工程有大于 40t 的设备安装时，措施项目清单可列项“金属抱杆安装拆除、移位”。

35.【答案】C

【解析】本题考查的是其他项目清单。其他项目清单应根据拟建工程的具体情况确定。一般包括暂列金额、暂估价、计日工和总承包服务费等。

36.【答案】D

【解析】本题考查的是其他项目清单。其他项目清单应根据拟建工程的具体情况确定。一般包括暂列金额、暂估价、计日工和总承包服务费等。

37.【答案】B

【解析】本题考查的是其他项目清单。暂估价指招标人在工程量清单中提供的用于支付必然发生但暂时不能确定价格的材料、工程设备的单价以及专业工程的金额，包括材料暂估单价、工程设备暂估单价、专业工程暂估价。

38.【答案】D

【解析】本题考查的是其他项目清单。计日工是在施工过程中，承包人完成发包人提出的工程合同范围以外的零星项目或工作，按合同中约定的单价计价的一种方式，是为解决现场发生的零星工作的计价而设立的。

39.【答案】D

【解析】本题考查的是《通用安装工程工程量计算规范》GB 50856—2013 附录 A 机械设备安装工程第 A.14.4 条，工业炉烘炉、设备负荷试运转、联合试运转、生产准备试运转应按该规范附录 N“措施项目”相关项目编码列项。

40.【答案】C

【解析】本题考查的是《通用安装工程工程量计算规范》GB 50856—2013 附录 A 机械设备安装工程第 A.14.4 条，工业炉烘炉、设备负荷试运转、联合试运转、生产准备试运转应按该规范附录 N“措施项目”相关项目编码列项。

41.【答案】D

【解析】本题考查的是《通用安装工程工程量计算规范》GB 50856—2013 附录 A 机械设备安装工程，见表 A.7 工作内容。

42.【答案】C

【解析】本题考查的是《通用安装工程工程量计算规范》GB 50856—2013 附录 C 静置设备与工艺金属结构制作安装工程中第 C.11.5 条第 4 款。设备压力是指设计压力，以“MPa”表示。

43.【答案】C

【解析】本题考查的是《通用安装工程工程量计算规范》GB 50856—2013 附录 C 静置设备与工艺金属结构制作安装工程。到货状态是指设备以分段或分片的结构状态运到施工现场。容器或塔器组装不包括组装成整体后的就位吊装，该部分的工作内容应另编码列项。

44.【答案】B

【解析】本题考查的是《通用安装工程工程量计算规范》GB 50856—2013 附录 C 静置设备与工艺金属结构制作安装工程表 C.5 注 2。如需进行焊接工艺评定，在专业措施项目中列项。

45.【答案】C

【解析】本题考查的是《通用安装工程工程量计算规范》GB 50856—2013 附录 D 电气设备安装工程表 D.1 注：变压器油如需试验、化验、色谱分析应按该规范附录 N“措施项目”相关项目编码列项。

46.【答案】D

【解析】本题考查的是《通用安装工程工程量计算规范》GB 50856—2013 附录 D 电气设备安装工程表 D.2 注 1：空气断路器的储气罐及储气罐至断路器的管路应按该规范附录 H“工业管道工程”相关项目编码列项。

47.【答案】A

【解析】本题考查的是《通用安装工程工程量计算规范》GB 50856—2013 附录 D 电气设备安装工程表 D.2。

48.【答案】C

【解析】本题考查的是《通用安装工程工程量计算规范》GB 50856—2013 附录 D 电气设备安装工程表 D.3。软母线按设计图示尺寸以单相长度计算（含预留长度）。

49.【答案】D

【解析】本题考查的是《通用安装工程工程量计算规范》GB 50856—2013 附录 D 电气设备安装工程表 D.4 注 2。小电器包括按钮、电笛、电铃、水位电气信号装置、测量表计、继电器、电磁锁、屏上辅助设备、辅助电压互感器、小型安全变压器等。

50.【答案】C

【解析】本题考查的是《通用安装工程工程量计算规范》GB 50856—2013 附录 D 电气设备安装工程表 D.4 注 3。其他电器安装指本节未列的电器项目。

51.【答案】D

【解析】本题考查的是《通用安装工程工程量计算规范》GB 50856—2013 附录 D 电气设备安装工程表 D.4 注 2。小电器包括按钮、电笛、电铃、水位电气信号装置、测量表计、继电器、电磁锁、屏上辅助设备、辅助电压互感器、小型安全变压器等。

52.【答案】B

【解析】本题考查的是《通用安装工程工程量计算规范》GB 50856—2013 附录 D 电气设备安装工程表 D.5。太阳能电池工作内容：安装、电池方阵铁架安装、联调。

53.【答案】C

【解析】本题考查的是《通用安装工程工程量计算规范》GB 50856—2013 附录 D 电气设备安装工程表 D.6 注 3。电动机按其质量划分为大、中、小型：3t 以下为小型，3 ~ 30t 为中型，30t 以上为大型。

54.【答案】D

【解析】本题考查的是《通用安装工程工程量计算规范》GB 50856—2013 附录 D 电气设备安装工程表 D.15.7–4。轻轨滑触线终端预留长度为 0.8m/ 根。

55.【答案】B

【解析】本题考查的是《通用安装工程工程量计算规范》GB 50856—2013 附录 D 电气设备安装工程表 D.8 注 2，电缆井、电缆排管、顶管应按《市政工程工程量计算规范》GB 50857—2013 相关项目编码列项。

56.【答案】B

【解析】本题考查的是《通用安装工程工程量计算规范》GB 50856—2013 附录 D 电气设备安装工程表 D.8 的项目名称。

57.【答案】A

【解析】本题考查的是《通用安装工程工程量计算规范》GB 50856—2013 附录 D 电气设备安装工程表 D.8 的项目名称。

58.【答案】C

【解析】本题考查的是《通用安装工程工程量计算规范》GB 50856—2013 附录 D 电气设备安装工程。电力电缆工程量计算规则为按设计图示尺寸以长度计算（含预留长度及附加长度）。

59.【答案】C

【解析】本题考查的是《通用安装工程工程量计算规范》GB 50856—2013 附录 D 电气设备安装工程表 D.15.7–5。电力电缆至电动机预留长度为 0.5m。

60.【答案】A

【解析】本题考查的是《通用安装工程工程量计算规范》GB 50856—2013 附录 D 电气设备安装工程。电缆铺砂、盖砖工程量按设计图示尺寸以长度计算。

61.【答案】B

【解析】本题考查的是《通用安装工程工程量计算规范》GB 50856—2013 附录 D 电气

设备安装工程。防火隔板按设计图示尺寸以面积计算。

62.【答案】B

【解析】本题考查的是《通用安装工程工程量计算规范》GB 50856—2013 附录 D 电气设备安装工程表 D.9 注 1。利用桩基础作接地极，应描述桩台下桩的根数，每桩台下需焊接柱筋根数，其工程量按柱引下线计算；利用基础钢筋作接地极按均压环项目编码列项。

63.【答案】A

【解析】本题考查的是《通用安装工程工程量计算规范》GB 50856—2013 附录 D 电气设备安装工程表 D.9 注 4。使用电缆、电线作接地线，应按本附录 D.8、D.12 相关项目编码列项。

64.【答案】D

【解析】本题考查的是《通用安装工程工程量计算规范》GB 50856—2013 附录 D 电气设备安装工程表 D.9 注 4。使用电缆、电线作接地线，应按本附录 D.8、D.12 相关项目编码列项。

65.【答案】D

【解析】本题考查的是《通用安装工程工程量计算规范》GB 50856—2013 附录 D 电气设备安装工程表 D.9 注 2。利用柱筋作引下线的，需描述柱筋焊接根数。

66.【答案】C

【解析】本题考查的是《通用安装工程工程量计算规范》GB 50856—2013 附录 D 电气设备安装工程表 D.9 注 3。利用圈梁筋作均压环的，需描述圈梁筋焊接根数。

67.【答案】D

【解析】本题考查的是《通用安装工程工程量计算规范》GB 50856—2013 附录 D 电气设备安装工程表 D.15.7-6。接地母线、引下线、避雷网附加长度是 3.9%。

68.【答案】C

【解析】本题考查的是《通用安装工程工程量计算规范》GB 50856—2013 附录 D 电气设备安装工程。避雷网工程量计算规则按设计图示尺寸以长度计算（含附加长度）。

69.【答案】D

【解析】本题考查的是《通用安装工程工程量计算规范》GB 50856—2013 附录 D 电气设备安装工程。接地母线热镀锌扁钢 -40×4 工程量：522×（1+3.9%）=542.36（m）。

70.【答案】C

【解析】本题考查的是《通用安装工程工程量计算规范》GB 50856—2013 附录 D 电气设备安装工程。10kV 以下导线架设工程量计算规则按设计图示尺寸以长度计算（含预留长度）。

71.【答案】D

【解析】本题考查的是《通用安装工程工程量计算规范》GB 50856—2013 附录 D 电气设备安装工程表 D.10 注 1。杆上设备调试，应按本附录 D.14 电气调整试验相关项目编码列项。

72.【答案】B

【解析】本题考查的是《通用安装工程工程量计算规范》GB 50856—2013 附录 D 电气设备安装工程表 D.15.7-7。架空导线架设进户线预留长度是 2.5m/ 根。

73.【答案】D

【解析】本题考查的是《通用安装工程工程量计算规范》GB 50856—2013 附录 D 电气设备安装工程。横担组装工作内容包含：横担安装，瓷瓶、金具组装。

74.【答案】B

【解析】本题考查的是《通用安装工程工程量计算规范》GB 50856—2013 附录 D 电气设备安装工程。导线架设项目特征需描述的是名称、型号、规格、地形、跨越类型。

75.【答案】C

【解析】本题考查的是《通用安装工程工程量计算规范》GB 50856—2013 附录 D 电气设备安装工程。杆上设备安装工作内容包括：支撑架安装，本体安装，焊压接线端子、接线，补刷（喷）油漆，接地。

76.【答案】B

【解析】本题考查的是《通用安装工程工程量计算规范》GB 50856—2013 附录 D 电气设备安装工程。配管工作内容包括：电线管路敷设、钢索架设（拉紧装置安装）、预留沟槽、接地。

77.【答案】C

【解析】本题考查的是《通用安装工程工程量计算规范》GB 50856—2013 附录 D 电气设备安装工程。配线工程量计算规则为按设计图示尺寸以长度计算（含预留长度）。

78.【答案】D

【解析】本题考查的是《通用安装工程工程量计算规范》GB 50856—2013 附录 D 电气设备安装工程表 D.12 注 4。装饰灯包括吊式艺术装饰灯、吸顶式艺术装饰灯、荧光艺术装饰灯、几何型组合艺术装饰灯、标志灯、诱导装饰灯、水下（上）艺术装饰灯、点光源艺术灯、歌舞厅灯具、草坪灯具等。

79.【答案】D

【解析】本题考查的是《通用安装工程工程量计算规范》GB 50856—2013 附录 D 电气设备安装工程表 D.14 注 2。配合机械设备及其他工艺的单体试车，应按该规范附录 N 措施项目相关项目编码列项。

80.【答案】D

【解析】本题考查的是《通用安装工程工程量计算规范》GB 50856—2013 附录 E 建筑智能化工程。电缆 HH-10×2×0.5 属于大对数电缆。

81.【答案】C

【解析】本题考查的是《通用安装工程工程量计算规范》GB 50856—2013 附录 E 建筑智能化工程第 E.8.7 条。由国家或地方检测验收部门进行的检测验收应按该规范附录 N 措施项目相关项目编码列项。

82.【答案】B

【解析】本题考查的是《通用安装工程工程量计算规范》GB 50856—2013 附录 E 建筑智能化工程。双绞线缆测试计量单位为链路、信息点。

83.【答案】C

【解析】本题考查的是《通用安装工程工程量计算规范》GB 50856—2013 附录 G 通风空调工程表 G.1 注。通风空调设备安装的地脚螺栓按设备自带考虑。

84.【答案】D

【解析】本题考查的是《通用安装工程工程量计算规范》GB 50856—2013 附录 G 通风空调工程。风机盘管安装的支架制作和安装包含在工作内容中。

85.【答案】C

【解析】本题考查的是《通用安装工程工程量计算规范》GB 50856—2013 附录 G 通风空调工程。空调器安装工作内容包括：本体安装或组装、调试，设备支架制作、安装，补刷（喷）油漆。

86.【答案】A

【解析】本题考查的是《通用安装工程工程量计算规范》GB 50856—2013 附录 G 通风空调工程。风机盘管安装项目特征需描述：名称，型号，规格，安装形式，减振器、支架形式、材质，试压。

87.【答案】A

【解析】本题考查的是《通用安装工程工程量计算规范》GB 50856—2013 附录 G 通风空调工程表 G.2 注 2。穿墙套管按展开面积计算，计入通风管道工程量中。

88.【答案】D

【解析】本题考查的是《通用安装工程工程量计算规范》GB 50856—2013 附录 G 通风空调工程表 G.2 注 4。净化通风管的空气洁净度按 100 000 级标准编制。

89.【答案】C

【解析】本题考查的是《通用安装工程工程量计算规范》GB 50856—2013 附录 G 通风空调工程表 G.2 注 5。弯头导流叶片数量，按设计图纸或规范要求计算。

90.【答案】D

【解析】本题考查的是《通用安装工程工程量计算规范》GB 50856—2013 附录 G 通风空调工程表 G.2 注 4。净化通风管使用的型钢材料如要求镀锌时，工作内容应注明支架镀锌。

91.【答案】A

【解析】本题考查的是《通用安装工程工程量计算规范》GB 50856—2013 附录 G 通风空调工程表 G.3 注 9。静压箱的面积计算按设计图示尺寸以展开面积计算，不扣除开口的面积。

92.【答案】D

【解析】本题考查的是《通用安装工程工程量计算规范》GB 50856—2013 附录 G 通风空调工程表 G.2 注 1。风管展开面积不包括风管、管口重叠部分面积。

93.【答案】A

【解析】本题考查的是《通用安装工程工程量计算规范》GB 50856—2013 附录 G 通风空调工程表 G.2 注 1。主管与支管以其中心线交点划分。

94.【答案】C

【解析】本题考查的是《通用安装工程工程量计算规范》GB 50856—2013 附录 G 通风空调工程。过跨风管落地支架包括在风管制作安装工作内容中，应在项目特征中描述。

95.【答案】D

【解析】本题考查的是《通用安装工程工程量计算规范》GB 50856—2013 附录 G 通风

空调工程。复合型风管工程量计算规则按设计图示外径尺寸以展开面积计算。

96.【答案】B

【解析】本题考查的是《通用安装工程工程量计算规范》GB 50856—2013 附录 G 通风空调工程表 G.3 注 8。通风部件如图纸要求制作安装或用成品部件只安装不制作，这类特征在项目特征中应明确描述。

97.【答案】B

【解析】本题考查的是《通用安装工程工程量计算规范》GB 50856—2013 附录 G 通风空调工程。风管漏光试验、漏风试验工程量计算规则按设计图纸或规范要求以展开面积计算。

98.【答案】D

【解析】本题考查的是《通用安装工程工程量计算规范》GB 50856—2013 附录 H 工业管道工程。该规范第 G.5.3 条规定：冷冻机组站内的管道安装，应按本规范附录 H 工业管道工程相关项目编码列项。

99.【答案】B

【解析】本题考查的是《通用安装工程工程量计算规范》GB 50856—2013 附录 H 工业管道工程。无损探伤管材表面超声波探伤的计量方法有：①以米计量，按管材无损探伤长度计算；②以平方米计量，按管材表面探伤检测面积计算。

100.【答案】D

【解析】本题考查的是《通用安装工程工程量计算规范》GB 50856—2013 附录 H 工业管道工程表 H.11 注 3。焊接盲板（封头）按管件连接计算工程量。

101.【答案】B

【解析】本题考查的是《通用安装工程工程量计算规范》GB 50856—2013 附录 J 消防工程表 J.1 注 5。末端试水装置包括压力表、控制阀等附件安装。末端试水装置安装中不含连接管及排水管安装，其工程量并入消防管道。

102.【答案】D

【解析】本题考查的是《通用安装工程工程量计算规范》GB 50856—2013 附录 J 消防工程表 J.1 注 9。减压孔板若在法兰盘内安装，其法兰计入组价中。

103.【答案】C

【解析】本题考查的是《通用安装工程工程量计算规范》GB 50856—2013 附录 J 消防工程表 J.1 注 10。消防水炮分普通手动水炮、智能控制水炮。

104.【答案】A

【解析】本题考查的是《通用安装工程工程量计算规范》GB 50856—2013 附录 J 消防工程表 J.1 注 7。室外消火栓安装方式分地上式、地下式；地上式消火栓安装包括地上式消火栓、法兰接管、弯管底座；地下式消火栓安装包括地下式消火栓、法兰接管、弯管底座或消火栓三通。

105.【答案】C

【解析】本题考查的是《通用安装工程工程量计算规范》GB 50856—2013 附录 J 消防工程第 J.6.2 条。消防管道如需进行探伤，应按本规范附录 H 工业管道工程相关项目编码列项。

106.【答案】D

【解析】本题考查的是《通用安装工程工程量计算规范》GB 50856—2013 附录 J 消防工程第 J.6.3 条。消防管道上的阀门、管道及设备支架、套管制作安装，应按本规范附录 K 给排水、采暖、燃气工程相关项目编码列项。

107.【答案】C

【解析】本题考查的是《通用安装工程工程量计算规范》GB 50856—2013 附录 J 消防工程表 J.1 注 2。水喷淋（雾）喷头安装部位应区分有吊顶、无吊顶。

108.【答案】A

【解析】本题考查的是《通用安装工程工程量计算规范》GB 50856—2013 附录 J 消防工程表 J.1 注 5。末端试水装置，包括压力表、控制阀等附件安装。末端试水装置安装中不含连接管及排水管安装，其工程量并入消防管道。

109.【答案】B

【解析】本题考查的是《通用安装工程工程量计算规范》GB 50856—2013 附录 J 消防工程表 J.2 注 3。气体驱动装置管道安装，包括卡、套连接件。

110.【答案】C

【解析】本题考查的是《通用安装工程工程量计算规范》GB 50856—2013 附录 J 消防工程表 J.5 注 4。气体灭火系统调试，是由七氟丙烷、IG541、二氧化碳等组成的灭火系统；按气体灭火系统装置的瓶头阀以点计算。

111.【答案】B

【解析】本题考查的是《通用安装工程工程量计算规范》GB 50856—2013 附录 J 消防工程表 J.2 注 4。贮存装置安装，包括灭火剂存储器、驱动气瓶、支框架、集流阀、容器阀、单向阀、高压软管和安全阀等贮存装置和阀驱动装置、减压装置、压力指示仪等。

112.【答案】D

【解析】本题考查的是《通用安装工程工程量计算规范》GB 50856—2013 附录 J 消防工程表 J.3 注 3。泡沫液贮罐内如需充装泡沫液，应明确描述泡沫灭火剂品种、规格。

113.【答案】A

【解析】本题考查的是《通用安装工程工程量计算规范》GB 50856—2013 附录 J 消防工程。线型探测器工程量按设计图示长度以“m”计算。

114.【答案】C

【解析】本题考查的是《通用安装工程工程量计算规范》GB 50856—2013 附录 J 消防工程。点型探测器安装工作内容包括：底座安装、探头、校接线、编码、探测器调试。

115.【答案】D

【解析】本题考查的是《通用安装工程工程量计算规范》GB 50856—2013 附录 J 消防工程表 J.1 注 1。水灭火管道工程量计算，不扣除阀门、管件及各种组件所占长度以延长米计算。

116.【答案】A

【解析】本题考查的是《通用安装工程工程量计算规范》GB 50856—2013 附录 J 消防工程。水喷淋（雾）喷头项目特征需描述安装部位，材质、型号、规格，连接形式，装饰盘设计。

117.【答案】D

【解析】本题考查的是《通用安装工程工程量计算规范》GB 50856—2013 附录 J 消防工程。气体灭火系统贮存装置项目特征描述：介质、类型，型号、规格，气体增压设计要求。

118.【答案】B

【解析】本题考查的是《通用安装工程工程量计算规范》GB 50856—2013 附录 K 给排水、采暖、燃气工程表 K.1 注 1。安装部位，指管道安装在室内、室外。

119.【答案】B

【解析】本题考查的是《通用安装工程工程量计算规范》GB 50856—2013 附录 K 给排水、采暖、燃气工程。室内给水管道工程量按设计图示管道中心线长度以“m”计量。

120.【答案】C

【解析】本题考查的是《通用安装工程工程量计算规范》GB 50856—2013 附录 K 给排水、采暖、燃气工程。减压器、疏水器、倒流防止器等项目按设计数量以组计算工程量。

121.【答案】A

【解析】本题考查的是《通用安装工程工程量计算规范》GB 50856—2013 附录 K 给排水、采暖、燃气工程表 K.1 注 10。管道工程量计算不扣除阀门、管件（包括减压器、疏水器、水表、伸缩器等组成安装）及附属构筑物所占长度；方形补偿器以其所占长度列入管道安装工程量。

122.【答案】B

【解析】本题考查的是《通用安装工程工程量计算规范》GB 50856—2013 附录 K 给排水、采暖、燃气工程表 K.2 注 1。单件支架质量 100kg 以上的管道支吊架执行设备支吊架制作安装。

123.【答案】D

【解析】本题考查的是《通用安装工程工程量计算规范》GB 50856—2013 附录 K 给排水、采暖、燃气工程表 K.3 注 3。减压器规格按高压侧管道规格描述。

124.【答案】A

【解析】本题考查的是《通用安装工程工程量计算规范》GB 50856—2013 附录 K 给排水、采暖、燃气工程表 K.3 注 4。减压器、疏水器、倒流防止器等项目包括组成与安装工作内容，项目特征应根据设计要求描述附件配置情况，或根据 ×× 图集或 ×× 施工图做法描述。

125.【答案】B

【解析】本题考查的是《通用安装工程工程量计算规范》GB 50856—2013 附录 K 给排水、采暖、燃气工程表 K.4 注 5。给、排水附（配）件是指独立安装的水嘴、地漏、地面扫出口等。

126.【答案】D

【解析】本题考查的是《通用安装工程工程量计算规范》GB 50856—2013 附录 K 给排水、采暖、燃气工程表 K.5 注 4。地板辐射采暖，包括与分集水器连接和配合地面浇注用工。

127.【答案】A

【解析】本题考查的是《通用安装工程工程量计算规范》GB 50856—2013 附录 K 给排水、采暖、燃气工程表 K.6 注 2。地源热泵机组，接管以及接管上的阀门、软接头、减震装置和基础另行计算，应按相关项目编码列项。

128.【答案】B

【解析】本题考查的是《通用安装工程工程量计算规范》GB 50856—2013 附录 K 给排水、采暖、燃气工程表 K.9 注 3。当采暖工程系统、空调水工程系统中管道工程量发生变化时，系统调试费用应作相应调整。

129.【答案】D

【解析】本题考查的是《通用安装工程工程量计算规范》GB 50856—2013 附录 K 给排水、采暖、燃气工程。医疗气体管道及附件应按本规范附录 H 工业管道工程相关项目编码列项。

130.【答案】B

【解析】本题考查的是《通用安装工程工程量计算规范》GB 50856—2013 附录 M 刷油、防腐蚀、绝热工程表 M.1 注 5。设备筒体、管道表面积包括管件、阀门、法兰、人孔、管口凹凸部分。

131.【答案】B

【解析】本题考查的是《通用安装工程工程量计算规范》GB 50856—2013 附录 M 刷油、防腐蚀、绝热工程。金属结构刷油按金属结构的理论质量的计量方法：一般钢结构刷油以"kg"为计量单位。

132.【答案】C

【解析】本题考查的是《通用安装工程工程量计算规范》GB 50856—2013 附录 M 刷油、防腐蚀、绝热工程表 M.2 注 1。分层内容指应注明每一层的内容，如底漆、中间漆、面漆及玻璃丝布等内容。

133.【答案】D

【解析】本题考查的是《通用安装工程工程量计算规范》GB 50856—2013 附录 M 刷油、防腐蚀、绝热工程表 M.2 注 9。计算设备、管道内壁防腐蚀工程量，当壁厚大于 10mm 时，按其内径计算；当壁厚小于 10mm 时，按其外径计算。

134.【答案】A

【解析】本题考查的是《通用安装工程工程量计算规范》GB 50856—2013 附录 M 刷油、防腐蚀、绝热工程表 M.4 注 3。带有超过总面积 15% 衬里零件的贮槽、塔类设备需说明。

135.【答案】A

【解析】本题考查的是《通用安装工程工程量计算规范》GB 50856—2013 附录 M 刷油、防腐蚀、绝热工程表 M.8 注 2。层数指一布二油、两布三油等。

136.【答案】A

【解析】本题考查的是《通用安装工程工程量计算规范》GB 50856—2013 附录 M 刷油、防腐蚀、绝热工程。$S=\pi \times D \times L=3.14 \times 0.63 \times 42=83.08$（$m^2$）。

137.【答案】D

【解析】本题考查的是《通用安装工程工程量计算规范》GB 50856—2013 附录 M 刷油、防腐蚀、绝热工程。

$V=\pi \cdot (D+1.033\delta) \cdot 1.033\delta \cdot L=3.14\times(0.63+1.033\times0.025)\times1.033\times0.025\times26=1.38\ (m^3)$。

138.【答案】B

【解析】本题考查的是《通用安装工程工程量计算规范》GB 50856—2013 附录 M 刷油、防腐蚀、绝热工程。$S=\pi \cdot (D+2.1\delta+0.0082) \cdot L=3.14\times(0.45+2.1\times0.025+0.0082)\times42=67.35\ (m^2)$。

二、多项选择题

1.【答案】ACD

【解析】本题考查的是建筑安装编码体系。第一级编码表示工程类别，采用两位数字（即第一、二位数字）表示。01 表示房屋建筑与装饰工程，02 表示仿古建筑工程，03 表示安装工程，04 表示市政工程，05 表示园林绿化工程，06 表示矿山工程。

2.【答案】DE

【解析】本题考查的是建筑安装编码体系。分部分项工程量清单项目编码采用 12 位阿拉伯数字表示，五级项目编码设置。第一级编码表示工程类别，采用两位数字（即第一、二位数字）表示。第二级编码表示各专业工程，采用两位数字（即第三、四位数字）表示。第三级编码表示各专业工程下的各分部工程，采用两位数字（即第五、六位数字）表示。第四级编码表示各分部工程的各分项工程，即表示清单项目，采用三位数字（即第七、八、九位数字）表示。第五级编码表示清单项目名称顺序码，采用三位数字（即第十、十一、十二位数字）表示，由清单编制人员所编列。在编制工程量清单时，在同一份工程量单中所列的分部分项工程清单项目的编码不得重码。

3.【答案】BC

【解析】本题考查的是建筑安装编码体系（如图 2–1 所示）。分部分项工程量清单项目编码采用 12 位阿拉伯数字表示，五级项目编码设置，一、二、三、四级编码为全国统一。第一级编码表示工程类别，采用两位数字（即第一、二位数字）表示。第二级编码表示各专业工程，采用两位数字（即第三、四位数字）表示。第三级编码表示各专业工程下的各分部工程，采用两位数字（即第五、六位数字）表示。第四级编码表示各分部工程的各分项工程，即表示清单项目，采用三位数字（即第七、八、九位数字）表示。第五级编码表示清单项目名称顺序码，采用三位数字（即第十、十一、十二位数字）表示，由清单编制人从 001 起编。由清单编制人员所编列。在编制工程量清单时，在同一份工程量单中所列的分部分项工程清单项目的编码不得重码。

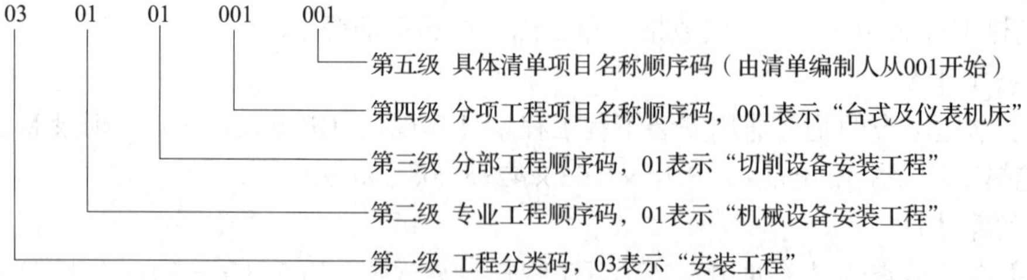

图 2–1 建筑安装编码体系

4.【答案】ABCE

【解析】本题考查的是安装工程计量。汇总工程量时，其精确度取值：以“m^3”“m^2”“m”“kg”为单位，应保留两位小数；以“t”为单位，应保留三位小数；以“台”“套”或“件”等为单位，应取整数，两位或三位小数后的位数按四舍五入法取舍。

5.【答案】BCDE

【解析】本题考查的是安装工程计量。汇总工程量时，其精确度取值：以“m^3”“m^2”“m”“kg”为单位，应保留两位小数；以“t”为单位，应保留三位小数；以“台”“套”或“件”等为单位，应取整数，两位或三位小数后的位数按四舍五入法取舍。

6.【答案】BCDE

【解析】本题考查的是安装工程计量。安装工程工程量的计量除依据《通用安装工程工程量计算规范》GB 50856—2013 各项规定外，还应依据以下文件：

（1）《建设工程工程量清单计价规范》GB 50500—2013 和相关工程的国家计量规范。

（2）国家或省级、行业建设主管部门颁发的计价定额和办法。

（3）建设工程设计文件及相关资料。

（4）与建设工程有关的标准、规范、技术资料。

（5）拟定的招标文件。

（6）施工现场情况、地勘水文资料、工程特点及常规施工方案。

（7）其他相关资料。

7.【答案】ABD

【解析】本题考查的是安装工程计量。各个分部分项工程量清单必须包括五部分：项目编码、项目名称、项目特征、计量单位和工程量，缺一不可。

8.【答案】ACD

【解析】本题考查的是《通用安装工程工程量计算规范》GB 50856—2013 与其他计量规范相关内容界线划分。工业管道工程与市政工程管网工程的界限：给水管道以厂区入口水表井为界，排水管道以厂区围墙外第一个污水井为界，热力和燃气以厂区入口第一个计量表（阀门）为界。

9.【答案】ABCE

【解析】本题考查的是《通用安装工程工程量计算规范》GB 50856—2013 与其他计量规范相关内容界线划分。安装给排水、采暖、燃气工程与市政工程管网工程的界定：室外给排水、采暖、燃气管道以市政管道碰头井为界（如给水管道有水表井的以水表井为界）。

10.【答案】ABD

【解析】本题考查的是《通用安装工程工程量计算规范》GB 50856—2013 与其他计量规范相关内容界线划分。安装工程中的电气设备安装工程与市政工程中的路灯工程界定：厂区、住宅小区的道路路灯安装工程、庭院艺术喷泉等电气设备安装工程按《通用安装工程工程量计算规范》GB 50856—2013“电气设备安装工程”相应项目执行，涉及市政道路、市政庭院等电气安装工程的项目，按《市政工程工程量计算规范》GB 50857—2013 中“路灯工程”的相应项目执行。安装给排水、采暖、燃气工程与市政工程管网工程的界定：室外给排水、采暖、燃气管道以市政管道碰头井为界（如给水管道有水表井的以水表井为界）。

11.【答案】AD

【解析】本题考查的是分部分项工程量清单。编制工程量清单时若出现附录中未包括的项目，编制人应作补充，并报省级或行业工程造价管理机构备案，省级或行业工程造价管理机构应汇总报住房和城乡建设部标准定额研究所。补充项目的编码由安装工程的代码03与B和三位阿拉伯数字组成，并应从03B001起顺序编制，同一招标工程的项目不得重码。补充的工程量清单中需附有补充项目的名称、项目特征、计量单位、工程量计算规则、工作内容。

12.【答案】AB

【解析】本题考查的是分部分项工程量清单。补充项目的编码由安装工程的代码03与B和三位阿拉伯数字组成，并应从03B001起顺序编制，同一招标工程的项目不得重码。补充的工程量清单中需附有补充项目的名称、项目特征、计量单位、工程量计算规则、工作内容。

13.【答案】ACD

【解析】本题考查的是分部分项工程量清单。在编制分部分项工程量清单时，应根据《通用安装工程工程量计算规范》GB 50856—2013规定的项目编码、项目名称、项目特征、计量单位和工程量计算规则进行编制，即一个分部分项工程量清单应包括五个要件：项目编码、项目名称、项目特征、计量单位和工程量，这五个要件在分部分项工程项目清单的组成中缺一不可。

14.【答案】CE

【解析】本题考查的是分部分项工程量清单。项目特征是指构成分部分项工程量清单项目、措施项目自身价值的本质特征，是确定一个清单项目综合单价的重要依据之一，必须对项目进行准确全面的特征描述，才能满足确定综合单价的需要。

15.【答案】BCD

【解析】本题考查的是分部分项工程量清单。项目安装高度若超过基本高度时，应在“项目特征”中描述。《通用安装工程工程量计算规范》GB 50856—2013安装工程各附录基本安装高度为：“附录A机械设备安装工程”10m，“附录D电气设备安装工程”5m，“附录E建筑智能化工程”5m，“附录G通风空调工程”6m，“附录J消防工程”5m，“附录K给排水、采暖、燃气工程”3.6m，“附录M刷油、防腐蚀、绝热工程”6m。

16.【答案】CE

【解析】本题考查的是分部分项工程量清单。项目安装高度若超过基本高度时，应在“项目特征”中描述。《通用安装工程工程量计算规范》GB 50856—2013安装工程各附录基本安装高度为：“附录A机械设备安装工程”10m，“附录D电气设备安装工程”5m，“附录E建筑智能化工程”5m，“附录G通风空调工程”6m，“附录J消防工程”5m，“附录K给排水、采暖、燃气工程”3.6m，“附录M刷油、防腐蚀、绝热工程”6m。

17.【答案】ACD

【解析】本题考查的是分部分项工程量清单。《通用安装工程工程量计算规范》GB 50856—2013规定了安装工程各清单项目的计量单位。在清单计价方式中，清单项目工程量的计量单位均采用基本单位，不得使用扩大单位。有两个或两个以上计量单位的，应结合拟建工程的实际选择其中一个。同一工程项目的计量单位应一致。

18.【答案】BD

【解析】本题考查的是措施项目清单。依据《通用安装工程工程量计算规范》GB 50856—2013 的规定，安全文明施工、夜间施工、非夜间施工、二次搬运、冬雨季施工增加、已完工程及设备保护、高层施工增加属于措施项目中的安全文明施工及其他措施项目。

19.【答案】ABCE

【解析】本题考查的是措施项目清单。依据《通用安装工程工程量计算规范》GB 50856—2013 的规定，安全文明施工、夜间施工、非夜间施工、二次搬运、冬雨季施工增加、已完工程及设备保护、高层施工增加属于措施项目中的安全文明施工及其他措施项目。脚手架搭拆费属于专业措施项目。

20.【答案】CD

【解析】本题考查的是措施项目清单。依据《通用安装工程工程量计算规范》GB 50856—2013 的规定，安全文明施工、夜间施工、非夜间施工、二次搬运、冬雨季施工增加、已完工程及设备保护、高层施工增加属于措施项目中的安全文明施工及其他措施项目。焊接工艺评定、脚手架搭拆费属于专业措施项目。

21.【答案】ABCE

【解析】本题考查的是措施项目清单。依据《通用安装工程工程量计算规范》GB 50856—2013 的规定，安全文明施工、夜间施工、非夜间施工、二次搬运、冬雨季施工增加、已完工程及设备保护、高层施工增加属于措施项目中的安全文明施工及其他措施项目。

22.【答案】ABD

【解析】本题考查的是措施项目清单。依据《通用安装工程工程量计算规范》GB 50856—2013 的规定，安全文明施工、夜间施工、非夜间施工、二次搬运、冬雨季施工增加、已完工程及设备保护、高层施工增加属于措施项目中的安全文明施工及其他措施项目。安全文明施工费包括环境保护、文明施工、安全施工、临时设施费。

23.【答案】AD

【解析】本题考查的是措施项目清单。依据《通用安装工程工程量计算规范》GB 50856—2013 的规定，安全文明施工、夜间施工、非夜间施工、二次搬运、冬雨季施工增加、已完工程及设备保护、高层施工增加属于措施项目中的安全文明施工及其他措施项目（通用项目）。安全文明施工费包括环境保护、文明施工、安全施工、临时设施费。

24.【答案】ABD

【解析】本题考查的是措施项目清单。依据《通用安装工程工程量计算规范》GB 50856—2013 的规定，安全文明施工、夜间施工、非夜间施工、二次搬运、冬雨季施工增加、已完工程及设备保护、高层施工增加属于措施项目中的安全文明施工及其他措施项目。

25.【答案】ABE

【解析】本题考查的是措施项目清单。环境保护包括：现场施工机械设备降低噪声、采取防扰民措施，水泥和其他易飞扬细颗粒建筑材料密闭存放或采取覆盖措施等，工程防扬尘洒水，土石方、建渣外运防护措施等，现场污染源的控制、生活垃圾清理外运、场地排水排污措施，其他环境保护措施。

26.【答案】BCD

【解析】本题考查的是措施项目清单。文明施工包括：“五牌一图”[工程概况牌、管理人员名单及监督电话牌、消防保卫（防火责任）牌、安全生产牌、文明施工牌和施工现场平面图]；现场围挡的墙面美化（包括内外粉刷、刷白、标语等）、压顶装饰；现场厕所便槽刷白、贴面砖，水泥砂浆地面或地砖，建筑物内临时便溺设施；其他施工现场临时设施的装饰装修、美化措施；现场生活卫生设施；符合卫生要求的饮水设备、淋浴、消毒等设施；生活用洁净燃料；防煤气中毒、防蚊虫叮咬等措施；施工现场操作场地的硬化；现场绿化、治安综合治理；现场配备医药保健器材、物品费用和急救人员培训；用于现场工人的防暑降温、电风扇、空调等设备及用电；其他文明施工措施。

27.【答案】BCE

【解析】本题考查的是措施项目清单。安全施工包括：安全资料、特殊作业专项方案的编制，安全施工标志的购置及安全宣传“三宝”（安全帽、安全带、安全网）、“四口”（楼梯口、电梯井口、通道口、预留洞口）、“五临边”（阳台围边、楼板围边、屋面围边、槽坑围边、卸料平台两侧）、水平防护架、垂直防护架、外架封闭等防护措施；施工安全用电，包括配电箱三级配电、两级保护装置要求、外电防护措施；起重机、塔吊等起重设备（含井架、门架）及外用电梯的安全防护措施（含警示标志）及卸料平台的临边防护、层间安全门、防护棚等设施；建筑工地起重机械的检验检测；施工机具防护棚及其围栏的安全保护设施；施工安全防护通道；工人的安全防护用品、用具购置；消防设施与消防器材的配置；电气保护、安全照明设施；其他安全防护措施。

28.【答案】ACE

【解析】本题考查的是措施项目清单。临时设施包括：施工现场采用彩色、定型钢板，砖、混凝土砌块等围挡的安砌、维修、拆除；施工现场临时建筑物、构筑物的搭设、维修、拆除，如临时宿舍、办公室、食堂、厨房、厕所、诊疗所、临时文化福利用房、临时仓库、加工场、搅拌台、临时简易水塔、水池等；施工现场临时设施的搭设、维修、拆除，如临时供水管道、临时供电管线、小型临时设施等；施工现场规定范围内临时简易道路铺设，临时排水沟、排水设施安砌、维修、拆除；其他临时设施的搭设、维修、拆除。

29.【答案】ACD

【解析】本题考查的是措施项目清单。高层施工增加包括：高层施工引起的人工工效降低以及由于人工工效降低引起的机械降效，通信联络设备的使用。

关于高层施工增加有以下规定：

（1）单层建筑物檐口高度超过20m，多层建筑物超过6层时，应分别列项。

（2）突出主体建筑物顶的电梯机房、楼梯出口间、水箱间、瞭望塔、排烟机房等不计入檐口高度。计算层数时，地下室不计入层数。

30.【答案】AD

【解析】本题考查的是措施项目清单。当拟建工程在高原、高寒或地震多发地区进行施工时，措施项目清单可列项“特殊地区施工增加”。

31.【答案】ABCE

【解析】本题考查的是其他项目清单。其他项目清单应根据拟建工程的具体情况确定。

一般包括暂列金额、暂估价、计日工和总承包服务费等。

32.【答案】ACD

【解析】本题考查的是其他项目清单。暂列金额是指招标人在工程量清单中暂定并包括在合同价款中的一笔款项。用于工程合同签订时尚未确定或者不可预见的所需材料、工程设备、服务的采购，施工中可能发生的工程变更、合同约定调整因素出现时的合同价款调整以及发生的索赔、现场签证确认等的费用。

33.【答案】ABC

【解析】本题考查的是其他项目清单。暂估价包括材料暂估单价、工程设备暂估单价、专业工程暂估价。

34.【答案】BDE

【解析】本题考查的是其他项目清单。暂估价是指招标人在工程量清单中提供的用于支付必然发生但暂时不能确定价格的材料、工程设备的单价以及专业工程的金额，包括材料暂估单价、工程设备暂估单价、专业工程暂估价。编制最高投标限价、投标报价时，材料暂估价、工程设备暂估单价应按招标人在其他项目清单中列出的单价计入综合单价，专业工程暂估价应按招标人在其他项目清单中列出的金额填写。

35.【答案】ABCD

【解析】本题考查的是其他项目清单。总承包服务费是指总承包人为配合协调发包人进行的专业工程发包，对发包人自行采购的材料、工程设备等进行保管以及施工现场管理、竣工资料汇总整理等服务所需的费用。

36.【答案】BCDE

【解析】本题考查的是《通用安装工程工程量计算规范》GB 50856—2013 附录 A 机械设备安装工程表 A.9 注。直联式泵的质量包括本体、电动机及底座的总质量，非直联式的不包括电动机质量；深井泵的质量包括本体、电动机、底座及设备扬水管的总质量。

37.【答案】BCE

【解析】本题考查的是《通用安装工程工程量计算规范》GB 50856—2013 附录 A 机械设备安装工程。钢结构及支架制作、安装按《通用安装工程工程量计算规范》附录 C 静置设备与工艺金属结构制作安装工程相关项目编码列项。工业炉烘炉、设备负荷试运转、联合试运转、生产准备试运转，按《通用安装工程工程量计算规范》附录 N 措施项目相关项目编码列项。设备的除锈、刷漆（补刷漆除外）、保温及保护层安装，按《通用安装工程工程量计算规范》附录 M 刷油、防腐蚀、绝热工程相关项目编码列项。大型设备安装所需的专用机具、专用垫铁、特殊垫铁和地脚螺栓应在清单项目特征中描述，组成完整的工程实体。

38.【答案】AB

【解析】本题考查的是《通用安装工程工程量计算规范》GB 50856—2013 附录 C 静置设备与工艺金属结构制作安装工程表 C.7 注 2，平台、桁架、管廊、设备框架、单梁结构质量计算：不扣除孔眼和切角所占质量，多角形连接筋板质量以图示最长边和最宽边尺寸，按矩形面积计算。

39.【答案】ABCD

【解析】本题考查的是《通用安装工程工程量计算规范》GB 50856—2013 附录 C 静置

设备与工艺金属结构制作安装工程表 C.10。

40.【答案】AB

【解析】本题考查的是《通用安装工程工程量计算规范》GB 50856—2013 附录 D 电气设备安装工程。消弧线圈安装工作内容包括：本体安装，基础型钢制作、安装，油过滤，干燥，补刷（喷）油漆。

41.【答案】ABD

【解析】本题考查的是《通用安装工程工程量计算规范》GB 50856—2013 附录 D 电气设备安装工程表 D.1。油浸电力变压器项目特征应描述：名称，型号，容量（kV·A），电压（kV），油过滤要求，干燥要求，基础型钢形式、规格，网门、保护门材质、规格。

42.【答案】BCD

【解析】本题考查的是《通用安装工程工程量计算规范》GB 50856—2013 附录 D 电气设备安装工程。电容器项目特征应描述：名称、型号、规格、质量、安装部位。

43.【答案】ACDE

【解析】本题考查的是《通用安装工程工程量计算规范》GB 50856—2013 附录 D 电气设备安装工程。低压封闭式插接母线槽项目特征应描述：名称、型号、规格、容量（A）、线制、安装部位。

44.【答案】ABCD

【解析】本题考查的是《通用安装工程工程量计算规范》GB 50856—2013 附录 D 电气设备安装工程。配电箱清单项目特征必须描述的内容有：名称，型号，规格，基础形式、材质、规格，接线端子材质、规格，端子板外部接线材质、规格，安装方式。

45.【答案】ABCE

【解析】本题考查的是《通用安装工程工程量计算规范》GB 50856—2013 附录 D 电气设备安装工程。继电、信号屏工作内容包括：本体安装，基础型钢制作、安装，端子板安装，焊、压接线端子，盘柜配线、端子接线，小母线安装，屏边安装，补刷（喷）油漆，接地。

46.【答案】ACDE

【解析】本题考查的是《通用安装工程工程量计算规范》GB 50856—2013 附录 D 电气设备安装工程。事故照明切换屏项目特征应描述：名称，型号，规格，基础型钢形式、规格，接线端子材质、规格，端子板外部接线材质、规格，小母线材质、规格，屏边。

47.【答案】ABD

【解析】本题考查的是《通用安装工程工程量计算规范》GB 50856—2013 附录 D 电气设备安装工程表 D.4 注 1，控制开关包括：自动空气开关、刀型开关、铁壳开关、胶盖刀闸开关、组合控制开关、万能转换开关、风机盘管三速开关、漏电保护开关等。

48.【答案】BDE

【解析】本题考查的是《通用安装工程工程量计算规范》GB 50856—2013 附录 D 电气设备安装工程表 D.4 注 2，小电器包括：按钮、电笛、电铃、水位电气信号装置、测量表计、继电器、电磁锁、屏上辅助设备、辅助电压互感器、小型安全变压器等。

49.【答案】ABE

【解析】本题考查的是《通用安装工程工程量计算规范》GB 50856—2013 附录 D 电气

设备安装工程。电动机项目特征项目特征应描述：名称，型号，容量（kW），控制保护方式，接线端子材质、规格，干燥要求。

50.【答案】ABCE

【解析】本题考查的是《通用安装工程工程量计算规范》GB 50856—2013 附录 D 电气设备安装工程。电缆保护管清单项目特征描述必须描述：名称、材质、规格、敷设方式。

51.【答案】BDE

【解析】本题考查的是《通用安装工程工程量计算规范》GB 50856—2013 附录 D 电气设备安装工程表 D.15.7-5。电梯电缆与电缆架固定点 0.5m，电缆至电动机 0.5m，电缆进入建筑物预留 2.0m，电力电缆终端头预留 1.5m，电缆中间接头盒两端各预留 2.0m。

52.【答案】BCDE

【解析】本题考查的是《通用安装工程工程量计算规范》GB 50856—2013 附录 D 电气设备安装工程。电力电缆清单项目特征必须描述：名称，型号，规格，材质，敷设方式、部位，电压等级（kV），地形。

53.【答案】ABCD

【解析】本题考查的是《通用安装工程工程量计算规范》GB 50856—2013 附录 D 电气设备安装工程。避雷引下线项目特征应描述：名称，材质，规格，安装部位，安装形式，断接卡子、箱材质、规格。

54.【答案】ABCD

【解析】本题考查的是《通用安装工程工程量计算规范》GB 50856—2013 附录 D 电气设备安装工程表 D.11 注 1。配管、线槽安装不扣除管路中间的接线箱（盒）、灯头盒、开关盒所占长度。

55.【答案】CDE

【解析】本题考查的是《通用安装工程工程量计算规范》GB 50856—2013 附录 D 电气设备安装工程表 D.11 注 2。配管名称指电线管、钢管、防爆管、塑料管、软管、波纹管等。

56.【答案】CDE

【解析】本题考查的是《通用安装工程工程量计算规范》GB 50856—2013 附录 D 电气设备安装工程表 D.11 注 5。配线形式指照明线路，动力线路，木结构，顶棚内，砖、混凝土结构，沿支架、钢索、屋架、梁、柱、墙，以及跨屋架、梁、柱。

57.【答案】BCDE

【解析】本题考查的是《通用安装工程工程量计算规范》GB 50856—2013 附录 D 电气设备安装工程表 D.11 注 6。配线保护管遇到下列情况之一时，应增设管路接线盒和拉线盒：①管长度每超过 30m，无弯曲；②管长度每超过 20m，有 1 个弯曲；③管长度每超过 15m，有 2 个弯曲；④管长度每超过 8m，有 3 个弯曲。垂直敷设的电线保护管遇到下列情况之一时，应增设固定导线用的拉线盒：①管内导线截面为 $50mm^2$ 及以下，长度每超过 30m；②管内导线截面为 $70 \sim 95mm^2$，长度每超过 20m；③管内导线截面为 $120 \sim 240mm^2$，长度每超过 18m。

58.【答案】ABCE

【解析】本题考查的是《通用安装工程工程量计算规范》GB 50856—2013 附录 D 电气

设备安装工程。电气配管工程量清单项目特征应描述：名称，材质，规格，配置形式，接地要求，钢索材质、规格。

59.【答案】BCD

【解析】本题考查的是《通用安装工程工程量计算规范》GB 50856—2013 附录 D 电气设备安装工程表 D.15.7-8。电源与管内导线连接（管内穿线与软、硬母线接点）预留长度为 1.5m；导线进出配电箱处要预留，预留长度为配电箱高 + 宽；导线进入单独安装的闸刀开关，预留长度为 0.3m。

60.【答案】ABE

【解析】本题考查的是《通用安装工程工程量计算规范》GB 50856—2013 附录 D 电气设备安装工程表 D.12 注 1。普通灯具包括圆球吸顶灯、半圆球吸顶灯、方形吸顶灯、软线吊灯、座灯头、吊链灯、防水吊灯、壁灯等。

61.【答案】ACE

【解析】本题考查的是《通用安装工程工程量计算规范》GB 50856—2013 附录 D 电气设备安装工程表 D.12 注 3。高度标志（障碍）灯包括烟囱标志灯、高塔标志灯、高层建筑屋顶障碍指示灯等。

62.【答案】BCE

【解析】本题考查的是《通用安装工程工程量计算规范》GB 50856—2013 附录 D 电气设备安装工程。医疗专用灯包括病房指示灯、病房暗脚灯、紫外线杀菌灯、无影灯等。中杆灯是指安装在高度小于或等于 19m 的灯杆上的照明器具。高杆灯是指安装在高度大于 19m 的灯杆上的照明器具。

63.【答案】BCDE

【解析】本题考查的是《通用安装工程工程量计算规范》GB 50856—2013 附录 D 电气设备安装工程表 D.14 注 1。功率大于 10kW 电动机及发电机的启动调试用的蒸汽、电力和其他动力能源消耗及变压器空载试运转的电力消耗及设备需烘干处理应说明。

64.【答案】ACDE

【解析】本题考查的是《通用安装工程工程量计算规范》GB 50856—2013 附录 E 建筑智能化工程。大对数电缆敷设清单项目特征必须描述名称、规格、线缆对数、敷设方式。

65.【答案】AD

【解析】本题考查的是《通用安装工程工程量计算规范》GB 50856—2013 附录 E 建筑智能化工程。信息插座清单项目特征应描述：名称，类别，规格，安装方式，底盒材质、规格。

66.【答案】ABDE

【解析】本题考查的是《通用安装工程工程量计算规范》GB 50856—2013 附录 G 通风空调工程。碳钢通风管道制作安装清单项目特征应描述：名称，材质，形状，规格，板材厚度，管件、法兰等附件及支架设计要求，接口形式。

67.【答案】CDE

【解析】本题考查的是《通用安装工程工程量计算规范》GB 50856—2013 附录 G 通风空调工程表 G.2 注 1。风管展开面积，不扣除检查孔、测定孔、送风口、吸风口等所占面积。

68.【答案】BCDE

【解析】本题考查的是《通用安装工程工程量计算规范》GB 50856—2013 附录 G 通风空调工程表 G.3。

69.【答案】BCDE

【解析】本题考查的是《通用安装工程工程量计算规范》GB 50856—2013 附录 G 通风空调工程表 G.3。

70.【答案】ACDE

【解析】本题考查的是《通用安装工程工程量计算规范》GB 50856—2013 附录 G 通风空调工程表 G.3。

71.【答案】ABCD

【解析】本题考查的是《通用安装工程工程量计算规范》GB 50856—2013 附录 G 通风空调工程表 G.3 注 7，消声器包括：片式消声器、矿棉管式消声器、聚酯泡沫管式消声器、卡普隆纤维管式消声器、弧形声流式消声器、阻抗复合式消声器、微穿孔板消声器、消声弯头。

72.【答案】ABCE

【解析】本题考查的是《通用安装工程工程量计算规范》GB 50856—2013 附录 G 通风空调工程表 G.3 注 3。碳钢风口、散流器、百叶窗包括：百叶风口、矩形送风口、矩形空气分布器、风管插板风口、旋转吹风口、圆形散流器、方形散流器、流线型散流器、送吸风口、活动箅式风口、网式风口、钢百叶窗等。

73.【答案】ABCE

【解析】本题考查的是《通用安装工程工程量计算规范》GB 50856—2013 附录 G 通风空调工程表 G.2。碳钢通风管道项目特征应描述名称，材质，形状，规格，板材厚度，管件、法兰等附件及支架设计要求，接口形式。

74.【答案】ABD

【解析】本题考查的是《通用安装工程工程量计算规范》GB 50856—2013 附录 G 通风空调工程表 G.1。空调器项目特征应描述名称，型号，规格，安装形式，质量，隔振垫（器）、支架形式、材质。

75.【答案】ACDE

【解析】本题考查的是《通用安装工程工程量计算规范》GB 50856—2013 附录 H 工业管道工程表 H.1。低压碳钢管项目特征应描述材质，规格，连接形式、焊接方法，压力试验、吹扫与清洗设计要求，脱脂设计要求。

76.【答案】BCD

【解析】本题考查的是《通用安装工程工程量计算规范》GB 50856—2013 附录 H 工业管道工程第 H.18.6 条。组装平台搭拆、管道防冻和焊接保护、特殊管道充气保护、高压管道检验、地下管道穿越建筑物保护等措施项目，应按本规范附录 N 措施项目相关项目编码列项。

77.【答案】ABCE

【解析】本题考查的是《通用安装工程工程量计算规范》GB 50856—2013 附录 H 工业管道工程表 H.1 注 5。脱脂按设计要求描述脱脂介质种类，如二氯乙烷、三氯乙烯、四氯化碳、动力苯、丙酮或酒精等。

78.【答案】ACE

【解析】本题考查的是《通用安装工程工程量计算规范》GB 50856—2013 附录 J 消防工程表 J.1 注 1。水灭火管道工程量计算，不扣除阀门、管件及各种组件所占长度以延长米计算。

79.【答案】BD

【解析】本题考查的是《通用安装工程工程量计算规范》GB 50856—2013 附录 J 消防工程表 J.1 注 2。水喷淋（雾）喷头安装部位应区分有吊顶、无吊顶。

80.【答案】ABE

【解析】本题考查的是《通用安装工程工程量计算规范》GB 50856—2013 附录 J 消防工程表 J.1 注 3。报警装置适用于湿式报警装置、干湿两用报警装置、电动雨淋报警装置、预作用报警装置等报警装置安装。报警装置安装包括装配管（除水力警铃进水管）的安装，水力警铃进水管并入消防管道工程量。

81.【答案】BCDE

【解析】本题考查的是《通用安装工程工程量计算规范》GB 50856—2013 附录 J 消防工程表 J.1 注 3。湿式报警装置包括内容：湿式阀、蝶阀、装配管、供水压力表、装置压力表、试验阀、泄放试验阀、泄放试验管、试验管流量计、过滤器、延时器、水力警铃、报警截止阀、漏斗、压力开关等。

82.【答案】ACDE

【解析】本题考查的是《通用安装工程工程量计算规范》GB 50856—2013 附录 J 消防工程。温感式水幕装置包括给水三通至喷头、阀门间的管道、管件、阀门、喷头等全部内容的安装。

83.【答案】BDE

【解析】本题考查的是《通用安装工程工程量计算规范》GB 50856—2013 附录 J 消防工程表 J.2 注 1。气体灭火管道工程量计算，不扣除阀门、管件及各种组件所占长度以延长米计算。

84.【答案】ABC

【解析】本题考查的是《通用安装工程工程量计算规范》GB 50856—2013 附录 J 消防工程表 J.2 注 5。无管网气体灭火系统由柜式预制灭火装置、火灾探测器、火灾自动报警灭火控制器等组成，具有自动控制和手动控制两种启动方式。无管网气体灭火装置安装，包括气瓶柜装置（内设气瓶、电磁阀、喷头）和自动报警控制装置（包括控制器，烟、温感，声光报警器，手动报警器，手 / 自动控制按钮）等。

85.【答案】ACDE

【解析】本题考查的是《通用安装工程工程量计算规范》GB 50856—2013 附录 J 消防工程表 J.4 注 3。点型探测器包括火焰、烟感、温感、红外光束、可燃气体探测器等。

86.【答案】ABCE

【解析】本题考查的是《通用安装工程工程量计算规范》GB 50856—2013 附录 J 消防工程表 J.5 注 1。自动报警系统包括各种探测器、报警器、报警按钮、报警控制器、消防广播、消防电话等组成的报警系统，按不同点数以“系统”计算。

87.【答案】ABCE

【解析】本题考查的是《通用安装工程工程量计算规范》GB 50856—2013 附录 J 消防工程第 J.6.1 条。管道界限的划分：

（1）喷淋系统水灭火管道：室内外界限应以建筑物外墙皮 1.5m 为界，入口处设阀门者应以阀门为界；设在高层建筑物内的消防泵间管道应以泵间外墙皮为界。

（2）消火栓管道：给水管道室内外界限划分应以外墙皮 1.5m 为界，入口处设阀门者应以阀门为界。

（3）与市政给水管道的界限：以与市政给水管道碰头点（井）为界。

88.【答案】ABCE

【解析】本题考查的是《通用安装工程工程量计算规范》GB 50856—2013 附录 J 消防工程表 J.1。水喷淋（雾）喷头项目特征包括安装部位，材质、型号、规格，连接形式，装饰盘设计。

89.【答案】ACDE

【解析】本题考查的是《通用安装工程工程量计算规范》GB 50856—2013 附录 K 给排水、采暖、燃气工程表 K.1 注 2。输送介质包括给水、排水、中水、雨水、热媒体、燃气、空调水等。

90.【答案】CE

【解析】本题考查的是《通用安装工程工程量计算规范》GB 50856—2013 附录 K 给排水、采暖、燃气工程表 K.1 注 8。排水管道安装包括立管检查口、透气帽。

91.【答案】ABDE

【解析】本题考查的是《通用安装工程工程量计算规范》GB 50856—2013 附录 K 给排水、采暖、燃气工程表 K.1 注 9。室外管道碰头：

（1）适用于新建或扩建工程热源、水源、气源管道与原（旧）有管道碰头；

（2）室外管道碰头包括挖工作坑、土方回填或暖气沟局部拆除及修复；

（3）带介质管道碰头包括开关闸、临时放水管线铺设等费用；

（4）热源管道碰头每处包括供、回水两个接口；

（5）碰头形式指带介质碰头、不带介质碰头。

92.【答案】ABCE

【解析】本题考查的是《通用安装工程工程量计算规范》GB 50856—2013 附录 K 给排水、采暖、燃气工程表 K.1 注 10。管道工程量计算不扣除阀门、管件（包括减压器、疏水器、水表、伸缩器等组成安装）及附属构筑物所占长度，方形补偿器以其所占长度列入管道安装工程量。

93.【答案】CDE

【解析】本题考查的是《通用安装工程工程量计算规范》GB 50856—2013 附录 K 给排水、采暖、燃气工程表 K.3 注 2。塑料阀门连接形式需注明热熔连接、粘接、热风焊接等方式。

94.【答案】BCD

【解析】本题考查的是《通用安装工程工程量计算规范》GB 50856—2013 附录 K 给排水、采暖、燃气工程表 K.4 注 1。成品卫生器具项目中的附件安装，主要指给水附件包括水嘴、阀门、喷头等，排水配件包括存水弯、排水栓、下水口等以及配备的连接管。

95.【答案】ACE

【解析】本题考查的是《通用安装工程工程量计算规范》GB 50856—2013 附录 K 给排水、采暖、燃气工程表 K.4 注 1。成品卫生器具项目中的附件安装，主要指给水附件包括水嘴、阀门、喷头等，排水配件包括存水弯、排水栓、下水口等以及配备的连接管。

96.【答案】CDE

【解析】本题考查的是《通用安装工程工程量计算规范》GB 50856—2013 附录 K 给排水、采暖、燃气工程表 K.4 注 5。给、排水附（配）件是指独立安装的水嘴、地漏、地面扫出口等。

97.【答案】BCDE

【解析】本题考查的是《通用安装工程工程量计算规范》GB 50856—2013 附录 K 给排水、采暖、燃气工程表 K.6 注 1。变频给水设备、稳压给水设备、无负压给水设备安装，说明：

（1）压力容器包括气压罐、稳压罐、无负压罐；

（2）水泵包括主泵及备用泵，应注明数量；

（3）附件包括给水装置中配备的阀门、仪表、软接头，应注明数量，含设备、附件之间管路连接；

（4）泵组底座安装，不包括基础砌（浇）筑，应按现行国家标准《房屋建筑与装饰工程工程量计算规范》GB 50854—2013 相关项目编码列项；

（5）控制柜安装及电气接线、调试应按本规范附录 D 电气设备安装工程相关项目编码列项。

98.【答案】BCDE

【解析】本题考查的是《通用安装工程工程量计算规范》GB 50856—2013 附录 K 给排水、采暖、燃气工程第 K.10.1 条。

管道界限的划分：

（1）给水管道室内外界限划分：以建筑物外墙皮 1.5m 为界，入口处设阀门者以阀门为界。

（2）排水管道室内外界限划分：以出户第一个排水检查井为界。

（3）采暖管道室内外界限划分：以建筑物外墙皮 1.5m 为界，入口处设阀门者以阀门为界。

（4）燃气管道室内外界限划分：地下引入室内的管道以室内第一个阀门为界，地上引入室内的管道以墙外三通为界。

99.【答案】ABDE

【解析】本题考查的是《通用安装工程工程量计算规范》GB 50856—2013 附录 K 给排水、采暖、燃气工程。螺纹阀门项目特征描述包括：类型，材质，规格、压力等级，连接方式。

100.【答案】BCD

【解析】本题考查的是《通用安装工程工程量计算规范》GB 50856—2013 附录 M 刷油、防腐蚀、绝热工程表 M.1 注 3。结构类型指涂刷金属结构的类型，如一般钢结构、管廊钢结构、H 型钢钢结构等类型。

101.【答案】ACDE

【解析】本题考查的是《通用安装工程工程量计算规范》GB 50856—2013 附录 M 刷油、防腐蚀、绝热工程表 M.1 注 5。设备简体、管道表面积包括管件、阀门、法兰、人孔、管口凹凸部分。

102.【答案】CD

【解析】本题考查的是《通用安装工程工程量计算规范》GB 50856—2013 附录 M 刷油、防腐蚀、绝热工程。金属结构刷油的计量方法：以平方米计量，按设计图示表面积尺寸以面积计算；以千克计量，按金属结构的理论质量计算。

103.【答案】BCDE

【解析】本题考查的是《通用安装工程工程量计算规范》GB 50856—2013 附录 M 刷油、防腐蚀、绝热工程表 M.8 注 3。对象指设备、管道、通风管道、阀门、法兰、钢结构。

104.【答案】ABCE

【解析】本题考查的是《通用安装工程工程量计算规范》GB 50856—2013 附录 N 措施项目表 N.1 注 1。由国家或地方检测部门进行的各类检测，指安装工程不包括的属经营服务性项目，如通电测试、防雷装置检测、安全、消防工程检测、室内空气质量检测等。

105.【答案】BCDE

【解析】本题考查的是《通用安装工程工程量计算规范》GB 50856—2013 附录 N 措施项目第 N.3.1 条工业炉烘炉、设备负荷试运转、联合试运转、生产准备试运转及安装工程设备场外运输应根据招标人提供的设备及安装主要材料堆放点按本节附录其他措施编码列项。

第 9 章　计算机辅助工程量计算

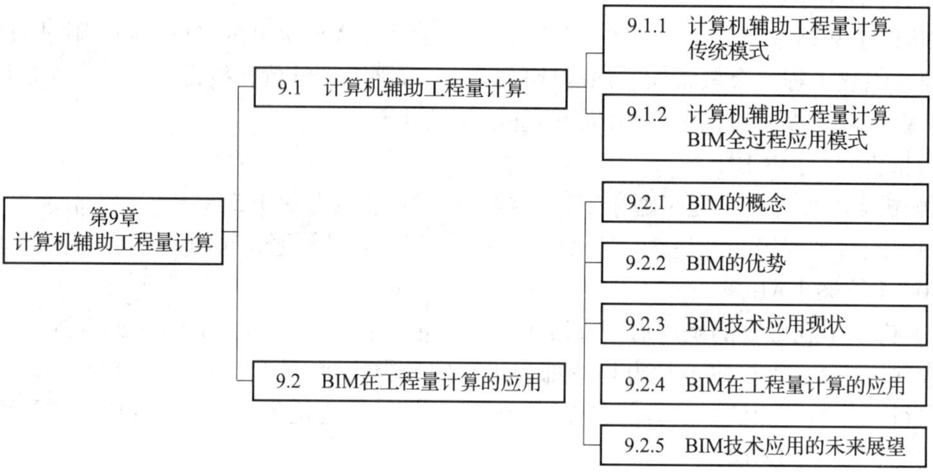

本章知识导图

本章习题精选

一、单项选择题（共 6 题，每题仅有 1 个选项正确）

1. 全过程 BIM5D 数据包含（　　）。

A. 3D 模型 +1D 造价 +1D 进度　　B. 3D 模型 +1D 时间 +1D 进度

C. 3D 模型 +1D 造价 +1D 时间　　D. 3D 模型 +1D 质量 +1D 进度

2. BIM 是（　　）。

A. 建筑信息管理　　B. 工程信息模型

C. 建筑信息模型　　D. 建筑质量模型

3. BIM 在（　　）内提供共享的信息资源，并为各种决策提供基础信息。

A. 全生命期　　B. 实施期　　C. 策划期　　D. 竣工期

4.（　　）是 BIM 最显著的优点，也就是“所见即所得”。

A. 优化性　　B. 模拟性　　C. 可视化　　D. 协调性

5. BIM 的特点不包括（　　）。

A. 可视化　　B. 协同化　　C. 模拟性　　D. 组织性

6. 2014 年 9 月，广东省住房和城乡建设厅发出《关于开展建筑信息模型 BIM 技术推广应用工作的通知》，要求 2020 年底（　　）万平方米以上建筑工程普遍应用 BIM 技术。

A. 1　　B. 2　　C. 3　　D. 4

二、多项选择题（共 5 题，每题选项中有 2 个或 2 个以上正确，至少有 1 个错项）

1. BIM 英文全称的正确表述有（　　）。

A. Building Information Modeling　　B. Building Information Model

C. Building Information Manager　　D. Building Information Management

E. Building Information Mod

2. 下列属于 BIM 技术特点的是（　　）。

A. 可出图性　　B. 协同化

C. 参数化　　D. 数字化

E. 便利化

3. 下列属于设计企业 BIM 应用主要内容的是（　　）。

A. 方案设计　　B. 设计评审

C. 专业协调　　D. 空间管理

E. 项目综合管控

4. 下列属于施工企业 BIM 应用主要内容的是（　　）。

A. 方案设计　　B. 设计评审

C. 专业协调　　D. 空间管理

E. 项目综合管控

5. 下列属于建设单位运维阶段 BIM 应用主要内容的是（　　）。

A. 应急管理　　B. 隐蔽工程管理

C. 专业协调　　D. 空间管理

E. 项目综合管控

本章习题解析

一、单项选择题

1.【答案】A

【解析】本题考查的是计算机辅助工程量计算。全过程 BIM5D 数据包含（3D 模型 +1D 造价 +1D 进度）。

2.【答案】C

【解析】本题考查的是 BIM 在工程量计算的应用。BIM 是英文 Building Information Modeling 或 Building Information Model 的缩写，代表建筑信息模型化或建筑信息模型。

3.【答案】A

【解析】本题考查的是 BIM 在工程量计算的应用。BIM 在全生命期内提供共享的信息资源，并为各种决策提供基础信息。

4.【答案】C

【解析】本题考查的是 BIM 在工程量计算的应用。可视化是 BIM 最显著的优点，也就是“所见即所得”。

5.【答案】D

【解析】本题考查的是 BIM 在工程量计算的应用。BIM 的特点包括可视化、参数化、协同化、模拟性、可出图性。

6.【答案】B

【解析】本题考查的是 BIM 在工程量计算的应用。2014 年 9 月，广东省住房和城乡建设厅发出《关于开展建筑信息模型 BIM 技术推广应用工作的通知》，要求 2020 年底 2 万平方米以上建筑工程普遍应用 BIM 技术。

二、多项选择题

1.【答案】AB

【解析】本题考查的是 BIM 在工程量计算的应用。BIM 是英文 Building Information Modeling 或 Building Information Model 的缩写，代表建筑信息模型化或建筑信息模型。

2.【答案】ABC

【解析】本题考查的是 BIM 在工程量计算的应用。BIM 技术的特点有可视化、参数化、协同化、模拟性、可出图性。

3.【答案】AB

【解析】本题考查的是 BIM 在工程量计算的应用。设计企业 BIM 应用的主要内容包括：①方案设计和初步设计；②详细设计分析及模拟；③施工图设计；④设计评审。

4.【答案】CE

【解析】本题考查的是 BIM 在工程量计算的应用。施工企业 BIM 应用的主要内容包括：①专业协调；②模拟优化施工方案；③项目综合管控。

5.【答案】ABD

【解析】本题考查的是 BIM 在工程量计算的应用。建设单位运维阶段 BIM 应用的主要内容包括：①空间管理；②设施管理；③隐蔽工程管理；④应急管理；⑤节能减排管理。

第三篇 安装工程计价

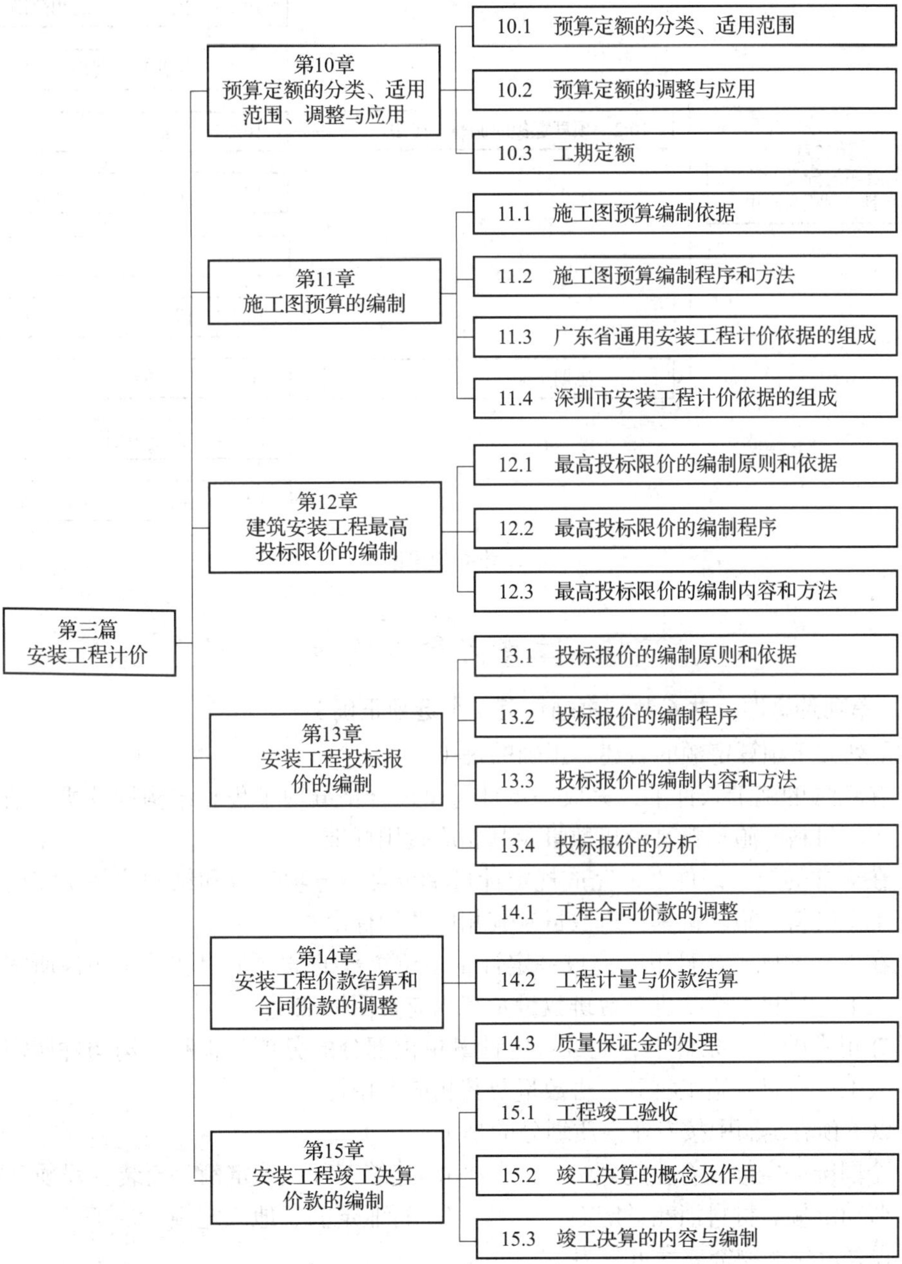

本篇知识导图

第 10 章　预算定额的分类、适用范围、调整与应用

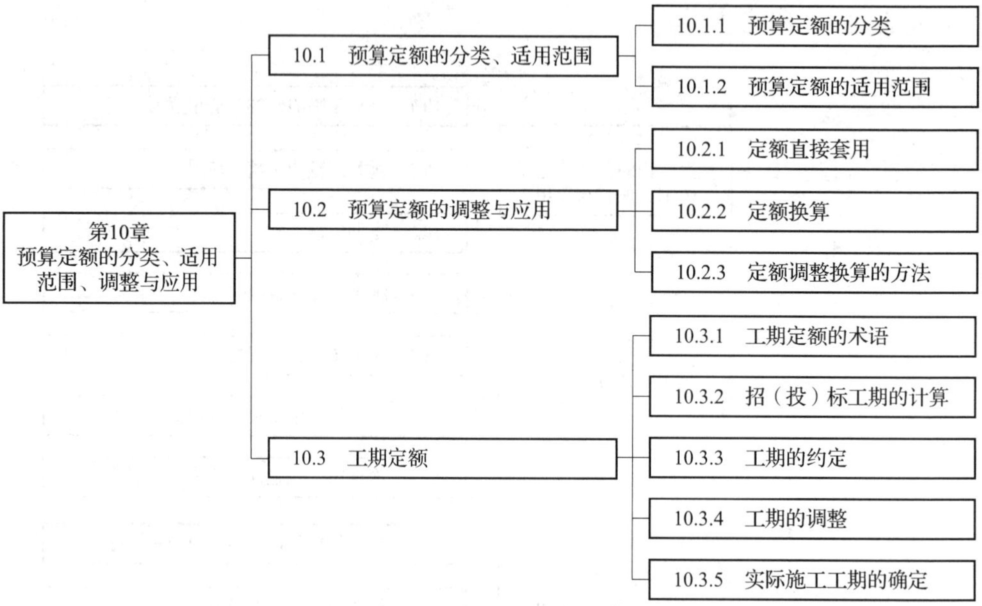

本章知识导图

本章习题精选

一、单项选择题（共 6 题，每题仅有 1 个选项正确）

1. 下列关于预算定额的表述，正确的是（　　）。

A. 在正常的施工条件下，完成一定计量单位合格分项工程和结构构件所需消耗的人工、材料、施工机具台班数量及其相应费用标准

B. 在正常的施工条件下，完成规定计量单位合格分项工程和结构构件所需消耗的人工、材料、施工机具台班数量及其相应费用标准

C. 在正常的施工条件下，完成一定计量单位全部的分项工程和结构构件所需消耗的人工、材料、施工机具台班数量及其相应费用标准

D. 在正常的施工条件下，完成规定计量单位部分的分项工程和结构构件所需消耗的人工、材料、施工机具台班数量及其相应费用标准

2. 以下预算定额中按专业性质划分的是（　　）。

A. 全国统一定额、企业定额　　B. 建筑工程预算定额、安装工程预算定额

C. 劳动定额、材料消耗量定额　　D. 行业定额、地区定额

3. 预算定额按物资要素可分为（　　）。

A. 施工定额、预算定额、概算定额

B. 建筑工程定额、设备安装工程定额、建筑安装工程费用定额

C. 劳动定额、材料消耗定额、机械台班消耗定额

D. 概算指标、投资估算指标、概算定额

4. 预算定额按物资要素可分为劳动定额、材料消耗定额和机械台班使用定额，但它们（ ）。

A. 各自独立　　B. 相对独立

C. 相互依存形成一个整体　　D. 配合使用

5. 下列关于预算定额的分类说法正确的是（ ）。

A. 按专业性质分为建筑工程定额和安装工程定额

B. 按物资要素分为劳动定额和企业定额

C. 按管理权限分为全国统一定额、行业统一定额、地区统一定额、材料消耗量定额和补充定额

D. 按管理权限分为全国统一定额、行业统一定额、劳动定额、材料消耗量定额和补充定额

6.（ ）是指自开工之日起到完成施工合同约定全部工程内容达到过程验收标准之日为止的全过程所需的日历天数。

A. 招标工期　　B. 投标工期　　C. 计算工期　　D. 标准工期

二、多项选择题（共 9 题，每题选项中有 2 个或 2 个以上正确，至少有 1 个错项）

1. 工程计价定额是指工程定额中直接用于工程计价的定额或指标，包括（ ）。

A. 预算定额　　B. 施工定额

C. 概算定额　　D. 概算指标

E. 估算指标

2. 按管理权限和执行范围分，预算定额可以分为（ ）。

A. 全国统一定额　　B. 行业统一定额

C. 地区统一定额　　D. 企业定额

E. 劳动定额

3. 建筑工程预算定额按专业对象又可分为（ ）。

A. 建筑工程预算定额　　B. 市政工程预算定额

C. 公路工程预算定额　　D. 安装工程预算定额

E. 水利水电工程预算定额

4. 安装工程预算定额按适用专业对象分为电气设备安装预算定额、机械设备安装工程预算定额、通信设备安装预算定额、（ ）。

A. 房屋修缮工程预算定额

B. 矿山井巷预算定额

C. 工业管道安装工程预算定额

D. 静置设备与工艺金属结构制作安装工程预算定额

E. 热力设备安装工程预算定额

5. 预算定额按物资要素可分为（ ）。

A. 劳动消耗定额　　B. 施工定额
C. 机具消耗定额　　D. 预算定额
E. 材料消耗定额

6. 定额换算方法中，属于按计算方法分类的有（　　）。
A. 人工换算　　B. 材料换算
C. 机械换算　　D. 乘数换算
E. 加减法换算

7. 定额换算方法中，按定额换算的位置可分为（　　）。
A. 人工换算　　B. 材料换算
C. 机械换算　　D. 乘数换算
E. 加减法换算

8. 定额换算按位置分类有（　　）。
A. 乘数换算　　B. 材料换算
C. 机械换算　　D. 设备换算
E. 混合换算

9. 下列情况应按照相关规定顺延施工工期的有（　　）。
A. 遇不可抗力或政府政策
B. 发生重大设计变更的
C. 地质勘察报告与实际地质出入较大的
D. 停水、停电、停气导致暂停施工的
E. 因承包人原因未能按规定开工的

本章习题解析

一、单项选择题

1.【答案】A

【解析】本题考查的是预算定额。预算定额是在正常的施工条件下，完成一定计量单位合格分项工程和结构构件所需消耗的人工、材料、施工机具台班数量及其相应费用标准。

2.【答案】B

【解析】本题考查的是预算定额的分类。按专业性质分，预算定额有建筑工程定额和安装工程定额两大类。

3.【答案】C

【解析】本题考查的是预算定额的分类。预算定额按物资要素区分的劳动定额、机械定额和材料消耗定额，但它们相互依存形成一个整体，作为编制预算定额依据，各自不具有独立性。

4.【答案】C

【解析】本题考查的是预算定额的分类。预算定额按物资要素区分的劳动定额、机械定额和材料消耗定额，但它们相互依存形成一个整体，作为编制预算定额依据，各自不具有独立性。

5.【答案】A

【解析】本题考查的是预算定额的分类。按专业性质分，预算定额有建筑工程定额和安装工程定额两大类。

6.【答案】D

【解析】本题考查的是工期定额。标准工期（定额工期）是指自开工之日起到完成施工合同约定全部工程内容达到过程验收标准之日为止的全过程所需的日历天数，但不包括施工准备、竣工文件的编制和实施验收的时间。

二、多项选择题

1.【答案】ACDE

【解析】本题考查的是工程计价定额。工程计价定额是指工程定额中直接用于工程计价的定额或指标，包括预算定额、概算定额、概算指标和估算指标等。

2.【答案】ABC

【解析】本题考查的是预算定额的分类。从管理权限和执行范围分，预算定额可分为全国统一定额、行业统一定额和地区统一定额等。

3.【答案】ABC

【解析】本题考查的是预算定额的分类。建筑工程预算定额按专业对象又分为建筑工程预算定额、市政工程预算定额、铁路工程预算定额、公路工程预算定额、房屋修缮工程预算定额、矿山井巷预算定额等。

4.【答案】CDE

【解析】本题考查的是预算定额的分类。安装工程预算定额按专业对象又分为机械设备安装工程预算定额，热力设备安装工程预算定额，静置设备与工艺金属结构制作安装工程预算定额，电气设备安装工程预算定额，建筑智能化工程预算定额，自动化控制仪表安装工程预算定额，通风空调工程预算定额，工业管道安装工程预算定额，消防工程预算定额，给排水、采暖、燃气工程预算定额，通信设备及线路工程预算定额，刷油、防腐蚀、绝热工程预算定额等。

5.【答案】AE

【解析】本题考查的是预算定额的分类。预算定额按物资要素区分的劳动定额、机械定额和材料消耗定额，但它们相互依存形成一个整体，作为编制预算定额依据，各自不具有独立性。

6.【答案】DE

【解析】本题考查的是定额调整换算的方法。定额调整换算的方法按计算方法分类，分为：加减数的换算方法，乘数的换算。

7.【答案】ABC

【解析】本题考查的是定额调整换算的方法。定额调整换算的方法按定额换算的位置分为人工、材料、机械和混合换算。

8.【答案】BCE

【解析】本题考查的是定额调整换算的方法。定额调整换算的方法按定额换算的位置分为人工、材料、机械和混合换算。

9.【答案】ABCD

【解析】本题考查的是工期的调整。因承包人原因未能按规定开工的，工期不予顺延。因发包人原因致使工程不具备开工条件的，工期应予顺延。施工合同履行过程中，发生下列情形之一影响施工进度或暂停施工的，应按照相关规定顺延施工工期：

（1）遇不可抗力或政府政策；

（2）地质勘察报告与实际地质出入较大的；

（3）遇地下障碍物或发现地下文物、化石、古迹遗址等具有考古价值文物的；

（4）发生重大设计变更的；

（5）发包人违约导致暂停施工或影响关键工作的；

（6）停水、停电、停气导致暂停施工的；

（7）其他非承包人原因引起的暂停施工或工期延误的。

第 11 章　施工图预算的编制

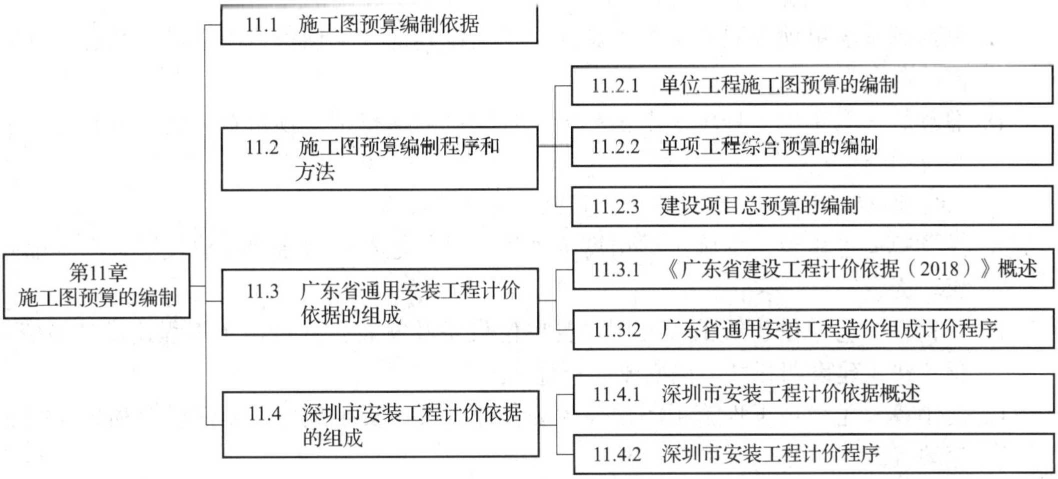

本章知识导图

本章习题精选

一、单项选择题（共 128 题，每题仅有 1 个选项正确）

1. 下列选项不是施工图预算编制依据的是（　　）。

A. 项目相关文件、合同、协议等

B. 工程所在地的人工、材料、设备、施工机具预算价格

C. 类似工程的造价指标

D. 项目的管理模式、发包模式及施工条件

2.（　　）是指完成一个规定计量单位的项目所需的人工费、材料费、施工机具使用费、企业管理费和利润、工程设备费，以及一定范围内的风险费用。

A. 综合单价　　　　B. 工料单价

C. 实物单价　　　　D. 预算定额单价

3. 综合单价包括人工费、材料费、施工机具使用费、（　　）。

A. 企业管理费、利润和风险因素、规费

B. 企业管理费、利润和风险因素、规费、税金

C. 企业管理费、利润和风险因素

D. 企业管理费、利润、规费

4. 采用综合单价法编制建筑安装工程预算步骤：①准备工作；②套用定额综合单价；③清单划分；④列项并计算工程量；⑤计算其他各项费用，汇总造价；⑥复核、填写封面、编制说明。正确的顺序是（　　）。

A. ①②③④⑤⑥　B. ①④②⑤③⑥　C. ①②③④⑥⑤　D. ①③④②⑤⑥

5. 三级预算编制中总预算计算公式正确的是（　　）。

A. 总预算 = Σ单位工程施工图预算 + 工程建设其他费 + 预备费 + 建设期利息 + 铺底流动资金

B. 总预算 = Σ单位工程施工图预算 + Σ单位设备及安装工程费用 + 工程建设其他费 + 预备费 + 建设期利息 + 铺底流动资金

C. 总预算 = Σ单项工程施工图预算 + 工程建设其他费 + 预备费 + 建设期利息 + 铺底流动资金

D. 总预算 = Σ单项工程施工图预算 + 工程建设前期费用 + 预备费 + 建设期利息 + 铺底流动资金

6. 二级预算编制中总预算计算公式正确的是（　　）。

A. 总预算 = Σ单位工程施工图预算 + 工程建设其他费 + 预备费 + 建设期利息 + 铺底流动资金

B. 总预算 = Σ单位建筑工程费用 + Σ单位设备及安装工程费用 + 工程建设其他费 + 预备费 + 建设期利息 + 铺底流动资金

C. 总预算 = Σ单项工程施工图预算 + 工程建设其他费 + 预备费 + 建设期利息 + 铺底流动资金

D. 总预算 = Σ单项工程施工图预算 + 工程建设前期费用 + 预备费 + 建设期利息 + 铺底流动资金

7. 采用三级预算编制形式的工程预算文件，不包括（　　）。

A. 封面、签署页及目录　　B. 编制说明

C. 总预算表　　D. 建设资金来源表

8. 广东省通用安装工程采用工程量清单计价时，规费不包括（　　）。

A. 社会保险费　　B. 工程排污费

C. 防洪工程维护费　　D. 施工噪声排污费

9. 广东省通用安装工程采用工程量清单计价时，分部分项工程费计算方法正确的是（　　）。

A. 分部分项工程费 = Σ（清单工程量 × 定额单价）

B. 分部分项工程费 = Σ（清单工程量 × 综合单价）

C. 分部分项工程费 = Σ（清单工程量 × 工料单价）

D. 分部分项工程费 = Σ（清单工程量 × 定额基价）

10.《广东省通用安装工程综合定额（2018）》中子目基价及其组项价格均不包含（　　）。

A. 地方教育费附加　　B. 教育费附加

C. 城市维护建设税　　D. 增值税可抵扣进项税额

11.《广东省通用安装工程综合定额（2018）》中人工费是指（　　）的薪酬。

A. 管理人员　　B. 机上人工

C. 直接从事施工作业的生产工人　　D. 直接从事施工作业的生产工人和管理人员

12.《广东省通用安装工程综合定额（2018）》中，（　　）是按计时工资标准和工作

时间或对已工作按计件单价支付给个人的劳动报酬。

A. 工资性收入　　B. 社会保险费

C. 住房公积金　　D. 职工教育经费

13.《广东省通用安装工程综合定额（2018）》中，（　　）是在社会保险基金的筹集过程中，企业按照规定的数额和期限向社会保险管理机构缴纳的费用。

A. 意外伤害保险　　B. 社会保险费

C. 住房公积金　　D. 职工教育经费

14.《广东省通用安装工程综合定额（2018）》中，（　　）是按职工工资总额的规定比例计提，企业为职工进行专业技术和职业技能培训，专业技术人员继续教育、职工职业技能鉴定、职业资格认定以及根据需要对职工进行各类文化教育所发生的费用。

A. 工资性收入　　B. 社会保险费　　C. 住房公积金　　D. 职工教育经费

15.《广东省通用安装工程综合定额（2018）》中，（　　）是根据国家法律、法规和政策规定，因病、婚丧假、事假、探亲假、定期休假、停工学习、高温作业、执行国家或社会义务等原因按计时工资标准或计时工资标准的一定比例支付的工资。

A. 特殊情况下支付的工资　　B. 社会保险费

C. 住房公积金　　D. 职工教育经费

16.《广东省通用安装工程综合定额（2018）》中的人工按（　　）h 工作制计算。

A. 4　　B. 6　　C. 8　　D. 10

17. 建设单位采购、供应到现场或到施工单位指定地点的材料，由施工单位负责保管的，经双方协商，可以按照材料价格的（　　）收取保管费。

A. 1%　　B. 1.5%　　C. 3%　　D. 4%

18. 凡单位价值在 2 000 元以内，使用年限在一年以内的不构成固定资产的工具用具、仪器仪表等计入（　　）。

A. 定额材料费　　B. 定额施工机具费

C. 定额管理费　　D. 利润

19.《广东省通用安装工程综合定额（2018）》中的施工机具台班按（　　）h 工作制计算。

A. 4　　B. 6　　C. 8　　D. 10

20. 管理费以分部分项的（　　）为计算基数。

A. 人工费　　B. 施工机具费

C. 人工费与材料费之和　　D. 人工费与施工机具费之和

21. 借工、时工的管理费不分工种和技术等级，统一按（　　）元 / 工日执行。

A. 10.00　　B. 20.00　　C. 30.00　　D. 40.00

22. 停工、窝工的管理费按（　　）元 / 工日执行。

A. 10.00　　B. 20.00　　C. 30.00　　D. 40.00

23.《广东省通用安装工程综合定额（2018）》遇有两个或两个以上系数时，按（　　）计算。

A. 最大值　　B. 最小值　　C. 连加法　　D. 连乘法

24.《广东省通用安装工程综合定额（2018）》第一册《机械设备安装工程》中，金属桅杆及人字架等一般起重机具的摊销费（第 C.1.4 章“电梯安装”除外），按所安装设备的净重量（包括设备底座、辅轨），（　　）元 /t 作为材料费计算。

A. 10.00　　B. 12.00　　C. 15.00　　D. 20.00

25.《广东省通用安装工程综合定额（2018）》第一册《机械设备安装工程》中，设备底座的安装标高超过地平面（　　）m 时，应计算工程超高增加费。

A. ±10　　B. ±15　　C. ±20　　D. ±25

26.《广东省通用安装工程综合定额（2018）》第一册《机械设备安装工程》中，旧设备的拆除费用，按相应安装人工费和机械费的（　　）计算（不计材料费）。

A. 30%　　B. 40%　　C. 50%　　D. 60%

27.《广东省通用安装工程综合定额（2018）》第一册《机械设备安装工程》中，运行速度大于 4m/s 的自动电梯安装，其人工按电梯的运行速度 2m/s 以上的自动电梯安装相应定额的人工费乘以系数（　　）。

A. 1.03　　B. 1.05　　C. 1.10　　D. 1.20

28.《广东省通用安装工程综合定额（2018）》第一册《机械设备安装工程》中，运行速度大于 6m/s 的自动电梯安装，其人工按电梯的运行速度 2m/s 以上的自动电梯安装相应定额的人工费乘以系数（　　）。

A. 1.03　　B. 1.05　　C. 1.10　　D. 1.20

29.《广东省通用安装工程综合定额（2018）》第一册《机械设备安装工程》中，设备重量大于 0.2t 的潜水泵安装套用（　　）相应定额。

A. 离心式杂质泵　　B. 离心式深水泵　　C. 离心旋涡泵　　D. 潜水泵

30.《广东省通用安装工程综合定额（2018）》第一册《机械设备安装工程》中，活塞式 V、W、S 型压缩机的安装是按单级压缩机考虑的，安装同类型双级压缩机时，则按相应定额的人工费乘以系数（　　）。

A. 1.20　　B. 1.30　　C. 1.40　　D. 1.50

31.《广东省通用安装工程综合定额（2018）》第一册《机械设备安装工程》中，离心式压缩机是按单轴考虑的，如安装双轴（H）离心式压缩机时，则相应定额的人工费乘以系数（　　）。

A. 1.20　　B. 1.30　　C. 1.40　　D. 1.50

32.《广东省通用安装工程综合定额（2018）》第一册《机械设备安装工程》中，制冷站（库）工程的系统调整费，按各站工艺系统内全部安装工程人工费的（　　）计算。

A. 5%　　B. 8%　　C. 10%　　D. 15%

33.《广东省通用安装工程综合定额（2018）》中，对于不能按工作内容单独计量的绿色施工安全防护措施费，具体包括绿色施工、临时设施、安全施工和用工实名管理，编制概预算时，按分部分项的人工费与施工机具费之和的（　　）计算。

A. 8%　　B. 20%　　C. 35.77%　　D. 39.86%

34. 安全施工内容中，楼梯边防护应设置（　　）m 高的定型化、工具化、标准化的防护栏杆。

A. 1.0　　B. 1.2　　C. 1.5　　D. 1.8

35.《广东省通用安装工程综合定额（2018）》措施其他项目中，安装与生产同时进行增加费用按人工费的（　　）% 计算。

A. 10.00　　B. 12.00　　C. 15.00　　D. 20.00

36.《广东省通用安装工程综合定额（2018）》措施其他项目中，安装与生产同时进行增加费用按（　　）的 10.00% 计算。

A. 人工费　　B. 机械费

C. 人工费 + 机械费　　D. 人工费 + 材料费 + 机械费

37.《广东省通用安装工程综合定额（2018）》措施其他项目中，在有害身体健康的环境中（包括高温、多尘、噪声超过标准和有害气体等有害环境）施工增加费按人工费的（　　）% 计算。

A. 8.00　　B. 10.00　　C. 12.00　　D. 15.00

38.《广东省通用安装工程综合定额（2018）》措施其他项目中，在有害身体健康的环境中（包括高温、多尘、噪声超过标准和有害气体等有害环境）施工增加费按（　　）的 10.00% 计算。

A. 人工费　　B. 机械费

C. 人工费 + 机械费　　D. 人工费 + 材料费 + 机械费

39.《广东省通用安装工程综合定额（2018）》措施其他项目中，在地下（暗）室、设备及大口径管道内等特殊施工部位进行施工增加费，按该部分人工费的（　　）% 计算。

A. 10.00　　B. 20.00　　C. 30.00　　D. 50.00

40.《广东省通用安装工程综合定额（2018）》措施其他项目中，夜间施工增加费按其夜间施工项目人工费的（　　）% 计算。

A. 10.00　　B. 20.00　　C. 30.00　　D. 50.00

41.《广东省通用安装工程综合定额（2018）》措施其他项目中，夜间施工增加费按其夜间施工项目（　　）的 20.00% 计算。

A. 人工费　　B. 机械费

C. 人工费 + 机械费　　D. 人工费 + 材料费 + 机械费

42.《广东省通用安装工程综合定额（2018）》措施其他项目中，省级文明工地增加费以分部分项的（　　）为计算基础。

A. 人工费　　B. 施工机具费

C. 人工费 + 材料费　　D. 人工费 + 施工机具费

43.《广东省通用安装工程综合定额（2018）》措施其他项目中，省级文明工地增加费以分部分项的人工费与施工机具费为计算基础，文明工地增加费费率为（　　）。

A. 1.00%　　B. 1.50%　　C. 2.00%　　D. 2.50%

44.《广东省通用安装工程综合定额（2018）》措施其他项目中，市级文明工地增加费以分部分项的人工费与施工机具费为计算基础，文明工地增加费费率为（　　）。

A. 1.00%　　B. 1.50%　　C. 2.00%　　D. 2.50%

45.《广东省通用安装工程综合定额（2018）》其他项目费用中，暂列金额按分部分项工程费的（　　）% 计算。

A. 8.00　　B. 10.00　　C. 15.00　　D. 20.00

46.《广东省通用安装工程综合定额（2018）》其他项目费用中，暂列金额按（　　）

的 10.00% 计算。

A. 措施项目费　　　　　　　　　　B. 分部分项工程费

C. 分部分项工程费 + 措施项目费　　D. 分部分项工程费中人工费 + 施工机具费

47.《广东省通用安装工程综合定额（2018）》其他项目费用中，仅要求对发包人发包的专业工程进行总承包管理和协调时，总承包服务费可按专业工程造价的（　　）计算。

A. 1.00%　　B. 1.50%　　C. 4.00%　　D. 5.00%

48.《广东省通用安装工程综合定额（2018）》其他项目费用中，要求对发包人发包的专业工程进行总承包管理和协调，并同时要求提供配合和服务，总承包服务费按专业工程造价的（　　）计算。

A. 1.00%　　B. 1.50%　　C. 4.00%　　D. 5.00%

49.《广东省通用安装工程综合定额（2018）》其他项目费用中，配合发包人自行供应材料的，总承包服务费按发包人供应材料价值的（　　）计算（不含该部分材料的保管费）。

A. 1.00%　　B. 1.50%　　C. 4.00%　　D. 5.00%

50.《广东省通用安装工程综合定额（2018）》其他项目费用中，预算包干费按分部分项的人工费与施工机具费之和的（　　）% 计算。

A. 8.00　　B. 10.00　　C. 15.00　　D. 20.00

51.《广东省通用安装工程综合定额（2018）》其他项目费用中，预算包干费按分部分项（　　）的 10.00% 计算。

A. 人工费　　　　　　　　B. 施工机具费

C. 人工费与材料费之和　　D. 人工费与施工机具费之和

52.《广东省通用安装工程综合定额（2018）》其他项目费用中，工程优质费的计算基础是（　　）。

A. 分部分项的人工费　　　　　　　B. 分部分项的施工机具费

C. 分部分项的人工费与材料费之和　D. 分部分项的人工费与施工机具费之和

53.《广东省通用安装工程综合定额（2018）》其他项目费用中，市级质量奖按分部分项人工费与施工机具费之和的（　　）% 计算。

A. 7.50　　B. 10.00　　C. 12.50　　D. 20.00

54.《广东省通用安装工程综合定额（2018）》其他项目费用中，省级质量奖按分部分项人工费与施工机具费之和的（　　）% 计算。

A. 7.50　　B. 10.00　　C. 12.50　　D. 20.00

55.《广东省通用安装工程综合定额（2018）》其他项目费用中，国家级质量奖按分部分项人工费与施工机具费之和的（　　）% 计算。

A. 7.50　　B. 10.00　　C. 12.50　　D. 20.00

56.《广东省通用安装工程综合定额（2018）》其他项目费用中，概算幅度差标准按分部分项工程费的（　　）% 计算。

A. 1.00　　B. 2.00　　C. 3.00　　D. 5.00

57.《广东省通用安装工程综合定额（2018）》中，利润以人工费与施工机具费之和为基础，按（　　）% 计算。

A. 8.00　　B. 10.00　　C. 15.00　　D. 20.00

58.《广东省通用安装工程综合定额（2018）》中，《机械设备安装工程》分册的管理费以分部分项的人工费与施工机具费之和为基础，管理费分摊费费率为（　　）%。

A. 39.86　　B. 28.74　　C. 27.72　　D. 27.73

59.《广东省通用安装工程综合定额（2018）》中，《电气设备安装工程》分册的管理费以分部分项的人工费与施工机具费之和为基础，管理费分摊费费率为（　　）%。

A. 39.86　　B. 28.74　　C. 27.72　　D. 27.73

60.《广东省通用安装工程综合定额（2018）》中，《通风空调工程》分册的管理费以分部分项的人工费与施工机具费之和为基础，管理费分摊费费率为（　　）%。

A. 39.86　　B. 28.74　　C. 27.72　　D. 27.73

61.《广东省通用安装工程综合定额（2018）》中，《消防工程》分册的管理费以分部分项的人工费与施工机具费之和为基础，管理费分摊费费率为（　　）%。

A. 39.86　　B. 28.74　　C. 27.72　　D. 27.73

62.《广东省通用安装工程综合定额（2018）》第二册《热力设备安装工程》中，在管井内、竖井内和封闭天棚内进行施工，该部分人工费乘以系数（　　）。

A. 1.15　　B. 1.20　　C. 1.25　　D. 1.50

63.《广东省通用安装工程综合定额（2018）》第三册《静置设备与工艺金属结构制作安装工程》中，当碳钢、不锈钢平底平盖容器有折边时，执行（　　）相应定额项目。

A. 椭圆形封头容器　　B. 锥底椭圆封头容器

C. 平底平盖容器　　D. 平底锥顶容器

64.《广东省通用安装工程综合定额（2018）》第三册《静置设备与工艺金属结构制作安装工程》中，火炬、排气筒按（　　）整体吊装计算。

A. 塔式起重机　　B. 双梁起重机　　C. 流动式起重机　　D. 金属抱杆

65.《广东省通用安装工程综合定额（2018）》第三册《静置设备与工艺金属结构制作安装工程》中，无损探伤拍片张数按设计规定计算的探伤焊缝总长度除以定额取定的胶片有效长度计算。胶片有效长度为（　　）mm。

A. 100　　B. 150　　C. 200　　D. 250

66.《广东省通用安装工程综合定额（2018）》第四册《电气设备安装工程》，如发生土石方工程时，另执行（　　）相应项目。

A.《广东省建筑与装饰工程综合定额（2018）》

B.《广东省通用安装工程综合定额（2018）》

C.《广东省市政工程综合定额（2018）》

D.《广东省园林绿化工程综合定额（2018）》

67.《广东省通用安装工程综合定额（2018）》第四册《电气设备安装工程》中工程超高增加费，操作物高度离楼地面 5m 以上、20m 以下时，超高部分按人工费乘以系数（　　）计算（已考虑了超高因素的定额项目除外）。

A. 1.12　　B. 1.20　　C. 1.25　　D. 1.33

68.《广东省通用安装工程综合定额（2018）》第四册《电气设备安装工程》，在管井内、竖井内、断面小于或等于 $2m^2$ 隧道或洞内、封闭吊顶天棚内进行安装的工程，该部分按人工费乘以系数（　　）。

A. 1.12　　B. 1.20　　C. 1.25　　D. 1.33

69.《广东省通用安装工程综合定额（2018）》第四册《电气设备安装工程》中，电炉变压器安装执行同容量电力变压器安装定额项目乘以系数（　　）。

A. 1.20　　B. 1.60　　C. 2.00　　D. 0.60

70.《广东省通用安装工程综合定额（2018）》第四册《电气设备安装工程》中，如果容量 4 000kV · A 以上的变压器需吊芯检查时，机具乘以系数（　　）。

A. 1.20　　B. 1.60　　C. 2.00　　D. 0.60

71.《广东省通用安装工程综合定额（2018）》第四册《电气设备安装工程》中，带有保护外罩的干式变压器安装，人工和机具乘以系数（　　）。

A. 1.20　　B. 1.60　　C. 2.00　　D. 0.60

72.《广东省通用安装工程综合定额（2018）》第四册《电气设备安装工程》中，焊（压）接线端子定额只适用于导线或无终端头电缆线芯与开关设备等的连接。$6mm^2$ 以下接线端子安装按 $16mm^2$ 接线端子安装定额项目乘以系数（　　）。

A. 0.30　　B. 0.60　　C. 0.80　　D. 0.90

73.《广东省通用安装工程综合定额（2018）》第四册《电气设备安装工程》中，非成套型配电箱应执行（　　）相应项目。

A. 成套配电箱　　B. 接线箱　　C. 等电位端子箱　　D. 成套插座箱

74.《广东省通用安装工程综合定额（2018）》第四册《电气设备安装工程》中，实行包干的工程，低压小型电机 3kW 以下按（　　）% 的比例考虑干燥。

A. 25　　B. 30 ~ 50　　C. 50 ~ 80　　D. 100

75.《广东省通用安装工程综合定额（2018）》第四册《电气设备安装工程》中，电缆在一般山地、丘陵地区敷设时，其人工费乘以系数（　　）。

A. 1.20　　B. 1.30　　C. 1.40　　D. 1.50

76.《广东省通用安装工程综合定额（2018）》第四册《电气设备安装工程》中，铜芯电力电缆敷设定额综合不同敷设方式按三芯（包括三芯连地）考虑的，五芯电力电缆敷设定额项目乘以系数（　　）。

A. 1.15　　B. 1.30　　C. 1.45　　D. 1.60

77.《广东省通用安装工程综合定额（2018）》第四册《电气设备安装工程》中，铜芯电力电缆敷设定额综合不同敷设方式按三芯（包括三芯连地）考虑的，六芯电力电缆敷设定额项目乘以系数（　　）。

A. 1.15　　B. 1.30　　C. 1.45　　D. 1.60

78.《广东省通用安装工程综合定额（2018）》第四册《电气设备安装工程》中，铜芯电力电缆敷设定额综合不同敷设方式按三芯（包括三芯连地）考虑的，单芯电力电缆敷设定额项目乘以系数（　　）。

A. 0.60　　B. 0.67　　C. 0.70　　D. 0.90

79.《广东省通用安装工程综合定额（2018）》第四册《电气设备安装工程》中，铜芯电力电缆敷设定额综合不同敷设方式按三芯（包括三芯连地）考虑的，$6mm^2$ 以下电力电缆敷设按 $10mm^2$ 电力电缆敷设定额项目乘以系数（　　）。

A. 0.60　　B. 0.67　　C. 0.70　　D. 0.90

80.《广东省通用安装工程综合定额（2018）》第四册《电气设备安装工程》中，铝合金及铝芯电力电缆敷设，按同截面铜芯电力敷设定额项目乘以系数（　　）。

A. 0.60　　B. 0.67　　C. 0.70　　D. 0.90

81.《广东省通用安装工程综合定额（2018）》第四册《电气设备安装工程》中，双屏蔽电缆头制作安装按人工费乘以系数（　　）。

A. 1.03　　B. 1.05　　C. 1.08　　D. 1.10

82.《广东省通用安装工程综合定额（2018）》第四册《电气设备安装工程》中，利用基础梁内两根主筋焊接连通作接地母线，执行（　　）项目。

A. 户外接地母线　　B. 户内接地母线

C. 利用梁内钢筋作均压环敷设　　D. 避雷装置

83.《广东省通用安装工程综合定额（2018）》第四册《电气设备安装工程》中，单桩承台及无承台接地线敷设，按三连桩承台接地线定额项目乘以系数（　　）。

A. 0.30　　B. 0.40　　C. 0.50　　D. 0.90

84.《广东省通用安装工程综合定额（2018）》第四册《电气设备安装工程》中，等电位接地线安装，执行（　　）安装相应项目。

A. 户外接地母线　　B. 户内接地母线

C. 利用梁内钢筋作均压环敷设　　D. 避雷网

85.《广东省通用安装工程综合定额（2018）》第四册《电气设备安装工程》中，高层建筑物屋顶的防雷接地装置应执行（　　）安装定额。

A. 户外接地母线　　B. 户内接地母线

C. 利用梁内钢筋作均压环敷设　　D. 避雷网

86.《广东省通用安装工程综合定额（2018）》第四册《电气设备安装工程》中，电气配管定额包括穿引线，如实际施工中没有穿引线的，定额人工费乘以系数（　　）。

A. 0.67　　B. 0.80　　C. 0.95　　D. 0.90

87.《广东省通用安装工程综合定额（2018）》第四册《电气设备安装工程》中，钢制桥架主结构设计厚度大于 3mm 时，定额人工费、机具费乘以系数（　　）。

A. 1.10　　B. 1.20　　C. 1.30　　D. 1.40

88.《广东省通用安装工程综合定额（2018）》第四册《电气设备安装工程》中，不锈钢桥架按钢制桥架定额乘以系数（　　）执行。

A. 1.10　　B. 1.20　　C. 1.30　　D. 1.40

89.《广东省通用安装工程综合定额（2018）》第四册《电气设备安装工程》中，标志、诱导灯属于（　　）。

A. 普通灯具　　B. 工厂灯　　C. 荧光灯　　D. 装饰灯具

90.《广东省通用安装工程综合定额（2018）》第四册《电气设备安装工程》中，单件重量（　　）kg 以上铁构件安装套用第三册《静置设备与工艺金属结构制作安装工程》相应项目。

A. 20　　B. 50　　C. 100　　D. 150

91.《广东省通用安装工程综合定额（2018）》第四册《电气设备安装工程》中，凿槽、刨沟断面半周长超过 350mm 的，每增加 100mm 按定额相应项目增加（　　）%。

A. 20　　B. 30　　C. 40　　D. 50

92.《广东省通用安装工程综合定额（2018）》第四册《电气设备安装工程》中，电力变压器系统调试，定额是按每个电压侧有一台断路器考虑的，若每侧多于一台断路器时，则定额项目分别乘以系数（　　）。

A. 1.10　　B. 1.20　　C. 1.30　　D. 1.40

93.《广东省通用安装工程综合定额（2018）》第四册《电气设备安装工程》中，电梯安装的楼层高度是按平均层高（　　）m 以内考虑的，如平均层高超过（　　）m 时，其超过部分可另按提升高度定额计算。

A. 3.6，3.6　　B. 4，4　　C. 5，5　　D. 6，6

94.《广东省通用安装工程综合定额（2018）》第五册《建筑智能化工程》，安装操作高度距离楼（地）面 6m 时，超高部分按人工费乘超高系数（　　）计算。

A. 1.20　　B. 1.30　　C. 1.50　　D. 1.60

95.《广东省通用安装工程综合定额（2018）》第五册《建筑智能化工程》中，双绞线缆的敷设、链路测试及跳线制作、跳线架安装、配线架安装、跳块打接是按超五类非屏蔽布线系统编制的，高于超五类的布线工程中的线路敷设定额子目人工费乘以系数（　　）。

A. 1.05　　B. 1.10　　C. 1.20　　D. 1.30

96.《广东省通用安装工程综合定额（2018）》第五册《建筑智能化工程》中，在已建天棚内敷设线缆、管槽时，定额子目人工费乘以系数（　　）。

A. 1.05　　B. 1.10　　C. 1.15　　D. 1.25

97.《广东省通用安装工程综合定额（2018）》第七册《通风空调工程》中，薄钢板风管刷油按其工程量执行有关项目，仅外（或内）面刷油定额子目乘以系数（　　）。

A. 1.05　　B. 1.10　　C. 1.20　　D. 1.30

98.《广东省通用安装工程综合定额（2018）》第七册《通风空调工程》中，薄钢板风管刷油按其工程量执行有关项目，内外均刷油定额子目乘以系数（　　）。

A. 1.05　　B. 1.10　　C. 1.20　　D. 1.30

99.《广东省通用安装工程综合定额（2018）》第七册《通风空调工程》中，薄钢板部件刷油按其工程量执行金属结构刷油项目，定额子目乘系数（　　）。

A. 1.05　　B. 1.10　　C. 1.15　　D. 1.20

100.《广东省通用安装工程综合定额（2018）》第七册《通风空调工程》中，操作物高度离楼地面 6m 以上时，超高部分按人工费乘以超高系数（　　）计算。

A. 1.05　　B. 1.10　　C. 1.15　　D. 1.20

101.《广东省通用安装工程综合定额（2018）》第七册《通风空调工程》中，整个通风系统设计采用渐缩管均匀送风者，圆形风管按平均直径，矩形风管按平均周长执行相应规格项目，其人工乘以系数（　　）。

A. 2.00　　B. 2.50　　C. 3.00　　D. 3.50

102.《广东省通用安装工程综合定额（2018）》第七册《通风空调工程》中，如制作空气幕送风管时，按矩形风管平均周长执行相应风管规格项目，其人工费乘以系数（　　）。

A. 2.00　　B. 2.50　　C. 3.00　　D. 3.50

103.《广东省通用安装工程综合定额（2018）》第七册《通风空调工程》中，不锈钢通风管道制作安装项目包括（　　）。

A. 管件　　B. 法兰

C. 过跨风管落地支架　　D. 吊托支架

104.《广东省通用安装工程综合定额（2018）》第七册《通风空调工程》中，塑料风管工程量在 $30m^2$ 以上的，每 $10m^2$ 风管的胎具摊销木材为（　　）m^3。

A. 0.03　　B. 0.06　　C. 0.09　　D. 0.12

105.《广东省通用安装工程综合定额（2018）》第七册《通风空调工程》中，塑料风管工程量在 $30m^2$ 以下的，每 $10m^2$ 风管的胎具摊销木材为（　　）m^3。

A. 0.03　　B. 0.06　　C. 0.09　　D. 0.12

106.《广东省通用安装工程综合定额（2018）》第七册《通风空调工程》中，空调系统调试费按空调通风系统（包括设备、风管系统及防腐绝热）项目人工费的（　　）%计算。

A. 4　　B. 5　　C. 7　　D. 9

107.《广东省通用安装工程综合定额（2018）》第八册《工业管道工程》中，车间内整体封闭式地沟管道，其人工、机具乘以系数（　　）。

A. 1.05　　B. 1.10　　C. 1.15　　D. 1.20

108.《广东省通用安装工程综合定额（2018）》第八册《工业管道工程》中，仪表的温度计扩大管制作安装，执行管件连接相应定额子目乘以系数（　　）。

A. 0.60　　B. 0.70　　C. 1.50　　D. 1.80

109.《广东省通用安装工程综合定额（2018）》第八册《工业管道工程》第 C.8.5 章中，焊接盲板执行该章管件连接相应定额子目乘以系数（　　）。

A. 0.60　　B. 0.70　　C. 1.50　　D. 1.80

110.《广东省通用安装工程综合定额（2018）》第八册《工业管道工程》中，法兰安装以“片”计算时，应执行法兰安装定额子目乘以系数（　　）。

A. 0.60　　B. 0.61　　C. 0.67　　D. 0.70

111.《广东省通用安装工程综合定额（2018）》第九册《消防工程》中，操作物高度离楼地面 10m 时，超高部分按人工费乘以系数（　　）。

A. 1.10　　B. 1.15　　C. 1.20　　D. 1.25

112.《广东省通用安装工程综合定额（2018）》第九册《消防工程》中，在管井内、竖井内、断面小于或等于 $2m^2$ 隧道或洞内、封闭吊顶天棚内进行安装的工程，该部分按人工费乘以系数（　　）。

A. 1.10　　B. 1.15　　C. 1.20　　D. 1.25

113.《广东省通用安装工程综合定额（2018）》第九册《消防工程》中，雨淋、干湿两用及预作用报警装置安装执行湿式报警装置安装定额，其人工费乘以系数（　　）。

A. 1.10　　B. 1.15　　C. 1.20　　D. 1.25

114.《广东省通用安装工程综合定额（2018）》第九册《消防工程》中，带灭火器的成套室内消火栓箱（柜）安装，其定额人工、机具按相应未带灭火器的消火栓箱定额子目乘以系数（　　）。

A. 1.10　　B. 1.20　　C. 1.30　　D. 1.40

115.《广东省通用安装工程综合定额（2018）》第十册《给排水、采暖、燃气工程》中，操作物高度离楼地面 4m 时，超高部分按人工费乘以系数（　　）。

A. 1.10　　B. 1.15　　C. 1.20　　D. 1.25

116.《广东省通用安装工程综合定额（2018）》第十册《给排水、采暖、燃气工程》中，室外钢塑复合管螺纹连接执行（　　）。

A. 室内钢塑复合管螺纹连接　　B. 室外镀锌钢管螺纹连接

C. 室内镀锌钢管螺纹连接　　D. 室外钢管焊接

117.《广东省通用安装工程综合定额（2018）》第十册《给排水、采暖、燃气工程》中，管道接头保温执行第十二册《刷油、防腐蚀、绝热工程》，其人工、机具乘以系数（　　）。

A. 1.50　　B. 1.80　　C. 2.00　　D. 2.50

118.《广东省通用安装工程综合定额（2018）》第十册《给排水、采暖、燃气工程》中，燃气铸铁管道工作压力大于 0.2MPa 时，安装人工费乘以系数（　　）。

A. 1.10　　B. 1.20　　C. 1.30　　D. 1.50

119.《广东省通用安装工程综合定额（2018）》第十册《给排水、采暖、燃气工程》中，太阳能集热器是按集中成批安装编制的，如发生 $4m^2$ 以下工程量时，人工、机具乘以系数（　　）。

A. 1.10　　B. 1.15　　C. 1.20　　D. 1.25

120.《广东省通用安装工程综合定额（2018）》第十册《给排水、采暖、燃气工程》中，空调水工程系统调试费按空调水系统工程（含设备、冷冻冷却水系统及防腐绝热、冷凝水系统及防腐绝热）人工费的（　　）% 计算。

A. 5　　B. 7　　C. 8　　D. 10

121.《广东省通用安装工程综合定额（2018）》第十二册《刷油、防腐蚀、绝热工程》中，喷射除锈按 Sa2.5 级标准确定。若变更级别标准，如按 Sa3 级，则人工、材料、机具乘以系数（　　）；按 Sa2 级或 Sa1 级，则人工、材料、机具乘以系数（　　）。

A. 1.10，0.80　　B. 1.10，0.90　　C. 1.20，0.80　　D. 1.20，0.90

122.《广东省通用安装工程综合定额（2018）》第十二册《刷油、防腐蚀、绝热工程》中，喷射除锈（　　）级完全除去金属表面的油脂、氧化皮、锈蚀产物等一切杂物，可见的阴影条纹、斑痕等残留物不得超过单位面积的 5%。

A. Sa3　　B. Sa2.5　　C. Sa2　　D. Sa1

123.《广东省通用安装工程综合定额（2018）》第十二册《刷油、防腐蚀、绝热工程》中，标志色环等零星刷油，执行刷油定额相应项目，其人工费乘以系数（　　）。

A. 1.50　　B. 1.80　　C. 2.00　　D. 2.50

124.《广东省通用安装工程综合定额（2018）》第十二册《刷油、防腐蚀、绝热工程》中，根据绝热工程施工及验收技术规范，保热厚度大于（　　）mm，保冷厚度大于（　　）mm 时应分层施工，工程量分层计算，分别套用定额子目。

A. 75，50　　B. 80，55　　C. 100，75　　D. 120，80

125.《广东省通用安装工程综合定额（2018）》第十二册《刷油、防腐蚀、绝热工程》中，管道绝热工程中，除 $DN \geqslant$（　　）mm 的法兰阀门、法兰外，其余阀门、法兰、管件均已考虑在内。

A. 32　　B. 50　　C. 80　　D. 100

126. 某电气工程在楼板内敷设 JDG 薄壁钢管 $DN25$，定额单位为 1m，预算定额表中人工综合 0.068 工日，定额人工单价 100 元 / 工日，材料费 1.43 元，JDG 薄壁钢管消耗量为 1.03m，不含税价格为 6 元 /m，机具费 0.21 元，管理费、利润分别按人工费和机具费之和的 28.74% 和 20%，计算分部分项清单项目的综合单价为（　　）元。

A. 8.44　　B. 14.62　　C. 18.04　　D. 11.86

127. 某管道安装工程，定额单位为 10m，预算定额表中人工综合 0.203 工日，定额人工单价 90 元 / 工日，材料费 26.86 元，管道消耗量为 9.91m，不含税价格为 2.8 元 /m，管件消耗量为 14.49 个，不含税价格为 2.5 元 / 个，机具费为 3.71 元，管理费、利润分别按人工费和机具费之和的 27.72% 和 20%，计算分部分项清单项目的综合单价为（　　）元。

A. 12.33　　B. 8.71　　C. 5.93　　D. 4.88

128. 某阀门安装工程，定额单位为个，预算定额表中人工综合 0.094 工日，定额人工单价 100 元 / 工日，材料费 10.04 元，阀门消耗量为 1.01 个，不含税价格为 50 元 / 个，机具消耗量为 0.024 台班，单价为 39.52 元 / 台班，管理费、利润分别按人工费和机具费之和的 27.72% 和 20%，计算分部分项清单项目的综合单价为（　　）元。

A. 20.39　　B. 70.89　　C. 25.33　　D. 75.83

二、多项选择题（共 78 题，每题选项中有 2 个或 2 个以上正确，至少有 1 个错项）

1. 下列属于施工图预算编制依据的有（　　）。

A. 工程所在地的人工、材料、设备、施工机具实际价格
B. 施工图设计文件及相关标准图集和规范
C. 项目相关文件、合同、协议等
D. 相应工程造价管理机构发布的概算定额
E. 施工组织设计和施工方案

2. 单位工程施工图预算包括（　　）。

A. 基本预备费　　B. 工程建设其他费
C. 建筑工程费　　D. 安装工程费
E. 设备及工器具购置费

3. 施工图预算可分为（　　）。

A. 单位工程施工图预算　　B. 单项工程综合预算
C. 建设项目总预算　　D. 分部工程施工图预算
E. 分项工程施工图预算

4. 采用三级预算编制形式的工程预算文件，包括（　　）。

A. 编制依据　　B. 编制说明
C. 总预算表　　D. 封面、签署页及目录
E. 分部分项预算表

5. 通用安装工程计价方法包括（　　）。
A. 工程量清单计价法　　B. 定额计价法
C. 概算指标法　　D. 类似工程预算法
E. 扩大单价法
6. 采用工程量清单计价时，工程造价包括（　　）。
A. 分部分项工程费　　B. 措施项目费
C. 直接工程费　　D. 规费
E. 税金
7. 广东省通用安装工程采用工程量清单计价时，规费包括（　　）。
A. 社会保险费　　B. 工程排污费
C. 公积金　　D. 施工噪声排污费
E. 维修作业意外伤害保险
8. 广东省通用安装工程采用定额计价时，工程造价包括（　　）。
A. 分部分项工程费　　B. 措施项目费
C. 直接工程费　　D. 规费
E. 税金
9. 广东省通用安装工程采用定额计价时，分部分项工程费包括（　　）。
A. 定额分部分项工程费　　B. 措施项目费
C. 价差　　D. 利润
E. 税金
10. 广东省通用安装工程采用定额计价时，利润的计算基础为（　　）。
A. 定额人工费　　B. 定额材料费
C. 定额机具费　　D. 管理费
E. 税金
11.《广东省通用安装工程综合定额（2018）》中子目基价包含（　　）。
A. 人工费　　B. 材料费
C. 机具费　　D. 管理费
E. 税金
12.《广东省通用安装工程综合定额（2018）》中的人工费包含（　　）。
A. 基本用工　　B. 辅助用工
C. 人工幅度差　　D. 不可避免的休息用工
E. 现场运输及清理现场等用工
13.《广东省通用安装工程综合定额（2018）》中的定额人工费包含（　　）。
A. 工资性收入　　B. 社会保险费
C. 住房公积金　　D. 利润
E. 企业管理费
14.《广东省通用安装工程综合定额（2018）》中人工费的社会保险费包括（　　）。
A. 基本养老保险费　　B. 基本医疗保险费
C. 工伤保险费　　D. 意外伤害保险

E. 失业保险费

15.《广东省通用安装工程综合定额（2018）》中定额材料费是指工程施工过程中耗费的各种原材料、半成品、构配件的费用，包括（　　）。

A. 检验试验费　　B. 材料原价

C. 运杂费　　D. 运输损耗费

E. 采购及保管费

16.《广东省通用安装工程综合定额（2018）》中定额材料费的采购及保管费包括（　　）。

A. 采购费　　B. 仓储费

C. 运杂费　　D. 运输损耗费

E. 仓储损耗费

17.《广东省通用安装工程综合定额（2018）》定额中的材料消耗量包括（　　）。

A. 施工操作损耗

B. 施工现场堆放损耗

C. 从工地仓库、现场集中堆放地点或现场加工地点到操作或安装地点的运输损耗

D. 从来源地到工地仓库的运输损耗费

E. 仓储损耗费

18.《广东省通用安装工程综合定额（2018）》中施工机械使用费是指施工机械作业发生的使用费，包括（　　）。

A. 折旧费　　B. 维护费

C. 安拆费　　D. 校验费

E. 燃料动力费

19.《广东省通用安装工程综合定额（2018）》中施工仪器仪表使用费是指工程施工所发生的仪器仪表使用费，包括（　　）。

A. 折旧费　　B. 维护费

C. 安拆费　　D. 校验费

E. 动力费

20.《广东省通用安装工程综合定额（2018）》中的管理费包括（　　）。

A. 管理人员薪酬　　B. 工具用具使用费

C. 劳动保护费　　D. 生产工人工资

E. 增值税可抵扣进项税额

21.《广东省通用安装工程综合定额（2018）》中管理费的税金包括（　　）。

A. 印花税　　B. 城市维护建设税

C. 地方教育附加　　D. 教育费附加

E. 增值税可抵扣进项税额

22.《广东省通用安装工程综合定额（2018）》第一册《机械设备安装工程》中，旧设备的拆除费用按相应安装（　　）的 50% 计算（不计材料费）。

A. 人工费　　B. 材料费

C. 机械费　　D. 管理费

E. 利润

23.《广东省通用安装工程综合定额（2018）》第一册《机械设备安装工程》中，起重设备安装的工作内容包括（　　）。

A. 静负荷试运转　　B. 动负荷试运转

C. 超负荷试运转　　D. 联合试运转

E. 生产准备试运转

24.《广东省通用安装工程综合定额（2018）》第一册《机械设备安装工程》中，电梯安装的工作内容不包括（　　）。

A. 组装轿厢、对重及门厅安装　　B. 各种支架的制作

C. 挂钢丝绳、钢带、平衡绳　　D. 电气工程部分

E. 脚手架的搭拆

25.《广东省通用安装工程综合定额（2018）》第一册《机械设备安装工程》第 C.1.5 章说明中，风机安装的工作内容不包括（　　）。

A. 联轴器或皮带以及安全防护罩安装

B. 设备带有的电动机及减震器安装

C. 离心式鼓风机（带增速机）的垫铁研磨

D. 支架、底座及防护罩、减震器的制作、修改

E. 电动机的抽芯检查、干燥、配线、调试

26.《广东省通用安装工程综合定额（2018）》中，对于不能按工作内容单独计量的绿色施工安全防护措施费，具体包括（　　）。

A. 绿色施工　　B. 文明施工

C. 临时设施　　D. 安全施工

E. 用工实名管理

27.《广东省通用安装工程综合定额（2018）》中，对于不能按工作内容单独计量的绿色施工安全防护措施费，编制概预算时，按分部分项的（　　）之和的 35.77% 计算。

A. 人工费　　B. 材料费

C. 施工机具费　　D. 管理费

E. 利润

28. 下列属于环境保护内容的是（　　）。

A. 施工现场主要场地、道路、材料加工区应当硬地化，裸露泥地应当采取覆盖或者绿化措施

B. 施工现场的强噪声设备宜设置在远离居民区的一侧；运输材料的车辆进入施工现场，严禁鸣笛；卸装材料做到轻拿轻放

C. 灯具选择以日光型为主，尽量减少射灯及石英灯的使用

D. 办公生活区、施工现场必要的排水沟、排水设施，需保持通畅

E. 在项目现场设置公示牌，将每月经施工现场人员确认的考勤与工资支付信息在公示牌上进行公示

29. 关于施工现场临时用电的要求正确的有（　　）。

A. 采用 TN-S 接零系统

B. 开关箱应符合一机、一箱、一闸、一漏
C. 总配电箱和开关箱应设置漏电保护器
D. 施工现场保护零线的重复接地不应少于两处
E. 对靠近施工现场的外电线路，设置绝缘体的防护设施

30.《广东省通用安装工程综合定额（2018）》中措施其他项目费已含（ ）。
A. 计日工
B. 利润
C. 管理费
D. 规费
E. 税金

31.《广东省通用安装工程综合定额（2018）》措施其他项目中，赶工措施费按分部分项的（ ）之和的 34.4% 计算。
A. 人工费
B. 材料费
C. 施工机具费
D. 管理费
E. 利润

32.《广东省通用安装工程综合定额（2018）》其他项目费用中，关于材料暂估价的说法，正确的有（ ）。
A. 招标控制价和施工图预算按工程所在地的工程造价信息
B. 工程造价信息没有的，材料暂估价参考市场价格确定
C. 结算时，若材料是招标采购的，按照中标价调整
D. 结算时，非招标采购的，按发承包双方最终确认的单价调整
E. 结算时，按暂估价结算

33.《广东省通用安装工程综合定额（2018）》其他项目费用中，关于计日工的说法，正确的有（ ）。
A. 招标控制价和预算中计日工单价按工程所在地的工程造价信息计列
B. 工程造价信息没有的，计日工单价参考市场价格确定
C. 工程结算时，工程量按承包人实际完成的工作量计算
D. 工程结算时，工程量按招标工程量清单中的数量计算
E. 单价按合同约定的计日工单价计算

34.《广东省通用安装工程综合定额（2018）》中，利润以（ ）之和为基础，按 20% 计算。
A. 人工费
B. 材料费
C. 施工机具费
D. 管理费
E. 利润

35.《广东省通用安装工程综合定额（2018）》第二册《热力设备安装工程》，锅炉本体安装的工作内容不包括（ ）。
A. 管件、管材及焊缝的无损检验
B. 校管平台、组合支架或平台的搭拆
C. 炉墙砌筑
D. 整体试验和试运
E. 设备本体油漆

36.《广东省通用安装工程综合定额（2018）》第二册《热力设备安装工程》，工业与民用锅炉本体安装的工作内容不包括（ ）。

A. 设备基础二次灌浆工作　　B. 烘炉、煮炉

C. 炉墙砌筑、保温　　D. 水压试验

E. 给水设备、鼓（引）风机安装，除尘设备安装

37.《广东省通用安装工程综合定额（2018）》第四册《电气设备安装工程》中，成套配电箱安装的工作内容不包括（　　）。

A. 焊（压）接线端子　　B. 端子板外部（二次）接线

C. 基础槽钢、角钢的制作、安装　　D. 接地

E. 补漆

38.《广东省通用安装工程综合定额（2018）》第四册《电气设备安装工程》中，关于电缆敷设的说法正确的是（　　）。

A. 定额是按铜芯电缆编制的

B. 定额综合不同敷设方式按三芯（包括三芯连地）考虑

C. 四芯电力电缆敷设定额项目乘以系数 1.30

D. 单芯电力电缆敷设按同截面电缆敷设定额项目乘以系数 0.60

E. 铝合金及铝芯电力电缆敷设，按同截面铜芯电力敷设定额项目乘以系数 0.70

39.《广东省通用安装工程综合定额（2018）》第四册《电气设备安装工程》中，关于电缆终端头的说法正确的是（　　）。

A. 铝合金及铝芯电力电缆头制作安装，按同截面铜芯电缆头制作安装定额项目乘以系数 0.67

B. 电缆终端头制作安装定额中已包括压接线端子，不得重复计算

C. 电缆终端头制作安装定额中未包括压接线端子，需另行计算

D. 电力电缆头及成套电缆头制作安装定额，不分芯数综合考虑

E. 包括固定支架的制作安装

40.《广东省通用安装工程综合定额（2018）》第四册《电气设备安装工程》中，关于接地母线说法正确的是（　　）。

A. 户外接地母线敷设定额包括地沟的挖填土和夯实工作，执行本定额时不应再计算土方量

B. 户外接地母线敷设定额不包括地沟的挖填土和夯实工作，执行本定额时应另行计算土方量

C. 电缆支架的接地线安装应执行户内接地母线敷设项目

D. 电缆支架的接地线安装应执行户外接地母线敷设项目

E. 等电位接地线安装执行户内接地母线安装相应项目

41.《广东省通用安装工程综合定额（2018）》第四册《电气设备安装工程》中，关于电气配管说法正确的是（　　）。

A. 配管工程均未包括接线箱、盒的安装

B. 配管工程均已包括接线箱、盒的安装，不得另计

C. 配管工程包括接线支架的制作、安装

D. 配管工程未包括接线支架的制作、安装，需另计

E. 电气暗配管定额是按与土建相互配合施工考虑的，不包括凿槽、刨沟

42.《广东省通用安装工程综合定额（2018）》第四册《电气设备安装工程》中，关于预留线的说法正确的是（　　）。

A. 管内穿线的线路分支接头线长度已综合考虑在定额中，不得另行计算

B. 灯具、开关、插座、按钮等的预留线，已分别综合在相应项目内，不另行计算

C. 灯具、开关、插座、按钮等的预留线，按每处 0.15m 计算

D. 管内穿线的线路分支接头线长度按每处 0.15m 计算

E. 配线进入开关箱、柜、板的预留线已综合考虑在定额中，不得另行计算

43.《广东省通用安装工程综合定额（2018）》第四册《电气设备安装工程》中，关于桥架的说法正确的是（　　）。

A. 桥架安装包括运输、组对、吊装、固定

B. 桥架安装包括切割口防腐、桥架开孔

C. 桥架安装包括上管件、隔板安装、盖板安装

D. 桥架安装已包括支架制作安装

E. 桥架安装包括接地

44.《广东省通用安装工程综合定额（2018）》第四册《电气设备安装工程》中，关于金属线槽和桥架，说法正确的是（　　）。

A. 钢制桥架的主结构厚度 1.5mm 以下执行金属线槽安装相应项目

B. 金属线槽的主结构厚度 1.5mm 以上执行钢制桥架安装相应项目

C. 钢制桥架的主结构厚度 1.5mm 以上执行金属线槽安装相应项目

D. 金属线槽的主结构厚度 1.5mm 以下执行钢制桥架安装相应项目

E. 槽架安装未包括支架制作安装

45.《广东省通用安装工程综合定额（2018）》第四册《电气设备安装工程》中，关于刚性 PVC 难燃线管和半硬质难燃线管，说法正确的是（　　）。

A. 刚性 PVC 难燃线管弯曲时需要专用弯曲弹簧

B. 刚性 PVC 难燃线管颜色有黄、红、白色

C. 半硬质难燃线管弯曲自如而无须专用工具

D. 刚性 PVC 难燃线管管材成捆供应，一般为每捆 100m

E. 半硬质难燃线管管材长度一般为 4m/ 根

46.《广东省通用安装工程综合定额（2018）》第四册《电气设备安装工程》中，（　　）已考虑了一般工程的高空作业因素。

A. 装饰灯　　B. 路灯

C. 壁灯　　D. 氙气灯

E. 投光灯

47.《广东省通用安装工程综合定额（2018）》第四册《电气设备安装工程》中，属于普通灯具的有（　　）。

A. 防水吊灯　　B. 座灯头

C. 防水防尘灯　　D. 圆球吸顶灯

E. 碘钨灯

48.《广东省通用安装工程综合定额（2018）》第四册《电气设备安装工程》中，送配

电设备系统调试，适用于各种供电回路（包括照明供电回路）的系统调试。凡供电回路中带有（　　）等调试元件的，均应计算调试费用。

A. 闸刀开关　　B. 保险器

C. 继电器　　D. 仪表

E. 电磁开关

49.《广东省通用安装工程综合定额（2018）》第四册《电气设备安装工程》中，关于系统调试费用，说法正确的有（　　）。

A. 单个照明回路用电负荷 30kW 以下不应计算系统调试费用

B. 移动式电器应计算系统调试费用

C. 以插座连接电源的家电设备不应计算系统调试费用

D. 动力设备回路用电负荷 1kW 以下的，不应计算系统调试费用

E. 动力设备回路用电负荷 3kW 以下的，不应计算系统调试费用

50.《广东省通用安装工程综合定额（2018）》第四册《电气设备安装工程》中，电梯安装的工作内容不包括（　　）。

A. 电气设备安装　　B. 基础型钢和钢支架制作

C. 接地　　D. 电气调试

E. 摇测绝缘

51.《广东省通用安装工程综合定额（2018）》第五册《建筑智能化工程》中，说法正确的是（　　）。

A. 电缆沟工程执行《广东省市政工程综合定额（2018）》相应项目

B. 电缆沟工程执行《广东省房屋建筑与装饰工程综合定额（2018）》相应项目

C. 基础浇筑执行《广东省房屋建筑与装饰工程综合定额（2018）》相应项目

D. 基础浇筑执行《广东省市政工程综合定额（2018）》相应项目

E. 凿槽、打洞（孔）、楼板、墙壁穿孔洞，执行第四册《电气设备安装工程》相应项目

52.《广东省通用安装工程综合定额（2018）》第六册《自动化控制仪表安装工程》中，应执行第八册《工业管道工程》相应项目的有（　　）。

A. 流量计　　B. 调节阀

C. 温度计　　D. 压力表

E. 节流装置

53.《广东省通用安装工程综合定额（2018）》第七册《通风空调工程》中，薄钢板通风管道制作安装项目包括（　　）。

A. 管件　　B. 法兰

C. 加固框　　D. 吊托支架

E. 过跨风管落地支架

54.《广东省通用安装工程综合定额（2018）》第七册《通风空调工程》中，塑料风管制作安装项目包括（　　）。

A. 管件　　B. 法兰

C. 加固框　　D. 吊托支架

E. 过跨风管落地支架

55.《广东省通用安装工程综合定额（2018）》第八册《工业管道工程》中，关于工业管道范围及界限划分，说法正确的是（　　）。

A. 适用于厂区内生产用介质输送管道　B. 适用于厂区内的生活给水管道

C. 给水以入口水表井为界　D. 排水以厂区围墙内第一个污水井为界

E. 锅炉房、水泵房以墙皮为界

56.《广东省通用安装工程综合定额（2018）》第八册《工业管道工程》中，关于工业管道界限划分，说法正确的是（　　）。

A. 给水以入口水表井为界

B. 给水以碰头为界

C. 蒸汽和燃气以入口第一个计量表（阀门）为界

D. 排水以厂区围墙内第一个污水井为界

E. 锅炉房、水泵房以外墙皮 1.5m 为界

57.《广东省通用安装工程综合定额（2018）》第八册《工业管道工程》中，关于管道压力等级的划分，说法正确的是（　　）。

A. 低压：$0<P \leqslant 1.6$MPa　B. 中压：$1.6\text{MPa}<P \leqslant 10$MPa

C. 中压：$1.6\text{MPa} \leqslant P<10$MPa　D. 高压：$10\text{MPa} \leqslant P<42$MPa

E. 高压：$10\text{MPa}<P \leqslant 42$MPa

58.《广东省通用安装工程综合定额（2018）》第八册《工业管道工程》中，说法正确的是（　　）。

A. 地沟和埋地管道的土石方及砌筑工程执行《广东省市政工程综合定额（2018）》相应项目

B. 地沟和埋地管道的土石方及砌筑工程执行《广东省房屋建筑与装饰工程综合定额（2018）》相应项目

C. 单件重 100kg 以上的管道支架、预制钢平台的摊销均执行第三册《静置设备与工艺金属结构制作安装工程》

D. 空分装置冷箱内的管道属设备本体管道，执行第三册《静置设备与工艺金属结构制作安装工程》相应项目

E. 空分装置冷箱内的管道属设备本体管道，执行第十册《给排水、采暖、燃气工程》相应项目

59.《广东省通用安装工程综合定额（2018）》第八册《工业管道工程》中，低压碳钢管安装工作内容不包括（　　）。

A. 管道安装　B. 管件安装

C. 水压试验　D. 水冲洗

E. 管道支架制作安装

60.《广东省通用安装工程综合定额（2018）》第八册《工业管道工程》中，关于低压管件安装，说法正确的有（　　）。

A. 在主管上挖眼接管三通应再执行管件制作定额

B. 在主管上挖眼接管三通以主管径执行管件连接相应定额

C. 挖眼接管三通支线管径小于主管径 1/2 时，不应计算管件工程量

D. 管件用法兰连接时，执行管件安装相应项目

E. 在主管上挖眼焊接管接头、凸台等配件，按配件管径计算管件工程量

61.《广东省通用安装工程综合定额（2018）》第八册《工业管道工程》中，关于阀门安装，说法正确的有（　　）。

A. 阀门安装项目综合考虑了壳体压力试验

B. 各种法兰阀门安装，不包括法兰安装

C. 各种法兰阀门安装，包括法兰安装

D. 阀门安装不包括阀体磁粉探伤

E. 阀门安装项目综合考虑了密封试验

62.《广东省通用安装工程综合定额（2018）》第九册《消防工程》中，说法正确的是（　　）。

A. 水灭火系统的各种阀门、法兰安装，套管的制作安装等，均执行第八册《工业管道工程》相应项目

B. 室外消防水管道安装，水箱制安等均执行第十册《给排水、采暖、燃气工程》相应项目

C. 泵房管道安装、管道系统强度试验、严密性试验和冲洗等执行第八册《工业管道工程》相应项目

D. 泡沫灭火系统的管道、管件、法兰、阀门、管道支架等的安装及管道系统水冲洗、强度试验、严密性试验等执行第八册《工业管道工程》相应项目

E. 气体灭火系统的不锈钢管和铜管及管件、管道系统强度试验、严密性试验和冲洗等执行第十册《给排水、采暖、燃气工程》相应项目

63.《广东省通用安装工程综合定额（2018）》第九册《消防工程》中，关于管道界限的划分，说法正确的是（　　）。

A. 室内外消防给水管道界线以建筑物外墙皮为界

B. 室内外消防给水管道界线入口处设阀门者以阀门为界

C. 设在高层建筑内的消防泵房管道界线，以泵房外墙皮 1.5m 为界

D. 室外消防给水管道与市政给水管道的界线，以与市政给水管道碰头点（井）为界

E. 室外消防给水管道与市政给水管道的界线，以水表井为界

64.《广东省通用安装工程综合定额（2018）》第九册《消防工程》中，（　　）安装定额均按管网系统试压、冲洗合格后安装考虑的，定额中已包括丝堵、临时短管的安装、拆除及其摊销。

A. 阀门　　B. 喷头

C. 报警装置　　D. 水流指示器

E. 末端试水装置

65.《广东省通用安装工程综合定额（2018）》第九册《消防工程》中，水喷淋钢管螺纹连接包含的工作内容有（　　）。

A. 管件安装　　B. 支架制作安装

C. 水压试验　　D. 水冲洗

E. 管道刷油

66.《广东省通用安装工程综合定额（2018）》第九册《消防工程》中，泡沫发生器、泡沫比例混合器及泡沫液贮罐安装中不包括（　　）。

A. 整体安装　　B. 焊法兰

C. 单体调试　　D. 支架制作、安装

E. 二次灌浆

67.《广东省通用安装工程综合定额（2018）》第九册《消防工程》中，关于探测器的安装，说法正确的有（　　）。

A. 点型探测器安装包括了探头和底座的安装及本体调试

B. 红外线探测器定额中包括了探头支架安装和探测器的调试、对中

C. 红外线探测器定额中未包括探头支架安装和探测器的调试、对中，其工程量另行计算

D. 线形探测器定额中已包括探测器连接的一只模块和终端，其工程量不得计算

E. 线形探测器定额中未包括探测器连接的一只模块和终端，其工程量另行计算

68.《广东省通用安装工程综合定额（2018）》第十册《给排水、采暖、燃气工程》中，说法正确的有（　　）。

A. 锅炉房、泵房、站类管道执行第八册《工业管道工程》相应项目

B. 空调制冷机房管道执行第八册《工业管道工程》相应项目

C. 发生凿槽、刨沟、凿孔洞、沟槽修补、堵洞眼等内容执行第四册《电气设备安装工程》相应项目

D. 水暖设备、器具等电气检查、接线工作执行第六册《自动化控制仪表安装工程》相应项目

E. 水暖设备、器具等电气检查、接线工作执行第四册《电气设备安装工程》相应项目

69.《广东省通用安装工程综合定额（2018）》第十册《给排水、采暖、燃气工程》中，与市政管网工程的界线划分，说法正确的有（　　）。

A. 给水、采暖管道以与市政管线碰头点为界

B. 给水、采暖管道以计量表、阀门（井）为界

C. 室外排水管道以与市政管道碰头井为界

D. 室外排水管道以小区外第一个排水检查井为界

E. 燃气管道与市政管线以计量表、阀门（井）为界

70.《广东省通用安装工程综合定额（2018）》第十册《给排水、采暖、燃气工程》中，给水管道安装工作内容不包括（　　）。

A. 管件安装　　B. 支架制作安装

C. 水压试验　　D. 消毒冲洗

E. 预留孔洞

71.《广东省通用安装工程综合定额（2018）》第十册《给排水、采暖、燃气工程》中，关于给排水管道界限划分，说法正确的是（　　）。

A. 给水管道室内外界线以建筑物外墙皮 1.5m 为界，入口处设阀门者以阀门为界

B. 给水管道室外管道与市政管道界线以水表井为界，无水表井者，以与市政管道碰

头点为界

C. 排水管道室内外以出户第一个排水检查井为界

D. 室外排水管道与市政管道界线以与市政管道碰头井为界

E. 室外排水管道与市政管道界线以出小区第一个排水检查井为界

72.《广东省通用安装工程综合定额（2018）》第十册《给排水、采暖、燃气工程》中，关于采暖管道界限划分，说法正确的是（　　）。

A. 室内外界线以建筑物外墙皮 1.5m 为界，建筑物入口处设阀门者以阀门为界

B. 室外设有采暖入口装置者以入口装置循环管三通为界

C. 与工业管道界线以锅炉房或热力站外墙皮 1.5m 为界

D. 与设在建筑物内的换热站管道以站房外墙皮为界

E. 与设在建筑物内的换热站管道以站房外墙皮 1.5m 为界

73.《广东省通用安装工程综合定额（2018）》第十册《给排水、采暖、燃气工程》中，关于空调水管道界限划分，说法正确的是（　　）。

A. 室内外管道以建筑物外墙皮 1.5m 为界

B. 建筑物入口处设阀门者以阀门为界

C. 室内外管道以建筑物外墙皮为界

D. 与设在建筑物内的空调机房管道以机房外墙皮为界

E. 与设在建筑物内的空调机房管道以机房外墙皮 1.5m 为界

74.《广东省通用安装工程综合定额（2018）》第十册《给排水、采暖、燃气工程》中，关于燃气管道界限划分，说法正确的是（　　）。

A. 室内外管道以建筑物外墙皮 1.5m 为界

B. 建筑物入口处设阀门者以阀门为界

C. 地下引入室内的管道以室内第一个阀门为界

D. 地上引入室内的管道以墙外三通为界

E. 室外管道与市政管道以两者的碰头点为界

75.《广东省通用安装工程综合定额（2018）》第十册《给排水、采暖、燃气工程》中，关于套管的说法正确的是（　　）。

A. 套管制作安装项目已包含堵洞工作内容

B. 刚性防水套管和柔性防水套管安装项目中，包括配合土建预留穿墙体及穿楼板孔洞以及浇筑混凝土工作内容

C. 套管定额子目规格均为穿过套管的介质管道公称直径

D. 套管定额子目规格均为套管公称直径

E. 保温管道穿墙、板采用套管时，按穿过套管的介质管道规格执行套管相应项目

76.《广东省通用安装工程综合定额（2018）》第十册《给排水、采暖、燃气工程》中，关于给水附件的说法正确的是（　　）。

A. 各类法兰阀门安装定额不含法兰安装，另行计算

B. 各类法兰阀门安装定额已含法兰安装，不得另行计算

C. 单独安装减压器、疏水器时执行阀门安装相应项目

D. 减压器安装按低压侧的管道直径计算

E. 浮球阀安装定额包括了联杆及浮球的安装，不得另行计算

77.《广东省通用安装工程综合定额（2018）》第十册《给排水、采暖、燃气工程》中，采暖、给排水设备安装的工作内容包括（　　）。

A. 与其配套的管道、附件、部件的安装

B. 设备支架或底座制作安装

C. 单机试运转

D. 减震装置

E. 地脚螺栓

78.《广东省通用安装工程综合定额（2018）》第十二册《刷油、防腐蚀、绝热工程》中，以 kg 为计量单位的有（　　）。

A. H 型钢

B. 任何一边大于 300mm 以上的型钢

C. 管廊

D. 管道支架

E. 平台、梯子

本章习题解析

一、单项选择题

1.【答案】C

【解析】本题考查的是施工图预算编制依据。施工图预算的编制必须遵循以下依据：

（1）国家、行业和地方有关规定；

（2）相应工程造价管理机构发布的预算定额；

（3）施工图设计文件及相关标准图集和规范；

（4）项目相关文件、合同、协议等；

（5）工程所在地的人工、材料、设备、施工机具预算价格；

（6）施工组织设计和施工方案；

（7）项目的管理模式、发包模式及施工条件；

（8）其他应提供的资料。

2.【答案】A

【解析】本题考查的是施工图预算编制程序和方法。综合单价是指完成一个规定计量单位的项目所需的人工费、材料费、施工机具使用费、企业管理费和利润、工程设备费，以及一定范围内的风险费用。

3.【答案】C

【解析】本题考查的是施工图预算编制程序和方法。综合单价是指完成一个规定计量单位的项目所需的人工费、材料费、施工机具使用费、企业管理费和利润、工程设备费，以及一定范围内的风险费用。

4.【答案】D

【解析】本题考查的是施工图预算编制程序和方法。采用综合单价法编制建筑安装工程预算步骤：①准备工作；②清单划分；③列项并计算工程量；④套用定额综合单价；⑤计算其他各项费用，汇总造价；⑥复核、填写封面、编制说明。

5.【答案】C

【解析】本题考查的是施工图预算编制程序和方法。三级预算编制中总预算由综合预算和工程建设其他费、预备费、建设期利息及铺底流动资金汇总而成，计算公式为：总预算 = ∑单项工程施工图预算 + 工程建设其他费 + 预备费 + 建设期利息 + 铺底流动资金。

6.【答案】B

【解析】本题考查的是施工图预算编制程序和方法。二级预算编制中总预算由单位工程施工图预算和工程建设其他费、预备费、建设期利息及铺底流动资金汇总而成，计算公式为：总预算 = ∑单位建筑工程费用 + ∑单位设备及安装工程费用 + 工程建设其他费 + 预备费 + 建设期利息 + 铺底流动资金。

7.【答案】D

【解析】本题考查的是施工图预算编制程序和方法。采用三级预算编制形式的工程预算文件，包括封面、签署页及目录、编制说明、总预算表、综合预算表、单位工程预算表、附件等内容。

8.【答案】A

【解析】本题考查的是广东省通用安装工程工程量清单计价程序。采用工程量清单计价时，规费包括工程排污费、施工噪声排污费、防洪工程维护费、维修作业意外伤害保险。

9.【答案】B

【解析】本题考查的是广东省通用安装工程工程量清单计价程序。广东省通用安装工程采用工程量清单计价时，分部分项工程费 = ∑（清单工程量 × 综合单价）。

10.【答案】D

【解析】本题考查的是《广东省通用安装工程综合定额（2018）》总说明。《广东省通用安装工程综合定额（2018）》中子目基价及其组项价格均不包含增值税可抵扣进项税额。

11.【答案】C

【解析】本题考查的是《广东省通用安装工程综合定额（2018）》总说明。《广东省通用安装工程综合定额（2018）》的人工费是指直接从事施工作业的生产工人的薪酬。

12.【答案】A

【解析】本题考查的是《广东省通用安装工程综合定额（2018）》总说明。《广东省通用安装工程综合定额（2018）》的人工费是指直接从事施工作业的生产工人的薪酬。内容包括工资性收入、社会保险费、住房公积金、工会经费、职工教育经费、职工福利费及特殊情况下支付的工资等。工资性收入是指按计时工资标准和工作时间或对已工作按计件单价支付给个人的劳动报酬。

13.【答案】B

【解析】本题考查的是《广东省通用安装工程综合定额（2018）》总说明。《广东省通用安装工程综合定额（2018）》的人工费中社会保险费是指：在社会保险基金的筹集过程中，企业按照规定的数额和期限向社会保险管理机构缴纳的费用。

14.【答案】D

【解析】本题考查的是《广东省通用安装工程综合定额（2018）》总说明。《广东省通用安装工程综合定额（2018）》的人工费中职工教育经费是指：按职工工资总额的规定比例计提，企业为职工进行专业技术和职业技能培训，专业技术人员继续教育、职工职业技能鉴定、职业资格认定以及根据需要对职工进行各类文化教育所发生的费用。

15.【答案】A

【解析】本题考查的是《广东省通用安装工程综合定额（2018）》总说明。《广东省通用安装工程综合定额（2018）》的人工费中特殊情况下支付的工资是指：根据国家法律、法规和政策规定，因病、婚丧假、事假、探亲假、定期休假、停工学习、高温作业、执行国家或社会义务等原因按计时工资标准或计时工资标准的一定比例支付的工资。

16.【答案】C

【解析】本题考查的是《广东省通用安装工程综合定额（2018）》总说明。定额的人工按 8h 工作制计算。

17.【答案】B

【解析】本题考查的是《广东省通用安装工程综合定额（2018）》总说明。建设单位采购、供应到现场或到施工单位指定地点的材料，由施工单位负责保管的，经双方协商，可以按照材料价格的 1.50% 收取保管费。

18.【答案】C

【解析】本题考查的是《广东省通用安装工程综合定额（2018）》总说明。凡单位价值在 2 000 元以内，使用年限在一年以内的不构成固定资产的工具用具、仪器仪表等未计入综合定额施工机具费内，但已计在综合定额管理费内。

19.【答案】C

【解析】本题考查的是《广东省通用安装工程综合定额（2018）》总说明。本综合定额施工机具台班单价按照 2017 年全省综合水平确定，每台班按 8h 工作制计算。

20.【答案】D

【解析】本题考查的是《广东省通用安装工程综合定额（2018）》总说明。管理费以分部分项的人工费与施工机具费之和为计算基数。

21.【答案】B

【解析】本题考查的是《广东省通用安装工程综合定额（2018）》总说明。借工、时工的管理费不分工种和技术等级，统一按 20.00 元 / 工日执行。

22.【答案】A

【解析】本题考查的是《广东省通用安装工程综合定额（2018）》总说明。停工、窝工的管理费按 10.00 元 / 工日执行。

23.【答案】D

【解析】本题考查的是《广东省通用安装工程综合定额（2018）》总说明。《广东省通用安装工程综合定额（2018）》遇有两个或两个以上系数时，按连乘法计算。

24.【答案】B

【解析】本题考查的是《广东省通用安装工程综合定额（2018）》总说明。《广东省通用安装工程综合定额（2018）》第一册《机械设备安装工程》中，金属桅杆及人字架等一般起重机具的摊销费（第 C.1.4 章“电梯安装”除外），按所安装设备的净重量（包括设备底座、辅轨），12.00 元 /t 作为材料费计算。

25.【答案】A

【解析】本题考查的是《广东省通用安装工程综合定额（2018）》第一册《机械设备安

装工程》册说明。设备底座的安装标高超过地平面 ±10m 时，应计算工程超高增加费。

26.【答案】C

【解析】本题考查的是《广东省通用安装工程综合定额（2018）》第一册《机械设备安装工程》册说明。旧设备的拆除费用，按相应安装人工费和机械费的 50% 计算（不计材料费）。

27.【答案】A

【解析】本题考查的是《广东省通用安装工程综合定额（2018）》第一册《机械设备安装工程》第 C.1.4 章说明。运行速度大于 4m/s 的自动电梯安装，其人工按电梯的运行速度 2m/s 以上的自动电梯安装相应定额的人工费乘以系数 1.03。

28.【答案】B

【解析】本题考查的是《广东省通用安装工程综合定额（2018）》第一册《机械设备安装工程》第 C.1.4 章说明。运行速度大于 6m/s 的自动电梯安装，其人工按电梯的运行速度 2m/s 以上的自动电梯安装相应定额的人工费乘以系数 1.05。

29.【答案】B

【解析】本题考查的是《广东省通用安装工程综合定额（2018）》第一册《机械设备安装工程》第 C.1.5 章说明。设备重量大于 0.2t 的潜水泵安装套用离心式深水泵相应定额。

30.【答案】C

【解析】本题考查的是《广东省通用安装工程综合定额（2018）》第一册《机械设备安装工程》第 C.1.7 章说明。活塞式 V、W、S 型压缩机的安装是按单级压缩机考虑的，安装同类型双级压缩机时，则按相应定额的人工费乘以系数 1.40。

31.【答案】C

【解析】本题考查的是《广东省通用安装工程综合定额（2018）》第一册《机械设备安装工程》第 C.1.7 章说明。离心式压缩机是按单轴考虑的，如安装双轴（H）离心式压缩机时，则相应定额的人工费乘以系数 1.40。

32.【答案】D

【解析】本题考查的是《广东省通用安装工程综合定额（2018）》第一册《机械设备安装工程》第 C.1.10 章说明。制冷站（库）工程的系统调整费，按各站工艺系统内全部安装工程人工费的 15% 计算。

33.【答案】C

【解析】本题考查的是《广东省通用安装工程综合定额（2018）》措施项目。对于不能按工作内容单独计量的绿色施工安全防护措施费，具体包括绿色施工、临时设施、安全施工和用工实名管理，编制概预算时，按分部分项的人工费与施工机具费之和的 35.77% 计算。

34.【答案】B

【解析】本题考查的是《广东省通用安装工程综合定额（2018）》措施项目。安全施工内容中，楼梯边防护应设置 1.2m 高的定型化、工具化、标准化的防护栏杆，18cm 高的踢脚板。

35.【答案】A

【解析】本题考查的是《广东省通用安装工程综合定额（2018）》措施其他项目。安装与生产同时进行增加费用按人工费的 10.00% 计算。

36.【答案】A

【解析】本题考查的是《广东省通用安装工程综合定额（2018）》措施其他项目。安装与生产同时进行增加费用按人工费的 10.00% 计算。

37.【答案】B

【解析】本题考查的是《广东省通用安装工程综合定额（2018）》措施其他项目。在有害身体健康的环境中（包括高温、多尘、噪声超过标准和有害气体等有害环境）施工增加费按人工费的 10.00% 计算。

38.【答案】A

【解析】本题考查的是《广东省通用安装工程综合定额（2018）》措施其他项目。在有害身体健康的环境中（包括高温、多尘、噪声超过标准和有害气体等有害环境）施工增加费按人工费的 10.00% 计算。

39.【答案】C

【解析】本题考查的是《广东省通用安装工程综合定额（2018）》措施其他项目。《广东省通用安装工程综合定额（2018）》措施其他项目中，在地下（暗）室、设备及大口径管道内等特殊施工部位进行施工增加费，按该部分人工费的 30.00% 计算。

40.【答案】B

【解析】本题考查的是《广东省通用安装工程综合定额（2018）》措施其他项目。夜间施工增加费：除赶工和合理的施工作业要求外，因施工条件不允许在白天施工的工程，按其夜间施工项目人工费的 20.00% 计算。

41.【答案】A

【解析】本题考查的是《广东省通用安装工程综合定额（2018）》措施其他项目。夜间施工增加费：除赶工和合理的施工作业要求外，因施工条件不允许在白天施工的工程，按其夜间施工项目人工费的 20.00% 计算。

42.【答案】D

【解析】本题考查的是《广东省通用安装工程综合定额（2018）》措施其他项目。获得省、市级文明工地的工程，其计取方式为分部分项的人工费与施工机具费为计算基础。

43.【答案】C

【解析】本题考查的是《广东省通用安装工程综合定额（2018）》措施其他项目。获得省、市级文明工地的工程，其计取方式为分部分项的人工费与施工机具费为计算基础，省级文明工地增加费费率为 2.00%。

44.【答案】A

【解析】本题考查的是《广东省通用安装工程综合定额（2018）》措施其他项目。获得省、市级文明工地的工程，其计取方式为分部分项的人工费与施工机具费为计算基础，市级文明工地增加费费率为 1.00%。

45.【答案】B

【解析】本题考查的是《广东省通用安装工程综合定额（2018）》其他项目费用。暂列金额按分部分项工程费的 10.00% 计算。

46.【答案】B

【解析】本题考查的是《广东省通用安装工程综合定额（2018）》其他项目费用。暂列金额按分部分项工程费的 10.00% 计算。

47.【答案】B

【解析】本题考查的是《广东省通用安装工程综合定额（2018）》其他项目费用。仅要求对发包人发包的专业工程进行总承包管理和协调时，总承包服务费可按专业工程造价的 1.50% 计算。

48.【答案】C

【解析】本题考查的是《广东省通用安装工程综合定额（2018）》其他项目费用。要求对发包人发包的专业工程进行总承包管理和协调，并同时要求提供配合和服务，总承包服务费按专业工程造价的 4.00% 计算。

49.【答案】A

【解析】本题考查的是《广东省通用安装工程综合定额（2018）》其他项目费用。配合发包人自行供应材料的，总承包服务费按发包人供应材料价值的 1.00% 计算（不含该部分材料的保管费）。

50.【答案】B

【解析】本题考查的是《广东省通用安装工程综合定额（2018）》其他项目费用。预算包干费按分部分项的人工费与施工机具费之和的 10.00% 计算。

51.【答案】D

【解析】本题考查的是《广东省通用安装工程综合定额（2018）》其他项目费用。预算包干费按分部分项的人工费与施工机具费之和的 10.00% 计算。

52.【答案】D

【解析】本题考查的是《广东省通用安装工程综合定额（2018）》其他项目费用。工程优质费的计算基础是分部分项的人工费与施工机具费之和。

53.【答案】A

【解析】本题考查的是《广东省通用安装工程综合定额（2018）》其他项目费用。市级质量奖按分部分项人工费与施工机具费之和的 7.50% 计算。

54.【答案】C

【解析】本题考查的是《广东省通用安装工程综合定额（2018）》其他项目费用。省级质量奖按分部分项人工费与施工机具费之和的 12.50% 计算。

55.【答案】D

【解析】本题考查的是《广东省通用安装工程综合定额（2018）》其他项目费用。国家级质量奖按分部分项人工费与施工机具费之和的 20.00% 计算。

56.【答案】C

【解析】本题考查的是《广东省通用安装工程综合定额（2018）》其他项目费用。概算幅度差标准按分部分项工程费的 3.00% 计算。

57.【答案】D

【解析】本题考查的是《广东省通用安装工程综合定额（2018）》。利润以人工费与施工机具费之和为基础，按 20.00% 计算。

58.【答案】A

【解析】本题考查的是《广东省通用安装工程综合定额（2018）》。《机械设备安装工程》分册的管理费以分部分项的人工费与施工机具费之和为基础，管理费分摊费费率为39.86%。

59.【答案】B

【解析】本题考查的是《广东省通用安装工程综合定额（2018）》。《电气设备安装工程》分册的管理费以分部分项的人工费与施工机具费之和为基础，管理费分摊费费率为28.74%。

60.【答案】C

【解析】本题考查的是《广东省通用安装工程综合定额（2018）》。《通风空调工程》分册的管理费以分部分项的人工费与施工机具费之和为基础，管理费分摊费费率为27.72%。

61.【答案】D

【解析】本题考查的是《广东省通用安装工程综合定额（2018）》。《消防工程》分册的管理费以分部分项的人工费与施工机具费之和为基础，管理费分摊费费率为27.73%。

62.【答案】C

【解析】本题考查的是《广东省通用安装工程综合定额（2018）》第二册《热力设备安装工程》。在管井内、竖井内和封闭天棚内进行施工，该部分人工费乘以系数1.25。

63.【答案】A

【解析】本题考查的是《广东省通用安装工程综合定额（2018）》第三册《静置设备与工艺金属结构制作安装工程》第C.3.1章说明。当碳钢、不锈钢平底平盖容器有折边时，执行椭圆形封头容器相应定额项目。

64.【答案】D

【解析】本题考查的是《广东省通用安装工程综合定额（2018）》第三册《静置设备与工艺金属结构制作安装工程》第C.3.6章说明。火炬、排气筒按金属抱杆整体吊装计算。

65.【答案】D

【解析】本题考查的是《广东省通用安装工程综合定额（2018）》第三册《静置设备与工艺金属结构制作安装工程》第C.3.7章说明。无损探伤拍片张数按设计规定计算的探伤焊缝总长度除以定额取定的胶片有效长度计算。胶片有效长度为250mm。

66.【答案】C

【解析】本题考查的是《广东省通用安装工程综合定额（2018）》第四册《电气设备安装工程》册说明。如发生土石方工程时，另执行《广东省市政工程综合定额（2018）》相应项目。

67.【答案】D

【解析】本题考查的是《广东省通用安装工程综合定额（2018）》第四册《电气设备安装工程》册说明中工程超高增加费，操作物高度离楼地面5m以上、20m以下时，超高部分按人工费乘以系数1.33计算（已考虑了超高因素的定额项目除外）。

68.【答案】C

【解析】本题考查的是《广东省通用安装工程综合定额（2018）》第四册《电气设备安装工程》册说明，在管井内、竖井内、断面小于或等于2m^2隧道或洞内、封闭吊顶天棚内进行安装的工程，该部分按人工费乘以系数1.25。

69.【答案】C

【解析】本题考查的是《广东省通用安装工程综合定额（2018）》第四册《电气设备安装工程》第 C.4.1 章说明。电炉变压器安装执行同容量电力变压器安装定额项目乘以系数 2.00。

70.【答案】C

【解析】本题考查的是《广东省通用安装工程综合定额（2018）》第四册《电气设备安装工程》第 C.4.1 章说明。变压器的器身检查：容量 4 000kV · A 及以下是按吊芯检查考虑，容量 4 000kV · A 以上是按吊钟罩考虑，如果容量 4 000kV · A 以上的变压器需吊芯检查时，机具乘以系数 2.00。

71.【答案】A

【解析】本题考查的是《广东省通用安装工程综合定额（2018）》第四册《电气设备安装工程》第 C.4.1 章说明。带有保护外罩的干式变压器安装，人工和机具乘以系数 1.20。

72.【答案】A

【解析】本题考查的是《广东省通用安装工程综合定额（2018）》第四册《电气设备安装工程》第 C.4.4 章说明。焊（压）接线端子定额只适用于导线或无终端头电缆线芯与开关设备等的连接。$6mm^2$ 以下接线端子安装按 $16mm^2$ 接线端子安装定额项目乘以系数 0.30。

73.【答案】B

【解析】本题考查的是《广东省通用安装工程综合定额（2018）》第四册《电气设备安装工程》第 C.4.4 章说明。非成套型配电箱、插座箱的箱体安装套用第 C.4.11 章中接线箱安装相应项目。

74.【答案】A

【解析】本题考查的是《广东省通用安装工程综合定额（2018）》第四册《电气设备安装工程》第 C.4.6 章说明。实行包干的工程，电机干燥可参照以下比例，由有关各方协商而定：

（1）低压小型电机 3kW 以下按 25% 的比例考虑干燥。

（2）低压小型电机 3kW 以上至 220kW 按 30%～50% 考虑干燥。

（3）大中型电机按 100% 考虑一次干燥。

75.【答案】B

【解析】本题考查的是《广东省通用安装工程综合定额（2018）》第四册《电气设备安装工程》第 C.4.8 章说明。电缆在一般山地、丘陵地区敷设时，其人工费乘以系数 1.30。

76.【答案】B

【解析】本题考查的是《广东省通用安装工程综合定额（2018）》第四册《电气设备安装工程》第 C.4.8 章说明。铜芯电力电缆敷设定额综合不同敷设方式按三芯（包括三芯连地）考虑的，五芯电力电缆敷设定额项目乘以系数 1.30，六芯电力电缆乘以系数 1.60，每增加一芯定额增加 30%，以此类推。单芯电力电缆敷设按同截面电缆敷设定额项目乘以系数 0.67，两芯电力电缆按三芯电力电缆敷设定额执行。

77.【答案】D

【解析】本题考查的是《广东省通用安装工程综合定额（2018）》第四册《电气设备安

装工程》第 C.4.8 章说明。铜芯电力电缆敷设定额综合不同敷设方式按三芯（包括三芯连地）考虑的，五芯电力电缆敷设定额项目乘以系数 1.30，六芯电力电缆乘以系数 1.60，每增加一芯定额增加 30%，以此类推。单芯电力电缆敷设按同截面电缆敷设定额项目乘以系数 0.67，两芯电力电缆按三芯电力电缆敷设定额执行。

78.【答案】B

【解析】本题考查的是《广东省通用安装工程综合定额（2018）》第四册《电气设备安装工程》第 C.4.8 章说明。铜芯电力电缆敷设定额综合不同敷设方式按三芯（包括三芯连地）考虑的，五芯电力电缆敷设定额项目乘以系数 1.30，六芯电力电缆乘以系数 1.60，每增加一芯定额增加 30%，以此类推。单芯电力电缆敷设按同截面电缆敷设定额项目乘以系数 0.67，两芯电力电缆按三芯电力电缆敷设定额执行。

79.【答案】A

【解析】本题考查的是《广东省通用安装工程综合定额（2018）》第四册《电气设备安装工程》第 C.4.8 章说明。铜芯电力电缆敷设定额综合不同敷设方式按三芯（包括三芯连地）考虑的，$6mm^2$ 以下电力电缆敷设按 $10mm^2$ 电力电缆敷设定额项目乘以系数 0.60。

80.【答案】C

【解析】本题考查的是《广东省通用安装工程综合定额（2018）》第四册《电气设备安装工程》第 C.4.8 章说明。铝合金及铝芯电力电缆敷设，按同截面铜芯电力敷设定额项目乘以系数 0.70。

81.【答案】B

【解析】本题考查的是《广东省通用安装工程综合定额（2018）》第四册《电气设备安装工程》第 C.4.8 章说明。双屏蔽电缆头制作安装按人工费乘以系数 1.05。

82.【答案】C

【解析】本题考查的是《广东省通用安装工程综合定额（2018）》第四册《电气设备安装工程》第 C.4.9 章说明。利用基础梁内两根主筋焊接连通作接地母线，执行利用梁内钢筋作均压环敷设项目。

83.【答案】B

【解析】本题考查的是《广东省通用安装工程综合定额（2018）》第四册《电气设备安装工程》第 C.4.9 章说明。单桩承台及无承台接地线敷设，按三连桩承台接地线定额项目乘以系数 0.40。

84.【答案】B

【解析】本题考查的是《广东省通用安装工程综合定额（2018）》第四册《电气设备安装工程》第 C.4.9 章说明。等电位接地线安装，执行户内接地母线安装相应项目。

85.【答案】D

【解析】本题考查的是《广东省通用安装工程综合定额（2018）》第四册《电气设备安装工程》第 C.4.9 章说明。高层建筑物屋顶的防雷接地装置应执行避雷网安装定额。

86.【答案】C

【解析】本题考查的是《广东省通用安装工程综合定额（2018）》第四册《电气设备安装工程》第 C.4.11 章说明。电气配管定额包括穿引线，如实际施工中没有穿引线的，定额人工费乘以系数 0.95，镀锌低碳钢丝按相应材质明敷配管含量扣除。

87.【答案】B

【解析】本题考查的是《广东省通用安装工程综合定额（2018）》第四册《电气设备安装工程》第 C.4.11 章说明。钢制桥架主结构设计厚度大于 3mm 时，定额人工费、机具费乘以系数 1.20。

88.【答案】A

【解析】本题考查的是《广东省通用安装工程综合定额（2018）》第四册《电气设备安装工程》第 C.4.11 章说明。不锈钢桥架按钢制桥架定额乘以系数 1.10 执行。

89.【答案】D

【解析】本题考查的是《广东省通用安装工程综合定额（2018）》第四册《电气设备安装工程》第 C.4.12 章说明。标志、诱导灯属于装饰灯具。

90.【答案】C

【解析】本题考查的是《广东省通用安装工程综合定额（2018）》第四册《电气设备安装工程》第 C.4.13 章说明。单件重量 100kg 以上铁构件安装套用第三册《静置设备与工艺金属结构制作安装工程》相应项目。

91.【答案】A

【解析】本题考查的是《广东省通用安装工程综合定额（2018）》第四册《电气设备安装工程》第 C.4.13 章说明。凿槽、刨沟断面半周长超过 350mm 的，每增加 100mm 按定额相应项目增加 20%。

92.【答案】B

【解析】本题考查的是《广东省通用安装工程综合定额（2018）》第四册《电气设备安装工程》第 C.4.14 章说明。电力变压器系统调试，定额是按每个电压侧有一台断路器考虑的，若每侧多于一台断路器时，则定额项目分别乘以系数 1.20。

93.【答案】B

【解析】本题考查的是《广东省通用安装工程综合定额（2018）》第四册《电气设备安装工程》第 C.4.15 章说明。电梯安装的楼层高度是按平均层高 4m 以内考虑的，如平均层高超过 4m 时，其超过部分可另按提升高度定额计算。

94.【答案】A

【解析】本题考查的是《广东省通用安装工程综合定额（2018）》第五册《建筑智能化工程》册说明。安装操作高度距离楼（地）面 10m 以内时，超高部分按人工费乘超高系数 1.20 计算。

95.【答案】B

【解析】本题考查的是《广东省通用安装工程综合定额（2018）》第五册《建筑智能化工程》第 C.5.2 章说明。双绞线缆的敷设、链路测试及跳线制作、跳线架安装、配线架安装、跳块打接是按超五类非屏蔽布线系统编制的，高于超五类的布线工程中的线路敷设定额子目人工费乘以系数 1.10。

96.【答案】D

【解析】本题考查的是《广东省通用安装工程综合定额（2018）》第五册《建筑智能化工程》第 C.5.2 章说明。在已建天棚内敷设线缆、管槽时，定额子目人工费乘以系数 1.25。

97.【答案】C

【解析】本题考查的是《广东省通用安装工程综合定额（2018）》第七册《通风空调工程》册说明。薄钢板风管刷油按其工程量执行有关项目，仅外（或内）面刷油定额子目乘以系数 1.20。

98.【答案】B

【解析】本题考查的是《广东省通用安装工程综合定额（2018）》第七册《通风空调工程》册说明。内外均刷油定额子目乘以系数 1.10（其法兰加固框，吊托支架已包括在此数内）。

99.【答案】C

【解析】本题考查的是《广东省通用安装工程综合定额（2018）》第七册《通风空调工程》册说明。薄钢板部件刷油按其工程量执行金属结构刷油项目，定额子目乘系数 1.15。

100.【答案】C

【解析】本题考查的是《广东省通用安装工程综合定额（2018）》第七册《通风空调工程》册说明。工程超高增加费：操作物高度离楼地面 6m 以上时，超高部分按人工费乘以超高系数 1.15 计算。

101.【答案】B

【解析】本题考查的是《广东省通用安装工程综合定额（2018）》第七册《通风空调工程》第 C.7.2 章说明。整个通风系统设计采用渐缩管均匀送风者，圆形风管按平均直径，矩形风管按平均周长执行相应规格项目，其人工乘以系数 2.50。

102.【答案】C

【解析】本题考查的是《广东省通用安装工程综合定额（2018）》第七册《通风空调工程》第 C.7.2 章说明。如制作空气幕送风管时，按矩形风管平均周长执行相应风管规格项目，其人工费乘以系数 3.00，其余不变。

103.【答案】A

【解析】本题考查的是《广东省通用安装工程综合定额（2018）》第七册《通风空调工程》第 C.7.2 章说明。不锈钢风管制作安装、铝板风管项目中包括管件，但不包括法兰和吊托支架；法兰和吊托支架应单独列项计算执行相应项目。

104.【答案】B

【解析】本题考查的是《广东省通用安装工程综合定额（2018）》第七册《通风空调工程》第 C.7.2 章说明。塑料通风管道胎具材料摊销费的计算方法：塑料风管管件制作的胎具摊销材料费，未包括在定额内，按以下规定另行计算：风管工程量在 $30m^2$ 以上的，每 $10m^2$ 风管的胎具摊销木材为 $0.06m^3$；风管工程量在 $30m^2$ 以下的，每 $10m^2$ 风管的胎具摊销木材为 $0.09m^3$，按地区预算价格计算胎具材料摊销费。

105.【答案】C

【解析】本题考查的是《广东省通用安装工程综合定额（2018）》第七册《通风空调工程》第 C.7.2 章说明。塑料通风管道胎具材料摊销费的计算方法：塑料风管管件制作的胎具摊销材料费，未包括在定额内，按以下规定另行计算：风管工程量在 $30m^2$ 以上的，每 $10m^2$ 风管的胎具摊销木材为 $0.06m^3$；风管工程量在 $30m^2$ 以下的，每 $10m^2$ 风管的胎具摊销木材为 $0.09m^3$，按地区预算价格计算胎具材料摊销费。

106.【答案】C

【解析】本题考查的是《广东省通用安装工程综合定额（2018）》第七册《通风空调工程》第 C.7.5 章说明。空调系统调试费按空调通风系统（包括设备、风管系统及防腐绝热）项目人工费的 7% 计算，其中人工费占 35%，材料费占 65%。

107.【答案】D

【解析】本题考查的是《广东省通用安装工程综合定额（2018）》第八册《工业管道工程》册说明。车间内整体封闭式地沟管道，其人工、机具乘以系数 1.20（管道安装后盖板封闭地沟除外）。

108.【答案】C

【解析】本题考查的是《广东省通用安装工程综合定额（2018）》第八册《工业管道工程》第 C.8.5 章说明：仪表的温度计扩大管制作安装，执行本章管件连接相应定额子目乘以系数 1.50。

109.【答案】A

【解析】本题考查的是《广东省通用安装工程综合定额（2018）》第八册《工业管道工程》第 C.8.5 章说明：焊接盲板执行本章管件连接相应定额子目乘以系数 0.60。

110.【答案】B

【解析】本题考查的是《广东省通用安装工程综合定额（2018）》第八册《工业管道工程》第 C.8.11 章说明。法兰安装以“片”计算时，应执行法兰安装定额子目乘以系数 0.61，螺栓数量不变。

111.【答案】B

【解析】本题考查的是《广东省通用安装工程综合定额（2018）》第九册《消防工程》册说明。工程超高增加费：操作物高度离楼地面 5m 以上时，超高部分按人工费乘表 3–1 超高系数计算。

表 3–1　超高系数

操作高度 /m 以内	8	12	16	20
超高系数	1.10	1.15	1.20	1.25

112.【答案】D

【解析】本题考查的是《广东省通用安装工程综合定额（2018）》第九册《消防工程》册说明。在管井内、竖井内、断面小于或等于 $2m^2$ 隧道或洞内、封闭吊顶天棚内进行安装的工程，该部分按人工费乘以系数 1.25。

113.【答案】C

【解析】本题考查的是《广东省通用安装工程综合定额（2018）》第九册《消防工程》册说明。雨淋、干湿两用及预作用报警装置安装执行湿式报警装置安装定额，其人工费乘以系数 1.20，其余不变。

114.【答案】C

【解析】本题考查的是《广东省通用安装工程综合定额（2018）》第九册《消防工程》册说明。带灭火器的成套室内消火栓箱（柜）安装，其定额人工、机具按相应未带灭火器的消火栓箱定额子目乘以系数 1.30。

115.【答案】A

【解析】本题考查的是《广东省通用安装工程综合定额（2018）》第十册《给排水、采暖、燃气工程》册说明。工程超高增加费：操作物高度离楼地面3.6m以上时，超高部分按人工费乘以表3-1超高系数计算。

116.【答案】B

【解析】本题考查的是《广东省通用安装工程综合定额（2018）》第十册《给排水、采暖、燃气工程》第C.10.1章说明。室外钢塑复合管（螺纹连接）发生时可执行室外镀锌钢管（螺纹连接）子目，管道及管件含量不变。

117.【答案】C

【解析】本题考查的是《广东省通用安装工程综合定额（2018）》第十册《给排水、采暖、燃气工程》第C.10.1章说明。安装带保温层的管道时，可执行相应材质及连接形式的管道安装项目，其人工乘以系数1.10；管道接头保温执行第十二册《刷油、防腐蚀、绝热工程》，其人工、机具乘以系数2.00。

118.【答案】C

【解析】本题考查的是《广东省通用安装工程综合定额（2018）》第十册《给排水、采暖、燃气工程》第C.10.1章说明。燃气管道定额适用于工作压力小于或等于0.4MPa（中压A）的燃气系统。如铸铁管道工作压力大于0.2MPa时，安装人工费乘以系数1.30。

119.【答案】A

【解析】本题考查的是《广东省通用安装工程综合定额（2018）》第十册《给排水、采暖、燃气工程》第C.10.6章说明。太阳能集热器是按集中成批安装编制的，如发生$4m^2$以下工程量时，人工、机具乘以系数1.10。

120.【答案】D

【解析】本题考查的是《广东省通用安装工程综合定额（2018）》第十册《给排水、采暖、燃气工程》第C.10.9章说明。空调水工程系统调试费：按空调水系统工程（含设备、冷冻冷却水系统及防腐绝热、冷凝水系统及防腐绝热）人工费的10%计算，其中人工费占35%，材料费占65%。

121.【答案】B

【解析】本题考查的是《广东省通用安装工程综合定额（2018）》第十二册《刷油、防腐蚀、绝热工程》第C.12.1章说明。喷射除锈按Sa2.5级标准确定。若变更级别标准，如按Sa3级，则人工、材料、机具乘以系数1.10；按Sa2级或Sa1级，则人工、材料、机具乘以系数0.90。

122.【答案】B

【解析】本题考查的是《广东省通用安装工程综合定额（2018）》第十二册《刷油、防腐蚀、绝热工程》第C.12.1章说明。喷射除锈标准：

（1）Sa3级：除净金属表面上油脂、氧化皮、锈蚀产物等一切杂物，呈现均一的金属本色，并有一定的粗糙度。

（2）Sa2.5级：完全除去金属表面的油脂、氧化皮、锈蚀产物等一切杂物，可见的阴影条纹、斑痕等残留物不得超过单位面积的5%。

（3）Sa2级：除去金属表面上的油脂、锈皮、松疏氧化皮、浮锈等杂物，允许有附紧的氧化皮。

123.【答案】C

【解析】本题考查的是《广东省通用安装工程综合定额（2018）》第十二册《刷油、防腐蚀、绝热工程》第 C.12.2 章说明：标志色环等零星刷油，执行本章定额相应项目，其人工费乘以系数 2.00。

124.【答案】C

【解析】本题考查的是《广东省通用安装工程综合定额（2018）》第十二册《刷油、防腐蚀、绝热工程》第 C.12.5 章说明。根据绝热工程施工及验收技术规范，保热厚度大于 100mm，保冷厚度大于 75mm 时应分层施工，工程量分层计算，分别套用定额子目。

125.【答案】B

【解析】本题考查的是《广东省通用安装工程综合定额（2018）》第十二册《刷油、防腐蚀、绝热工程》第 C.12.5 章说明。管道绝热工程中，除 $DN \geqslant 50$mm 的法兰阀门，$DN \geqslant 50$mm 的法兰外，其余阀门、法兰、管件均已考虑在内。

126.【答案】C

【解析】本题考查的是综合单价的组成。综合单价 = 人工费 + 材料和工程设备费 + 施工机具使用费 + 企业管理费 + 利润 =0.068×100+1.43+0.21+（0.068×100+0.21）×（28.74%+20%）+ 1.03×6=18.04（元）。

127.【答案】A

【解析】本题考查的是综合单价的组成。综合单价 = 人工费 + 材料和工程设备费 + 施工机具使用费 + 企业管理费 + 利润 =[0.203×90+26.86+3.71+(0.203×90+3.71)×(27.72%+ 20%) +9.91×2.8+14.49×2.5] /10=12.33（元）。

128.【答案】D

【解析】本题考查的是综合单价的组成。综合单价 = 人工费 + 材料和工程设备费 + 施工机具使用费 + 企业管理费 + 利润 =0.094×100+10.04+0.024×39.52+（0.094×100+0.024×39.52）×（27.72%+20%）+1.01×50=75.83（元）。

二、多项选择题

1.【答案】BCE

【解析】本题考查的是施工图预算编制依据。施工图预算的编制必须遵循以下依据：

（1）国家、行业和地方有关规定；

（2）相应工程造价管理机构发布的预算定额；

（3）施工图设计文件及相关标准图集和规范；

（4）项目相关文件、合同、协议等；

（5）工程所在地的人工、材料、设备、施工机具预算价格；

（6）施工组织设计和施工方案；

（7）项目的管理模式、发包模式及施工条件；

（8）其他应提供的资料。

2.【答案】CDE

【解析】本题考查的是施工图预算编制程序和方法。单位工程施工图预算包括建筑工程费、安装工程费和设备及工器具购置费。

3.【答案】ABC

【解析】本题考查的是施工图预算编制程序和方法。施工图预算可分为单位工程施工图预算、单项工程综合预算、建设项目总预算。

4.【答案】BCD

【解析】本题考查的是施工图预算编制程序和方法。采用三级预算编制形式的工程预算文件，包括封面、签署页及目录、编制说明、总预算表、综合预算表、单位工程预算表、附件等内容。

5.【答案】AB

【解析】本题考查的是广东省通用安装工程计价依据的组成。通用安装工程计价方法包括工程量清单计价法和定额计价法两种。

6.【答案】ABDE

【解析】本题考查的是广东省通用安装工程工程量清单计价程序。采用工程量清单计价时，工程造价由分部分项工程费、措施项目费、其他项目费、规费和税金组成。

7.【答案】BDE

【解析】本题考查的是广东省通用安装工程工程量清单计价程序。采用工程量清单计价时，规费包括工程排污费、施工噪声排污费、防洪工程维护费、维修作业意外伤害保险。

8.【答案】ABE

【解析】本题考查的是广东省通用安装工程定额计价程序。采用定额计价时，工程造价由分部分项工程费、措施项目费、其他项目费和税金组成。

9.【答案】ACD

【解析】本题考查的是广东省通用安装工程定额计价程序。采用定额计价时，分部分项工程费包括定额分部分项工程费、价差、利润。

10.【答案】AC

【解析】本题考查的是广东省通用安装工程定额计价程序。采用定额计价时，利润的计算基础为定额人工费＋定额机具费。

11.【答案】ABCD

【解析】本题考查的是《广东省通用安装工程综合定额（2018）》。《广东省通用安装工程综合定额（2018）》中子目基价包含人工费、材料费、机具费、管理费。

12.【答案】ABCE

【解析】本题考查的是《广东省通用安装工程综合定额（2018）》。《广东省通用安装工程综合定额（2018）》中的人工费是指直接从事施工作业的生产工人的薪酬，包括基本用工、辅助用工、人工幅度差、现场运输及清理现场等用工费用。

13.【答案】ABC

【解析】本题考查的是《广东省通用安装工程综合定额（2018）》。《广东省通用安装工程综合定额（2018）》中的定额人工费包括工资性收入、社会保险费、住房公积金、工会经费、职工教育经费、职工福利费及特殊情况下支付的工资等。

14.【答案】ABCE

【解析】本题考查的是《广东省通用安装工程综合定额（2018）》。《广东省通用安装工程综合定额（2018）》中人工费的社会保险费是指在社会保险基金的筹集过程中，企业按照规定的数额和期限向社会保险管理机构缴纳的费用，包括基本养老保险费、基本医疗保险费、工伤保险费、失业保险费和生育保险费。

15.【答案】BCDE

【解析】本题考查的是《广东省通用安装工程综合定额（2018）》。定额材料费是指工程施工过程中耗费的各种原材料、半成品、构配件的费用，包括材料原价、运杂费、运输损耗费和采购及保管费。

16.【答案】ABE

【解析】本题考查的是《广东省通用安装工程综合定额（2018）》。定额材料费中采购及保管费是指组织采购和保管材料的过程中所需要的各项费用，包括采购费、采购单位仓储及损耗费等。

17.【答案】ABC

【解析】本题考查的是《广东省通用安装工程综合定额（2018）》。定额中的材料消耗量已含成品、半成品、材料配料等施工及场内运输过程中合理的损耗消耗量，包括直接消耗在施工中的原材料、辅助材料、构配件、零件和半成品等的费用和周转使用材料的摊销（或租赁）费用，并计入了相应损耗，其内容和范围包括从工地仓库、现场集中堆放地点或现场加工地点到操作或安装地点的运输损耗、施工操作损耗、施工现场堆放损耗。

18.【答案】ABCE

【解析】本题考查的是《广东省通用安装工程综合定额（2018）》。综合定额施工机具费是指施工作业所发生的施工机械使用费和施工仪器仪表使用费。施工机械使用费是指施工机械作业发生的使用费，包括以下内容：①折旧费；②检修费；③维护费；④安拆费；⑤机上人工费；⑥燃料动力费；⑦其他费用。

19.【答案】ABDE

【解析】本题考查的是《广东省通用安装工程综合定额（2018）》。综合定额施工机具费是指施工作业所发生的施工机械使用费和施工仪器仪表使用费。施工仪器仪表使用费是指工程施工所发生的仪器仪表使用费，包括以下内容：①折旧费；②维护费；③校验费；④动力费。

20.【答案】ABC

【解析】本题考查的是《广东省通用安装工程综合定额（2018）》。本综合定额管理费是指施工企业为完成承包工程而组织施工生产和经营管理所发生的费用，包括以下内容：①管理人员薪酬；②办公费；③差旅交通费；④施工单位进退场费；⑤非生产性固定资产使用费；⑥工具用具使用费；⑦劳动保护费；⑧财务费；⑨税金；⑩其他管理性的费用。

21.【答案】ABCD

【解析】本题考查的是《广东省通用安装工程综合定额（2018）》。综合定额管理费中税金包括：企业按规定缴纳的房产税、非生产性车船使用税、土地使用税、印花税、消费税、资源税、环境保护税、城市维护建设税、教育费附加、地方教育附加等各项税费。

22.【答案】AC

【解析】本题考查的是《广东省通用安装工程综合定额（2018）》第一册《机械设备安装

工程》册说明。旧设备的拆除费用按相应安装人工费和机械费的50%计算（不计材料费）。

23.【答案】ABC

【解析】本题考查的是《广东省通用安装工程综合定额（2018）》第一册《机械设备安装工程》第C.1.1章说明。第C.1.1章定额包括下列工作内容：①起重机静负荷、动负荷及超负荷试运转；②必需的端梁铆接及脚手架搭拆；③解体供货的起重机现场组装。

24.【答案】BDE

【解析】本题考查的是《广东省通用安装工程综合定额（2018）》第一册《机械设备安装工程》第C.1.4章说明。第C.1.4章定额不包括下列内容：①各种支架的制作；②电气工程部分；③脚手架的搭拆；④电梯喷漆。

25.【答案】DE

【解析】本题考查的是《广东省通用安装工程综合定额（2018）》第一册《机械设备安装工程》第C.1.5章说明。风机安装定额不包括下列内容：①支架、底座及防护罩、减震器的制作、修改；②联轴器及键和键槽的加工制作；③电动机的抽芯检查、干燥、配线、调试。

26.【答案】ACDE

【解析】本题考查的是《广东省通用安装工程综合定额（2018）》措施项目。对于不能按工作内容单独计量的绿色施工安全防护措施费，具体包括绿色施工、临时设施、安全施工和用工实名管理，编制概预算时，按分部分项的人工费与施工机具费之和的35.77%计算。

27.【答案】AC

【解析】本题考查的是《广东省通用安装工程综合定额（2018）》措施项目。对于不能按工作内容单独计量的绿色施工安全防护措施费，具体包括绿色施工、临时设施、安全施工和用工实名管理，编制概预算时，按分部分项的人工费与施工机具费之和的35.77%计算。

28.【答案】ABC

【解析】本题考查的是《广东省通用安装工程综合定额（2018）》措施项目。办公生活区、施工现场必要的排水沟、排水设施，需保持通畅，属于临时设施。在项目现场设置公示牌，将每月经施工现场人员确认的考勤与工资支付信息在公示牌上进行公示属于用工实名管理。

29.【答案】ABCE

【解析】本题考查的是《广东省通用安装工程综合定额（2018）》措施项目。施工现场保护零线的重复接地不应少于三处。脚手架、塔吊、施工电梯等金属结构，各类加工棚及电气设备间等安装防雷装置。

30.【答案】BC

【解析】本题考查的是《广东省通用安装工程综合定额（2018）》措施其他项目。措施其他项目费已包含了利润及管理费，属于指导性费用，供工程承发包双方参考，合同有约定的按合同约定执行。

31.【答案】AC

【解析】本题考查的是《广东省通用安装工程综合定额（2018）》措施其他项目。赶工

措施费 =（1- δ）× 分部分项的（人工费 + 施工机具费）× 34.4%。

32.【答案】ABCD

【解析】本题考查的是《广东省通用安装工程综合定额（2018）》其他项目费用中材料暂估价。材料暂估价：招标控制价和施工图预算按工程所在地的工程造价信息；工程造价信息没有的，参考市场价格确定。结算时，若材料是招标采购的，按照中标价调整；非招标采购的，按发承包双方最终确认的单价调整。

33.【答案】ABCE

【解析】本题考查的是《广东省通用安装工程综合定额（2018）》其他项目费用中计日工。计日工：预计数量由发包人根据拟建工程的具体情况，列出人工、材料、机具的名称、计量单位和相应数量，招标控制价和预算中计日工单价按工程所在地的工程造价信息计列，工程造价信息没有的，参考市场价格确定。工程结算时，工程量按承包人实际完成的工作量计算；单价按合同约定的计日工单价计算，合同没有约定的，按工程所在地的工程造价信息计列（其中人工按总说明签证用工规定执行）。

34.【答案】AC

【解析】本题考查的是《广东省通用安装工程综合定额（2018）》。利润以人工费与施工机具费之和为基础，按 20.00% 计算。

35.【答案】CE

【解析】本题考查的是《广东省通用安装工程综合定额（2018）》第二册《热力设备安装工程》第 C.2.1 章说明。锅炉本体安装不包括的工作内容：①露天电站锅炉的特殊防护措施；②炉墙砌筑、保温及保温表面的油漆；③设备本体油漆。

36.【答案】ACE

【解析】本题考查的是《广东省通用安装工程综合定额（2018）》第二册《热力设备安装工程》第 C.2.7 章说明。工业与民用锅炉本体安装不包括的工作内容：①电机检查接线等电气性工作；②设备基础二次灌浆工作；③炉墙砌筑、保温及保护层油漆；④给水设备、鼓（引）风机安装，除尘设备安装。

37.【答案】ABC

【解析】本题考查的是《广东省通用安装工程综合定额（2018）》第四册《电气设备安装工程》第 C.4.4 章。成套配电箱安装的工作内容不包括：①二次喷漆及喷字；②电器及设备干燥；③焊（压）接线端子；④端子板外部（二次）接线；⑤基础槽钢、角钢的制作、安装。

38.【答案】ABE

【解析】本题考查的是《广东省通用安装工程综合定额（2018）》第四册《电气设备安装工程》第 C.4.8 章。铜芯电力电缆敷设定额综合不同敷设方式按三芯（包括三芯连地）考虑的，五芯电力电缆敷设定额项目乘以系数 1.30，六芯电力电缆乘以系数 1.60，每增加一芯定额增加 30%，以此类推。单芯电力电缆敷设按同截面电缆敷设定额项目乘以系数 0.67，铝合金及铝芯电力电缆敷设，按同截面铜芯电力敷设定额项目乘以系数 0.70。

39.【答案】BD

【解析】本题考查的是《广东省通用安装工程综合定额（2018）》第四册《电气设备安装工程》第 C.4.8 章。电缆终端头制作安装定额中已包括压接线端子，不得重复计算。电力电缆头及成套电缆头制作安装定额，不分芯数综合考虑。铝合金及铝芯电力电缆头制作安装，按同截面铜芯电缆头制作安装定额项目乘以系数 0.70。电力电缆头安装定额不包括固定支架的制作安装，发生时另执行第 C.4.13 章相应项目。

40.【答案】ACE

【解析】本题考查的是《广东省通用安装工程综合定额（2018）》第四册《电气设备安装工程》第 C.4.9 章。户外接地母线敷设定额是按自然地坪和一般土质综合考虑的，包括地沟的挖填土和夯实工作，执行本定额时不应再计算土方量。等电位接地线安装执行户内接地母线安装相应项目。高层建筑物屋顶的防雷接地装置应执行避雷网安装定额，电缆支架的接地线安装应执行户内接地母线敷设项目。

41.【答案】ADE

【解析】本题考查的是《广东省通用安装工程综合定额（2018）》第四册《电气设备安装工程》第 C.4.11 章。配管工程均未包括接线箱、盒及支架制作、安装。电气暗配管定额是按与土建相互配合施工考虑的，不包括凿槽、刨沟，发生时另执行第 C.4.13 章相应项目。

42.【答案】AB

【解析】本题考查的是《广东省通用安装工程综合定额（2018）》第四册《电气设备安装工程》第 C.4.11 章。管内穿线的线路分支接头线长度已综合考虑在定额中，不得另行计算。灯具、开关、插座、按钮等的预留线，已分别综合在相应项目内，不另行计算。配线进入开关箱、柜、板的预留线，按规定的长度，分别计入相应的工程量。

43.【答案】ABCE

【解析】本题考查的是《广东省通用安装工程综合定额（2018）》第四册《电气设备安装工程》第 C.4.11 章。桥架安装包括运输、组对、吊装、固定，弯通或三、四通修改、制作组对，切割口防腐、桥架开孔、上管件、隔板安装、盖板安装、接地、附件安装等工作内容。槽架安装未包括支架制作安装。

44.【答案】ABE

【解析】本题考查的是《广东省通用安装工程综合定额（2018）》第四册《电气设备安装工程》第 C.4.11 章。金属线槽、钢制桥架的主结构厚度 1.5mm 以下执行金属线槽安装相应项目，主结构厚度 1.5mm 以上执行钢制桥架安装相应项目。槽架安装未包括支架制作安装。

45.【答案】AC

【解析】本题考查的是《广东省通用安装工程综合定额（2018）》第四册《电气设备安装工程》第 C.4.11 章。刚性难燃线管为刚性 PVC 难燃线管，分轻型、中型、重型，颜色有白、纯白色，弯曲时需要专用弯曲弹簧，管材长度一般为 4m/ 根，管子的连接方式采用专用接头插入法连接，连接处结合面涂专用胶合剂，接口密封。半硬质难燃线管，颜色有黄、红、白色等，管道柔软，弯曲自如而无须专用工具或加热，安装难以横平竖直，管材成捆供应，一般为每捆 100m，管子的连接方式采用专用接头抹塑料胶后粘接。

46.【答案】BDE

【解析】本题考查的是《广东省通用安装工程综合定额（2018）》第四册《电气设备安装工程》第 C.4.12 章。路灯、投光灯、碘钨灯、氙气灯、烟囱或水塔指示灯，均已考虑了一般工程的高空作业因素，其他器具安装高度如超过 5m，则应按册说明中规定的超高系数另行计算。

47.【答案】ABD

【解析】本题考查的是《广东省通用安装工程综合定额（2018）》第四册《电气设备安装工程》第 C.4.12 章。普通灯具包括圆球吸顶灯、半圆球吸顶灯、方型吸顶灯、软线吊灯、吊链灯、防水吊灯、一般弯脖灯、一般墙壁灯、软线吊头灯、声光控座灯头、座灯头。

48.【答案】CDE

【解析】本题考查的是《广东省通用安装工程综合定额（2018）》第四册《电气设备安装工程》第 C.4.14 章。送配电设备系统调试，适用于各种供电回路（包括照明供电回路）的系统调试。凡供电回路中带有仪表、继电器、电磁开关等调试元件的（不包括闸刀开关、保险器），均应计算调试费用。

49.【答案】ACD

【解析】本题考查的是《广东省通用安装工程综合定额（2018）》第四册《电气设备安装工程》第 C.4.14 章。单个照明回路用电负荷 30kW 以下及移动式电器和以插座连接电源的家电设备，均不应计算系统调试费用。动力设备回路用电负荷 1kW 以下的，不应计算系统调试费用。

50.【答案】BD

【解析】本题考查的是《广东省通用安装工程综合定额（2018）》第四册《电气设备安装工程》第 C.4.15 章。电梯安装的工作内容包括开箱、检查、清点、电气设备安装、管线敷设、挂电缆、接线、接地、摇测绝缘。

51.【答案】ACE

【解析】本题考查的是《广东省通用安装工程综合定额（2018）》第五册《建筑智能化工程》册说明。电缆沟工程执行《广东省市政工程综合定额（2018）》相应项目，基础浇筑执行《广东省房屋建筑与装饰工程综合定额（2018）》相应项目，凿槽、打洞（孔）、楼板、墙壁穿孔洞，执行第四册《电气设备安装工程》相应项目。

52.【答案】ABE

【解析】本题考查的是《广东省通用安装工程综合定额（2018）》第六册《自动化控制仪表安装工程》册说明。管道上安装流量计、调节阀、电磁阀、节流装置、取源部件等及在管道上开孔焊接部件执行第八册《工业管道工程》相应项目。

53.【答案】ABCD

【解析】本题考查的是《广东省通用安装工程综合定额（2018）》第七册《通风空调工程》第 C.7.2 章说明。薄钢板通风管道、净化通风管道、玻璃钢通风管道、复合型风管制作的制作安装项目中，包括弯头、三通、变径管、天圆地方等管件及法兰、加固框和吊托支架的制作，但不包括过跨风管落地支架，落地支架执行设备支架项目。

54.【答案】ABC

【解析】本题考查的是《广东省通用安装工程综合定额（2018）》第七册《通风空调工程》第 C.7.2 章说明。塑料风管制作安装项目中包括管件、法兰、加固框，但不包括吊托支架制作安装，吊托支架应单独列项计算执行相应项目。

55.【答案】ACE

【解析】本题考查的是《广东省通用安装工程综合定额（2018）》第八册《工业管道工程》册说明。适用范围：新建、扩建项目中厂区范围内的车间、装置、站、罐区及其相互之间各种生产用介质输送管道，厂区第一个连接点以内的生产用（包括生产与生活共用）给水、排水、蒸汽、燃气等输送管道的安装工程。界限划分：给水以入口水表井为界，排水以厂区围墙外第一个污水井为界，蒸汽和燃气以入口第一个计量表（阀门）为界，锅炉房、水泵房以墙皮为界。

56.【答案】AC

【解析】本题考查的是《广东省通用安装工程综合定额（2018）》第八册《工业管道工程》册说明。界限划分：给水以入口水表井为界，排水以厂区围墙外第一个污水井为界，蒸汽和燃气以入口第一个计量表（阀门）为界，锅炉房、水泵房以墙皮为界。

57.【答案】ABE

【解析】本题考查的是《广东省通用安装工程综合定额（2018）》第八册《工业管道工程》册说明。管道压力等级的划分：①低压：$0<P\leqslant 1.6$MPa，中压：$1.6\text{MPa}<P\leqslant 10$MPa，高压：$10\text{MPa}<P\leqslant 42$MPa；②蒸汽管道 $P\geqslant 9$MPa、工作温度≥ 500℃时为高压。

58.【答案】ACD

【解析】本题考查的是《广东省通用安装工程综合定额（2018）》第八册《工业管道工程》册说明。地沟和埋地管道的土石方及砌筑工程执行《广东省市政工程综合定额（2018）》相应项目。单件重 100kg 以上的管道支架、预制钢平台的摊销均执行第三册《静置设备与工艺金属结构制作安装工程》。空分装置冷箱内的管道属设备本体管道，执行第三册《静置设备与工艺金属结构制作安装工程》相应项目。

59.【答案】BCDE

【解析】本题考查的是《广东省通用安装工程综合定额（2018）》第八册《工业管道工程》第 C.8.2 章说明。管道安装不包括管件连接、管道压力试验、吹扫与清洗、管道支架制作与安装。

60.【答案】BCE

【解析】本题考查的是《广东省通用安装工程综合定额（2018）》第八册《工业管道工程》第 C.8.5 章说明。管件用法兰连接时，执行法兰安装相应项目，管件本身安装不应计算安装费。现场加工的各种管道，在主管上挖眼接管三通、摔制异径管，均应按不同压力、材质、规格、以主管径执行管件连接相应定额，不应再执行管件制作定额，不另计制作费和主材费。挖眼接管三通支线管径小于主管径 1/2 时，不应计算管件工程量；在主管上挖眼焊接管接头、凸台等配件，按配件管径计算管件工程量。

61.【答案】ABDE

【解析】本题考查的是《广东省通用安装工程综合定额（2018）》第八册《工业管道工程》第 C.8.8 章说明。阀门安装项目综合考虑了壳体压力试验、密封试验工作内容。各种法兰阀门安装，不包括法兰安装，法兰安装执行相应的定额子目。阀门安装不包括阀体磁粉探伤、密封做气密性试验、阀杆密封添料的更换等特殊要求的工作内容。

62.【答案】BCD

【解析】本题考查的是《广东省通用安装工程综合定额（2018）》第九册《消防工程》

册说明。水灭火系统的各种阀门、法兰安装，套管的制作安装等，室外消防水管道安装，水箱制安等均执行第十册《给排水、采暖、燃气工程》相应项目。泵房管道安装、气体灭火系统的不锈钢管和铜管及管件、管道系统强度试验、严密性试验和冲洗等执行第八册《工业管道工程》相应项目。泡沫灭火系统的管道、管件、法兰、阀门、管道支架等的安装及管道系统水冲洗、强度试验、严密性试验等执行第八册《工业管道工程》相应项目。

63.【答案】BD

【解析】本题考查的是《广东省通用安装工程综合定额（2018）》第九册《消防工程》册说明。管道界限的划分：①室内外消防给水管道界线以建筑物外墙皮 1.5m 为界，入口处设阀门者以阀门为界；②设在高层建筑内的消防泵房管道界线，以泵房外墙皮为界；③室外消防给水管道与市政给水管道的界线，以与市政给水管道碰头点（井）为界。

64.【答案】BCD

【解析】本题考查的是《广东省通用安装工程综合定额（2018）》第九册《消防工程》第 C.9.1 章说明。喷头、报警装置及水流指示器安装定额均按管网系统试压、冲洗合格后安装考虑的，定额中已包括丝堵、临时短管的安装、拆除及其摊销。

65.【答案】ACD

【解析】本题考查的是《广东省通用安装工程综合定额（2018）》第九册《消防工程》第 C.9.1 章说明。水喷淋钢管螺纹连接的工作内容：检查及清扫管材、切管、套丝、调直、管道及管件安装、水压试验、水冲洗。

66.【答案】DE

【解析】本题考查的是《广东省通用安装工程综合定额（2018）》第九册《消防工程》第 C.9.3 章说明。泡沫发生器、泡沫比例混合器及泡沫液贮罐安装中包括整体安装、焊法兰、单体调试及配合管道试压时隔离本体所消耗的人工和材料。但不包括支架的制作、安装和二次灌浆的工作内容。地脚螺栓按本体带有考虑。

67.【答案】ABE

【解析】本题考查的是《广东省通用安装工程综合定额（2018）》第九册《消防工程》第 C.9.4 章说明。点型探测器安装包括探头和底座的安装及本体调试。红外线探测器定额中包括了探头支架安装和探测器的调试、对中。线形探测器定额中未包括探测器连接的一只模块和终端，其工程量另行计算。

68.【答案】ABCE

【解析】本题考查的是《广东省通用安装工程综合定额（2018）》第十册《给排水、采暖、燃气工程》册说明。工业管道、生产生活共用的管道、锅炉房、泵房、站类管道以及建筑物内加压泵房、空调制冷机房、消防泵房的管道，管道焊缝热处理、无损探伤、医疗气体管道执行第八册《工业管道工程》相应项目。发生凿槽、刨沟、凿孔洞、沟槽修补、堵洞眼等内容执行第四册《电气设备安装工程》相应项目。水暖设备、器具等电气检查、接线工作执行第四册《电气设备安装工程》相应项目。

69.【答案】ABC

【解析】本题考查的是《广东省通用安装工程综合定额（2018）》第十册《给排水、采暖、燃气工程》册说明。与市政管网工程的界线划分：①给水、采暖管道以与市政管线碰头点或以计量表、阀门（井）为界；②室外排水管道以与市政管道碰头井为界；③燃气管道以与市政管道碰头点为界。

70.【答案】BD

【解析】本题考查的是《广东省通用安装工程综合定额（2018）》第十册《给排水、采暖、燃气工程》册说明。给排水管道安装定额中，均包括相应管道及管件安装、给水管道包括水压试验及水冲洗工作内容，排（雨）水管道包括灌水（闭水）及通球试验工作内容。管道安装定额中，均包括配合土建预留穿墙体及穿楼板孔洞工作。管道安装项目中，均不包括管道支架、管卡、托钩等制作安装以及管道穿墙、楼板套管制作安装、堵洞、打洞、凿槽等工作内容，发生时套用本册及第四册《电气设备安装工程》相应项目另行计算。

71.【答案】ABCD

【解析】本题考查的是《广东省通用安装工程综合定额（2018）》第十册《给排水、采暖、燃气工程》第C.10.1章说明。界线划分：

（1）给水管道：①室内外界线以建筑物外墙皮1.5m为界，入口处设阀门者以阀门为界；②室外管道与市政管道界线以水表井为界，无水表井者，以与市政管道碰头点为界。

（2）排水管道：①室内外以出户第一个排水检查井为界；②室外管道与市政管道界线以与市政管道碰头井为界。

72.【答案】ABCD

【解析】本题考查的是《广东省通用安装工程综合定额（2018）》第十册《给排水、采暖、燃气工程》第C.10.1章说明。采暖管道界线划分：①室内外界线以建筑物外墙皮1.5m为界；建筑物入口处设阀门者以阀门为界，室外设有采暖入口装置者以入口装置循环管三通为界。②与工业管道界线以锅炉房或热力站外墙皮1.5m为界。③与设在建筑物内的换热站管道以站房外墙皮为界。

73.【答案】ABD

【解析】本题考查的是《广东省通用安装工程综合定额（2018）》第十册《给排水、采暖、燃气工程》第C.10.1章说明。空调水管道界线划分：室内外管道以建筑物外墙皮1.5m为界，建筑物入口处设阀门者以阀门为界；与设在建筑物内的空调机房管道以机房外墙皮为界。

74.【答案】CDE

【解析】本题考查的是《广东省通用安装工程综合定额（2018）》第十册《给排水、采暖、燃气工程》第C.10.1章说明。燃气管道界限划分：

（1）室内外管道分界：①地下引入室内的管道以室内第一个阀门为界；②地上引入室内的管道以墙外三通为界。

（2）室外管道与市政管道以两者的碰头点为界。

75.【答案】ABC

【解析】本题考查的是《广东省通用安装工程综合定额（2018）》第十册《给排水、采暖、燃气工程》第C.10.2章说明。套管制作安装项目已包含堵洞工作内容。刚性防水套管和柔性防水套管安装项目中，包括配合土建预留穿墙体及穿楼板孔洞及浇筑混凝土工作内容。套管定额子目规格均为穿过套管的介质管道公称直径。保温管道穿墙、板采用套管时，按保温层外径规格执行套管相应项目。

76.【答案】BCE

【解析】本题考查的是《广东省通用安装工程综合定额（2018）》第十册《给排水、采暖、燃气工程》第C.10.3章说明。浮球阀安装定额包括了联杆及浮球的安装，不得另行计算。各类法兰阀门安装定额已含法兰安装，不得另行计算。单独安装减压器、疏水器时执行阀门安装相应项目。减压器安装按高压侧的管道直径计算。

77.【答案】AC

【解析】本题考查的是《广东省通用安装工程综合定额（2018）》第十册《给排水、采暖、燃气工程》第C.10.6章说明。采暖、给排水设备安装定额中均未包括减震装置、机械设备的拆装检查、基础灌浆、地脚螺栓的埋设，若发生时执行第一册《机械设备安装工程》相应项目。设备安装定额中均未包括设备支架或底座制作安装，如采用型钢支架执行第二章“设备支架”相应子目，混凝土及砖底座执行《广东省房屋建筑与装饰工程综合定额（2018）》相应项目。

78.【答案】CDE

【解析】本题考查的是《广东省通用安装工程综合定额（2018）》第十二册《刷油、防腐蚀、绝热工程》册说明。大型型钢：H型钢及任何一边大于300mm以上的型钢均为大型型钢，均以m^2为计量单位，按展开面积计算。管廊：除管廊上的平台、栏杆、梯子以及大型型钢以外的钢结构均为管廊，以kg为计量单位。一般钢结构：除大型型钢和管廊以外的其他钢结构，如平台、栏杆、梯子、管道支架及其他金属构件等均为一般钢结构，以kg为计量单位。

第 12 章　建筑安装工程最高投标限价的编制

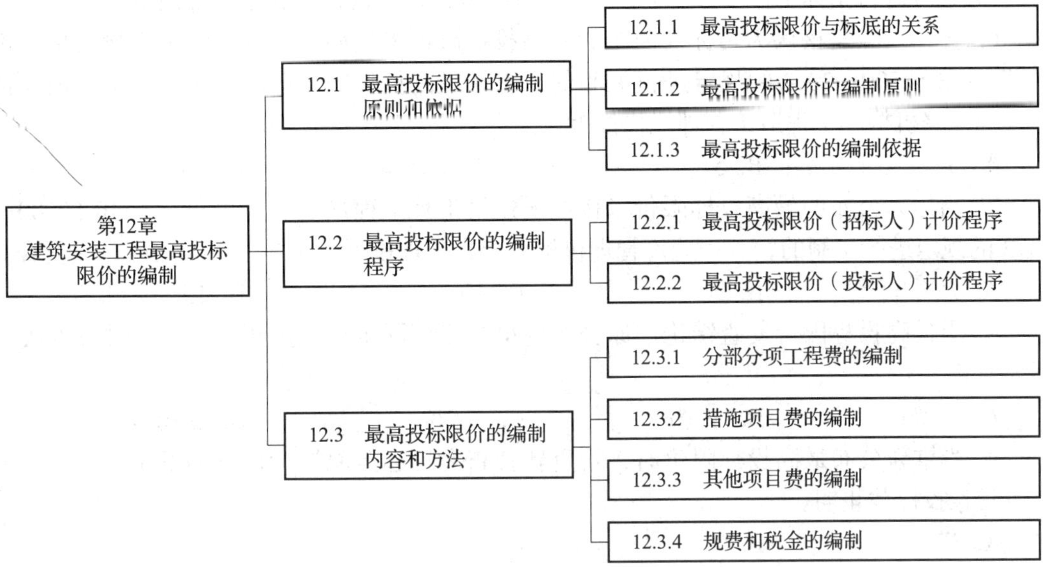

本章知识导图

本章习题精选

一、单项选择题（共 17 题，每题仅有 1 个选项正确）

1. 根据《招标投标法实施条例》的规定，下列关于标底及最高投标限价说法不正确的是（　　）。

A. 招标人可以自行决定是否编制标底

B. 一个招标项目只能有一个标底

C. 招标人设有最高投标限价，应当在招标文件中明确最高限价或者最高投标限价的计算方法

D. 招标人可以规定最低投标限价

2. 国有资金投资的建筑工程招标，（　　）设有最高投标限价。

A. 可以　　　　B. 应当

C. 不必　　　　D. 自主

3. 最高投标限价应由（　　）编制。

A. 业主

B. 当地工程造价管理部门

C. 工程造价咨询师

D. 具有编制能力的招标人或招标人委托的具有相应资质的工程造价咨询人

4. 最高投标限价超过批准的概算时，（　　）应将其报原概算审批部门审核。

A. 投标人　　B. 发包人

C. 招标人　　D. 承包人

5. 最高投标限价超过批准的设计概算时，招标人应（　　）。

A. 自行降低最高投标限价　　B. 重新委托编制设计概算

C. 继续进行招标工作　　D. 将其报原设计概算审批部门审核

6. 投标人经复核认为招标人公布的最高投标限价未按照《建设工程工程量清单计价规范》GB 50500—2013 的规定进行编制的，应在最高投标限价公布后（　　）天内向招标投标监督机构和工程造价管理机构投诉。

A. 3　　B. 5　　C. 7　　D. 10

7. 招标人公布的最高投标限价未按照《建设工程工程量清单计价规范》GB 50500—2013 的规定进行编制的，工程造价管理机构应当在受理投诉的（　　）天之内完成复查。

A. 7　　B. 9　　C. 10　　D. 15

8. 当最高投标限价复查结论与原公布的最高投标限价误差大于（　　）时应责成招标人改正。

A. ±2%　　B. ±3%　　C. ±5%　　D. ±10%

9. 当重新公布最高投标限价时，若重新公布之日起至原投标截止期不足（　　）天的应延长投标截止期。

A. 3　　B. 5　　C. 10　　D. 15

10. 招标人应将最高投标限价及有关资料报送（　　）备查。

A. 招标人所在地的工程造价管理机构

B. 最高投标限价编制机构所在地的工程造价管理机构

C. 工程所在地或有该工程管辖权的行业管理部门工程造价管理机构

D. 招标代理机构所在地的工程造价管理机构

11. 最高投标限价编制的编制原则中，说法不正确的是（　　）。

A. 最高投标限价超过批准的设计概算时，招标人应将其报原设计概算审批部门审核

B. 投标人经复核认为招标人公布的最高投标限价未按照《建设工程工程量清单计价规范》GB 50500—2013 的规定进行编制的，应在最高投标限价公布后 7 天内向招标投标监督机构和工程造价管理机构投诉

C. 当最高投标限价复查结论与原公布的最高投标限价误差大于 ±3% 时，应责成招标人改正

D. 当重新公布最高投标限价时，若重新公布之日起至原投标截止期不足 15 天的应延长投标截止期

12. 下列关于最高投标限价的说法正确的是（　　）。

A. 最高投标限价必须由招标人编制

B. 最高投标限价只需公布总价

C. 投标人不得对最高投标限价提出异议

D. 最高投标限价不应上浮或下调

13. 我国对国有资金投资项目的投资控制，实行的是（　　）审批制度。

A. 投资估算　　B. 设计概算
C. 施工图预算　　D. 竣工决算

14. 建设工程的最高投标限价反映的是（　　）费用。
A. 分部分项工程　　B. 单位工程
C. 单项工程　　D. 建设项目

15. 最高投标限价包括分部分项工程费、措施项目费、规费、税金和（　　）。
A. 计日工　　B. 安全文明施工费
C. 专业工程暂估价　　D. 其他项目费

16. 下列关于最高投标限价中综合单价的风险因素，说法不正确的是（　　）。
A. 最高投标限价的综合单价中应包括招标文件中要求投标人所承担的风险内容及其范围（幅度）产生的风险费用
B. 对于技术难度较大和管理复杂的项目，可考虑一定的风险费用，并纳入综合单价中
C. 对于工程设备、材料价格的市场风险，应依据招标文件的规定，工程所在地或行业工程造价管理机构的有关规定，以及市场价格趋势考虑一定率值的风险费用，纳入综合单价中
D. 法律、法规、规章和政策变化的风险和人工单价等风险费用应纳入综合单价中

17. 最高投标限价编制时，计日工中材料价格应（　　）计算。
A. 按市场调查确定的单价
B. 按建设单位提供的单价
C. 按造价管理机构发布的造价信息中的材料单价计算，工程造价信息未发布材料单价的材料，其价格应通过市场调查确定
D. 借鉴类似工程的材料价格

二、多项选择题（共 16 题，每题选项中有 2 个或 2 个以上正确，至少有 1 个错项）

1. 下列关于标底及最高投标限价说法不正确的是（　　）。
A. 国有资金投资的建筑工程招标的，可以不设最高投标限价
B. 招标人可以自行决定是否编制标底
C. 一个招标项目只能有一个标底
D. 招标人设有最高投标限价，应当在招标文件中明确最高限价或者最高投标限价的计算方法
E. 最高投标限价应当保密

2. 最高投标限价应由（　　）编制。
A. 具有编制能力的招标人
B. 当地工程造价管理部门
C. 工程造价咨询师
D. 招标人委托的具有相应资质的工程造价咨询人
E. 招标人委托的具有相应资质的中介机构

3. 招标人应当在招标时公布（　　）。
A. 最高投标限价的总价　　B. 分部分项工程费

C. 措施项目费　　D. 综合单价分析表

E. 税金

4. 投标人经复核认为招标人公布的最高投标限价未按照《建设工程工程量清单计价规范》GB 50500—2013 的规定进行编制的，应在最高投标限价公布后 5 天内向（　　）投诉。

A. 招标人　　B. 招标投标监督机构

C. 招标投标代理机构　　D. 建设单位

E. 工程造价管理机构

5. 以下关于最高投标限价的说法正确的有（　　）。

A. 国有资金投资的工程建设项目应实行工程量清单招标，招标人应编制最高投标限价

B. 投标人的投标报价若超过公布的最高投标限价，招标人应责令其修改

C. 工程造价咨询人同时接受招标人和投标人对同一工程的最高投标限价和投标报价编制时，必须安排不同人员分别独立编制

D. 最高投标限价应由具有编制能力的招标人或受其委托具有相应资质的工程造价咨询人编制

E. 最高投标限价应在招标文件中公布，并可根据招标人的要求在 ±3% 的范围内进行调整

6. 根据《建设工程工程量清单计价规范》GB 50500—2013，关于国有资金的投资项目最高投标限价的说法，正确的有（　　）。

A. 最高投标限价可以在公布后上浮或下调

B. 最高投标限价是对招标工程限定的最高限价

C. 最高投标限价的作用与标底完全相同

D. 最高投标限价超过批准的概算时，招标人应将最高投标限价及相关资料报送工程所在地工程造价管理机构备查

E. 投标人的投标报价高于最高投标限价的，其投标应予以拒绝

7. 根据《建设工程工程量清单计价规范》GB 50500—2013 的规定，关于最高投标限价的说法正确的是（　　）。

A. 最高投标限价不能超过批准的概算

B. 投标报价与最高投标限价的误差超过 ±3%，应予拒绝

C. 最高投标限价不应在招标文件中公布，应予保密

D. 工程造价咨询人不得同时编制同一工程最高投标限价和投标报价

E. 国有资金投资的工程建设项目应实行工程量清单招标，招标人应编制最高投标限价

8. 关于最高投标限价的编制原则，下列说法正确的是（　　）。

A. 国有资金投资的工程建设项目应实行工程量清单招标

B. 国有资金投资的工程建设项目招标人可不编制最高投标限价

C. 最高投标限价应由具有编制能力的招标人或受其委托具有相应资质的工程造价咨询人编制

D. 工程造价咨询人需同时接受招标人和投标人对同一工程的最高投标限价和投标报价的编制

E. 最高投标限价应当依据工程量清单、工程计价有关规定和市场价格信息等编制

9. 最高投标限价的编制依据包括（　　）。

A. 建设工程设计文件及相关资料

B. 工程概算文件

C. 与建设项目相关的标准、规范、技术文件

D. 施工现场情况、工程特点及常规施工方案

E. 工程造价管理机构发布的工程造价信息，工程造价信息没有发布的，参照市场价

10. 最高投标限价的编制依据主要包括（　　）。

A. 企业定额、国家或省级、行业建设主管部门颁发的计价定额

B.《建设工程工程量清单计价规范》GB 50500—2013 与专业工程量计算规范

C. 拟定的招标文件及招标工程量清单

D. 与建设项目相关的标准、规范、技术资料

E. 施工现场情况、工程特点及拟定施工方案

11. 工程量清单计价最高投标限价与投标报价计价程序中，应按照国家、行业和地方政府的法律法规及相关规定标准计算的有（　　）。

A. 规费

B. 企业管理费

C. 安全文明施工费

D. 暂列金额

E. 税金

12. 投标报价计价程序中，应按招标文件提供金额计列的有（　　）。

A. 专业工程暂估价

B. 计日工

C. 安全文明施工费

D. 暂列金额

E. 总承包服务费

13. 下列应组入工程量清单项目综合单价的有（　　）。

A. 专业工程暂估价

B. 材料暂估单价

C. 企业管理费

D. 暂列金额

E. 利润

14. 下列关于工程量清单综合单价的计算公式正确的有（　　）。

A. 清单项目单价 = 清单项目合价 ÷ 工程量清单项目工程量

B. 清单项目合价 = 定额项目合价 + 未计价材料费

C. 定额项目合价 = 定额项目工程量 ×［Σ（定额人工消耗量 × 人工单价）+ Σ（定额材料消耗量 × 材料单价）+ Σ（定额机械台班消耗量 × 机械台班单价）+ 价差（基价或人工、材料、机具费用）+ 管理费和利润］

D. 定额项目合价 = 定额项目工程量 ×［Σ（定额人工消耗量 × 人工单价）+ Σ（定额材料消耗量 × 材料单价）+ Σ（定额机械台班消耗量 × 机械台班单价）+ 价差（基价或人工、材料、机具费用）］

E. 清单项目单价 = 定额项目合价 ÷ 工程量清单项目工程量

15. 最高投标限价中综合单价中应考虑的风险因素包括（　　）。

A. 项目管理的复杂性

B. 项目的技术难度

C. 材料价格的市场风险

D. 人工单价的市场变化

E. 税金、规费的政策变化

16. 最高投标限价的综合单价中的风险因素有（ ）。

A. 人工费
B. 管理费
C. 材料费
D. 税金
E. 设备费

本章习题解析

一、单项选择题

1.【答案】D

【解析】本题考查的是最高投标限价与标底的关系。《招标投标法实施条例》规定，招标人可以自行决定是否编制标底，一个招标项目只能有一个标底，标底必须保密。同时规定，招标人设有最高投标限价的，应当在招标文件中明确最高投标限价或者最高投标限价的计算方法，招标人不得规定最低投标限价。

2.【答案】B

【解析】本题考查的是最高投标限价的定义。最高投标限价是指根据国家或省级建设行政主管部门颁发的有关计价依据和办法，依据拟订的招标文件和招标工程量清单，结合工程具体情况发布的招标工程的最高投标限价。国有资金投资的建筑工程招标，应当设有最高投标限价。

3.【答案】D

【解析】本题考查的是最高投标限价的编制原则。最高投标限价应由具有编制能力的招标人或受其委托具有相应资质的工程造价咨询人编制。

4.【答案】C

【解析】本题考查的是最高投标限价的编制原则。最高投标限价超过批准的概算时，招标人应将其报原概算审批部门审核。

5.【答案】D

【解析】本题考查的是最高投标限价的编制原则。最高投标限价超过批准的概算时，招标人应将其报原概算审批部门审核。

6.【答案】B

【解析】本题考查的是最高投标限价的编制原则。投标人经复核认为招标人公布的最高投标限价未按照《建设工程工程量清单计价规范》GB 50500—2013 的规定进行编制的，应在最高投标限价公布后 5 天内向招标投标监督机构和工程造价管理机构投诉。

7.【答案】C

【解析】本题考查的是最高投标限价的编制原则。招标人公布的最高投标限价未按照《建设工程工程量清单计价规范》GB 50500—2013 的规定进行编制的，工程造价管理机构应当在受理投诉的 10 天之内完成复查。

8.【答案】B

【解析】本题考查的是最高投标限价的编制原则。当最高投标限价复查结论与原公布的最高投标限价误差大于 ±3% 时应责成招标人改正。

9.【答案】D

【解析】本题考查的是最高投标限价的编制原则。当重新公布最高投标限价时，若重新公布之日起至原投标截止期不足 15 天的应延长投标截止期。

10.【答案】C

【解析】本题考查的是最高投标限价的编制原则。招标人应将最高投标限价及有关资料报送工程所在地或有该工程管辖权的行业管理部门工程造价管理机构备查。

11.【答案】B

【解析】本题考查的是最高投标限价的编制原则。投标人经复核认为招标人公布的最高投标限价未按照《建设工程工程量清单计价规范》GB 50500—2013 的规定进行编制的，应在最高投标限价公布后 5 天内向招标投标监督机构和工程造价管理机构投诉。

12.【答案】D

【解析】本题考查的是最高投标限价的编制原则。最高投标限价应由具有编制能力的招标人或受其委托具有相应资质的工程造价咨询人编制。招标人应当在招标时公布最高投标限价的总价，以及各单位工程的分部分项工程费、措施项目费、其他项目费、规费和税金。投标人经复核认为招标人公布的最高投标限价未按照《建设工程工程量清单计价规范》GB 50500—2013 的规定进行编制的，应在最高投标限价公布后 5 天内向招标投标监督机构和工程造价管理机构投诉。最高投标限价应在招标文件中公布，对所编制的最高投标限价不得进行上浮或下调。

13.【答案】B

【解析】本题考查的是最高投标限价的编制原则。我国对国有资金投资项目的投资控制，实行的是设计概算审批制度。

14.【答案】B

【解析】本题考查的是最高投标限价的编制程序。建设工程的最高投标限价反映的是单位工程费用。

15.【答案】D

【解析】本题考查的是最高投标限价的编制程序。建设工程的最高投标限价反映的是单位工程费用。各单位工程费用是由分部分项工程费、措施项目费、其他项目费、规费和税金组成。

16.【答案】D

【解析】本题考查的是最高投标限价分部分项工程费的编制。综合单价应包括招标文件中要求投标人所承担的风险内容及其范围（幅度）产生的风险费用：

（1）对于技术难度较大和管理复杂的项目，可考虑一定的风险费用，并纳入综合单价中。

（2）对于工程设备、材料价格的市场风险，应依据招标文件的规定，工程所在地或行业工程造价管理机构的有关规定，以及市场价格趋势考虑一定率值的风险费用，纳入综合单价中。

（3）税金、规费等法律、法规、规章和政策变化的风险和人工单价等风险费用不应纳入综合单价中。

17.【答案】C

【解析】本题考查的是最高投标限价其他项目费的编制。在编制最高投标限价时，对计日工中的人工单价和施工机具台班单价应按省级、行业建设主管部门或其授权的工程造价管理机构公布的单价计算；材料应按工程造价管理机构发布的工程造价信息中的材料单价计算，工程造价信息未发布单价的材料，其价格应按市场调查确定的单价计算。

二、多项选择题

1.【答案】AE

【解析】本题考查的是最高投标限价与标底的关系。《招标投标法实施条例》规定，招标人可以自行决定是否编制标底，一个招标项目只能有一个标底，标底必须保密。同时规定，招标人设有最高投标限价的，应当在招标文件中明确最高投标限价或者最高投标限价的计算方法，招标人不得规定最低投标限价。根据住房和城乡建设部颁布的《建筑工程施工发包与承包计价管理办法》（住建部令第16号）的规定，国有资金投资的建筑工程招标的，应当设有最高投标限价。

2.【答案】AD

【解析】本题考查的是最高投标限价的编制原则。最高投标限价应由具有编制能力的招标人或受其委托具有相应资质的工程造价咨询人编制。

3.【答案】ABCE

【解析】本题考查的是最高投标限价的编制原则。招标人应当在招标时公布最高投标限价的总价，以及各单位工程的分部分项工程费、措施项目费、其他项目费、规费和税金。

4.【答案】BE

【解析】本题考查的是最高投标限价的编制原则。投标人经复核认为招标人公布的最高投标限价未按照《建设工程工程量清单计价规范》GB 50500—2013的规定进行编制的，应在最高投标限价公布后5天内向招标投标监督机构和工程造价管理机构投诉。

5.【答案】AD

【解析】本题考查的是最高投标限价的编制原则。国有资金投资的工程建设项目应实行工程量清单招标，招标人应编制最高投标限价。投标人的投标报价若超过公布的最高投标限价，则其投标应被否决。最高投标限价应由具有编制能力的招标人或受其委托具有相应资质的工程造价咨询人编制。工程造价咨询人不得同时接受招标人和投标人对同一工程的最高投标限价和投标报价的编制。最高投标限价应在招标文件中公布，对所编制的最高投标限价不得进行上浮或下调。

6.【答案】BE

【解析】本题考查的是最高投标限价的编制原则。最高投标限价是指根据国家或省级建设行政主管部门颁发的有关计价依据和办法，依据拟订的招标文件和招标工程量清单，结合工程具体情况发布的招标工程的最高投标限价。最高投标限价不得进行上浮或下调。《招标投标法实施条例》规定，招标人可以自行决定是否编制标底，国有资金投资的工程建设项目应实行工程量清单招标，招标人应编制最高投标限价。投标人的投标报价若超过公布的最高投标限价，则其投标应被否决。最高投标限价超过批准的概算时，招标人应将其报原概算审批部门审核。

7.【答案】DE

【解析】本题考查的是最高投标限价的编制原则。国有资金投资的工程建设项目应实行工程量清单招标，招标人应编制最高投标限价。最高投标限价超过批准的概算时，招标人应将其报原概算审批部门审核。投标人的投标报价若超过公布的最高投标限价，则其投标应被否决。招标人应当在招标时公布最高投标限价的总价，以及各单位工程的分部分项工程费、措施项目费、其他项目费、规费和税金。工程造价咨询人不得同时接受招标人和投标人对同一工程的最高投标限价和投标报价的编制。

8.【答案】ACE

【解析】本题考查的是最高投标限价的编制原则。国有资金投资的工程建设项目应实行工程量清单招标，招标人应编制最高投标限价。最高投标限价应由具有编制能力的招标人或受其委托具有相应资质的工程造价咨询人编制，工程造价咨询人不得同时接受招标人和投标人对同一工程的最高投标限价和投标报价的编制。最高投标限价应当依据工程量清单、工程计价有关规定和市场价格信息等编制。

9.【答案】ACDE

【解析】本题考查的是最高投标限价的编制依据。最高投标限价的编制依据包括：

（1）《建设工程工程量清单计价规范》GB 50500—2013 与专业工程量计算规范；

（2）国家或省级、行业建设主管部门颁发的计价定额和计价办法；

（3）建设工程设计文件及相关资料；

（4）拟定的招标文件及招标工程量清单；

（5）与建设项目相关的标准、规范、技术资料；

（6）施工现场情况、工程特点及常规施工方案；

（7）工程造价管理机构发布的工程造价信息，但工程造价信息没有发布的，参照市场价；

（8）其他的相关资料。

10.【答案】BCD

【解析】本题考查的是最高投标限价的编制依据。最高投标限价的编制依据包括：

（1）《建设工程工程量清单计价规范》GB 50500—2013 与专业工程量计算规范；

（2）国家或省级、行业建设主管部门颁发的计价定额和计价办法；

（3）建设工程设计文件及相关资料；

（4）拟定的招标文件及招标工程量清单；

（5）与建设项目相关的标准、规范、技术资料；

（6）施工现场情况、工程特点及常规施工方案；

（7）工程造价管理机构发布的工程造价信息，但工程造价信息没有发布的，参照市场价；

（8）其他的相关资料。

11.【答案】ACE

【解析】本题考查的是最高投标限价的编制程序。工程量清单计价最高投标限价与投标报价计价程序中，应按照国家、行业和地方政府的法律法规及相关规定标准计算的有安全文明施工费、规费和税金。

12.【答案】AD

【解析】本题考查的是最高投标限价的编制程序。投标报价计价程序中，应按招标文件提供金额计列的有暂列金额、专业工程暂估价。

13.【答案】BCE

【解析】本题考查的是分部分项工程费的编制。在考虑风险因素确定管理费率和利润率的基础上，对于未计价材料费（包括暂估单价的材料费）应计入综合单价。

14.【答案】ABC

【解析】本题考查的是分部分项工程费的编制。综合单价的组价过程：

（1）定额项目合价 = 定额项目工程量 ×［Σ（定额人工消耗量 × 人工单价）+ Σ（定额材料消耗量 × 材料单价）+ Σ（定额机械台班消耗量 × 机械台班单价）+ 价差（基价或人工、材料、机具费用）+ 管理费和利润］；

（2）清单项目合价 = 定额项目合价 + 未计价材料费；

（3）清单项目单价 = 清单项目合价 / 工程量清单项目工程量。

15.【答案】ABC

【解析】本题考查的是分部分项工程费的编制。综合单价中的风险因素：

（1）对于技术难度较大和管理复杂的项目，可考虑一定的风险费用，并纳入综合单价中。

（2）对于工程设备、材料价格的市场风险，应依据招标文件的规定，工程所在地或行业工程造价管理机构的有关规定，以及市场价格趋势考虑一定率值的风险费用，纳入综合单价中。

（3）税金、规费等法律、法规、规章和政策变化的风险和人工单价等风险费用不应纳入综合单价中。

16.【答案】BCE

【解析】本题考查的是分部分项工程费的编制。综合单价中的风险因素：

（1）对于技术难度较大和管理复杂的项目，可考虑一定的风险费用，并纳入综合单价中。

（2）对于工程设备、材料价格的市场风险，应依据招标文件的规定，工程所在地或行业工程造价管理机构的有关规定，以及市场价格趋势考虑一定率值的风险费用，纳入综合单价中。

（3）税金、规费等法律、法规、规章和政策变化的风险和人工单价等风险费用不应纳入综合单价中。

第 13 章　安装工程投标报价的编制

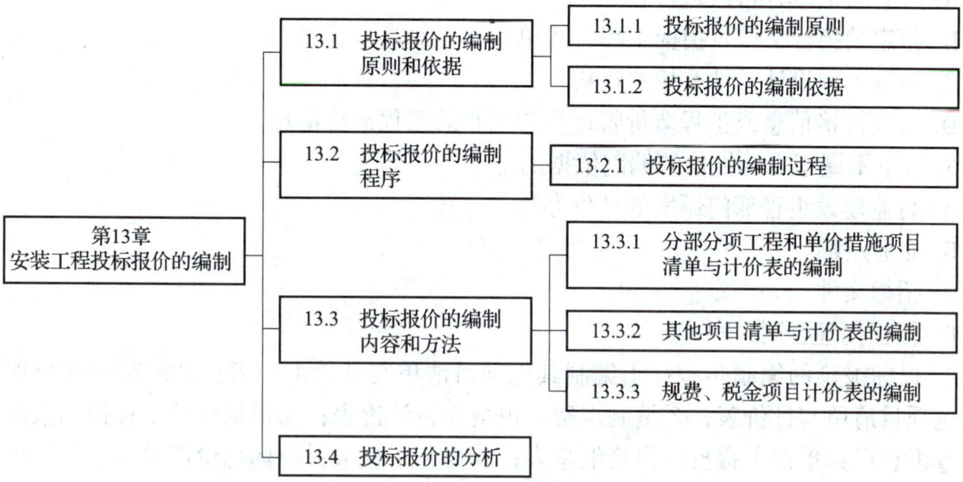

本章知识导图

本章习题精选

一、单项选择题（共 23 题，每题仅有 1 个选项正确）

1. 关于投标报价的编制原则，下列说法错误的是（　　）。

A. 投标人的投标报价不得低于工程成本

B. 以施工方案、技术措施等作为投标报价计算的基本条件

C. 投标人对招标工程量清单有核实的义务，但不具有修改和调整的权利

D. 报价计算方法要科学严谨，简明适用

2. 关于投标报价的编制原则，下列说法错误的是（　　）。

A. 投标人的投标报价不得低于成本

B. 投标报价应由投标人或受其委托具有相应资质的工程造价咨询人编制

C. 以反映企业技术和管理水平的企业定额作为计算人工、材料和机具台班消耗量的基本依据

D. 投标人的投标报价高于招标控制价的应降低

3. 投标报价由（　　）编制。

A. 投标人或受其委托具有相应资质的工程造价咨询人员

B. 招标人

C. 取得招标人许可的工程造价咨询人员

D. 招标代理机构

4. 投标报价时，以（　　）作为计算人工、材料和机具台班消耗量的基本依据。

A. 工程造价管理机构发布的预算定额

B. 施工定额

C. 企业定额

D. 概算定额

5. 下列不属于投标报价编制依据的是（　　）。

A. 工程量清单计价规范

B. 拟定的招标文件及招标工程量清单

C. 建设工程设计文件及相关资料

D. 市场价格信息或工程造价管理机构发布的工程造价信息

6. 以下不属于投标报价的编制依据的是（　　）。

A. 行业建设主管部门颁发的计价办法

B. 企业定额

C. 招标文件

D. 招标代理合同

7. 投标报价的编制步骤：①编制其他项目清单与计价汇总表；②编制分部分项工程和措施项目清单与计价表；③编制规费、税金项目计价表；④得到单项工程投标报价汇总表；⑤汇总得到单位工程投标报价汇总表；⑥得到工程项目投标总价汇总表。下列排序正确的是（　　）。

A. ①②③④⑤⑥　　B. ①②③⑤④⑥

C. ②①③④⑤⑥　　D. ②①③⑤④⑥

8. 承包人投标报价中的分部分项工程费和以单价计算的措施项目费应按招标文件中分部分项工程和单价措施项目清单与计价表的（　　）确定综合单价计算。

A. 工程内容　　B. 项目特征描述

C. 项目名称　　D. 项目编码

9. 综合单价计算公式正确的是（　　）。

A. 综合单价 = 人工费 + 材料和工程设备费 + 施工机具使用费 + 规费 + 税金

B. 综合单价 = 人工费 + 材料和工程设备费 + 施工机具使用费 + 规费 + 利润

C. 综合单价 = 人工费 + 材料和工程设备费 + 施工机具使用费 + 企业管理费 + 利润

D. 综合单价 = 人工费 + 材料和工程设备费 + 施工机具使用费 + 企业管理费 + 利润 + 税金

10. 在招标投标过程中，当出现招标工程量清单特征描述与设计图纸不符时，投标人应以（　　）为准。

A. 设计图纸　　B. 施工规范

C. 招标工程量清单的项目特征　　D. 常规施工工艺

11. 招标文件中在其他项目清单中提供了暂估单价的材料和工程设备，应按其暂估的单价计入（　　）中。

A. 清单项目的综合单价　　B. 总价措施项目费

C. 其他项目费　　D. 规费

12. 根据工程特点和工期要求，一般采取的方式是承包人承担（　　）以内的材料、工程设备价格风险。

A. 3%　　B. 5%　　C. 10%　　D. 15%

13. 根据工程特点和工期要求，一般采取的方式是承包人承担（　　）以内的施工机具使用费风险。

A. 3%　　B. 5%　　C. 10%　　D. 15%

14. 关于投标报价时风险费用的说法，正确的是（　　）。

A. 招标文件中要求投标人承担的风险费用，投标人应单独列项计取

B. 对于法律、法规的出台导致人工费发生变化，发承包双方均不承担此类风险

C. 承包人根据自身技术水平、管理、经营状况能够自主控制的风险，由承包人全部承担

D. 在施工过程中，当出现的风险内容及其范围（幅度）在招标文件规定的范围（幅度）外时，综合单价不得变动，合同价款不作调整

15. 投标报价确定综合单价时，下列风险中，发承包双方应合理分担的是（　　）。

A. 承包人的管理费　　B. 承包人的利润

C. 法律、法规变化导致规费变化　　D. 建筑材料价格风险

16. 关于投标报价时综合单价的确定，下列说法正确的是（　　）。

A. 确定综合单价是分部分项工程和单价措施项目清单与计价编制过程中最主要的内容

B. 招标工程量清单特征描述与设计图纸不符时，应以设计图纸为准

C. 应考虑招标文件规定范围（幅度）外的风险费用

D. 招标文件中要求投标人承担的风险费用，投标人应单独列项

17. 确定投标报价中的综合单价时，确定计算基础主要是指（　　）。

A. 确定每一清单项目的工作内容

B. 确定每一清单项目的清单单位含量

C. 确定每一清单项目的人工、材料、机械费

D. 确定消耗量指标和生产要素单价

18. 综合单价的计算步骤：①计算工程内容的数量与清单单位的含量；②计算综合单价；③计算分部分项工程人工、材料、施工机具使用费用；④分析每一清单项目的工程内容；⑤确定计算基础。下列排序正确的是（　　）。

A. ⑤④①③②　　B. ⑤①④③②

C. ③⑤④①②　　D. ④⑤①③②

19. 投标报价的综合单价确定的步骤和方法中，不包括（　　）。

A. 确定计算基础，计算基础主要包括消耗量指标和生产要素单价

B. 计算工程内容的工程数量与清单单位的含量

C. 分部分项工程人工、材料、施工机具使用费用的计算

D. 计算其他项目费中暂列金额

20. 关于总价措施项目投标报价应遵循的原则，说法错误的是（　　）。

A. 措施项目的内容应依据招标人提供的措施项目清单和投标人投标时拟定的施工组织设计或施工方案确定

B. 措施项目费由投标人自主确定，但其中安全文明施工费必须按照国家或省级、行

业建设主管部门的规定计价，不得作为竞争性费用

C. 招标人不得要求投标人对安全文明施工费进行优惠

D. 措施项目费由投标人根据计价规定计算

21. 投标报价中关于规费税金说法错误的是（　　）。

A. 规费和税金应按国家或省级、行业建设主管部门的规定计算，不得作为竞争性费用

B. 规费和税金可以按照甲方的要求进行修改

C. 投标人在投标报价时必须按照国家或省级、行业建设主管部门的有关规定计算规费和税金

D. 规费和税金的计取标准是依据有关法律、法规和政策规定制定的，具有强制性

22. 下列可作为竞争性费用的是（　　）。

A. 安全文明施工费　　B. 计日工

C. 规费　　D. 税金

23. 关于投标报价，下列说法不正确的是（　　）。

A. 规费和税金应按国家或省级、行业建设主管部门的规定计算，不得作为竞争性费用

B. 投标人的投标总价应当与组成工程量清单的分部分项工程费、措施项目费、其他项目费和规费、税金的合计金额相一致

C. 投标人在进行工程量清单招标的投标报价时，应进行投标总价优惠（或降价、让利）

D. 投标人对投标报价的任何优惠（或降价、让利）均应反映在相应清单项目的综合单价中

二、多项选择题（共 13 题，每题选项中有 2 个或 2 个以上正确，至少有 1 个错项）

1. 关于投标报价的编制原则，下列说法正确的是（　　）。

A. 投标报价由投标人自主确定，自行编制

B. 投标人的投标报价不得低于工程成本

C. 投标报价要以招标文件中设定的发承包双方责任划分，作为考虑投标报价费用项目和费用计算的基础

D. 以施工方案、技术措施等作为投标报价计算的基本条件

E. 以反映企业技术和管理水平的企业定额作为计算人工、材料和机械台班消耗量的基本依据

2. 关于投标报价的编制原则，下列说法正确的是（　　）。

A. 投标报价为投标人自主确定，无须执行任何规定

B. 投标报价低于成本时，评标委员会应当责令其修正

C. 投标报价要以招标文件中设定的发承包双方责任划分，作为考虑投标报价费用项目和费用计算的基础

D. 应以施工方案、技术措施等作为投标报价计算的基本条件

E. 结合项目特点、市场竞争情况和企业中标紧迫程度等综合报价

3. 投标报价由（　　）编制。

A. 招标人

B. 投标人
C. 取得招标人许可的工程造价咨询人员
D. 招标代理机构
E. 受投标人委托具有相应资质的工程造价咨询人员

4. 投标报价的编制依据包括（　　）。
A. 招标文件、工程量清单
B. 补充通知答疑纪要
C. 建设工程设计文件及相关资料
D. 项目相关的文件、合同、协议
E. 市场价格信息或工程造价管理机构发布的工程造价信息

5. 根据《建设工程工程量清单计价规范》GB 50500—2013 的规定，下列属于投标报价编制依据的是（　　）。
A. 国家或省级、行业建设主管部门颁发的计价办法
B. 企业定额，国家或省级、行业建设主管部门颁发的计价办法
C. 招标文件、工程量清单及补充通知、答疑纪要
D. 由中介机构提供的调研成果
E. 常规的施工组织设计或施工方案

6. 投标人应按招标人提供的工程量清单填报价格，填写的（　　）必须与招标人提供的一致。
A. 项目编码　　B. 项目名称
C. 项目特征　　D. 项目内容
E. 计量单位

7. 投标报价确定综合单价时，以下风险由承包人全部承担的有（　　）。
A. 承包人的管理费　　B. 承包人的利润
C. 法律、法规变化导致规费变化　　D. 法律、法规变化导致人工费变化
E. 建筑材料价格风险

8. 投标报价确定综合单价时，以下风险承包人不应承担的有（　　）。
A. 承包人的管理费　　B. 承包人的利润
C. 法律、法规变化导致规费变化　　D. 法律、法规变化导致人工费变化
E. 由政府定价的建筑材料价格的调整

9. 投标报价时，确定综合单价的注意事项有（　　）。
A. 在招标投标过程中，当出现招标工程量清单特征描述与设计图纸不符时，投标人应以招标工程量清单的项目特征描述为准，确定投标报价的综合单价
B. 当施工中施工图纸或设计变更与招标工程量清单项目特征描述不一致时，发承包双方应按实际施工的项目特征，依据合同约定重新确定综合单价
C. 招标文件中在其他项目清单中提供了暂估单价的材料和工程设备，投标人应按其暂估的单价计入清单项目的综合单价中
D. 在招标投标过程中，当出现招标工程量清单特征描述与设计图纸不符时，投标人应以设计图纸特征描述规定为准，确定投标报价的综合单价

E. 招标文件中要求投标人承担的风险费用，投标人应考虑进入综合单价

10. 确定投标报价中的综合单价时，确定计算基础主要包括（　　）。

A. 人工费　　B. 材料费

C. 消耗量指标　　D. 生产要素单价

E. 企业管理费

11. 确定综合单价的步骤包括确定计算基础、（　　）。

A. 分析每一清单项目的工程内容

B. 计算工程内容的工程数量与清单单位的含量

C. 分部分项工程人工、材料、施工机具使用费用的计算

D. 计算规费、税金

E. 计算综合单价

12. 承包人投标报价，下列关于分部分项工程综合单价确定的描述中，正确的有（　　）。

A. 当出现招标文件中分部分项工程量清单特征描述与设计图纸不符时，投标人应以清单项目特征为准，确定投标报价的综合单价

B. 综合单价应包括承包人承担的5%以内的材料价格风险，10%以内的工程设备、施工机具使用费风险

C. 应根据本企业的实际消耗量水平，并结合拟定的施工方案确定完成清单项目需要消耗的各种人工、材料、机具台班的数量

D. 确定分部分项工程综合单价的首要步骤是分析每一清单项目的工程内容

E. 清单单位含量 = 定额工程量 / 清单工程量

13. 施工企业在投标报价时，不可竞争费用包括（　　）。

A. 安全文明施工费　　B. 规费

C. 夜间施工增加费　　D. 计日工

E. 税金

本章习题解析

一、单项选择题

1.【答案】C

【解析】本题考查的是投标报价的编制原则。投标报价的编制原则：

（1）投标报价由投标人自主确定。投标报价应由投标人或受其委托具有相应资质的工程造价咨询人员编制。

（2）投标人的投标报价不得低于工程成本。

（3）投标报价要以招标文件中设定的发承包双方责任划分，作为考虑投标报价费用项目和费用计算的基础。

（4）以施工方案、技术措施等作为投标报价计算的基本条件。

（5）报价计算方法要科学严谨，简明适用。

2.【答案】D

【解析】本题考查的是投标报价的编制原则。投标报价的编制原则：

（1）投标报价由投标人自主确定。投标报价应由投标人或受其委托具有相应资质的工

程造价咨询人员编制。

（2）投标人的投标报价不得低于工程成本。

（3）投标报价要以招标文件中设定的发承包双方责任划分，作为考虑投标报价费用项目和费用计算的基础。

（4）以施工方案、技术措施等作为投标报价计算的基本条件。以反映企业技术和管理水平的企业定额作为计算人工、材料和机具台班消耗量的基本依据。

（5）报价计算方法要科学严谨，简明适用。

3.【答案】A

【解析】本题考查的是投标报价的编制原则。投标报价应由投标人或受其委托具有相应资质的工程造价咨询人员编制。

4.【答案】C

【解析】本题考查的知识点是投标报价的编制原则。投标报价时，以反映企业技术和管理水平的企业定额作为计算人工、材料和机具台班消耗量的基本依据。

5.【答案】B

【解析】本题考查的是投标报价的编制依据。投标报价的编制依据：

（1）《建设工程工程量清单计价规范》GB 50500—2013 与专业工程量计算规范；

（2）国家或省级、行业建设主管部门颁发的计价办法；

（3）企业定额，国家或省级、行业建设主管部门颁发的计价定额；

（4）招标文件、工程量清单及其补充通知、答疑纪要；

（5）建设工程设计文件及相关资料；

（6）施工现场情况、工程特点及投标时拟定的施工组织设计或施工方案；

（7）与建设项目相关的标准、规范等技术资料；

（8）市场价格信息或工程造价管理机构发布的工程造价信息；

（9）其他的相关资料。

6.【答案】D

【解析】本题考查的是投标报价的编制依据。投标报价的编制依据：

（1）《建设工程工程量清单计价规范》GB 50500—2013 与专业工程量计算规范；

（2）国家或省级、行业建设主管部门颁发的计价办法；

（3）企业定额，国家或省级、行业建设主管部门颁发的计价定额；

（4）招标文件、工程量清单及其补充通知、答疑纪要；

（5）建设工程设计文件及相关资料；

（6）施工现场情况、工程特点及投标时拟定的施工组织设计或施工方案；

（7）与建设项目相关的标准、规范等技术资料；

（8）市场价格信息或工程造价管理机构发布的工程造价信息；

（9）其他的相关资料。

7.【答案】D

【解析】本题考查的是投标报价的编制过程。投标报价的编制过程，应首先根据招标人提供的工程量清单编制分部分项工程和措施项目清单与计价表，其他项目清单与计价汇总表，规费、税金项目计价表，计算完毕之后，汇总得到单位工程投标报价汇总表，再层层汇总，分别得出单项工程投标报价汇总表和工程项目投标总价汇总表。

8.【答案】B

【解析】本题考查的是投标报价的编制内容和方法。承包人投标报价中的分部分项工程费和以单价计算的措施项目费应按招标文件中分部分项工程和单价措施项目清单与计价表的特征描述确定综合单价计算。

9.【答案】C

【解析】本题考查的是投标报价的编制内容和方法。综合单价 = 人工费 + 材料和工程设备费 + 施工机具使用费 + 企业管理费 + 利润。

10.【答案】C

【解析】本题考查的是投标报价的编制内容和方法。当招标文件未明确，出现招标工程量清单特征描述与设计图纸不符时，投标人应以招标工程量清单的项目特征描述为准，确定投标报价的综合单价。

11.【答案】A

【解析】本题考查的是投标报价的编制内容和方法。招标文件在其他项目清单中提供了暂估单价的材料和工程设备，应按其暂估的单价计入清单项目的综合单价中。

12.【答案】B

【解析】本题考查的是投标报价的编制内容和方法。根据工程特点和工期要求，一般采取的方式是承包人承担 5% 以内的材料、工程设备价格风险，10% 以内的施工机具使用费风险。

13.【答案】C

【解析】本题考查的是投标报价的编制内容和方法。根据工程特点和工期要求，一般采取的方式是承包人承担 5% 以内的材料、工程设备价格风险，10% 以内的施工机具使用费风险。

14.【答案】C

【解析】本题考查的是投标报价的编制内容和方法。对于承包人根据自身技术水平、管理、经营状况能够自主控制的风险，如承包人的管理费、利润的风险，承包人应结合市场情况，根据企业自身的实际合理确定、自主报价，该部分风险由承包人全部承担。

15.【答案】D

【解析】本题考查的是投标报价的编制内容和方法。对于主要由市场价格波动导致的价格风险，如工程造价中的建筑材料、燃料等价格风险，发承包双方应当在招标文件中及在合同中对此类风险的范围和幅度予以明确约定，进行合理分摊。

16.【答案】A

【解析】本题考查的是投标报价的编制内容和方法。确定综合单价是分部分项工程和单价措施项目清单与计价编制过程中最主要的内容。招标工程量清单特征描述与设计图纸不符时，投标人应以招标工程量清单的项目特征描述为准，确定投标报价的综合单价。招标文件中要求投标人承担的风险费用，投标人应考虑进入综合单价。

17.【答案】D

【解析】本题考查的是投标报价的编制内容和方法。确定投标报价中的综合单价时，计算基础主要包括消耗量指标和生产要素单价。

18.【答案】A

【解析】本题考查的是投标报价的编制内容和方法。确定综合单价的步骤：①确定计算基础，②分析每一清单项目的工程内容；③计算工程内容的工程数量与清单单位的含量；④分部分项工程人工、材料、施工机具使用费用的计算；⑤计算综合单价。

19.【答案】D

【解析】本题考查的是投标报价的编制内容和方法。确定综合单价的步骤：①确定计算基础；②分析每一清单项目的工程内容；③计算工程内容的工程数量与清单单位的含量；④分部分项工程人工、材料、施工机具使用费用的计算；⑤计算综合单价。

20.【答案】D

【解析】本题考查的是投标报价的编制内容和方法。投标人对措施项目中的总价项目投标报价应遵循以下原则：

（1）措施项目的内容应依据招标人提供的措施项目清单和投标人投标时拟定的施工组织设计或施工方案确定。

（2）措施项目费由投标人自主确定，但其中安全文明施工费必须按照国家或省级、行业建设主管部门的规定计价，不得作为竞争性费用。招标人不得要求投标人对该项费用进行优惠，投标人也不得将该项费用参与市场竞争。

21.【答案】B

【解析】本题考查的是投标报价的编制内容和方法。规费和税金应按国家或省级、行业建设主管部门的规定计算，不得作为竞争性费用。这是由于规费和税金的计取标准是依据有关法律、法规和政策规定制定的，具有强制性。因此，投标人在投标报价时必须按照国家或省级、行业建设主管部门的有关规定计算规费和税金。

22.【答案】B

【解析】本题考查的是投标报价的编制内容和方法。安全文明施工费必须按照国家或省级、行业建设主管部门的规定计价，不得作为竞争性费用。规费和税金应按国家或省级、行业建设主管部门的规定计算，不得作为竞争性费用。

23.【答案】C

【解析】本题考查的是投标报价的编制内容和方法。规费和税金应按国家或省级、行业建设主管部门的规定计算，不得作为竞争性费用。投标人的投标总价应当与组成工程量清单的分部分项工程费、措施项目费、其他项目费和规费、税金的合计金额相一致，即投标人在进行工程量清单招标的投标报价时，不能进行投标总价优惠（或降价、让利），投标人对投标报价的任何优惠（或降价、让利）均应反映在相应清单项目的综合单价中。

二、多项选择题

1.【答案】BCDE

【解析】本题考查的是投标报价的编制原则。投标报价的编制原则：

（1）投标报价由投标人自主确定。投标报价应由投标人或受其委托具有相应资质的工程造价咨询人员编制。

（2）投标人的投标报价不得低于工程成本。

（3）投标报价要以招标文件中设定的发承包双方责任划分，作为考虑投标报价费用项目和费用计算的基础。

（4）以施工方案、技术措施等作为投标报价计算的基本条件。以反映企业技术和管理水平的企业定额作为计算人工、材料和机具台班消耗量的基本依据。

（5）报价计算方法要科学严谨，简明适用。

2.【答案】CD

【解析】本题考查的是投标报价的编制原则。投标报价的编制原则：

（1）投标报价由投标人自主确定。投标报价应由投标人或受其委托具有相应资质的工程造价咨询人员编制。

（2）投标人的投标报价不得低于工程成本。

（3）投标报价要以招标文件中设定的发承包双方责任划分，作为考虑投标报价费用项目和费用计算的基础。

（4）以施工方案、技术措施等作为投标报价计算的基本条件。以反映企业技术和管理水平的企业定额作为计算人工、材料和机具台班消耗量的基本依据。

（5）报价计算方法要科学严谨，简明适用。

3.【答案】BE

【解析】本题考查的是投标报价的编制原则。投标报价应由投标人或受其委托具有相应资质的工程造价咨询人员编制。

4.【答案】ABCE

【解析】本题考查的是投标报价的编制依据。投标报价的编制依据：

（1）《建设工程工程量清单计价规范》GB 50500—2013 与专业工程量计算规范；

（2）国家或省级、行业建设主管部门颁发的计价办法；

（3）企业定额，国家或省级、行业建设主管部门颁发的计价定额；

（4）招标文件、工程量清单及其补充通知、答疑纪要；

（5）建设工程设计文件及相关资料；

（6）施工现场情况、工程特点及投标时拟定的施工组织设计或施工方案；

（7）与建设项目相关的标准、规范等技术资料；

（8）市场价格信息或工程造价管理机构发布的工程造价信息；

（9）其他的相关资料。

5.【答案】ABC

【解析】本题考查的是投标报价的编制依据。投标报价的编制依据：

（1）《建设工程工程量清单计价规范》GB 50500—2013 与专业工程量计算规范；

（2）国家或省级、行业建设主管部门颁发的计价办法；

（3）企业定额，国家或省级、行业建设主管部门颁发的计价定额；

（4）招标文件、工程量清单及其补充通知、答疑纪要；

（5）建设工程设计文件及相关资料；

（6）施工现场情况、工程特点及投标时拟定的施工组织设计或施工方案；

（7）与建设项目相关的标准、规范等技术资料；

（8）市场价格信息或工程造价管理机构发布的工程造价信息；

（9）其他的相关资料。

6.【答案】ABCE

【解析】本题考查的是投标报价的编制过程。在编制过程中，投标人应按招标人提供的工程量清单填报价格。填写的项目编码、项目名称、项目特征、计量单位、工程量必须与招标人提供的一致。

7.【答案】AB

【解析】本题考查的是投标报价的编制内容和方法。对于承包人根据自身技术水平、管理、经营状况能够自主控制的风险，如承包人的管理费、利润的风险，承包人应结合市场情况，根据企业自身的实际合理确定、自主报价，该部分风险由承包人全部承担。

8.【答案】CDE

【解析】本题考查的是投标报价的编制内容和方法。对于法律、法规、规章或有关政策出台导致工程税金、规费、人工费发生变化，并由省级、行业建设行政主管部门或其授权的工程造价管理机构根据上述变化发布的政策性调整，以及由政府定价或政府指导价管理的原材料等价格进行了调整，承包人不应承担此类风险，应按照有关调整规定执行。

9.【答案】ABCE

【解析】本题考查的是投标报价的编制内容和方法。确定综合单价时的注意事项：

（1）以项目特征描述为依据。项目特征是确定综合单价的重要依据之一，投标人投标报价时应依据招标文件中清单项目特征描述确定综合单价。当招标文件未明确，出现招标工程量清单特征描述与设计图纸不符时，投标人应以招标工程量清单的项目特征描述为准，确定投标报价的综合单价。当施工中施工图纸或设计变更与招标工程量清单项目特征描述不一致时，发承包双方应按实际施工的项目特征，依据合同约定重新确定综合单价。

（2）材料、工程设备暂估价的处理。招标文件中在其他项目清单中提供了暂估单价的材料和工程设备，应按其暂估的单价计入清单项目的综合单价中。

（3）考虑合理的风险。招标文件中要求投标人承担的风险费用，投标人应考虑进入综合单价。

10.【答案】CD

【解析】本题考查的是投标报价的编制内容和方法。确定投标报价中的综合单价时，计算基础主要包括消耗量指标和生产要素单价。

11.【答案】ABCE

【解析】本题考查的是投标报价的编制内容和方法。确定综合单价的步骤：①确定计算基础；②分析每一清单项目的工程内容；③计算工程内容的工程数量与清单单位的含量；④分部分项工程人工、材料、施工机具使用费用的计算；⑤计算综合单价。

12.【答案】ACE

【解析】本题考查的是投标报价的编制内容和方法。根据工程特点和工期要求，一般采取的方式是承包人承担 5% 以内的材料、工程设备价格风险，10% 以内的施工机具使用费风险。确定分部分项工程综合单价的首要步骤是确定计算基础。

13.【答案】ABE

【解析】本题考查的是投标报价的编制内容和方法。安全文明施工费必须按照国家或省级、行业建设主管部门的规定计价，不得作为竞争性费用。规费和税金应按国家或省级、行业建设主管部门的规定计算，不得作为竞争性费用。

第 14 章　安装工程价款结算和合同价款的调整

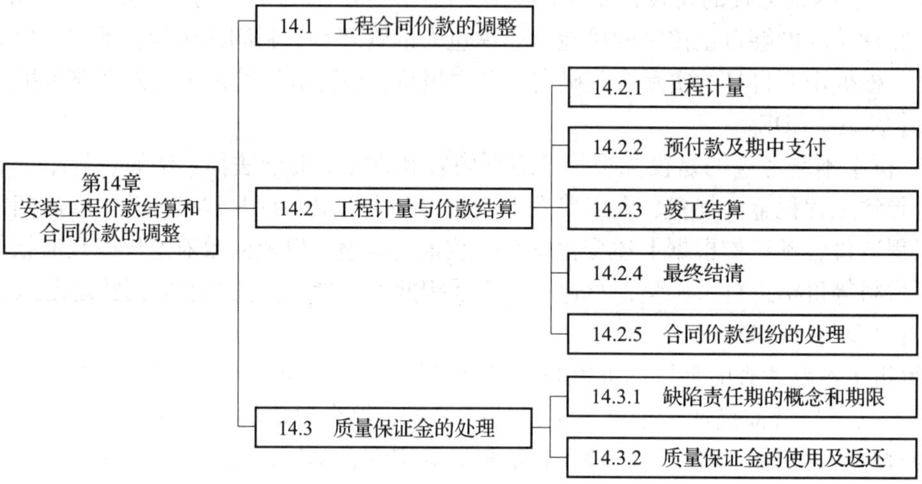

本章知识导图

本章习题精选

一、单项选择题（共 34 题，每题仅有 1 个选项正确）

1. 单价合同实际支付时根据（　　）乘以合同单价计算应付的工程款。

A. 工程量清单中的工程量　　B. 实际完成的工程量

C. 图纸中的工程量　　D. 合同中的工程量

2. 关于总价合同，说法不正确的是（　　）。

A. 当施工内容和有关条件不发生变化时，业主付给承包商的价款总额不发生变化

B. 由于承包人的失误导致投标价计算错误，合同总价格不予调整

C. 即使发生工程变更，合同总价格也不予调整

D. 总价合同分为固定总价合同和变动总价合同

3. 合同价款结算不包括（　　）。

A. 工程预付款结算　　B. 工程进度款结算

C. 质量保修金结算　　D. 竣工价款结算

4.（　　）就是发承包双方根据合同约定，对承包人完成合同工程的数量进行的计算和确认。

A. 工程计价　　B. 工程计量　　C. 工程支付　　D. 价款结算

5. 以下对工程计量的计算，说法错误的是（　　）。

A. 根据设计图纸计算

B. 根据技术规范计算

C. 根据施工合同约定的计量方式和计算方法计算
D. 根据施工时间计算
6. 以下对工程计量的计算，说法正确的是（　　）。
A. 应按招标工程量清单中所列的数量计量
B. 对承包人完成的工程实体数量计量
C. 对承包人完成的合同外的实际数量计量
D. 对承包人履行合同义务所完成的质量合格的工程实体数量计量
7. 下列不属于工程计量原则的是（　　）。
A. 应按招标工程量清单中所列的数量计量
B. 不符合合同文件要求的工程不予计量
C. 按合同文件所规定的方法、范围、内容和单位计量
D. 因承包人原因造成的超出合同工程范围施工或返工的工程量，发包人不予计量
8. 因承包人原因造成的超出合同工程范围施工或返工的工程量，发包人（　　）计量。
A. 按实　　B. 按比例　　C. 不予　　D. 酌情
9. 成本加酬金合同的工程量应按（　　）的规定进行计量。
A. 总价合同　　B. 单价合同
C. 劳务合同　　D. 清包工合同
10. 下列关于工程计量说法错误的是（　　）。
A. 因承包人原因造成的超出合同工程范围施工或返工的工程量，发包人不予计量
B. 单价合同的计量，工程量必须以承包人完成合同工程应予计量的工程量确定
C. 施工中进行工程计量，当发现招标工程工程量清单中出现缺项、工程量偏差，或因工程变更引起工程量增减时，应按承包人在履行合同义务中完成的工程量计算
D. 成本加酬金合同的工程量应按总价合同的规定进行计量
11. 承包人施工中进行工程计量时，若发现招标工程量清单中出现漏项、工程量计算偏差以及工程变更引起工程量增减时，应按（　　）的工程量计算。
A. 承包人履行合同义务完成　　B. 招标工程量清单
C. 施工图纸　　D. 合同范围外
12. 总价合同约定的项目计量应以合同工程经审定批准的（　　）为依据。
A. 方案图纸　　B. 初步设计图纸
C. 招标时的图纸　　D. 施工图纸
13. 采用经审定批准的施工图纸及其预算方式发包形成的总价合同，下列说法正确的是（　　）。
A. 除按照工程变更规定的工程量增减外，总价合同各项目的工程量应为承包人用于结算的最终工程量
B. 总价合同中工作内容无论是否有设计变更，可根据施工内容实际调整用于结算的最终工程量
C. 无论是否有设计变更，总价合同的结算价款仍为合同价不变化
D. 无论总价合同内容是否全部完成，其合同结算价款不变
14. 预付款的支付比例不得低于签约合同价（扣除暂列金额）的（　　）%，不宜高

于签约合同价（扣除暂列金额）的（ ）%。

A. 10，20 B. 10，30 C. 10，40 D. 20，30

15. 计算预付款的正确公式为（ ）。

A. 工程预付款数额 = 年度工程总价 × 材料比例（%）/ 年度施工天数 × 材料在途天数

B. 工程预付款数额 = 年度工程总价 × 材料比例（%）/ 年度施工天数 × 材料加工天数

C. 工程预付款数额 = 年度工程总价 × 材料比例（%）/ 年度施工天数 × 材料储备天数

D. 工程预付款数额 = 年度工程总价 × 材料比例（%）/ 年度施工天数 × 材料保险天数

16. 国际工程中的扣款方法一般为：当工程进度款累计金额超过合同价格的（ ）时开始起扣，每月从进度款中按一定比例扣回。

A. 5% ~ 15% B. 10% ~ 15% C. 10% ~ 20% D. 15% ~ 25%

17. 工程预付款起扣点的公式为 $T=P-M/N$，其中 M 的含义是（ ）。

A. 工程预付款总额

B. 承包工程合同总额

C. 主要材料及构件所占比重

D. 工程预付款开始扣回时的累计完成工程金额

18. 在用起扣点计算法扣回预付款时，起扣点计算公式中 N 是指（ ）。

A. 工程预付款总额

B. 承包工程合同总额

C. 主要材料及构件所占比重

D. 工程预付款开始扣回时的累计完成工程金额

19. 关于工程预付款起扣点的计算公式 $T=P-M/N$ 的说法，错误的是（ ）。

A. M 代表工程预付款总额

B. N 代表主要材料及构件所占比重

C. P 代表已完工程的进度款总额

D. T 代表预付款起扣点的累计完成工程金额

20. 已知某建筑工程施工合同价款总额为 1 500 万元，其主要材料及构件所占比重为 60%，预付款总金额为工程价款总额的 30%，则预付款起扣点是（ ）万元。

A. 500 B. 750 C. 800 D. 600

21. 某工程签约合同价款为 1 200 万元，预付款额度为 20%，材料费占 75%，则预付款起扣点是（ ）万元。

A. 300 B. 880 C. 960 D. 600

22. 预付款担保是指承包人与发包人签订合同后领取预付款前，承包人正确、合理使用发包人支付的预付款而提供的担保，主要形式有（ ）。

A. 履约担保书 B. 银行保函

C. 现金 D. 承兑支票

23. 发包人应在工程开工后的 28 天内预付不低于当年施工进度计划的安全文明施工费总额的（ ）。

A. 20% B. 40% C. 60% D. 90%

24. 发包人应在工程开工后的（ ）天内预付不低于当年施工进度计划的安全文明

施工费总额的（　　）。

A. 14，30%　　B. 14，60%　　C. 28，30%　　D. 28，60%

25. 发包人在付款期满后的7天内仍未支付安全文明施工费的，若发生安全事故，发包人应承担（　　）责任。

A. 主要　　B. 次要　　C. 连带　　D. 共同

26. 进度款的支付比例按照合同约定，按期中结算价款总额计，不低于（　　），不高于（　　）。

A. 30%，60%　　B. 50%，80%　　C. 50%，90%　　D. 60%，90%

27. 政府投资项目的竣工结算，由（　　）审查。

A. 承包人　　B. 发包人

C. 同级财政部门　　D. 同级政府部门

28. 竣工结算审核应采用（　　）。

A. 全面审核法　　B. 重点审核法

C. 抽样审核法　　D. 类比审核法

29. 发包人对工程质量有异议，拒绝办理竣工结算的，已竣工验收或已竣工未验收但实际投入使用的工程，其质量争议应按该工程（　　）执行。

A. 保修合同　　B. 施工合同　　C. 专用条款　　D. 违约条款

30. 竣工结算文件应当由发包人报（　　）备案。

A. 工程所在地省级以上地方人民政府住房和城乡建设主管部门

B. 工程所在地县级以上地方人民政府住房和城乡建设主管部门

C. 工程所在地省级以上工程造价管理部门

D. 工程所在地县级以上工程造价管理部门

31. 缺陷责任期的起算日期以（　　）为准。

A. 工程通过竣工验收之日起计算

B. 发包人签发工程接收证书的日期

C. 发包人签发缺陷责任期终止证书的日期

D. 承包人提交竣工验收报告的日期

32. 缺陷责任期最长不超过（　　）。

A. 12个月　　B. 24个月　　C. 36个月　　D. 48个月

33. 发包人应按照合同约定方式预留质量保证金，质量保证金总预留比例不得高于工程价款结算总额的（　　）。

A. 2%　　B. 3%　　C. 5%　　D. 10%

34. 发包人在接到承包人返还质量保证金申请后，应于（　　）天内会同承包人按照合同约定的内容进行核实。

A. 5　　B. 7　　C. 14　　D. 28

二、多项选择题（共25题，每题选项中有2个或2个以上正确，至少有1个错项）

1. 合同的类型主要有（　　）。

A. 单价合同　　B. 总价合同

C. 成本加酬金合同　　D. 成本加利润合同

E. 可变合同

2. 下列合同价款调整因素属于工程变更类的有（　　）。

A. 项目特征不符　　B. 不可抗力

C. 暂估价事件　　D. 计日工事件

E. 工程量清单缺项

3. 下列合同价款调整因素中属于工程索赔类的有（　　）。

A. 项目特征不符　　B. 暂估价

C. 不可抗力　　D. 提前竣工

E. 计日工

4. 下列选项关于工程计量的说法正确的是（　　）。

A. 工程计量，就是发承包双方根据合同约定，对承包人完成合同工程的数量进行的计算和确认

B. 是发承包双方根据设计图纸、技术规范以及施工合同约定的计量方式和计算方法，对承包人已经完成的工程实体数量进行测量与计算，并以物理计量单位或自然计量单位进行标识、确认的过程

C. 工程施工过程中，通常会由于一些原因导致承包人实际完成工程量与工程量清单中所列工程量的不一致

D. 在工程合同价款结算前，发包人须对承包人所完成的实际工程进行准确的计量

E. 招标工程量清单中所列的数量，通常是根据设计图纸计算的数量，是对合同工程的估计工程量

5. 工程计量的依据包括（　　）。

A. 合同条件　　B. 技术规范

C. 工程变更令　　D. 停工通知单

E. 返工通知单

6. 工程计量可按（　　）分阶段计量。

A. 年　　B. 季度

C. 月　　D. 日

E. 工程形象进度

7. 工程计量可分为（　　）。

A. 单价合同计量　　B. 总价合同计量

C. 成本加酬金合同计量　　D. 总承包合同计量

E. 分包合同计量

8. 单价合同的计量必须以承包人完成合同工程应予计量的工程量计算及确定。下列应予计量的工程量有（　　）。

A. 招标工程量清单中出现漏项

B. 因承包人原因造成的超出合同工程范围施工

C. 工程量偏差

D. 因承包人原因造成返工

E. 工程变更引起工程量增减

9. 下列关于工程计量的叙述，正确的有（　　）。

A. 工程计量可选择按月或按工程形象进度分段计量

B. 对承包人已经完成的质量合格的工程实体数量进行测量与计算，应以自然计量单位进行标识、确认

C. 单价合同工程量必须以承包人完成合同工程应予计量的按照现行国家计量规范规定的工程量计算规则计算得到的工程量确定

D. 除按照工程变更规定引起的工程量增减外，总价合同各项目的工程量是承包人用于结算的最终工程量

E. 总价合同约定的项目计量应以合同工程经审定批准的施工图纸为依据，发承包双方应在合同中约定工程计量的形象目标或时间节点进行计量

10. 工程预付款额度一般是根据（　　）来确定。

A. 施工工期

B. 建安工程量

C. 材料储备周期

D. 主要材料和构件费用占建安工程费的比例

E. 工程规模

11. 材料储备定额天数由当地材料供应的（　　）等因素决定。

A. 在途天数

B. 加工天数

C. 储存天数

D. 供应间隔天数

E. 质保天数

12. 关于工程预付款的扣回，扣款的方法主要有（　　）。

A. 预算单价法

B. 起扣点计算法

C. 经验估计法

D. 按合同约定扣款

E. 指标估算法

13. 下列关于预付款担保的说法中，正确的有（　　）。

A. 预付款担保应在施工合同签订后、预付款支付后提供

B. 预付款担保可以采用银行保函的形式

C. 承包人中途毁约，中止工程，发包人有权从预付款担保金额中获得预付款补偿

D. 发包人应在预付款扣完后将预付款保函退还承包人

E. 在预付款全部扣回之前，预付款保函应始终保持有效，且担保金额保持不变

14. 承包人应在每个计量周期到期后向发包人提交已完工程进度款支付申请。支付申请应包括（　　）。

A. 竣工结算合同价款总额

B. 本周期实际应支付的合同价款

C. 应预留的质量保证金

D. 本周期合计完成的合同价款

E. 累计已实际支付的合同价款

15. 下列关于进度款支付申请，说法正确的是（　　）。

A. 包括分包人已完工程的价款
B. 本周期合计完成的合同价款包括本周期应扣减的金额
C. 发包人应在收到承包人进度款支付申请后，根据计量结果和合同约定对申请内容予以核实，确认后向承包人出具进度款支付证书
D. 若发承包双方对有的清单项目的计量结果出现争议，则发包人无法向承包人出具进度款支付证书
E. 发现已签发的任何支付证书有错、漏或重复的数额，发包人无权予以修正

16. 竣工结算分为（　　）。
A. 分项工程竣工结算　　B. 分部工程竣工结算
C. 单位工程竣工结算　　D. 单项工程竣工结算
E. 建设项目竣工总结算

17. 下列选项中，属于工程竣工结算编制依据的是（　　）。
A. 工程合同
B. 招标文件
C. 发承包双方实施过程中已确认的工程量及其结算的合同价款
D. 投标文件
E. 建设工程设计文件及相关资料

18. 下列属于工程竣工结算编制依据的有（　　）。
A. 招标文件
B. 投标文件
C. 未经批准的施工组织设计
D. 未经确认的追加或核减的合同价款
E.《建设工程工程量清单计价规范》GB 50500—2013

19. 关于工程竣工结算的计价原则，说法正确的有（　　）。
A. 分部分项工程和措施项目中的单价项目应依据招标工程量清单中的工程量与已标价工程量清单的综合单价计算
B. 措施项目中的安全文明施工费应依据合同约定的项目和金额计算
C. 计日工应按发包人实际签证确认的事项计算
D. 施工索赔费用应依据发承包双方确认的索赔事项和金额计算
E. 暂列金额应减去工程价款调整（包括索赔、现场签证）金额计算，如有余额归承包人

20. 接受委托的工程造价咨询机构从事竣工结算审核工作应包含（　　）。
A. 竣工验收阶段　　B. 准备阶段
C. 审核阶段　　D. 竣工决算阶段
E. 审定阶段

21. 承包人应根据办理的竣工结算文件向发包人提交竣工结算款支付申请，申请应包括（　　）。
A. 竣工结算合同价款总额
B. 施工发承包合同

C. 累计已实际支付的合同价款

D. 应扣留的质量保证金

E. 实际应支付的竣工结算款金额

22. 由于不可抗力致使合同无法履行解除合同的，发包人应向承包人支付合同解除之日前已完成工程尚未支付的合同价款，此外，还应支付（　　）。

A. 合同中约定应由发包人承担的费用

B. 已实施或部分实施的措施项目应付价款

C. 承包人为合同工程合理订购且已交付的材料和工程设备货款

D. 承包人撤离现场所需的合理费用，包括员工遣送费和临时工程拆除、施工设备运离现场的费用

E. 承包人为完成合同工程而预期开支的所有费用，且该项费用未包括在本款其他各项支付之内

23. 合同价款调整争议的解决途径包括（　　）。

A. 和解　　B. 复议

C. 调解　　D. 仲裁

E. 诉讼

24. 关于缺陷责任期的说法，正确的有（　　）。

A. 缺陷责任期从工程通过竣工验收之日起计

B. 由于承包人原因导致工程无法按规定期限进行竣工验收的，缺陷责任期从实际通过竣工验收之日起计

C. 由于承包人原因导致工程无法按规定期限进行竣工验收的，在承包人提交竣工验收报告 90 天后，工程自动进入缺陷责任期

D. 由于发包人原因导致工程无法按规定期限进行竣工验收的，缺陷责任期从实际通过竣工验收之日起计

E. 由于发包人原因导致工程无法按规定期限进行竣工验收的，在承包人提交竣工验收报告 90 天后，工程自动进入缺陷责任期

25. 关于工程质量最低保修期限，下列说法正确的有（　　）。

A. 基础设施工程、房屋建筑的地基基础工程和主体结构工程，为设计文件规定的该工程合理使用年限

B. 屋面防水工程，有防水要求的卫生间、房间和外墙面的防渗漏为 3 年

C. 供热与供冷系统为 2 个采暖期和供冷期

D. 电气管线、给排水管道、设备安装和装修工程为 2 年

E. 屋面防水工程，有防水要求的卫生间、房间和外墙面的防渗漏为 5 年

本章习题解析

一、单项选择题

1.【答案】B

【解析】本题考查的是合同的类型。单价合同实际支付时根据实际完成的工程量乘以合同单价计算应付的工程款。

2.【答案】C

【解析】本题考查的是合同的类型。总价合同：又称总价包干合同，即根据施工招标时的要求和条件，当施工内容和有关条件不发生变化时，业主付给承包商的价款总额就不发生变化。如果由于承包人的失误导致投标价计算错误，合同总价格也不予调整。总价合同分为固定总价合同和变动总价合同。

3.【答案】C

【解析】本题考查的是合同价款结算。合同价款结算是指依据建设工程发承包合同等进行工程预付款、进度款、竣工价款结算的活动。

4.【答案】B

【解析】本题考查的是工程计量。所谓工程计量，就是发承包双方根据合同约定，对承包人完成合同工程的数量进行的计算和确认。

5.【答案】D

【解析】本题考查的是工程计量。所谓工程计量，就是发承包双方根据合同约定，对承包人完成合同工程的数量进行的计算和确认。具体地说，就是双方根据设计图纸、技术规范以及施工合同约定的计量方式和计算方法，对承包人已经完成的质量合格的工程实体数量进行测量与计算，并以物理计量单位或自然计量单位进行标识、确认的过程。

6.【答案】D

【解析】本题考查的是工程计量。招标工程量清单中所列的数量，通常是根据设计图纸计算的数量，是对合同工程的估计工程量。在工程合同价款结算前，必须对承包人履行合同义务所完成的实际工程进行准确的计量。

7.【答案】A

【解析】本题考查的是工程计量。工程计量的原则包括下列三个方面：

（1）不符合合同文件要求的工程不予计量。

（2）按合同文件所规定的方法、范围、内容和单位计量。

（3）因承包人原因造成的超出合同工程范围施工或返工的工程量，发包人不予计量。

8.【答案】C

【解析】本题考查的是工程计量。因承包人原因造成的超出合同工程范围施工或返工的工程量，发包人不予计量。

9.【答案】B

【解析】本题考查的是工程计量的方法。通常区分单价合同和总价合同规定不同的计量方法，成本加酬金合同按照单价合同的计量规定进行计量。

10.【答案】D

【解析】本题考查的是工程计量的方法。因承包人原因造成的超出合同工程范围施工或返工的工程量，发包人不予计量。通常区分单价合同和总价合同规定不同的计量方法，成本加酬金合同按照单价合同的计量规定进行计量。单价合同工程量必须以承包人完成合同工程应予计量的按照现行国家工程量计算规范规定的工程量计算规则计算得到的工程量确定。施工中工程计量时，若发现招标工程量清单中出现缺项、工程量偏差，或因工程变更引起工程量的增减，应按承包人在履行合同义务中完成的工程量计算。

11.【答案】A

【解析】本题考查的是工程计量的方法。施工中工程计量时，若发现招标工程量清单中出现缺项、工程量偏差，或因工程变更引起工程量的增减，应按承包人在履行合同义务中完成的工程量计算。

12.【答案】D

【解析】本题考查的是工程计量的方法。总价合同约定的项目计量应以合同工程经审定批准的施工图纸为依据，发承包双方应在合同中约定工程计量的形象目标或时间节点进行计量。

13.【答案】A

【解析】本题考查的是工程计量的方法。采用经审定批准的施工图纸及其预算方式发包形成的总价合同，除按照工程变更规定引起的工程量增减外，总价合同各项目的工程量是承包人用于结算的最终工程量。

14.【答案】B

【解析】本题考查的是预付款。预付款的支付比例不得低于签约合同价（扣除暂列金额）的 10%，不宜高于签约合同价（扣除暂列金额）的 30%。

15.【答案】C

【解析】本题考查的是预付款。公式计算预付款额度其计算公式为：工程预付款数额 = 年度工程总价 × 材料比例（%）/ 年度施工天数 × 材料储备天数。

16.【答案】C

【解析】本题考查的是预付款。国际工程中的扣款方法一般为：当工程进度款累计金额超过合同价格的 10% ~ 20% 时开始起扣，每月从进度款中按一定比例扣回。

17.【答案】A

【解析】本题考查的是预付款。起扣点计算公式：$T=P-M/N$

式中：T——起扣点（即工程预付款开始扣回时）的累计完成工程金额；

P——承包工程合同总额；

M——工程预付款总额；

N——主要材料及构件所占比重。

18.【答案】C

【解析】本题考查的是预付款。起扣点计算公式：$T=P-M/N$

式中：T——起扣点（即工程预付款开始扣回时）的累计完成工程金额；

P——承包工程合同总额；

M——工程预付款总额；

N——主要材料及构件所占比重。

19.【答案】C

【解析】本题考查的是预付款。起扣点计算公式：$T=P-M/N$

式中：T——起扣点（即工程预付款开始扣回时）的累计完成工程金额；

P——承包工程合同总额；

M——工程预付款总额；

N——主要材料及构件所占比重。

20.【答案】B

【解析】本题考查的是预付款。T=1 500−1 500×30%/60%=750（万元）

21.【答案】B

【解析】本题考查的知识点是预付款。T=1 200−1 200×20%/75%=880（万元）

22.【答案】B

【解析】本题考查的是预付款担保。预付款担保是指承包人与发包人签订合同后领取预付款前，承包人正确、合理使用发包人支付的预付款而提供的担保。预付款担保的主要形式为银行保函。

23.【答案】C

【解析】本题考查的是预付款。发包人应在工程开工后的 28 天内预付不低于当年施工进度计划的安全文明施工费总额的 60%，其余部分按照提前安排的原则进行分解，与进度款同期支付。

24.【答案】D

【解析】本题考查的是预付款。发包人应在工程开工后的 28 天内预付不低于当年施工进度计划的安全文明施工费总额的 60%，其余部分按照提前安排的原则进行分解，与进度款同期支付。

25.【答案】C

【解析】本题考查的是预付款。发包人在付款期满后的 7 天内仍未支付安全文明施工费的，若发生安全事故，发包人应承担连带责任。

26.【答案】D

【解析】本题考查的是期中支付。进度款的支付比例按照合同约定，按期中结算价款总额计，不低于 60%，不高于 90%。

27.【答案】C

【解析】本题考查的是竣工结算。政府投资项目的竣工结算，由同级财政部门审查。

28.【答案】A

【解析】本题考查的是竣工结算的审核。竣工结算审核应采用全面审核法，除委托咨询合同另有约定外，不得采用重点审核法、抽样审核法或类比审核法等其他方法。

29.【答案】A

【解析】本题考查的是竣工结算。发包人对工程质量有异议，拒绝办理工程竣工结算的，已经竣工验收或已竣工未验收但实际投入使用的工程，其质量争议按该工程保修合同执行，竣工结算按合同约定办理。

30.【答案】B

【解析】本题考查的是竣工结算。竣工结算文件应当由发包人报工程所在地县级以上地方人民政府住房和城乡建设主管部门备案。

31.【答案】A

【解析】本题考查的是缺陷责任期。缺陷责任期从工程通过竣工验收之日起计。

32.【答案】B

【解析】本题考查的是缺陷责任期。缺陷责任期一般为 1 年，最长不超过 2 年，由发承包双方在合同中约定。

33.【答案】B

【解析】本题考查的是质量保证金。发包人应按照合同约定方式预留质量保证金，质量保证金总预留比例不得高于工程价款结算总额的 3%。

34.【答案】C

【解析】本题考查的是质量保证金。发包人在接到承包人返还质量保证金申请后，应于 14 天内会同承包人按照合同约定的内容进行核实。

二、多项选择题

1.【答案】ABC

【解析】本题考查的是合同的类型。目前，合同的类型主要有三种：单价合同、总价合同、成本加酬金合同。

2.【答案】ADE

【解析】本题考查的是工程合同价款的调整。发承包双方按照合同约定调整合同价款的若干事项，大致包括五大类：

（1）法规变化类，主要包括法律法规变化事件；

（2）工程变更类，主要包括工程变更、项目特征不符、工程量清单缺项、工程量偏差、计日工等事件；

（3）物价变化类，主要包括物价波动、暂估价事件；

（4）工程索赔类，主要包括不可抗力、提前竣工（赶工补偿）、误期赔偿、索赔等事件；

（5）其他类，主要包括现场签证以及发承包双方约定的其他调整事项。

3.【答案】CD

【解析】本题考查的是工程合同价款的调整。发承包双方按照合同约定调整合同价款的若干事项，大致包括五大类：

（1）法规变化类，主要包括法律法规变化事件；

（2）工程变更类，主要包括工程变更、项目特征不符、工程量清单缺项、工程量偏差、计日工等事件；

（3）物价变化类，主要包括物价波动、暂估价事件；

（4）工程索赔类，主要包括不可抗力、提前竣工（赶工补偿）、误期赔偿、索赔等事件；

（5）其他类，主要包括现场签证以及发承包双方约定的其他调整事项。

4.【答案】ACE

【解析】本题考查的是工程计量。所谓工程计量，就是发承包双方根据合同约定，对承包人完成合同工程的数量进行的计算和确认。具体地说，就是双方根据设计图纸、技术规范以及施工合同约定的计量方式和计算方法，对承包人已经完成的质量合格的工程实体数量进行测量与计算，并以物理计量单位或自然计量单位进行标识、确认的过程。

招标工程量清单中所列的数量，通常是根据设计图纸计算的数量，是对合同工程的估计工程量。工程施工过程中，通常会由于一些原因导致承包人实际完成工程量与工程量清单中所列工程量的不一致，如招标工程量清单缺项或项目特征描述与实际不符、工程变更、现场施工条件的变化、现场签证、暂估价中的专业工程发包等。因此，在工程合同价款结算前，必须对承包人履行合同义务所完成的实际工程进行准确的计量。

5.【答案】ABC

【解析】本题考查的是工程计量的依据。工程计量的依据包括：工程量清单及说明、合同图纸、工程变更令及其修订的工程量清单、合同条件、技术规范、有关计量的补充协议、质量合格证书等。

6.【答案】CE

【解析】本题考查的是工程计量的方法。工程计量可选择按月或按工程形象进度分段计量，具体计量周期在合同中约定。

7.【答案】AB

【解析】本题考查的是工程计量的方法。通常区分单价合同和总价合同规定不同的计量方法，成本加酬金合同按照单价合同的计量规定进行计量。

8.【答案】ACE

【解析】本题考查的是工程计量的方法。因承包人原因造成的超出合同工程范围施工或返工的工程量，发包人不予计量。通常区分单价合同和总价合同规定不同的计量方法，成本加酬金合同按照单价合同的计量规定进行计量。单价合同工程量必须以承包人完成合同工程应予计量的按照现行国家工程量计算规范规定的工程量计算规则计算得到的工程量确定。施工中工程计量时，若发现招标工程量清单中出现缺项、工程量偏差，或因工程变更引起工程量的增减，应按承包人在履行合同义务中完成的工程量计算。

9.【答案】ACDE

【解析】本题考查的是工程计量的方法。对承包人已经完成的质量合格的工程实体数量进行测量与计算，并以物理计量单位或自然计量单位进行标识、确认。工程计量可选择按月或按工程形象进度分段计量，具体计量周期在合同中约定。单价合同工程量必须以承包人完成合同工程应予计量的按照现行国家工程量计算规范规定的工程量计算规则计算得到的工程量确定。采用经审定批准的施工图纸及其预算方式发包形成的总价合同，除按照工程变更规定引起的工程量增减外，总价合同各项目的工程量是承包人用于结算的最终工程量。总价合同约定的项目计量应以合同工程经审定批准的施工图纸为依据，发承包双方应在合同中约定工程计量的形象目标或时间节点进行计量。

10.【答案】ABCD

【解析】本题考查的是预付款。工程预付款额度一般是根据施工工期、建筑安装工作量、主要材料和构件费用占建筑安装工程费的比例以及材料储备周期等因素经测算来确定。

11.【答案】ABD

【解析】本题考查的是预付款。材料储备定额天数由当地材料供应的在途天数、加工天数、整理天数、供应间隔天数、保险天数等因素决定。

12.【答案】BD

【解析】本题考查的知识点是预付款。扣款的方法主要有两种方法：按合同约定扣款；起扣点计算法。

13.【答案】BCD

【解析】本题考查的是预付款担保。预付款担保是指承包人与发包人签订合同后领取预付款前，承包人正确、合理使用发包人支付的预付款而提供的担保。如果承包人中途毁约，中止工程，使发包人不能在规定期限内从应付工程款中扣除全部预付款，则发包人有权从该项担保金额中获得补偿。预付款担保的主要形式为银行保函。预付款担保的担保金额通常与发包人的预付款是等值的。预付款一般逐月从工程进度款中扣除，预付款担保的担保金额也相应逐月减少。承包人的预付款保函的担保金额根据预付款扣回的数额相应扣减，但在预付款全部扣回之前一直保持有效。

14.【答案】BDE

【解析】本题考查的是期中支付。承包人应在每个计量周期到期后向发包人提交已完工程进度款支付申请一式四份，详细说明此周期认为有权得到的款额，包括分包人已完工程的价款。支付申请应包括下列内容：

（1）累计已完成的合同价款。

（2）累计已实际支付的合同价款。

（3）本周期合计完成的合同价款，包括：本周期已完成单价项目的金额、本周期应支付的总价项目的金额、本周期已完成的计日工价款、周期应支付的安全文明施工费、本期应增加的金额。

（4）本周期合计应扣减的金额，包括：周期应扣回的预付款、本周期应扣减的金额。

（5）本周期实际应支付的合同价款。

15.【答案】AC

【解析】本题考查的是期中支付。承包人应在每个计量周期到期后向发包人提交已完工程进度款支付申请一式四份，详细说明此周期认为有权得到的款额，包括分包人已完工程的价款。本周期合计应扣减的金额，包括：周期应扣回的预付款、本周期应扣减的金额。发包人应在收到承包人进度款支付申请后，根据计量结果和合同约定对申请内容予以核实，确认后向承包人出具进度款支付证书。若发承包双方对有的清单项目的计量结果出现争议，发包人应对无争议部分的工程计量结果向承包人出具进度款支付证书。发现已签发的任何支付证书有错、漏或重复的数额，发包人有权予以修正，承包人也有权提出修正申请。

16.【答案】CDE

【解析】本题考查的是竣工结算。工程竣工结算分为单位工程竣工结算、单项工程竣算和建设项目竣工总结算。

17.【答案】ACDE

【解析】本题考查的是竣工结算编制依据。工程竣工结算编制的主要依据：

（1）《建设工程工程量清单计价规范》GB 50500—2013；

（2）工程合同；

（3）发承包双方实施过程中已确认的工程量及其结算的合同价款；

（4）发承包双方实施过程中已确认调整后追加（减）的合同价款；

（5）建设工程设计文件及相关资料；

（6）投标文件；

（7）其他依据。

18.【答案】BE

【解析】本题考查的是竣工结算编制依据。工程竣工结算编制的主要依据：

（1）《建设工程工程量清单计价规范》GB 50500—2013；

（2）工程合同；

（3）发承包双方实施过程中已确认的工程量及其结算的合同价款；

（4）发承包双方实施过程中已确认调整后追加（减）的合同价款；

（5）建设工程设计文件及相关资料；

（6）投标文件；

（7）其他依据。

19.【答案】CD

【解析】本题考查的是竣工结算编制原则。工程竣工结算的编制应当规定的计价原则如下：

（1）分部分项工程和措施项目中的单价项目应依据双方确认的工程量与已标价工程量清单的综合单价计算，如发生调整的，以发承包双方确认调整的综合单价计算。

（2）措施项目中的总价项目应依据合同约定的项目和金额计算，如发生调整的，以发承包双方确认调整的金额计算，其中安全文明施工费必须按照国家或省级、行业建设主管部门的规定计算。

（3）其他项目应按下列规定计价：

1）计日工应按发包人实际签证确认的事项计算；

2）暂估价应按发承包双方按照《建设工程工程量清单计价规范》GB 50500—2013 的相关规定计算；

3）总承包服务费应依据合同约定金额计算，如发生调整的，以发承包双方确认调整的金额计算；

4）施工索赔费用应依据发承包双方确认的索赔事项和金额计算；

5）现场签证费用应依据发承包双方签证资料确认的金额计算；

6）暂列金额应减去工程价款调整（包括索赔、现场签证）金额计算，如有余额归发包人。

（4）规费和税金应按照国家或省级、行业建设主管部门的规定计算。规费中的工程排污费应按工程所在地环境保护部门规定标准缴纳后按实列入。

20.【答案】BCE

【解析】本题考查的是竣工结算审核。接受委托的工程造价咨询机构从事竣工结算审核工作应包含准备阶段、审核阶段、审定阶段。

21.【答案】ACDE

【解析】本题考查的是竣工结算款的支付。承包人应根据办理的竣工结算文件，向发包人提交竣工结算款支付申请。该申请应包括下列内容：

（1）竣工结算合同价款总额；

（2）累计已实际支付的合同价款；

（3）应扣留的质量保证金；

（4）实际应支付的竣工结算款金额。

22.【答案】ABCD

【解析】本题考查的是合同解除的价款结算与支付。由于不可抗力解除合同的，发包人除应向承包人支付合同解除之日前已完成工程但尚未支付的合同价款，还应支付下列金额：

（1）合同中约定应由发包人承担的费用。

（2）已实施或部分实施的措施项目应付价款。

（3）承包人为合同工程合理订购且已交付的材料和工程设备货款。发包人一经支付此项货款，该材料和工程设备即成为发包人的财产。

（4）承包人撤离现场所需的合理费用，包括员工遣送费和临时工程拆除、施工设备运离现场的费用。

（5）承包人为完成合同工程而预期开支的任何合理费用，且该项费用未包括在本款其他各项支付之内。

23.【答案】ACDE

【解析】本题考查的是合同价款纠纷的处理。建设工程合同价款纠纷的解决途径主要有和解、调解、仲裁和诉讼四种。

24.【答案】ABE

【解析】本题考查的是缺陷责任期。缺陷责任期从工程通过竣工验收之日起计。由于承包人原因导致工程无法按规定期限进行竣工验收的，缺陷责任期从实际通过竣工验收之日起计。由于发包人原因导致工程无法按规定期限进行竣工验收的，在承包人提交竣工验收报告 90 天后，工程自动进入缺陷责任期。

25.【答案】ACDE

【解析】本题考查的是保修期的期限。保修期自实际竣工日期起计算，按照《建设工程质量管理条例》的规定，保修期限如下：

（1）地基基础工程和主体结构工程，为设计文件规定的该工程的合理使用年限；

（2）屋面防水工程，有防水要求的卫生间、房间和外墙面的防渗漏为 5 年；

（3）供热与供冷系统为 2 个采暖期和供热期；

（4）电气管线、给排水管道、设备安装和装修工程为 2 年。

第 15 章　安装工程竣工决算价款的编制

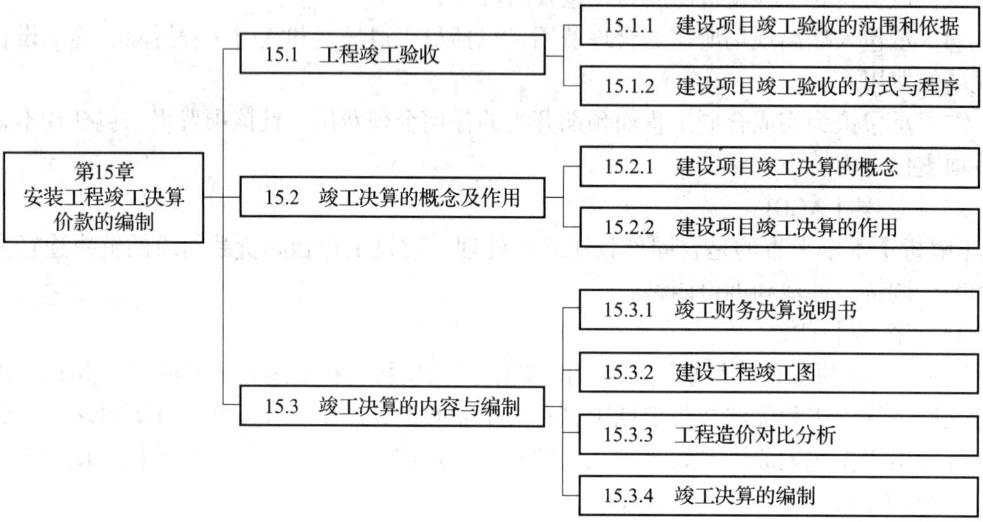

本章知识导图

本章习题精选

一、单项选择题（共 16 题，每题仅有 1 个选项正确）

1. 中间验收指的是（　　）。

A. 分部分项工程验收　　B. 单位工程验收

C. 单项工程验收　　D. 工程整体验收

2. 交工验收指的是（　　）。

A. 分部分项工程验收　　B. 单位工程验收

C. 单项工程验收　　D. 工程整体验收

3. 动用验收指的是（　　）。

A. 分部分项工程验收　　B. 单位工程验收

C. 单项工程验收　　D. 工程整体验收

4. 单位工程验收由（　　）组织。

A. 监理单位

B. 业主

C. 国家发改委或由其委托项目主管部门或地方政府部门

D. 项目主管部门

5. 交工验收由（　　）组织。

A. 监理单位

B. 业主
C. 国家发改委或由其委托项目主管部门或地方政府部门
D. 项目主管部门
6. 大中型和限额以上项目工程整体验收由（　　）组织。
A. 监理单位
B. 业主
C. 国家发改委或由其委托项目主管部门或地方政府部门
D. 项目主管部门
7. 小型和限额以下项目工程整体验收由（　　）组织。
A. 监理单位
B. 业主
C. 国家发改委或由其委托项目主管部门或地方政府部门
D. 项目主管部门
8. 建设项目竣工验收合格后，（　　）应当及时提出工程竣工验收报告。
A. 监理单位　　B. 建设单位
C. 施工单位　　D. 设计单位
9. 依照《房屋建筑工程和市政基础设施工程竣工验收备案管理暂行办法》的规定，建设单位应当自工程竣工验收合格之日起（　　）日内，向工程所在地的县级以上地方人民政府建设行政主管部门备案。
A. 5　　B. 10
C. 15　　D. 20
10. 工程竣工决算是以（　　）和（　　）为计量单位，综合反映竣工建设项目全部建设费用、建设成果和财务状况的总结性文件。
A. 实物指标，货币数量　　B. 实物数量，货币指标
C. 实物指标，货币金额　　D. 实物数量，货币金额
11. 下列选项中，关于竣工决算的说法错误的是（　　）。
A. 竣工决算是综合反映竣工建设项目全部建设费用、建设成果和财务状况的总结性文件
B. 竣工决算是以实物数量和货币指标为计量单位
C. 竣工决算是正确核定固定资产价值
D. 竣工决算是反映建设项目实际造价和投资效果的文件
12. 工程竣工决算全面地反映建设项目（　　）全部建设成果和财务状况。
A. 自工程开工到竣工为止　　B. 自工程开工到交付使用为止
C. 自开始建设到竣工为止　　D. 自立项到竣工为止
13. 竣工决算文件中，主要反映竣工工程建设成果和经验，全面考核分析工程投资与造价的书面总结文件是（　　）。
A. 竣工财务决算说明书　　B. 竣工财务决算报表
C. 工程竣工造价对比分析　　D. 工程竣工验收报告
14. 工程竣工决算编制成果文件的组成中，建设项目竣工决算报表不包括（　　）。

A. 基本建设项目竣工财务决算表
B. 基本建设项目资金情况明细表
C. 转入投资明细表
D. 待摊投资明细表
15. 建设项目实施过程中，凡按图竣工没有变动的，由（　　）在原施工图加盖“竣工图”标志后，即作为竣工图。
A. 施工单位（包括总包和分包施工单位）
B. 设计单位
C. 建设单位
D. 监理单位
16.（　　）是考核建设工程造价的依据。
A. 批准的投资估算
B. 批准的概算
C. 批准的施工图预算
D. 批准的竣工结算

二、多项选择题（共 11 题，每题选项中有 2 个或 2 个以上正确，至少有 1 个错项）

1. 建设工程竣工验收应当具备的条件包括（　　）。
A. 有完整的技术档案和施工管理资料
B. 有工程使用的主要建筑材料、建筑构配件和设备的进场试验报告
C. 有建设、勘察、设计、施工、工程监理等单位分别签署的质量合格文件
D. 有施工单位签署的工程保修书
E. 有建设单位签署的工程保修书
2. 建设项目竣工验收按被验收的对象划分，可分为（　　）。
A. 分部分项工程验收
B. 单位工程验收
C. 单项工程验收
D. 建设项目验收
E. 工程整体验收
3. 工程竣工决算是以实物数量和货币指标为计量单位，综合反映竣工建设项目（　　）的总结性文件。
A. 全部建设费用
B. 建设成果
C. 总投资费用
D. 工程造价
E. 财务状况
4. 建设项目竣工决算是指包括（　　）等费用而编制的财务文件。
A. 建筑工程费
B. 安装工程费
C. 设备及工（器）具购置费
D. 施工机具使用费
E. 预备费
5. 关于竣工决算，下列说法正确的有（　　）。
A. 建设项目竣工决算应包括从筹建到竣工投产全过程的全部实际费用
B. 竣工财务决算说明书、竣工财务决算报表两部分又称建设项目竣工财务决算
C. 竣工决算是反映建设项目实际造价和投资效果的文件
D. 建设工程竣工决算是办理交付使用资产的依据

E. 竣工决算不体现无形资产和其他资产的价值

6. 竣工决算包括（　　）。

A. 竣工财务决算说明书

B. 竣工财务决算报表

C. 工程竣工图

D. 工程竣工造价对比分析

E. 竣工决算明细表

7. 竣工决算的核心内容是（　　）。

A. 竣工财务决算说明书

B. 竣工财务决算报表

C. 工程竣工图

D. 工程竣工造价对比分析

E. 竣工决算明细表

8. 在竣工决算中，建设项目竣工决算报表包括（　　）。

A. 基本建设项目概况表

B. 基本建设项目资金情况明细表

C. 竣工财务决算总表

D. 待核销基建支出明细表

E. 待摊投资明细表

9. 基本建设项目竣工决算主要报表有（　　）。

A. 基本建设项目概况表

B. 基本建设项目竣工财务决算表

C. 基本建设项目施工组织设计

D. 基本建设项目交付使用负债总表

E. 基本建设项目交付使用资产明细表

10. 关于竣工图，下列说法正确的是（　　）。

A. 在施工过程中，虽有一般性设计变更，但能将原施工图加以修改补充作为竣工图，可不重新绘制

B. 凡结构形式、工艺改变、平面布置改变、项目改变以及有其他重大改变，不宜再在原施工图上修改、补充时，应重新绘制改变后的竣工图

C. 工程项目竣工图是真实记录各种地下、地上建筑物等详细情况的技术文件

D. 竣工图是对工程进行维护、扩建、改建的依据

E. 因原设计原因导致需重新绘制竣工图时，由设计单位负责重新绘制并加盖“竣工图”标志

11. 关于工程造价对比分析，在实际工作中，应主要分析（　　）。

A. 主要实物工程量

B. 主要材料消耗量

C. 考核建设单位管理费

D. 考核措施费和间接费的取费标准

E. 主要人员工资

本章习题解析

一、单项选择题

1.【答案】B

【解析】本题考查的是竣工验收的方式。单位工程验收也称为中间验收。

2.【答案】C

【解析】本题考查的是竣工验收的方式。单项工程验收也称为交工验收。

3.【答案】D

【解析】本题考查的是竣工验收的方式。工程整体验收也称为动用验收。

4.【答案】A

【解析】本题考查的是竣工验收的方式。单位工程验收由监理单位组织，业主和承包商派人参加，该部位的验收资料将作为最终验收的依据。

5.【答案】B

【解析】本题考查的是竣工验收的方式。单项工程验收也称为交工验收。由业主组织，会同施工单位、监理单位、设计单位及使用单位等有关部门共同进行。

6.【答案】C

【解析】本题考查的是竣工验收的方式。工程整体验收（动用验收），大中型和限额以上项目由国家发改委或由其委托项目主管部门或地方政府部门组织验收；小型和限额以下项目由项目主管部门组织验收；业主、监理单位、施工单位、设计单位和使用单位参加验收工作。

7.【答案】D

【解析】本题考查的是竣工验收的方式。工程整体验收（动用验收），大中型和限额以上项目由国家发改委或由其委托项目主管部门或地方政府部门组织验收；小型和限额以下项目由项目主管部门组织验收；业主、监理单位、施工单位、设计单位和使用单位参加验收工作。

8.【答案】B

【解析】本题考查的是竣工验收的管理。建设项目竣工验收合格后，建设单位应当及时提出工程竣工验收报告。

9.【答案】C

【解析】本题考查的是竣工验收的管理。依照《房屋建筑工程和市政基础设施工程竣工验收备案管理暂行办法》的规定，建设单位应当自工程竣工验收合格之日起 15 日内，向工程所在地的县级以上地方人民政府建设行政主管部门备案。

10.【答案】B

【解析】本题考查的是竣工决算。竣工决算是以实物数量和货币指标为计量单位，综合反映竣工建设项目全部建设费用、建设成果和财务状况的总结性文件，是竣工验收报告的重要组成部分。

11.【答案】C

【解析】本题考查的是竣工决算。竣工决算是以实物数量和货币指标为计量单位，综合反映竣工建设项目全部建设费用、建设成果和财务状况的总结性文件，是竣工验收报告的重要组成部分，竣工决算是正确核定新增固定资产价值，考核分析投资效果，建立健全经济责任制的依据，是反映建设项目实际造价和投资效果的文件。

12.【答案】C

【解析】本题考查的是竣工决算。工程竣工决算全面地反映建设项目自开始建设到竣工为止全部建设成果和财务状况。

13.【答案】A

【解析】本题考查的是竣工决算。竣工财务决算说明书主要反映竣工工程建设成果和经验，是对竣工决算报表进行分析和补充说明的文件，是全面考核分析工程投资与造价的书面总结，是竣工决算报告的重要组成部分。

14.【答案】C

【解析】本题考查的是竣工决算。建设项目竣工决算报表包括：基本建设项目概况表、基本建设项目竣工财务决算表、基本建设项目资金情况明细表、基本建设项目交付使用资产总表、基本建设项目交付使用资产明细表、待摊投资明细表、待核销基建支出明细表、转出投资明细表等。

15.【答案】A

【解析】本题考查的是竣工决算。凡按图竣工没有变动的，由承包人（包括总包和分包承包人）在原施工图上加盖“竣工图”章之后，即作为竣工图。

16.【答案】B

【解析】本题考查的是竣工决算。批准的概算是考核建设工程造价的依据。

二、多项选择题

1.【答案】ABD

【解析】本题考查的是竣工验收的条件。《建设工程质量管理条例》规定，建设工程竣工验收应当具备以下条件：

（1）完成建设工程设计和合同约定的各项内容。

（2）有完整的技术档案和施工管理资料。

（3）有工程使用的主要建筑材料、建筑构配件和设备的进场试验报告。

（4）有勘察、设计、施工、工程监理等单位分别签署的质量合格文件。

（5）有施工单位签署的工程保修书。

2.【答案】BCE

【解析】本题考查的是竣工验收的方式。建设项目竣工验收按被验收的对象划分，可分为：单位工程验收、单项工程验收及工程整体验收（称为“动用验收”）。

3.【答案】ABE

【解析】本题考查的是竣工决算。竣工决算是以实物数量和货币指标为计量单位，综合反映竣工建设项目全部建设费用、建设成果和财务状况的总结性文件，是竣工验收报告的重要组成部分。

4.【答案】ABCE

【解析】本题考查的是竣工决算。建设项目竣工决算应包括从筹集到竣工投产全过程的全部实际费用，即包括建筑工程费、安装工程费、设备工器具购置费用及预备费等费用。

5.【答案】ABCD

【解析】本题考查的是竣工决算。建设项目竣工决算应包括从筹集到竣工投产全过程的全部实际费用，即包括建筑工程费、安装工程费、设备工器具购置费用及预备费等费用。竣工财务决算说明书和竣工财务决算报表两部分又称建设项目竣工财务决算，是竣工决算的核心内容。竣工决算是正确核定新增固定资产价值，考核分析投资效果，建立健全经济责任制的依据，是反映建设项目实际造价和投资效果的文件。建设项目竣工决算是办理交付使用资产的依据，也是竣工验收报告的重要组成部分。建设单位与使用单位在办理交付资产的验收交接手续时，通过竣工决算反映了交付使用资产的全部价值，包括固定资产、流动资产、无形资产和其他资产的价值。

6.【答案】ABCD

【解析】本题考查的是竣工决算。竣工决算是由竣工财务决算说明书、竣工财务决算报表、工程竣工图和工程竣工造价对比分析四部分组成。

7.【答案】AB

【解析】本题考查的是竣工决算。其中竣工财务决算说明书和竣工财务决算报表两部分又称建设项目竣工财务决算，是竣工决算的核心内容。

8.【答案】ABDE

【解析】本题考查的是竣工决算。建设项目竣工决算报表包括：基本建设项目概况表、基本建设项目竣工财务决算表、基本建设项目资金情况明细表、基本建设项目交付使用资产总表、基本建设项目交付使用资产明细表、待摊投资明细表、待核销基建支出明细表、转出投资明细表等。

9.【答案】ABE

【解析】本题考查的是竣工决算。建设项目竣工决算报表包括：基本建设项目概况表、基本建设项目竣工财务决算表、基本建设项目资金情况明细表、基本建设项目交付使用资产总表、基本建设项目交付使用资产明细表、待摊投资明细表、待核销基建支出明细表、转出投资明细表等。

10.【答案】ABCD

【解析】本题考查的是竣工决算。建设工程竣工图是真实地记录各种地上、地下建筑物和构筑物等情况的技术文件，是工程进行交工验收、维护、改建和扩建的依据，是国家的重要技术档案。

编制竣工图的形式和深度，应根据不同情况区别对待，其具体要求包括：

（1）凡按图竣工没有变动的，由承包人（包括总包和分包承包人）在原施工上加盖“竣工图”章之后，即作为竣工图。

（2）凡在施工过程中，虽有一般性设计变更，但能将原施工图加以修改补充作为竣工图的，可不重新绘制，由承包人负责在原施工图（必须是新蓝图）上注明修改的部分，并附以设计变更通知单和施工说明，加盖“竣工图”标志后，作为竣工图。

（3）凡结构形式改变、施工工艺改变、平面布置改变、项目改变以及有其他重大改变，不宜再在原施工图上修改、补充时，应重新绘制改变后的竣工图。由原设计原因造成的，由设计单位负责重新绘制；由施工原因造成的，由承包人负责重新绘图；由其他原因造成的，由建设单位自行绘制或委托设计单位绘制。承包人负责在新图上加盖“竣工图”标志，并附以有关记录和说明作为竣工图。

（4）为了满足竣工验收和竣工决算需要，还应绘制反映竣工工程全部内容的工程设计平面示意图。

（5）重大的改建、扩建工程项目涉及原有的工程项目变更时，应将相关项目的竣工图资料统一整理归档，并在原图案卷内增补必要的说明一起归档。

11.【答案】ABCD

【解析】本题考查的是竣工决算。工程造价对比分析在实际工作中，应主要分析以下内容：

（1）考核主要实物工程量。

（2）考核主要材料消耗量。

（3）考核建设单位管理费、措施费和间接费的取费标准。

第四篇　安装工程计量与计价应用

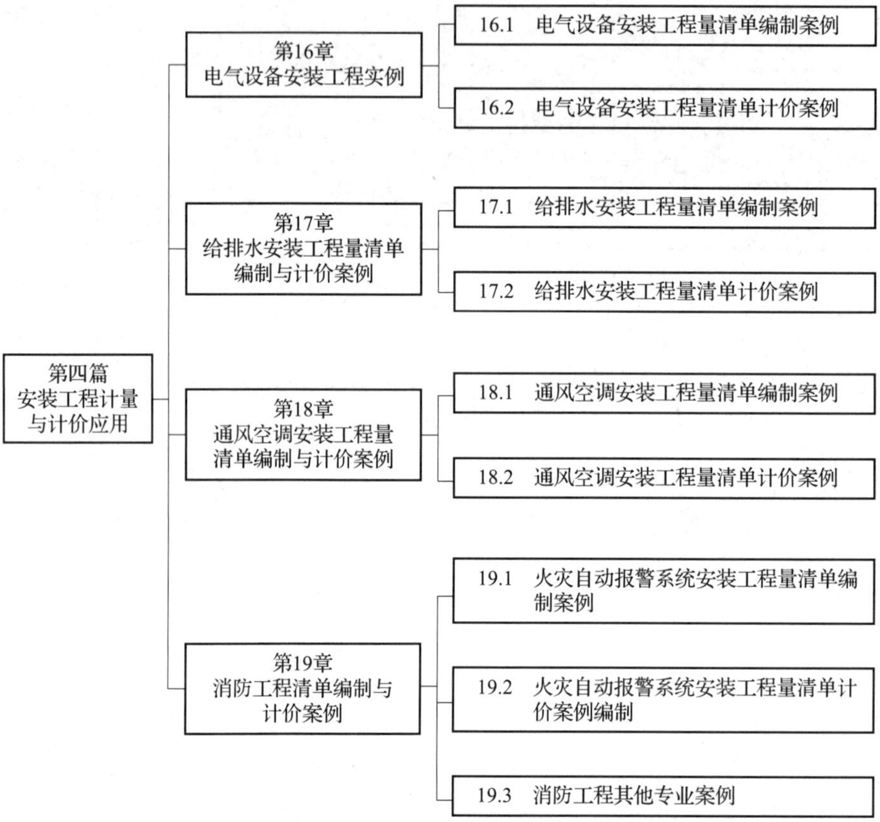

本篇知识导图

第 16 章　电气设备安装工程实例

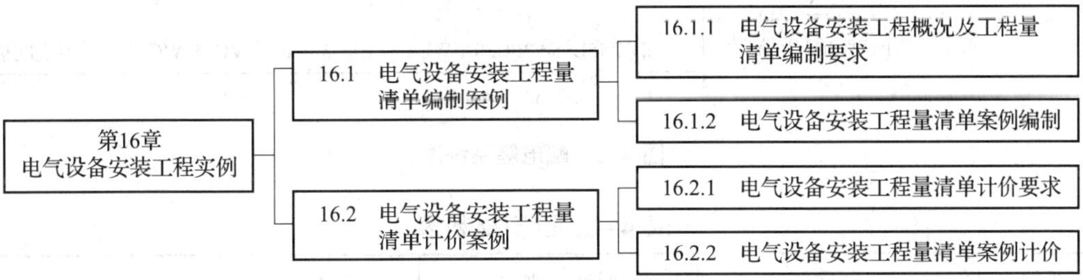

本章知识导图

本章习题精选

【材料题 1】

【背景】某办公室照明平面图、配电箱系统图分别如图 4-1、图 4-2 所示，材料表如表 4-1 所示。说明如下：

（1）配电箱尺寸为 480mm × 260mm × 180mm（宽 × 高 × 厚），距地 1.4m 挂墙明装。

（2）楼层高为 3m，埋地管进入地板深度为 0.1m。

（3）配管水平长度见图示括号内数字，单位：m。

（4）导线配穿管管径见表 4-2：

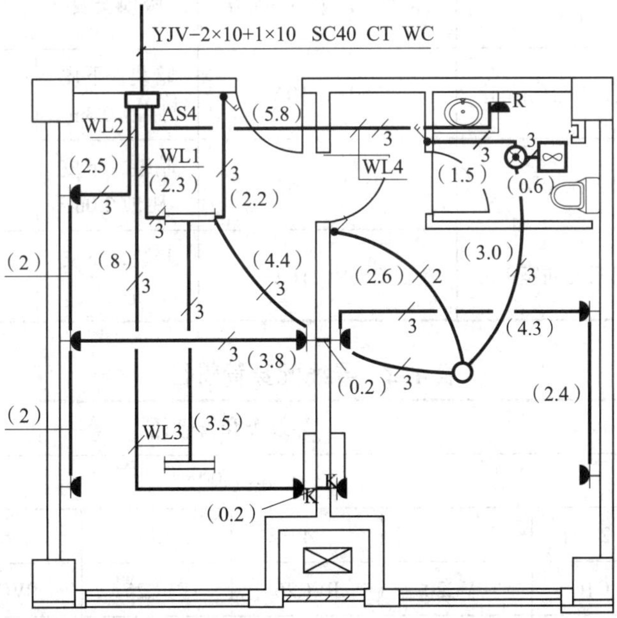

图 4-1　照明平面图

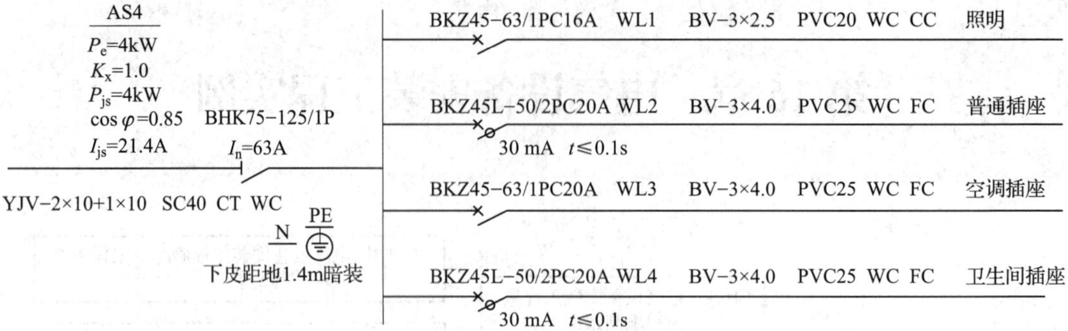

图 4-2 配电箱系统图

表 4-1 设备材料表

图例	名称	型号、规格	安装方式	备注
	照明配电箱	见图 4-2	见图 4-2	—
	双管荧光灯	2×36W，Φ=3 350 lm，Ra>80，色温 4 000K	吸顶安装	高效节能型灯具，配符合国家能效标准电子镇流器
	一、二联墙壁开关	250V，10A	暗装，下皮距地 1.3m	—
	防水防尘灯	1×36W，Φ=2 900 lm	吸顶安装	高效节能型灯具
	排风扇	φ300	吸顶安装	—
	电子节能灯，灯具自带蓄电池	1×24W，Φ=1 800 lm	吸顶安装	高效节能型灯具，应急时间不小于 30min
	单相二孔＋三孔插座	250V，10A	暗装，下皮距地 0.3m	安全型
	单相三孔插座	250V，16A	暗装，下皮距地 2.0m	带开关，空调插座
	单相三孔插座	250V，16A	暗装，下皮距地 2.3m	带开关，热水器插座

表 4-2 导线配穿管管径

导线截面	导线配穿管管径					
	导线根数					
	2	3	4	5	6	7
BV-2.5mm²	PVC16	PVC20	PVC25	PVC25	PVC25	PVC32
BV-4.0mm²	PVC20	PVC25	PVC25	PVC32	PVC32	PVC32

【问题】根据《通用安装工程工程量计算规范》GB 50856—2013 和广东省现行计价依据的相关规定，完成下列不定项选择题（共 10 题，每题选项中至少有 1 项正确）。

1. 计算 WL1 回路电气配管 PVC20 的清单工程量为（　　）m。

A. 22.50　　B. 22.24

C. 26.54　　D. 26.80

2. 计算 WL1 回路电气配管 PVC16 的清单工程量为（　　）m。

A. 4.30　　B. 2.60

C. 6.00　　D. 8.20

3. 计算 WL1 回路电气配线 BV–2.5mm^2 的清单工程量为（　　）m。

A. 74.14　　B. 74.92

C. 78.32　　D. 77.54

4. 计算 WL2 回路电气配管 PVC25 的清单工程量为（　　）m。

A. 20.70　　B. 23.90

C. 22.50　　D. 21.10

5. 计算 WL2 回路电气配线 BV–4mm^2 的清单工程量为（　　）m。

A. 64.32　　B. 62.10

C. 73.92　　D. 71.70

6. 计算空调插座的清单工程量为（　　）个。

A. 1　　B. 2

C. 3　　D. 4

7. 防水防尘灯的清单项目编码为（　　）。

A. 030412001001　　B. 030412002001

C. 030412003001　　D. 030412004001

8. 配电箱清单项目特征应表述内容包括（　　）。

A. 安装部位：室内

B. 端子板外部接线材质、规格：无端子外部接线 4mm^2 9 个

C. 安装方式：挂墙明装

D. 规格：480mm × 260mm × 180mm（宽 × 高 × 厚）

9. 配电箱 AS4 对应的定额编号是（　　）。

A. C4–4–29　　B. C4–4–30　　C. C4–4–35　　D. C4–4–31

10. 已知 BV–4mm^2 导线的单价为 3.10 元 /m，计算电气配线 BV–4mm^2 清单项目的综合单价为（　　）元。

A. 4.52　　B. 4.39　　C. 4.14　　D. 5.32

【材料题 2】

【背景】某宿舍照明平面图、系统图如图 4–3、图 4–4 所示，材料表如表 4–3 所示。该宿舍层高为 3.6m，配电箱 ALK 规格为 600mm × 400mm × 200mm（宽 × 高 × 厚），嵌墙暗装，安装高度距地 1.4m。暗配管埋入顶板及地板的深度均为 0.1m，空调插座为挂式空调插座。换气扇距顶板 0.4m。计算结果保留两位小数。

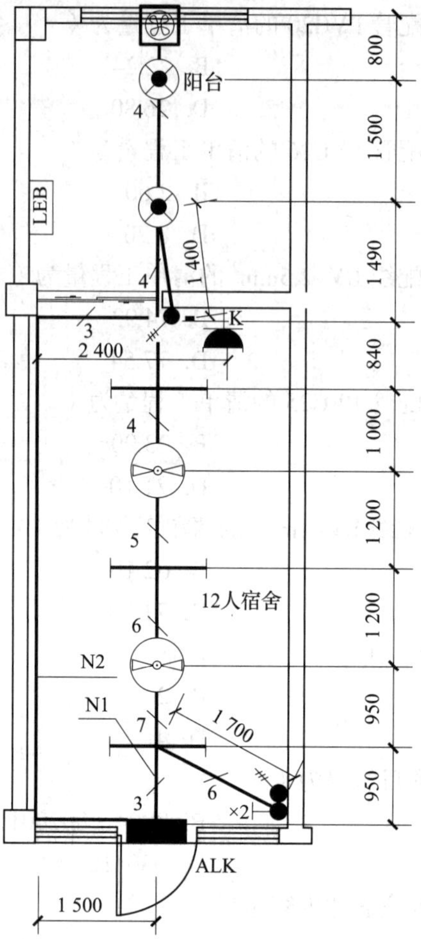

图 4-3　平面图

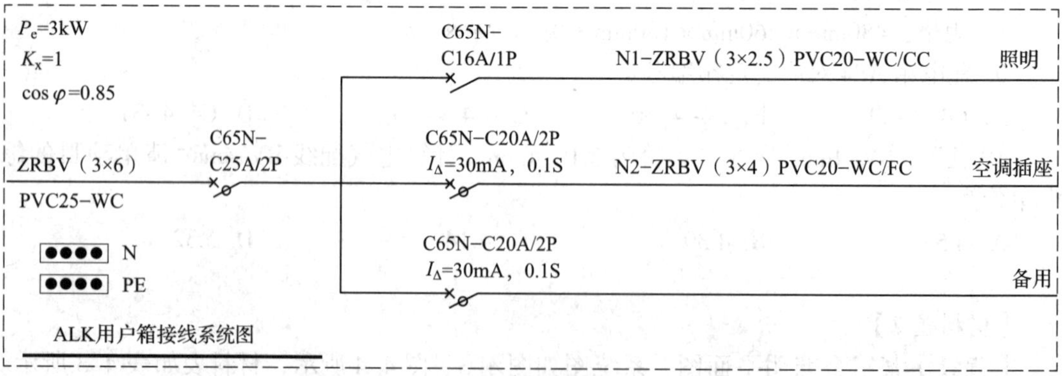

图 4-4　系统图

表 4-3　设备材料表

序号	符号	名称	型号、规格	备注
1		防水节能吸顶灯	1×18W，YP Ra=83，色温 4 300K， Φ=2 500 lm	吸顶安装
2		单管荧光灯（T8 三基色高效）	NDLE473-1×28W 蝠翼式 Ra=85，色温 3 500K， Φ=2 800 lm	吸顶安装
3		吸顶摇头扇	带防护罩	吸顶安装
4		风扇调速开关（随吊扇配来）	L86Ts，100W，250V	底边距地 1.4m 墙上安装
5		暗装三联跷板开关	AC250V，10A	底边距地 1.4m 墙上安装
6		暗装单相三极插座	3 孔插座安全型， AC250V，16A	挂（柜）机距顶（地）板 0.4m 嵌入式安装
7		暗装铁壳配电箱	见图 4-4	安装方式见设计说明
8	LEB	局部等电位联结接线盒	局部等电位联结接线盒	暗装底边距地 0.3m

【问题】根据《通用安装工程工程量计算规范》GB 50856—2013 和广东省现行计价依据的相关规定，完成下列不定项选择题（共 10 题，每题选项中至少有 1 项正确）。

1. 计算 N1 回路电气配管 PVC20 的清单工程量为（　　）m。

A. 23.50　　B. 23.53　　C. 22.83　　D. 24.80

2. 计算 N2 回路电气配管 PVC20 的清单工程量为（　　）m。

A. 14.84　　B. 12.60　　C. 12.19　　D. 18.20

3. 计算 N1 回路电气配线 BV-2.5mm^2 的清单工程量为（　　）m。

A. 96.55　　B. 99.36　　C. 96.49　　D. 99.49

4. 计算 N2 回路电气配线 BV-4mm^2 的清单工程量为（　　）m。

A. 47.52　　B. 44.52　　C. 47.44　　D. 44.70

5. 计算单管荧光灯的清单工程量为（　　）套。

A. 1　　B. 2　　C. 3　　D. 4

6. 计算开关盒的清单工程量为（　　）个。

A. 1　　B. 2　　C. 3　　D. 4

7. 排风扇的清单项目编码为（　　）。

A. 030404033001　　B. 030404032001

C. 030404031001　　D. 030404036001

8. N1 回路电气配线清单项目特征表述内容应包括（　　）。

A. 名称：管内穿线　　B. 配线形式：动力线路

C. 型号、规格：BV–4mm^2　　D. 材质：铜芯

9. 风扇调速开关对应的定额编号是（　　）。

A. C4–4–154　　B. C4–4–156　　C. C4–4–155　　D. C4–4–157

10. 已知 BV–2.5mm^2 导线的单价为 2.60 元 /m，计算电气配线 BV–2.5mm^2 清单项目的综合单价为（　　）元。

A. 4.18　　B. 4.02　　C. 3.76　　D. 3.82

【材料题 3】

【背景】某照明平面图如图 4–5 所示，材料表如表 4–4 所示。说明如下：

（1）照明配电箱 JM 为嵌入式安装，从配电箱引出的导线为 2 根 BV–2.5mm^2。

（2）管路均采用镀锌钢管 *DN*20 沿顶板、墙暗配。一、二层顶板内敷管标高分别为 3.30m 和 6.50m，管内穿绝缘导线 BV–2.5mm^2。

（3）配管水平长度见图示括号内数字，单位为 m。括号外数字表示该段导线根数。

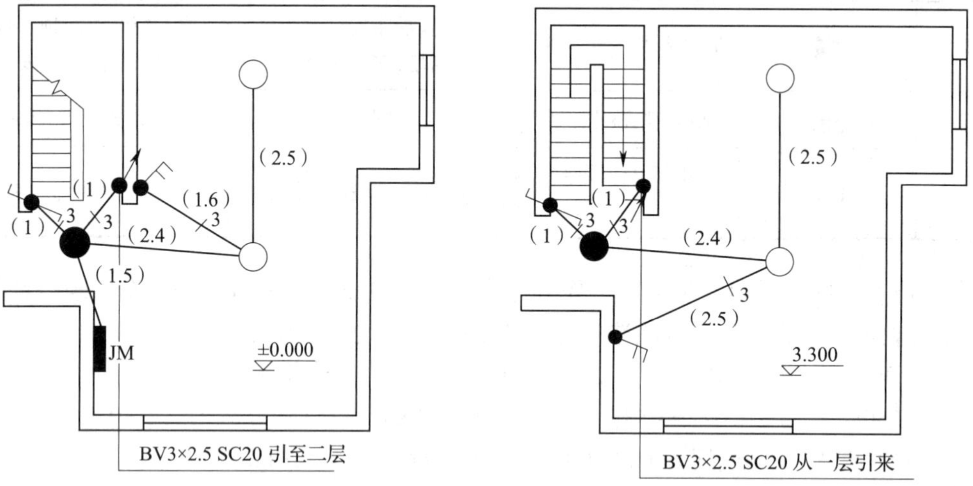

（a）一层平面图（局部）　　（b）二层平面图（局部）

图 4–5　照明平面图

表 4–4　设备材料表

序号	图例	名称、型号、规格	备注
1		照明配电箱 JM，600mm × 400mm × 120mm（宽 × 高 × 厚）	嵌墙暗装，箱底标高 1.6m
2		装饰灯，FZS–164，1 × 100W	吸顶
3		圆球罩灯，JXD1–1，1 × 40W	吸顶
4		单联单控暗开关，10A，250V	暗装，安装高度 1.3m
5		双联单控暗开关，10A，250V	
6		单联双控暗开关，10A，250V	

【问题】根据《通用安装工程工程量计算规范》GB 50856—2013 和广东省现行计价依据的相关规定，完成下列不定项选择题（共 10 题，每题选项中至少有 1 项正确）。

1. 计算一层回路电气配管镀锌钢管 *DN*20 的清单工程量为（　　）m。

A. 11.30　　B. 13.30

C. 15.30　　D. 15.34

2. 计算二层回路电气配管镀锌钢管 *DN*20 的清单工程量为（　　）m。

A. 16.40　　B. 16.70

C. 19.00　　D. 19.30

3. 计算二层电气配线 BV-2.5mm^2 的清单工程量为（　　）m。

A. 47.40　　B. 46.30

C. 44.30　　D. 45.30

4. 计算总回路电气配线 BV-2.5mm^2 的清单工程量为（　　）m。

A. 79.55　　B. 90.50

C. 88.50　　D. 92.50

5. 计算单联双控暗开关的清单工程量为（　　）个。

A. 1　　B. 2

C. 3　　D. 4

6. BV-2.5mm^2 无端子外部接线的定额编号是（　　）。

A. C4-4-192　　B. C4-4-193

C. C4-4-194　　D. C4-4-195

7. 照明开关的清单项目编码为（　　）。

A. 030404019001　　B. 030404036001

C. 030404031001　　D. 030404034001

8. 配电箱清单项目特征表述内容应包括（　　）。

A. 安装部位：室内

B. 端子板外部接线材质、规格：无端子外部接线 2.5mm^2 2 个

C. 安装方式：挂墙明装

D. 规格：600mm × 400mm × 120mm（宽 × 高 × 厚）

9. 配电箱 JM 对应的定额编号是（　　）。

A. C4-4-29　　B. C4-4-30

C. C4-4-31　　D. C4-4-35

10. 已知镀锌钢管 *DN*20 的单价为 6.36 元 /m，计算镀锌钢管 *DN*20 清单项目的综合单价为（　　）元。

A. 16.77　　B. 15.55　　C. 15.36　　D. 16.00

【材料题 4】

【背景】某门卫室照明平面图、插座平面图、系统图分别如图 4-6 ~ 图 4-8 所示，材料表如表 4-5 所示。建筑物层高为 3.9m，暗配管埋入顶板及地板的深度均为 0.1m，配管水平长度见图示括号内数字（单位：m）。计算结果保留两位小数。

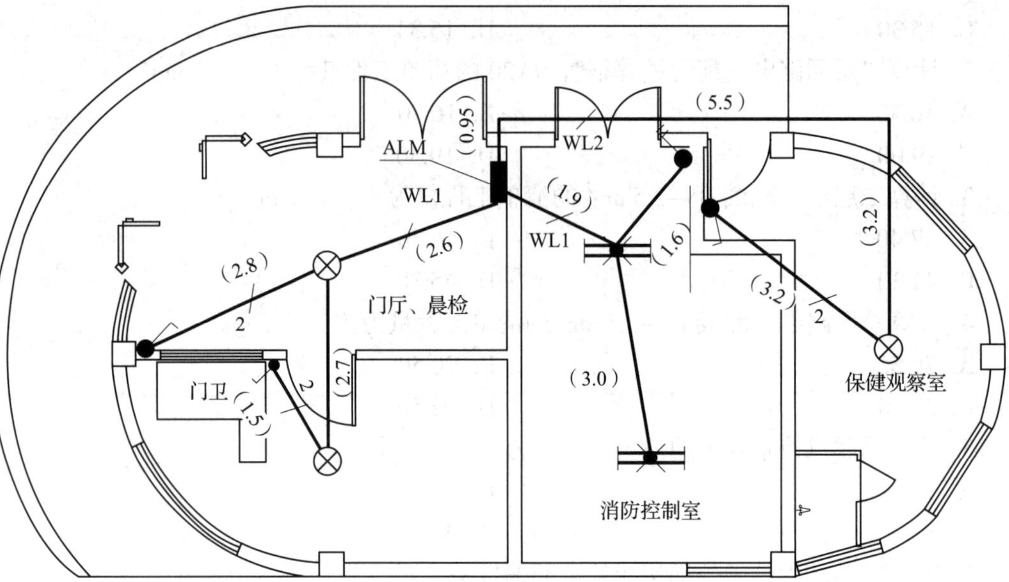

图 4-6　门卫室照明平面图

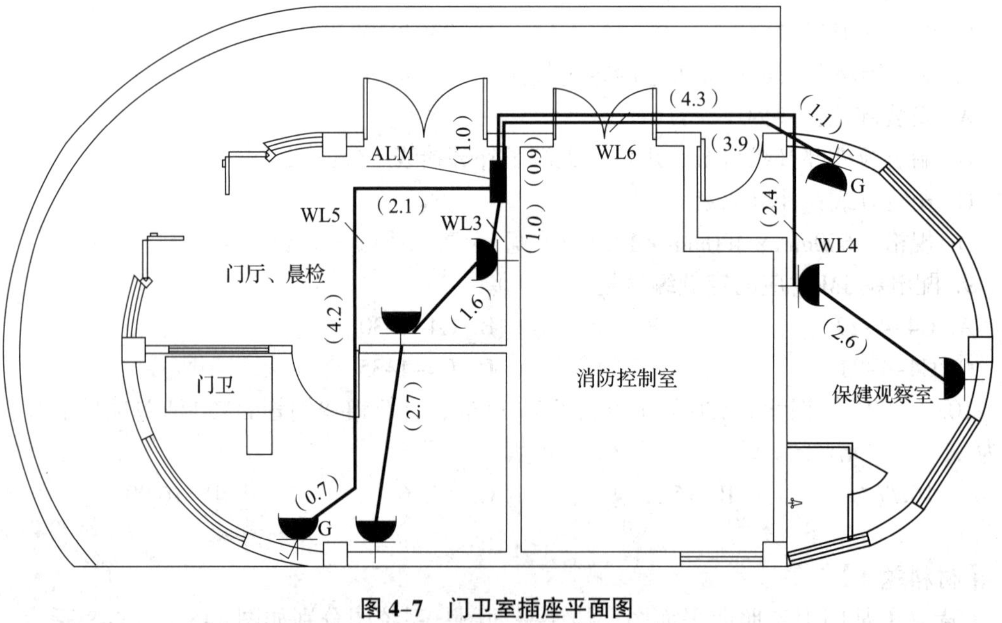

图 4-7　门卫室插座平面图

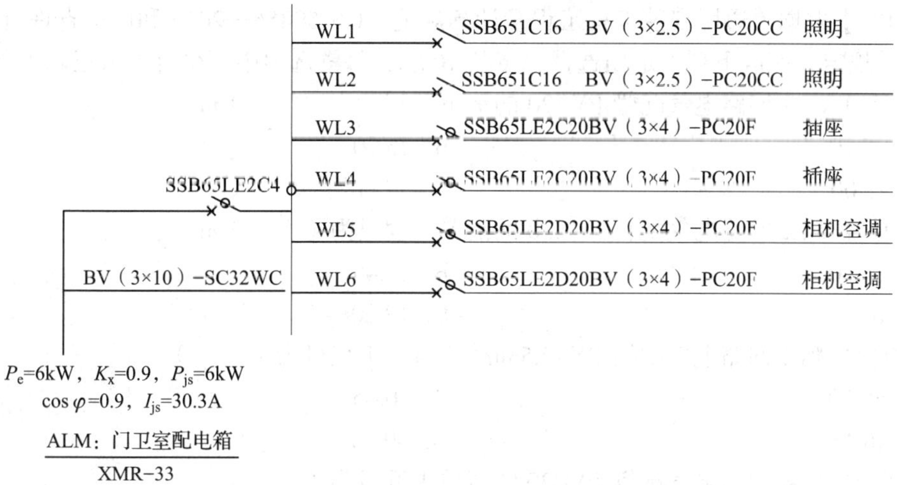

图 4-8　系统图

表 4-5　设备材料表

序号	图例	名称	规格	备注
1		多种电源配电箱	800mm×600mm×200mm（宽×高×厚）	底边距地 1.7m 暗装
2		照明配电箱	600mm×400mm×200mm（宽×高×厚）	底边距地 1.7m 暗装
3		隔爆灯	1×40W	吸顶安装
4		专用电路上的应急照明灯	1×1W	吸顶安装
5		双管荧光灯	2×28W	吸顶安装
6		防水防尘灯	1×16W	吸顶安装
7		白炽灯	1×16W	吸顶安装
8		带保护接点暗装插座	5 孔，250V，10A	底边距地 0.3m 暗装
9		带开关三孔暗装插座	3 孔，250V，16A	底边距地 1.3m 暗装
10		双联开关	AC250V，10A	底边距地 1.4m 墙上暗装
11		吊扇调速开关	L86Ts，100W，250V	底边距地 1.4m 墙上明装
12		开关	AC250V，10A	底边距地 1.4m 墙上暗装
13		轴流风扇	300 型	距顶 0.5m 安装墙上安装

【问题】根据《通用安装工程工程量计算规范》GB 50856—2013 和广东省现行计价依据的相关规定，完成下列不定项选择题（共 10 题，每题选项中至少有 1 项正确）。

1. 计算 WL1 回路电气配管 PVC20 的清单工程量为（　　）m。

A. 26.10　　B. 25.20

C. 28.00　　D. 27.90

2. 计算 WL2 回路电气配管 PVC20 的清单工程量为（　　）m。

A. 14.30　　B. 17.45

C. 16.45　　D. 18.20

3. 计算 WL2 回路电气配线 BV-2.5mm^2 的清单工程量为（　　）m。

A. 46.70　　B. 46.45

C. 48.45　　D. 49.45

4. 计算 WL4 回路电气配管 PVC20 的清单工程量为（　　）m。

A. 15.00　　B. 13.30

C. 12.50　　D. 12.90

5. 计算 WL4 回路电气配线 BV-4mm^2 的清单工程量为（　　）m。

A. 29.80　　B. 42.90

C. 31.80　　D. 39.90

6. 计算灯头盒的清单工程量为（　　）个。

A. 1　　B. 3

C. 5　　D. 7

7. 计算带保护接点暗装插座的清单工程量为（　　）个。

A. 1　　B. 3

C. 5　　D. 7

8. 带开关三孔暗装插座清单项目特征表述内容应包括（　　）。

A. 名称：带开关三孔暗装插座　　B. 个数：5 个

C. 安装方式：暗装　　D. 规格：3 孔，250V，16A

9. 双管荧光灯对应的定额编号是（　　）。

A. C4-12-240　　B. C4-12-246

C. C4-12-243　　D. C4-12-249

10. 已知双管荧光灯的单价为 120 元 / 套，计算双管荧光灯清单项目的综合单价为（　　）元。

A. 172.60　　B. 160.67　　C. 154.51　　D. 167.64

【材料题 5】

【背景】某门卫室防雷接地平面图如图 4-9 所示，屋顶标高 3.9m，女儿墙 0.6m，室内外高差为 0.3m。女儿墙上暗敷 ϕ10 镀锌圆钢作为避雷带，利用柱内 4 根 ϕ14 主筋作为引下线，距室外地坪 0.5m 处设防雷接地测试点，在埋深 1m 处设置 -40 × 4 镀锌扁钢，伸出屋外距外墙皮 1.5m。沿建筑周边敷设一圈 -40 × 4 镀锌扁钢作为接地体，埋深 1.0m。计算结果保留两位小数。

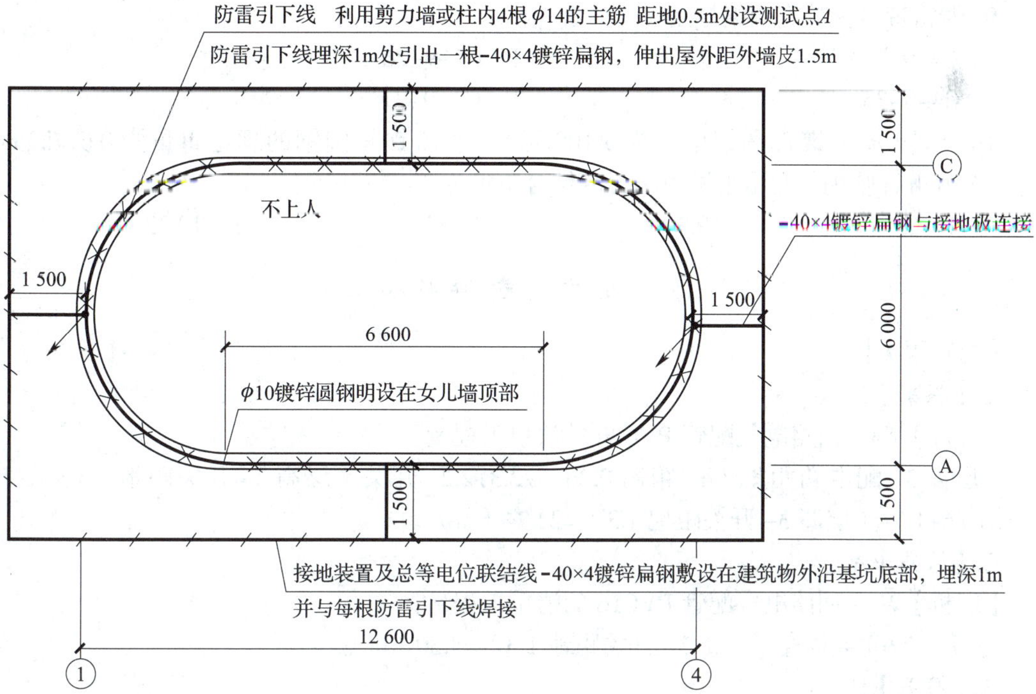

图 4-9　防雷接地平面图

【问题】根据《通用安装工程工程量计算规范》GB 50856—2013 和广东省现行计价依据的相关规定，完成下列不定项选择题（共 10 题，每题选项中至少有 1 项正确）。

1. 计算 ϕ10 镀锌圆钢作避雷带的清单工程量为（　　）m。

A. 32.04　　B. 33.29　　C. 33.41　　D. 32.84

2. 计算引下线的清单工程量为（　　）m。

A. 24.71　　B. 24.10　　C. 23.20　　D. 46.40

3. 计算-40×4 镀锌扁钢接地母线的清单工程量为（　　）m。

A. 55.20　　B. 48.05　　C. 56.58　　D. 57.35

4. 计算测试板的清单工程量为（　　）块。

A. 1　　B. 2　　C. 3　　D. 4

5. 计算接地母线土方的清单工程量为（　　）m^3。

A. 0.00　　B. 5.20　　C. 6.21　　D. 24.84

6. 引下线的清单项目编码为（　　）。

A. 030409003001　　B. 030409002001

C. 030409004001　　D. 030409005001

7. 接地母线对应的定额编号为（　　）。

A. C4-9-18　　B. C4-9-19　　C. C4-9-20　　D. C4-9-21

8. 避雷带清单项目特征表述内容应包括（　　）。

A. 安装部位：室外　　B. 材质：镀锌扁钢

C. 安装方式：明设在女儿墙顶部　　D. 规格：ϕ10

9. 避雷带对应的定额编号是（ ）。

A. C4–9–29　　B. C4–9–26

C. C4–9–35　　D. C4–9–31

10. 已知 ϕ10 镀锌圆钢单价为 5 100 元 /t，ϕ10 镀锌圆钢的理论重量为 0.617kg/m，计算 ϕ10 镀锌圆钢作避雷带清单项目的综合单价为（ ）元。

A. 18.42　　B. 19.39　　C. 18.82　　D. 19.32

本章习题解析

【材料题 1】

1.【答案】B

【解析】WL1 回路电气配管 PVC20 的清单工程量：

（层高 3– 配电箱距地 1.4– 箱高 0.26）+2.3+2.2+ 开关（层高 3– 开关距地 1.3）+3.5+4.4+3+0.6+1.5+（层高 3– 开关距地 1.3）=22.24（m）。

2.【答案】A

【解析】WL1 回路电气配管 PVC16 的清单工程量：

水平（2.6）+ 竖直（层高 3– 开关距地 1.3）=4.30（m）。

3.【答案】D

【解析】计算 WL1 回路电气配线 BV–2.5mm^2 的清单工程量：

4.3×2+22.24×3+ 配电箱预留（0.48+0.26）×3=77.54（m）。

4.【答案】B

【解析】计算 WL2 回路电气配管 PVC25 的清单工程量：

立引下（配电箱底 1.4+0.1）+ 水平（2.5+2+2+3.8+0.2+4.3+2.4）+ 竖直（0.3+0.1）×13=23.90（m）。

5.【答案】C

【解析】计算 WL2 回路电气配线 BV–4mm^2 的清单工程量：

23.90×3+ 配电箱预留（0.48+0.26）×3=73.92（m）。

6.【答案】B

【解析】由图 4–2 可知，空调插座的清单工程量共 2 个。

7.【答案】B

【解析】防水防尘灯属于工厂灯，查《通用安装工程工程量计算规范》GB 50856—2013 表 D.12，应按工厂灯编码列项，前九位为 030412002，后三位为 001，项目编码为 030412002001。

8.【答案】BCD

【解析】查《通用安装工程工程量计算规范》GB 50856—2013 表 D.4 配电箱清单项目，项目特征需要表述：名称，型号，规格，基础形式、材质、规格，接线端子材质、规格，端子板外部接线材质、规格，安装方式。

9.【答案】D

【解析】根据《广东省通用安装工程综合定额（2018）》第四册《电气设备安装工程》第 C.4.4.9 节配电箱，AS4 规格为 480mm×260mm×180mm（宽 × 高 × 厚），半周长为

0.48+0.26=0.74（m），悬挂安装对应的定额号为 C4-4-31。

10.【答案】A

【解析】电气配线 $BV-4mm^2$ 清单项目对应于定额子目 C4-11-215，计算清单项目的综合单价为：1.039 6+0.683 4 × 20%+1.08 × 3.10=4.52（元）。

【材料题 2】

1.【答案】C

【解析】N1 回路电气配管 PVC20 的清单工程量：

（层高 3.6+0.1- 配电箱距地 1.4- 箱高 0.4+0.95）（3 线）+ 开关（1.7+ 层高 3.6+0.1- 开关距地 1.4）（6 线）+0.95（7 线）+1.2（6 线）+1.2（5 线）+1（4 线）+（0.84+1.49）（3 线）+（1.4+ 层高 3.6+0.1- 开关距地 1.4）（4 线）+1.5（4 线）+（0.8+ 层高 3.6+0.1- 排气扇距地 0.4）（3 线）=9.28（3 线）+6.2（4 线）+1.2（5 线）+5.2（6 线）+0.95（7 线）=22.83（m）。

2.【答案】A

【解析】N2 回路电气配管 PVC20 的清单工程量：

竖直（配电箱距地 1.4+ 配线管埋深 0.1+ 插座距地高度 3.6-0.4+ 配线管埋深 0.1）+ 水平（1.5+0.95+0.95+1.2+1.2+1+0.84+2.4）=14.84（m）。

3.【答案】D

【解析】计算 N1 回路电气配线 $BV-2.5mm^2$ 的清单工程量：

9.28 × 3+6.2 × 4+1.2 × 5+5.2 × 6+0.95 × 7+ 配电箱预留（0.6+0.4）× 3=99.49（m）。

4.【答案】A

【解析】计算 N2 回路电气配线 $BV-4mm^2$ 的清单工程量：

14.84 × 3+ 配电箱预留（0.6+0.4）× 3=47.52（m）。

5.【答案】C

【解析】由图 4-4 可知，单管荧光灯的清单工程量共 3 套。

6.【答案】D

【解析】由图 4-4 可知，开关盒的清单工程量共 4 个。

7.【答案】A

【解析】排风扇属于风扇，查《通用安装工程工程量计算规范》GB 50856—2013 表 D.4，应按风扇编码列项，前九位为 030404033，后三位为 001，项目编码为 030404033001。

8.【答案】AD

【解析】查《通用安装工程工程量计算规范》GB 50856—2013 表 D.11 配线清单项目，项目特征需要表述：名称，配线形式，型号，规格，材质，配线部位，配线线制，钢索材质、规格。N1 回路为照明线路，电气配线型号、规格为 $BV-2.5mm^2$。

9.【答案】C

【解析】根据《广东省通用安装工程综合定额（2018）》第四册《电气设备安装工程》第 C.4.4.24 节其他电器，套风扇调速开关明装安装对应的定额号为 C4-4-155。

10.【答案】A

【解析】电气配线 $BV-2.5mm^2$ 清单项目对应于定额子目 C4-11-215，计算清单项目的综合单价为：1.1627+0.7785 × 20%+1.10 × 2.60=4.18（元）。

【材料题 3】

1.【答案】C

【解析】一层回路电气配管镀锌钢管 *DN*20 的清单工程量：

（一层敷设高度 3.3- 配电箱底 1.6- 配电箱高 0.4+1.5）（2 线）+ 开关（1+3.3-1.3）（3 线）+ 至二层 1（3 线）+2.4（2 线）+ 开关（1.6+3.3-1.3）（3 线）+2.5（2 线）=7.7（2 线）+ 7.6（3 线）=15.30（m）。

2.【答案】A

【解析】二层回路电气配管镀锌钢管 *DN*20 的清单工程量：

至二层（6.5-3.3+1）（3 线）+ 开关（1+6.5-3.3-1.3）（3 线）+2.4（2 线）+ 开关（2.5+ 6.5-3.3-1.3）（3 线）+2.5（2 线）=11.5（3 线）+4.9（2 线）=16.40（m）。

3.【答案】C

【解析】计算二层回路电气配线 BV-2.5mm^2 的清单工程量：

11.5×3+4.9×2=44.30（m）。

4.【答案】B

【解析】计算总回路电气配线 BV-2.5mm^2 的清单工程量：

（7.7+4.9）×2+（9.6+11.5）×3+ 配电箱预留（0.6+0.4）×2=90.50（m）。

5.【答案】B

【解析】由图 4-5 可知，单联双控暗开关的清单工程量共 2 个。

6.【答案】A

【解析】BV-2.5mm^2 导线截面积 2.5m^2 ≤ 6m^2，执行无端子外部接线定额项目，截面积为 2.5m^2，因此定额编号为 C4-4-192。

7.【答案】D

【解析】照明开关，查《通用安装工程工程量计算规范》GB 50856—2013 表 D.4，按照明开关编码列项，前九位为 030404034，后三位为 001，项目编码为 030404034001。

8.【答案】BD

【解析】查《通用安装工程工程量计算规范》GB 50856—2013 表 D.4 配电箱清单项目，项目特征需要表述：名称，型号，规格，基础形式、材质、规格，接线端子材质、规格，端子板外部接线材质、规格，安装方式。

9.【答案】D

【解析】根据《广东省通用安装工程综合定额（2018）》第四册《电气设备安装工程》第 C.4.4.9 节配电箱，AS4 规格为 600mm×400mm×120mm（宽 × 高 × 厚），半周长为 0.6+0.4=1.0（m），嵌入安装对应的定额号为：C4-4-35。

10.【答案】A

【解析】镀锌钢管 *DN*20 清单项目对应于定额子目 C4-11-31，计算清单项目的综合单价为：8.999 6+6.076 5×20%+1.03×6.36=16.77（元）。

【材料题 4】

1.【答案】C

【解析】WL1 回路电气配管 PVC20 的清单工程量（未标注为 3 线）：

（层高 3.9+0.1- 配电箱距地 1.7- 箱高 0.4）×2+1.9+3.0+ 开关（1.6+ 层高 3.9+0.1- 开关距地 1.3）+2.6+ 开关（2.8+ 层高 3.9+0.1- 开关距地 1.3）（2 线）+2.7+ 开关（1.5+ 层高 3.9+0.1- 开关距地 1.3）（2 线）=18.3（3 线）+9.7（2 线）=28.00（m）。

2.【答案】B

【解析】WL2 回路电气配管 PVC20 的清单工程量（未标注为 3 线）：

（层高 3.9+0.1- 配电箱距地 1.7- 箱高 0.4）+0.95+5.5+3.2+ 开关（3.2+ 层高 3.9+0.1- 开关距地 1.3）（2 线）=11.55（3 线）+5.9（2 线）=17.45（m）。

3.【答案】D

【解析】计算 WL2 回路电气配线 BV-2.5mm^2 的清单工程量：

11.55×3+5.9×2+ 配电箱预留（0.6+0.4）×3=49.45（m）。

4.【答案】B

【解析】计算 WL4 回路电气配管 PVC20 的清单工程量：

（配电箱距地 1.7+ 配线管埋深 0.1）+1+4.3+2.4+2.6+（插座距地 0.3+ 配线管埋深 0.1）×3=13.30（m）。

5.【答案】B

【解析】计算 WL4 回路电气配线 BV-4mm^2 的清单工程量：

13.30×3+ 配电箱预留（0.6+0.4）×3=42.90（m）。

6.【答案】C

【解析】由图 4-6 可知，白炽灯的清单工程量共 3 套，双管荧光灯 2 套。

7.【答案】C

【解析】由图 4-7 可知，带保护接点暗装插座的清单工程量共 5 个。

8.【答案】ACD

【解析】查《通用安装工程工程量计算规范》GB 50856—2013 表 D.4 插座清单项目，项目特征需要表述：名称、材质、规格、安装方式。

9.【答案】B

【解析】根据《广东省通用安装工程综合定额（2018）》第四册《电气设备安装工程》第 C.4.12.5 节荧光灯，普通成套型双管荧光灯具安装，吸顶安装对应的定额号为：C4-12-246。

10.【答案】B

【解析】双管荧光灯吸顶安装清单项目对应于定额子目 C4-12-246，计算清单项目的综合单价为：34.508+24.825×20%+1.01×120=160.67（元）。

【材料题 5】

1.【答案】B

【解析】ϕ10 镀锌圆钢作避雷带的清单工程量：

［6.6×2+（12.6-6.6）×3.14］×（1+ 附加长度 3.9%）=33.29（m）。

2.【答案】C

【解析】引下线的清单工程量：

［顶高 3.9+ 女儿墙高 0.6+ 底高（0.3+1.0）］× 个数 4=23.20（m）。

3.【答案】D

【解析】计算 -40×4 镀锌扁钢接地母线的清单工程量：

［（1.5+12.6+1.5）×2+（1.5+6+1.5）×2+1.5×4］×（1+附加长度 3.9%）=57.35（m）。

4.【答案】B

【解析】由图 4-9 可知，测试板的清单工程量共 2 块。

5.【答案】A

【解析】户外接地母线敷设定额是按自然地坪和一般土质综合考虑的，包括地沟的挖填土和夯实工作，执行本定额时不应再计算土方量。

6.【答案】A

【解析】引下线属于避雷引下线，查《通用安装工程工程量计算规范》GB 50856—2013 表 D.9，应按避雷引下线编码列项，前九位为 030409003，后三位为 001，项目编码为 030409003001。

7.【答案】B

【解析】根据《广东省通用安装工程综合定额（2018）》第四册《电气设备安装工程》第 C.4.9.2 节接地母线，户外接地母线对应的定额号为 C4-9-19。

8.【答案】BD

【解析】查《通用安装工程工程量计算规范》GB 50856—2013 表 D.4 避雷网清单项目，项目特征需要表述：名称、材质、规格、安装形式、混凝土块标号。

9.【答案】B

【解析】根据《广东省通用安装工程综合定额（2018）》第四册《电气设备安装工程》第 C.4.9.5 节避雷网，避雷网安装沿混凝土块敷设对应的定额号为 C4-9-26。

10.【答案】C

【解析】ϕ10 镀锌圆钢作避雷带清单项目对应于定额子目 C4-9-26，计算清单项目的综合单价为：13.587+（8.817+0.843）×20%+1.05×0.617×5.1=18.82（元）。

第 17 章　给排水安装工程量清单编制与计价案例

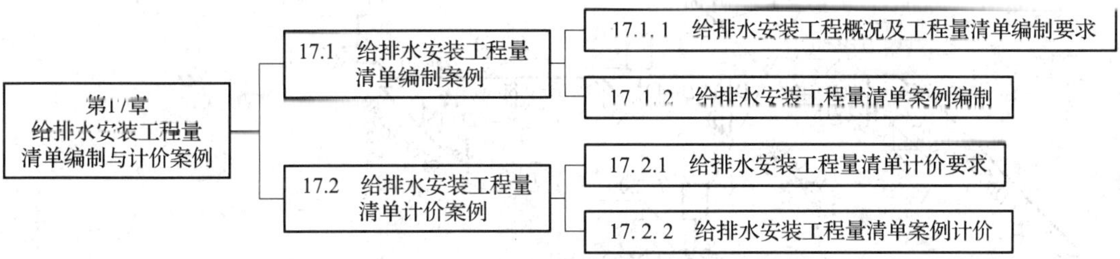

本章知识导图

本章习题精选

【材料题 1】

【背景】某公共卫生间给水平面图、系统图分别如图 4-10、图 4-11 所示。说明如下：

（1）本工程采用相对标高，单位以“m”计，尺寸以“mm”计。

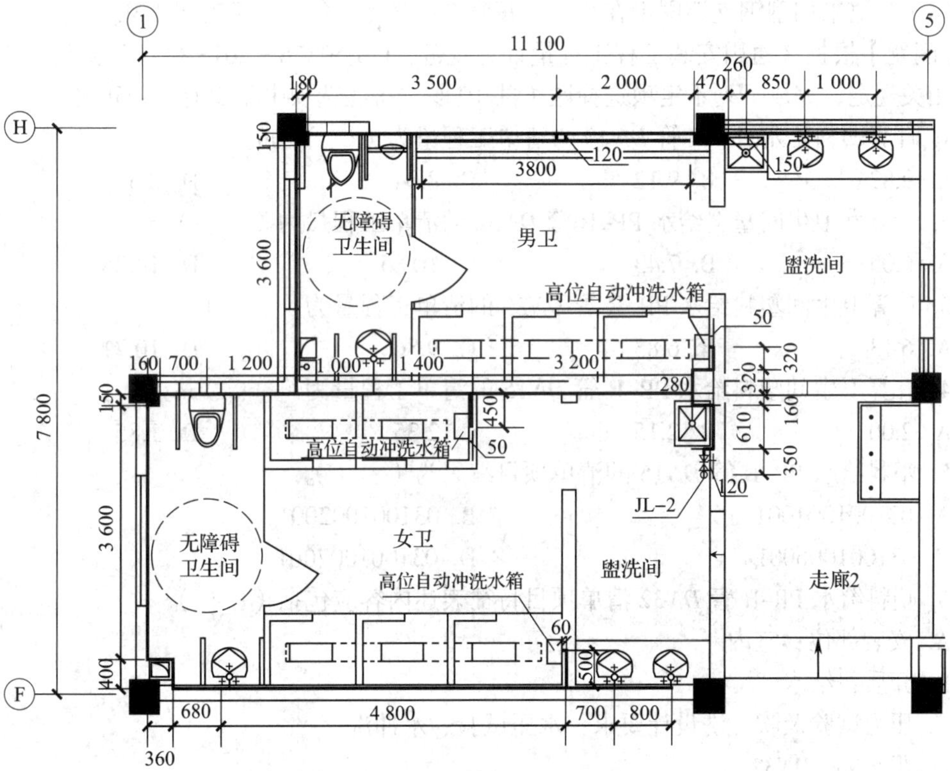

图 4-10　某公共卫生间给水平面图

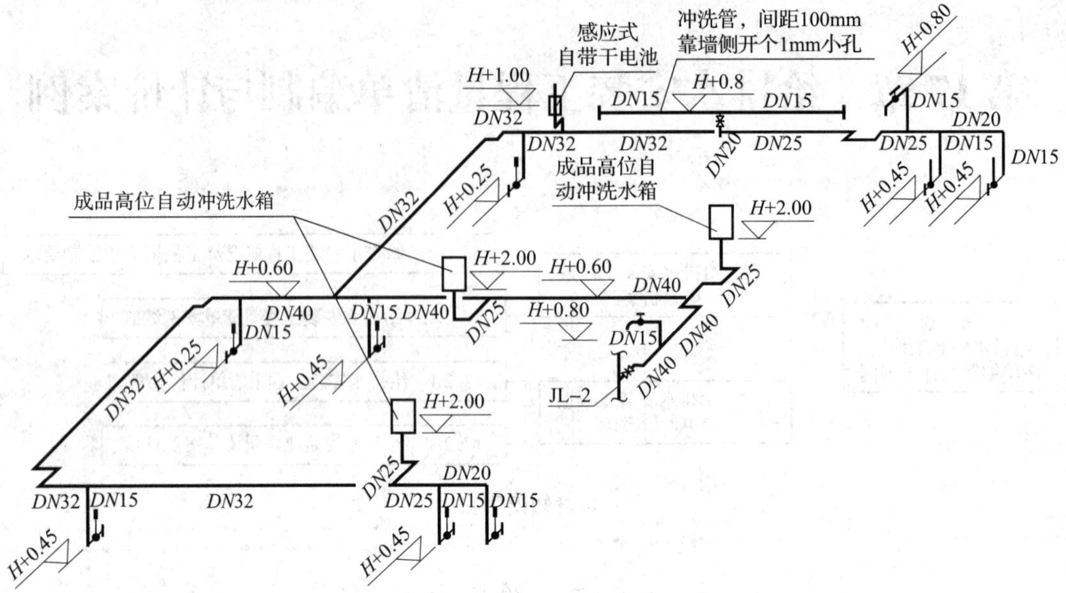

图 4-11　某公共卫生间给水系统图

（2）给水管采用 PP-R 管，热熔连接，沿墙明敷，安装完毕经水压试验合格后进行消毒冲洗。

（3）给水管穿楼板和内墙需设置钢套管，规格比所穿管道公称直径大两号。

（4）管道采用型钢支架固定在墙上，每隔 2m 设置一套，每套支架 1.3kg。

【问题】根据《通用安装工程工程量计算规范》GB 50856—2013 和广东省现行计价依据的相关规定，完成下列不定项选择题（共 10 题，每题选项中至少有 1 项正确）。

1. 计算塑料给水 PP-R 管 *DN*40 的清单工程量为（　　）m。

A. 9.82　　B. 9.12　　C. 8.04　　D. 8.32

2. 计算女卫生间塑料给水 PP-R 管 *DN*32 的清单工程量为（　　）m。

A. 6.05　　B. 7.43　　C. 10.85　　D. 18.28

3. 计算卫生间塑料给水 PP-R 管 *DN*25 的清单工程量为（　　）m。

A. 6.13　　B. 6.83　　C. 9.86　　D. 10.71

4. 计算卫生间塑料给水 PP-R 管 *DN*15 的清单工程量为（　　）m。

A. 2.00　　B. 2.15　　C. 2.35　　D. 1.85

5. 塑料给水 PP-R 管 *DN*15 的清单项目编码为（　　）。

A. 031001001001　　B. 031001002001

C. 031001006001　　D. 031001007001

6. 塑料给水 PP-R 管 *DN*32 清单项目特征表述内容应包括（　　）。

A. 安装部位：室内

B. 介质：给水

C. 压力试验及吹、洗设计要求：水压试验、水冲洗

D. 阻火圈：*DN*32

7. 给水管穿内墙需设置钢套管，则关于 *DN*25 塑料给水 PP-R 管穿墙套管的规格和数

量为（　　）。

A. 套管规格为 *DN*25　　B. 套管规格为 *DN*40

C. 套管数量为 2 个　　D. 套管数量为 3 个

8. 塑料给水 PP-R 管 *DN*32 的定额编号是（　　）。

A. C10-1-223　　B. C10-1-224

C. C10-1-291　　D. C10-1-292

9. 统计 *DN*15 水龙头的工程量为（　　）个。

A. 1　　B. 2　　C. 8　　D. 10

10. 已知塑料给水 PP-R 管 *DN*32 管道 11.58 元/m，管件 3.76 元/个，计算给水 PP-R 管 *DN*32 清单项目综合单价为（　　）元。

A. 38.32　　B. 37.54　　C. 36.54　　D. 35.76

【材料题 2】

【背景】某公共卫生间排水平面图、系统图分别如图 4-12、图 4-13 所示。说明如下：

（1）本工程采用相对标高，单位以“m”计，尺寸以“mm”计。

（2）排水管采用 U-PVC 管，承插粘接，排水立管穿楼板设置阻火圈，管道采用成品管卡固定，每隔 2m 设置一套，排水管道安装完毕后进行灌水试验。

（3）排水管道穿屋面及地下室外墙采用刚防水套管，排水立管穿楼板采用普通钢套管（套管管径比介质管径大两号），器具排水管穿楼板预留孔洞。

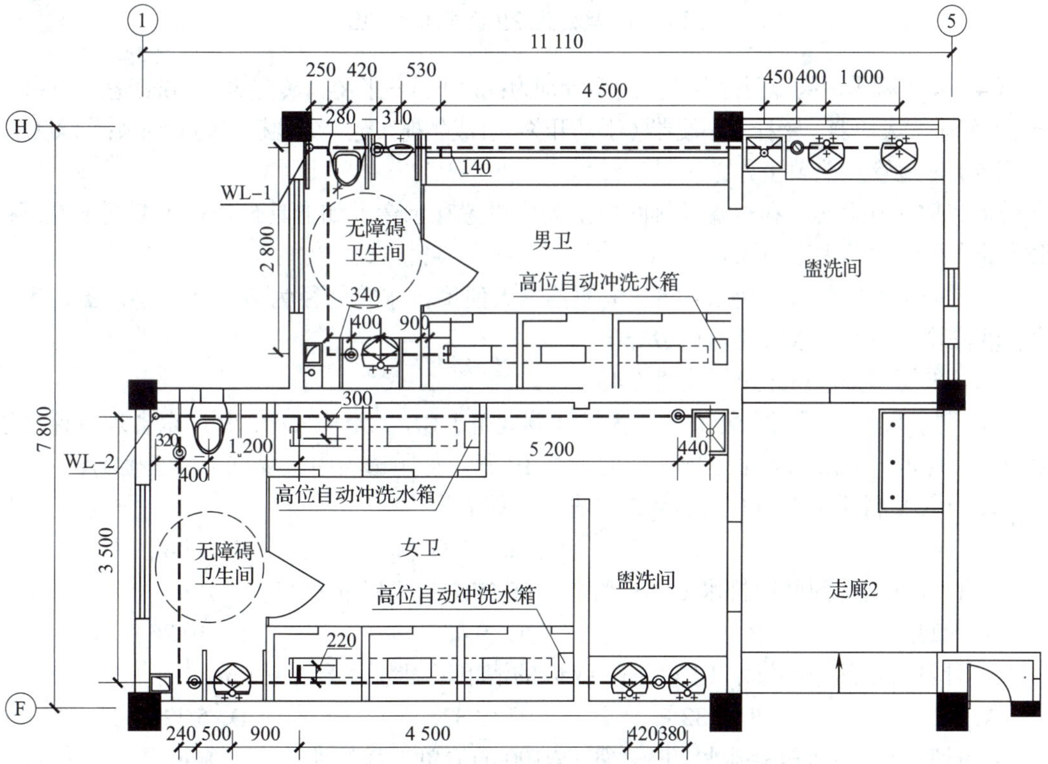

图 4-12　某公共卫生间排水平面图

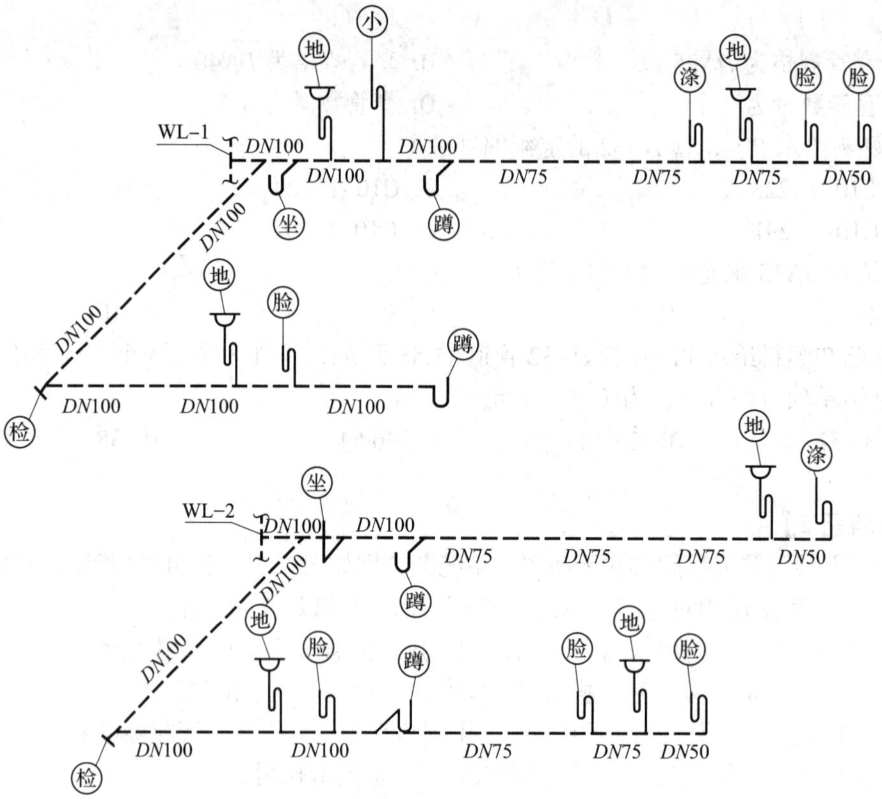

图 4-13　某公共卫生间排水系统图

（4）本工程采用陶瓷卫生器具，选型分别为：台下式洗脸盆（冷热水）、洗涤盆（单嘴）、分体水箱坐式大便器、壁挂式小便器（手动开关）、成品拖布池、大便槽自动冲洗水箱（48L）。

（5）埋地管道挖填土方工程量不计。

（6）所有卫生器具和地漏其排水口下均应设置存水弯，如器具自带存水弯则不设，存水弯的水封深度不小于 50mm。

（7）排水横支管标高为 H–0.5，坐便器、大便槽排水管管径为 DN100，小便器、洗脸盆、洗涤盆、地漏排水管管径均为 DN50。

（8）坐便器排水口距离横支管 0.4m。

【问题】根据《通用安装工程工程量计算规范》GB 50856—2013 和广东省现行计价依据的相关规定，完成下列不定项选择题（共 10 题，每题选项中至少有 1 项正确）。

1. 计算塑料排水 UPVC 管 DN75 的清单工程量为（　　）m。

A. 15.47　　B. 19.27　　C. 17.47　　D. 17.42

2. 计算女卫生间塑料排水 UPVC 管 DN100 的清单工程量为（　　）m。

A. 6.23　　B. 9.96　　C. 9.48　　D. 10.26

3. 计算卫生间塑料排水 UPVC 管 DN50 的清单工程量为（　　）m。

A. 7.12　　B. 9.32　　C. 3.32　　D. 5.32

4. 计算男卫生间塑料排水 UPVC 管 DN100 的清单工程量为（　　）m。

A. 6.43　　B. 6.23　　C. 8.24　　D. 8.41

5. 塑料排水 UPVC 管 *DN*100 的清单项目编码为（　　）。

A. 031001001001　B. 031001002001　C. 031001006001　D. 031001007001

6. 塑料排水 UPVC 管 *DN*75 清单项目特征表述内容应包括（　　）。

A. 安装部位：室内

B. 介质：排水

C. 压力试验及吹、洗设计要求：水压试验、水冲洗

D. 阻火圈：*DN*75

7. 塑料排水 UPVC 管 *DN*75 所需管卡数量为（　　）。

A. 8 个　B. 9 个　C. 10 个　D. 11 个

8. 塑料排水 UPVC 管 *DN*50 的定额编号是（　　）。

A. C10-1-328　B. C10-1-329　C. C10-1-330　D. C10-1-331

9. 统计阻火圈的工程量为（　　）个。

A. 1　B. 2　C. 8　D. 10

10. 已知塑料排水 UPVC 管 *De*110 管道 14.87 元 /m，管件 9.79 元 / 个，计算排水 UPVC 管 *De*110 管清单项目综合单价为（　　）元。

A. 52.54　B. 56.54　C. 56.22　D. 56.66

【材料题 3】

【背景】某公共卫生间给水平面图、系统图分别如图 4-14、图 4-15 所示。说明如下：

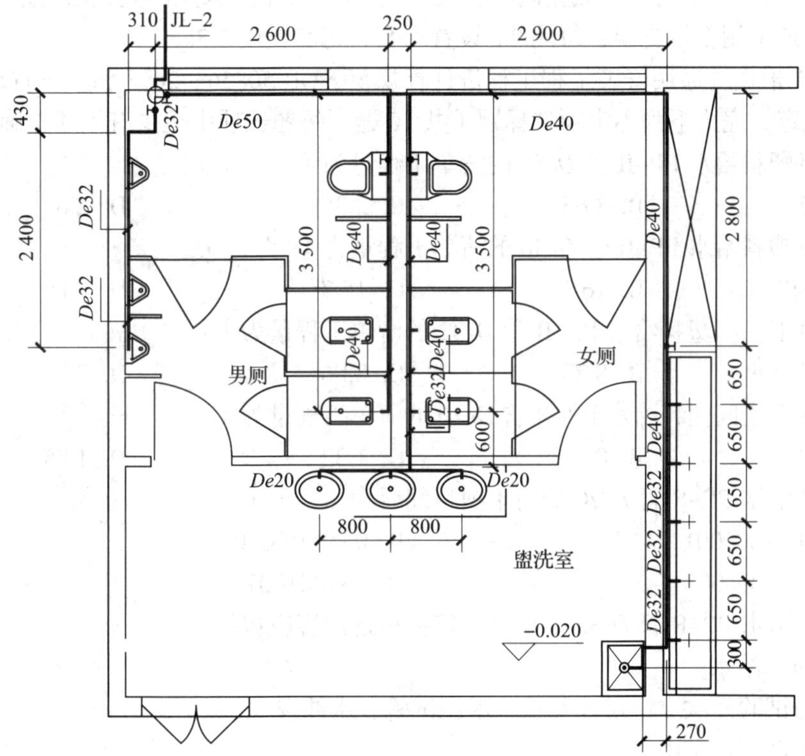

图 4-14　一层给水平面图

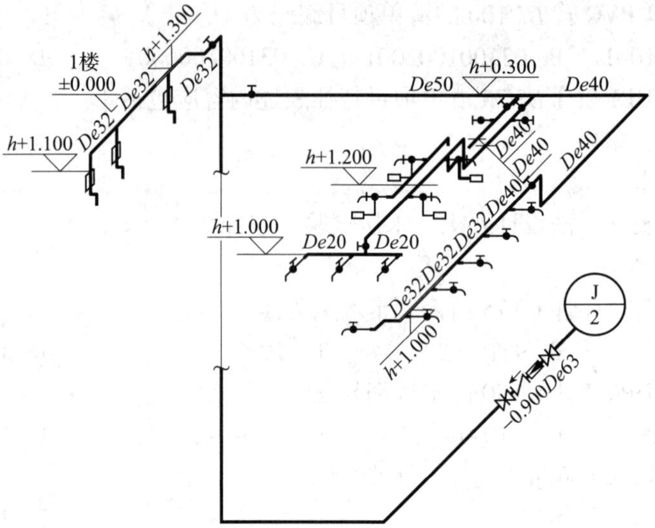

图 4-15　一层给水系统图

（1）本工程采用相对标高，单位以“m”计，尺寸以“mm”计。

（2）给水管采用 PP-R 管，热熔连接，沿墙明敷，安装完毕经水压试验合格后进行消毒冲洗。

（3）给水管穿楼板和内墙需设置钢套管，规格比所穿管道公称直径大两号。

（4）*DN* ≤ 50mm 时采用截止阀，螺纹连接，*DN*>50mm 采用闸阀，法兰连接。

（5）管道采用型钢支架，每隔 2m 设置一套，每套支架 1.3kg。

【问题】根据《通用安装工程工程量计算规范》GB 50856—2013 和广东省现行计价依据的相关规定，完成下列不定项选择题（共 10 题，每题选项中至少有 1 项正确）。

1. 计算塑料给水 PP-R 管 *De*50 的清单工程量为（　　）m。

A. 2.85　　B. 3.65　　C. 2.35　　D. 2.6

2. 计算塑料给水 PP-R 管 *De*40 的清单工程量为（　　）m。

A. 14.00　　B. 16.7　　C. 15.7　　D. 16.5

3. 计算卫生间塑料给水 PP-R 管 *De*32 的清单工程量为（　　）m。

A. 6.23　　B. 8.23　　C. 8.06　　D. 7.03

4. 计算卫生间塑料给水 PP-R 管 *De*20 的清单工程量为（　　）m。

A. 1.60　　B. 0.8　　C. 1.32　　D. 1.85

5. 塑料给水 PP-R 管 *De*20 的清单项目编码为（　　）。

A. 031001001001　　B. 031001002001

C. 031001006001　　D. 031001007001

6. 塑料给水 PP-R 管 *De*32 清单项目特征表述内容应包括（　　）。

A. 介质：给水

B. 压力试验及吹、洗设计要求：水压试验、水冲洗

C. 安装部位：室内

D. 连接形式：承插连接

7. 给水管穿内墙需设置钢套管，则关于 *De*40 塑料给水 PP–R 管穿墙套管的规格和数量为（　　）。

A. 套管规格为 *DN*50　　B. 套管规格为 *DN*40

C. 套管数量为 2 个　　D. 套管数量为 1 个

8. 塑料给水 PP–R 管 *De*40 的定额编号是（　　）。

A. C10–1–223　　B. C10–1–224

C. C10–1–291　　D. C10–1–292

9. 统计 *DN*32 截止阀的工程量为（　　）个。

A. 1　　B. 2　　C. 3　　D. 10

10. 已知 *DN*32 截止阀单价为 65 元 / 个，计算 *DN*32 截止阀的清单项目的综合单价为（　　）元。

A. 96.54　　B. 97.72　　C. 95.24　　D. 94.59

【材料题 4】

【背景】某一层公共卫生间排水平面图如图 4–16 所示，系统图如图 4–17、图 4–18 所示。说明如下：

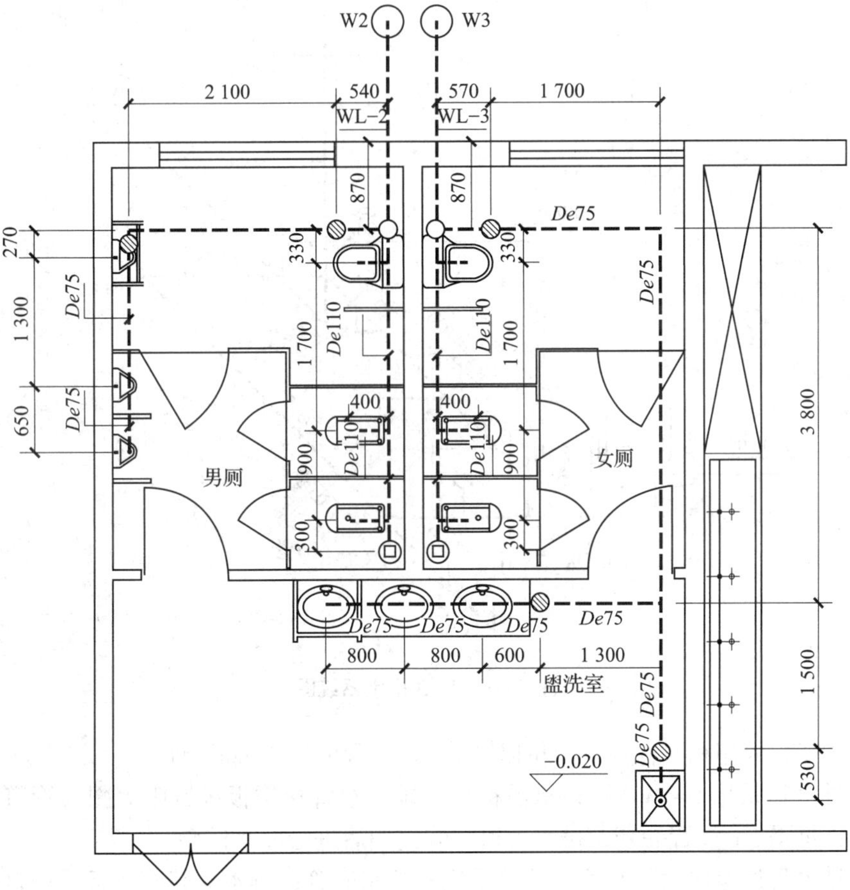

图 4–16　一层排水平面图

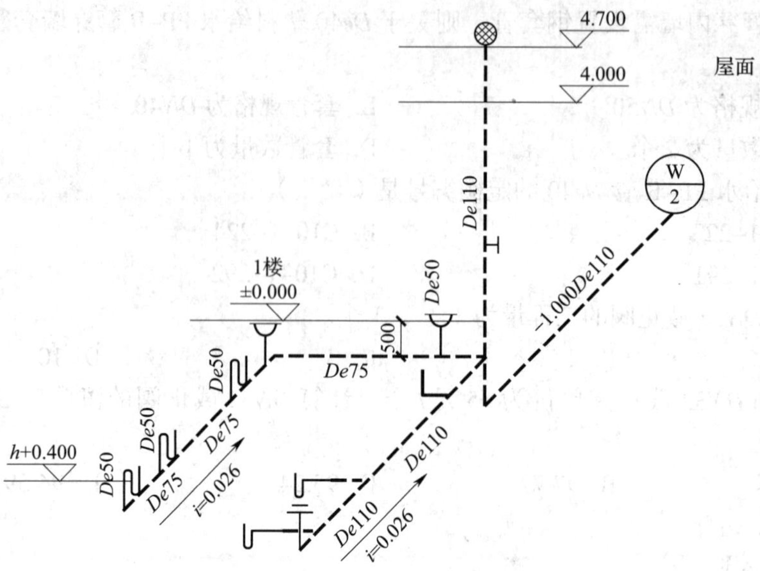

图 4-17 W/2 排水系统图

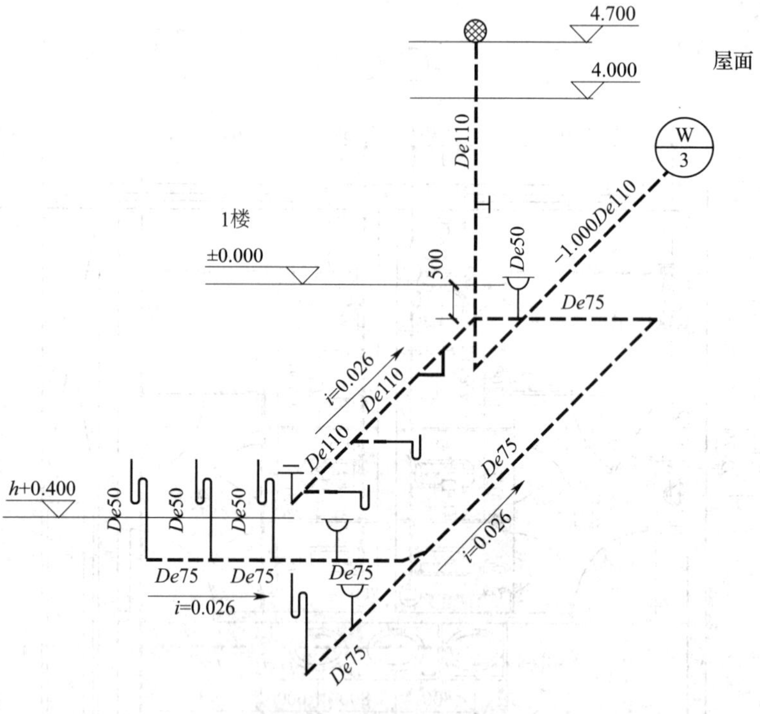

图 4-18 W/3 排水系统图

（1）本工程采用相对标高，单位以“m”计，尺寸以“mm”计。

（2）排水管采用 U-PVC 管，承插粘接，排水立管穿楼板设置阻火圈，管道采用成品管卡固定，每隔 2m 设置一套，排水管道安装完毕后进行灌水试验。

（3）排水管道穿屋面、地下室外墙采用刚防水套管，排水立管穿楼板采用普通钢套管（套管管径比介质管径大两号），器具排水管穿楼板预留孔洞。

（4）本工程采用陶瓷卫生器具，选型分别为：挂墙式成套洗脸盆（手动开关）、连体水箱坐式大便器、蹲便式大便器（手动开关）、壁挂式小便器（手动开关）、成品拖布池。

（5）该单层建筑层高4m，屋顶为不上人屋面，伸顶透气帽高出屋面0.7m。出户第一个检查井距建筑外墙皮3.5m，埋地管道挖填土方工程量不计。

（6）所有卫生器具和地漏其排水口下均应设置存水弯，如器具自带存水弯则不设，存水弯的水封深度不小于50mm。坐便器排水口距横支管0.3m。

【问题】根据《通用安装工程工程量计算规范》GB 50856—2013和广东省现行计价依据的相关规定，完成下列不定项选择题（共10题，每题选项中至少有1项正确）。

1. 计算塑料排水WL-2的U-PVC管*De*50的清单工程量为（　　）m。

A. 2.6　　B. 2.5　　C. 2.7　　D. 3.7

2. 计算塑料排水WL-3的U-PVC管*De*75的清单工程量为（　　）m。

A. 3.50　　B. 11.60　　C. 8.10　　D. 10.30

3. 计算卫生间塑料排水U-PVC管*De*110的清单工程量为（　　）m。

A. 14.5　　B. 16.4　　C. 29.0　　D. 32.8

4. 计算卫生间塑料排水U-PVC管*De*75的清单工程量为（　　）m。

A. 12.4　　B. 4.86　　C. 11.6　　D. 16.46

5. 统计坐便器的工程量为（　　）组。

A. 1　　B. 2　　C. 3　　D. 4

6. 统计*De*50地漏的工程量为（　　）个。

A. 1　　B. 5　　C. 3　　D. 4

7. 排水管穿外墙、屋顶等需设置刚性防水套管，则关于*De*110塑料排水U-PVC管刚性防水套管的规格和数量为（　　）。

A. 套管规格为*DN*100　　B. 套管规格为*DN*150

C. 套管数量为2个　　D. 套管数量为4个

8. 塑料排水U-PVC管*De*110的定额编号是（　　）。

A. C10-1-330　　B. C10-1-329　　C. C10-1-336　　D. C10-1-335

9. 统计清扫口的工程量为（　　）个。

A. 1　　B. 2　　C. 3　　D. 4

10. 已知*DN*50地漏单价为23.75元/个，计算*DN*50地漏的清单项目的综合单价为（　　）元。

A. 48.54　　B. 45.26　　C. 48.58　　D. 45.02

【材料题5】

【背景】某公共卫生间给排水平面图、系统图如图4-19、图4-20所示。说明如下：

（1）本工程采用相对标高，单位以“m”计，尺寸以“mm”计。

（2）给水管采用PP-R管，热熔连接，管道采用型钢支架固定在墙上，每隔2m设置一套，每套支架1.5kg。安装完毕经水压试验合格后进行消毒冲洗。

（3）排水管采用U-PVC管，粘接，管道采用成品管卡，每隔2m设置一套，立管每层装一管卡、安装高度为距地面1.5m。排水立管检查口距地面或楼板面1.00m。*De* ≥ 110mm

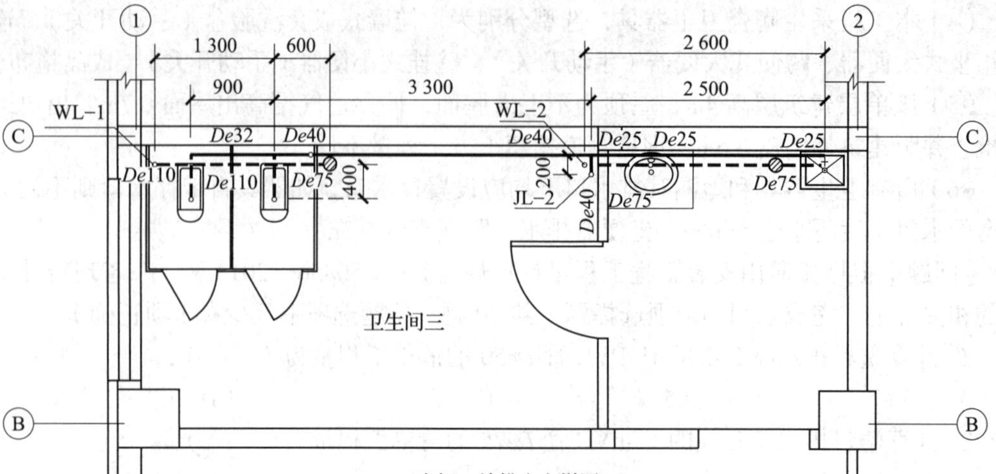

卫生间三给排水大样图1∶50

图 4–19　卫生间给排水平面图

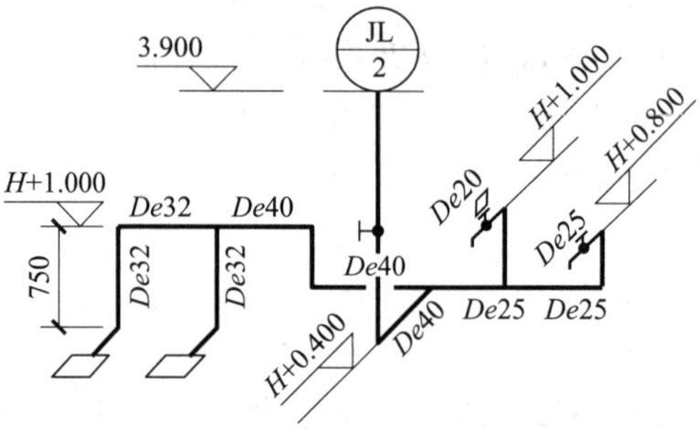

（a）卫生间三给水系统图

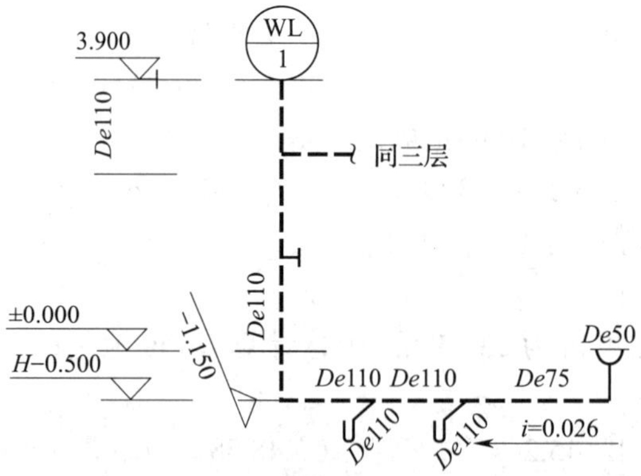

（b）卫生间三排水系统图（一）

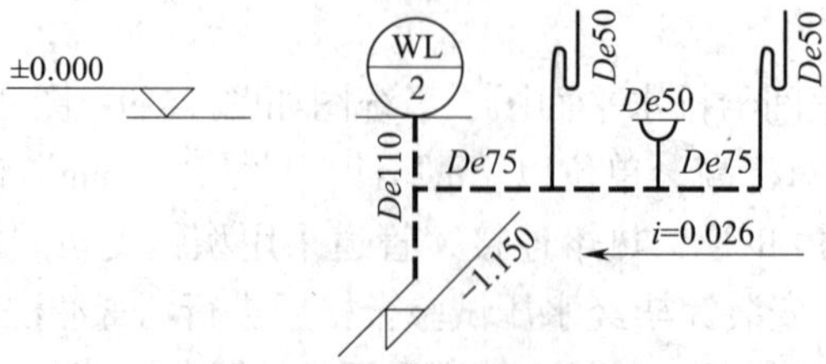

（c）卫生间三排水系统图（二）

图 4–20　卫生间给排水系统图

排水立管穿楼板需设置阻火圈，排水管道安装完毕后进行灌水试验。

（4）给水管穿楼板和内墙需设置钢套管，规格比所穿管道公称直径大两号，安装在楼板内的套管其顶部应高出装饰地面 20mm；安装在卫生间及厨房内的套管，其顶部高出装饰地面 50mm，底部应与楼板底面相平。

（5）*DN* ≤ 50mm 时采用截止阀螺纹连接，*DN*>50mm 采用闸阀法兰连接。

（6）本工程采用陶瓷卫生器具，选型分别为：洗手盆为台下式，壁挂式小便器采用感应式冲洗阀，蹲式大便器采用液压脚踏冲洗阀。

（7）所有卫生器具和地漏其排水口下均应设置存水弯，如器具自带存水弯则不设，存水弯的水封深度不小于 50mm。

【问题】根据《通用安装工程工程量计算规范》GB 50856—2013 和广东省现行计价依据的相关规定，完成下列不定项选择题（共 10 题，每题选项中至少有 1 项正确）。

1. 计算塑料给水 PP-R 管 *De*40 的清单工程量为（　　）m。（立管算至 3.9m 处。）

A. 8.20　　B. 7.40　　C. 7.00　　D. 7.60

2. 计算卫生间塑料给水 PP-R 管 *De*32 的清单工程量为（　　）m。

A. 1.65　　B. 2.4　　C. 3.15　　D. 1.50

3. 计算卫生间塑料排水 UPVC 管 *De*75 的清单工程量为（　　）m。

A. 3.2　　B. 0.6　　C. 2.6　　D. 3.8

4. 计算卫生间塑料给水 PP-R 管 *De*25 的清单工程量为（　　）m。

A. 2.5　　B. 2.9　　C. 3.3　　D. 0.4

5. 蹲便器的清单项目编码为（　　）。

A. 031004002001　　B. 031004008001

C. 031004006001　　D. 031001007001

6. 塑料给水 PP-R 管 *De*40 清单项目特征表述内容应包括（　　）。

A. 安装部位：室内

B. 介质：给水

C. 压力试验及吹、洗设计要求：水压试验、水冲洗

D. 阻火圈：*De*40

7. 给水管穿内墙需设置钢套管，则关于 *De*25 塑料给水 PP-R 管穿墙套管的规格和数量为（　　）。

A. 套管规格为 *DN*40　　B. 套管规格为 *DN*32

C. 套管数量为 1 个　　D. 套管数量为 3 个

8. 台下式洗手盆的定额编号是（　　）。

A. C10-4-17　　B. C10-4-14

C. C10-4-20　　D. C10-4-21

9. 统计水龙头的工程量为（　　）个。

A. 1　　B. 2　　C. 3　　D. 4

10. 已知拖布池水龙头 28 元 / 个，计算拖布池水龙头清单项目综合单价为（　　）元。

A. 33.75　　B. 33.16

C. 39.46　　D. 34.23

本章习题解析

【材料题 1】

1.【答案】D

【解析】塑料给水 PP–R 管 *DN*40 的清单工程量：

0.35+0.12+0.61+0.28+0.16+3.2+1.4+1+1.2=8.32（m）。

2.【答案】C

【解析】女卫生间塑料给水 PP–R 管 *DN*32 的清单工程量：

0.7+0.15+0.16+3.6+0.36+0.4+0.68+4.8=10.85（m）。

男卫生间：3.6+0.18+0.15+3.5=7.43（m）。

3.【答案】D

【解析】塑料给水 PP–R 管 *DN*25 的清单工程量：

0.32+0.28+0.32+（2–0.6）+0.45+（2–0.6）+0.5+0.06+（2–0.6）+0.7+2+0.15+0.47+0.15+0.26+0.85=10.71（m）。

4.【答案】A

【解析】塑料给水 PP–R 管 *DN*15 的清单工程量：

（0.8–0.6）+（0.6–0.45）+（0.6–0.25）+（0.6–0.45）+（0.6–0.45）×2+（0.6–0.25）+（0.8–0.6）+（0.6–0.45）×2=2.00（m）。

5.【答案】C

【解析】PP–R 管属于塑料管，查《通用安装工程工程量计算规范》GB 50856—2013 表 K.1，应按塑料管编码列项，前九位为 031001006，后三位为 001，项目编码为 031001006001。

6.【答案】AB

【解析】PP–R 管属于塑料管，查《通用安装工程工程量计算规范》GB 50856—2013 表 K.1 塑料管清单项目，项目特征要表述：①安装部位；②介质；③材质、规格；④连接形式；⑤阻火圈设计要求（针对排水管）；⑥压力试验及吹、洗设计要求；⑦警示带形式。针对本例中给水 PP–R 管 *DN*32 清单项目特征应表述：①安装部位：室内；②介质：给水；③材质、规格：PP–R 管 *DN*32；④连接形式：热熔连接；⑤压力试验及吹、洗设计要求：水压试验、消毒冲洗。

7.【答案】BD

【解析】根据设计说明：给水管穿楼板和内墙需设置钢套管，规格比所穿管道公称直径大两号，*DN*25 的套管规格应为 *DN*40；由平面图（图 4–10）可知，*DN*25 穿越内墙共 3 处，因此套管数量为 3 个。

8.【答案】D

【解析】根据《广东省通用安装工程综合定额（2018）》第十册《给排水、采暖、燃气工程》，定额中铜管、塑料管、复合管（除钢塑复合管外）按公称外径表示，其他管道均按公称直径表示。塑料给水 PP–R 管 *DN*32 对应的公称外径为 40mm，因此应选用室内塑料给水管热熔连接，公称外径 40mm，对应的定额号为 C10–1–292。

9.【答案】B

【解析】只有拖布池的水龙头可以计算工程量，由图 4–11 可知，水龙头 *DN*15 共 2 个。

10.【答案】A

【解析】塑料给水 PP–R 管 *DN*32 清单项目对应于定额子目 C10–1–292 和 C10–2–143，计算清单项目的综合单价为：19.421+（15.060+0.017）×20%+1.016×11.58+0.887×3.76+0.677 3+0.505 9×20%=38.32（元）。

【材料题 2】

1.【答案】A

【解析】塑料排水 UPVC 管 *DN*75 的清单工程量：

4.5+0.45+0.4+5.2+4.5+0.42=15.47（m）。

2.【答案】C

【解析】女卫生间塑料排水 UPVC 管 *DN*100 的清单工程量：

0.32+0.4+1.2+ 坐便器立支管（0.4+0.5）+ 大便槽排水支管（0.3+0.5）+3.5+0.24+0.5+0.9+ 大便槽排水支管（0.22+0.5）=9.48（m）。

3.【答案】B

【解析】卫生间塑料排水 UPVC 管 *DN*50 的清单工程量：

1+0.44+0.38+0.5×15=9.32（m）。

4.【答案】D

【解析】男卫生间塑料排水 UPVC 管 *DN*100 的清单工程量：

0.25+0.28+0.42+0.31+0.53+ 坐便器立支管（0.4+0.5）+ 大便槽排水支管（0.14+0.5）+ 2.8+0.34+0.4+0.9+ 大便槽排水支管（0.14+0.5）=8.41（m）。

5.【答案】C

【解析】UPVC 管属于塑料管，查《通用安装工程工程量计算规范》GB 50856—2013 表 K.1，应按塑料管编码列项，前九位为 031001006，后三位为 001，项目编码为 031001006001。

6.【答案】AB

【解析】UPVC 管属于塑料管，查《通用安装工程工程量计算规范》GB 50856—2013 表 K.1 塑料管清单项目，项目特征要表述：①安装部位；②介质；③材质、规格；④连接形式；⑤阻火圈设计要求（针对排水管）；⑥压力试验及吹、洗设计要求；⑦警示带形式。针对本例中排水 UPVC 管 *DN*75 清单项目特征应表述：①安装部位：室内；②介质：排水；③材质、规格：UPVC 管 *DN*75；④连接形式：粘接；⑤压力试验及吹、洗设计要求：灌水试验。

7.【答案】A

【解析】根据设计说明：管道采用成品管卡固定，每隔 2m 设置一套；根据题 1 可得管道长度为 15.47m，因此所需管卡数量为 8 个。

8.【答案】A

【解析】根据《广东省通用安装工程综合定额（2018）》第十册《给排水、采暖、燃气工程》，定额中铜管、塑料管、复合管（除钢塑复合管外）按公称外径表示，其他管道均按公称直径表示。塑料排水 UPVC 管 *DN*50 对应的公称外径为 *De*50，因此应选用室内塑料排水管粘接，公称外径 50mm，对应的定额号为 C10–1–328。

9.【答案】B

【解析】排水立管穿楼板时需设置阻火圈，图 4–13 中共有 2 个污水立管，所以应设置

2 个阻火圈。

10.【答案】D

【解析】塑料排水 UPVC 管 *De*110 清单项目对应于定额子目 C10-1-330，计算清单项目的综合单价为：27.099+（20.562+0.008）×20%+0.95×14.87+1.156×9.79=56.66（元）。

【材料题 3】

1.【答案】A

【解析】塑料给水 PP-R 管 *De*50 的清单工程量：

2.6+0.25=2.85（m）。

2.【答案】D

【解析】塑料给水 PP-R 管 *De*40 的清单工程量：

水平：2.9+2.8+0.65×2+3.5×2=14（m）；

垂直：（1-0.3）+（1.2-0.3）×2=2.5（m）；

总长：14+2.5=16.5（m）。

3.【答案】C

【解析】塑料给水 PP-R 管 *De*32 的清单工程量：

水平：0.31+0.43+2.4+0.6+0.65×3+0.3+0.27=6.26（m）；

垂直：（1.2-1）+（1.3-0.3）+（1.3-1.1）×3=1.8（m）；

总长：6.26+1.8=8.06（m）。

4.【答案】A

【解析】塑料给水 PP-R 管 *De*20 的清单工程量：

0.8×2=1.60（m）。

5.【答案】C

【解析】PP-R管属于塑料管，查《通用安装工程工程量计算规范》GB 50856—2013 表 K.1，应按塑料管编码列项，前九位为 031001006，后三位为 001，项目编码为 031001006001。

6.【答案】AC

【解析】PP-R 管属于塑料管，查《通用安装工程工程量计算规范》GB 50856—2013 表 K.1 塑料管清单项目，项目特征要表述：①安装部位；②介质；③材质、规格；④连接形式；⑤阻火圈设计要求（针对排水管）；⑥压力试验及吹、洗设计要求；⑦警示带形式。针对本例中给水 PP-R 管 *De*32 清单项目特征应表述：①安装部位：室内；②介质：给水；③材质、规格：PP-R 管 *De*32；④连接形式：热熔连接；⑤压力试验及吹、洗设计要求：水压试验、消毒冲洗。

7.【答案】AD

【解析】根据设计说明“给水管穿楼板和内墙需设置钢套管，规格比所穿管道公称直径大两号”，*De*40 对应 *DN*32 管道，*DN*32 的套管规格应为 *DN*50；由平面图（图 4-14）可知，*De*40 穿越内墙共 1 处，因此套管数量为 1 个。

8.【答案】D

【解析】根据《广东省通用安装工程综合定额（2018）》第十册《给排水、采暖、燃气工程》，定额中铜管、塑料管、复合管（除钢塑复合管外）按公称外径表示，其他管道均按公称直径表示。塑料给水 PP-R 管 *De*40，因此应选用室内塑料给水管热熔连接，对应的定额号为 C10-1-292。

9.【答案】C

【解析】由图 4-15 可知，*De*40（*DN*32）截止阀的工程量为 3 个。

10.【答案】B

【解析】*DN*32 截止阀清单项目对应于定额子目 C10-3-4，计算清单项目的综合单价为：

29.59+（11.33+1.08）×20%+1.01×65=97.72（元）。

【材料题 4】

1.【答案】D

【解析】塑料排水 WL-2 的 U-PVC 管 *De*50 的清单工程量：

0.5×2+（0.5+0.4）×3=3.7（m）。

2.【答案】B

【解析】塑料排水 WL-3 的 U-PVC 管 *De*75 的清单工程量：

0.57+1.7+3.8+1.5+0.53+1.3+0.6+0.8+0.8=11.6（m）。

3.【答案】D

【解析】塑料排水 U-PVC 管 *De*110 的清单工程量：

WL-2：（3.5+0.87+0.33+1.7+0.9+0.3+0.3+0.4×2）（水平）+［4.7-（-1.0）］+0.5×4（垂直）=16.4（m）。

WL-3：（3.5+0.87+0.33+1.7+0.9+0.3+0.3+0.4×2）（水平）+［4.7-（-1.0）］+0.5×4（垂直）=16.4（m）。

*De*110：16.4（WL-2）+16.4（WL-3）=32.8（m）。

4.【答案】D

【解析】塑料排水 U-PVC 管 *De*75 的清单工程量：

WL-2：0.54+2.1+0.27+1.3+0.65（水平）=4.86（m）。

WL-3：0.57+1.7+3.8+1.5+0.53+1.3+0.6+0.8+0.8（水平）=11.6（m）。

*De*75：4.86（WL-2）+11.6（WL-3）=16.46（m）。

5.【答案】B

【解析】由图 4-16 可知，坐便器的工程量为 2 组。

6.【答案】B

【解析】由图 4-16 可知，*DN*50 地漏的工程量为 5 个。

7.【答案】BD

【解析】根据设计说明，排水管穿外墙和楼顶需设置刚性防水套管，*De*110 对应 *DN*100 的管道，套管规格比所穿管道公称直径大两号，*DN*100 的套管规格应为 *DN*150；由图 4-17 可知，*De*110 穿越外墙 2 处，穿越屋顶 2 处，因此套管数量为 4 个。

8.【答案】A

【解析】根据《广东省通用安装工程综合定额（2018）》第十册《给排水、采暖、燃气工程》，定额中塑料管按公称外径表示。塑料排水管 U-PVC 管 *De*110，因此应选用室内塑料排水管粘接，对应的定额号为 C10–1–330。

9.【答案】B

【解析】由图 4–16 可知，清扫口的工程量为 2 个。

10.【答案】C

【解析】*DN*50 地漏清单项目对应于定额子目 C10–4–92，计算清单项目的综合单价为：21.271+16.599 × 20%+1.01 × 23.75=48.58（元）。

【材料题 5】

1.【答案】D

【解析】塑料给水 PP–R 管 *De*40 的清单工程量：

（3.9–0.4）+0.2+3.3+（1–0.4）=7.6（m）。

2.【答案】B

【解析】卫生间塑料给水 PP–R 管 *De*32 的清单工程量：

0.9+0.75+0.75=2.4（m）。

3.【答案】D

【解析】塑料排水 UPVC 管 *De*75 的清单工程量：

左边排水管：0.6 × 2=1.2（m）。

右边排水管：2.6m。

合计：1.2+2.6=3.8（m）。

4.【答案】B

【解析】塑料给水 PP–R 管 *De*25 的清单工程量：

2.5+（0.8–0.4）=2.9（m）。

5.【答案】C

【解析】PP–R 管属于塑料管，查《通用安装工程工程量计算规范》GB 50856—2013 表 K.4，应按大便器编码列项，前九位为 031004006，后三位为 001，项目编码为 031004006001。

6.【答案】AB

【解析】PP–R 管属于塑料管，查《通用安装工程工程量计算规范》GB 50856—2013 表 K.1 塑料管清单项目，项目特征要表述：①安装部位；②介质；③材质、规格；④连接形式；⑤阻火圈设计要求（针对排水管）；⑥压力试验及吹、洗设计要求；⑦警示带形式。针对本例中给水 PP–R 管 *De*32 清单项目特征应表述：①安装部位：室内；②介质：给水；③材质、规格：PP–R 管 *De*40；④连接形式：热熔连接；⑤压力试验及吹、洗设计要求：水压试验、消毒冲洗。

7.【答案】BC

【解析】根据设计说明“给水管穿楼板和内墙需设置钢套管，规格比所穿管道公称直径大两号”，*De*25（*DN*20）的套管规格应为 *DN*32；由平面图（图 4–19）可知，*De*25 穿越内墙共 1 处，因此套管数量为 1 个。

8.【答案】D

【解析】根据《广东省通用安装工程综合定额（2018）》第十册《给排水、采暖、燃气工程》，台下式洗脸盆对应的定额号为 C10–4–21。

9.【答案】A

【解析】只有拖布池的水龙头可以计算工程量，由图 4-19 可知，水龙头个数共 1 个。

10.【答案】A

【解析】拖布池水龙头接管 *De*25 相当于 *DN*20，*DN*20 水龙头清单项目对应于定额子目 C10-4-84，计算清单项目的综合单价为：$4.882+2.961\times20\%+1.01\times28=33.75$（元）。

第 18 章　通风空调安装工程量清单编制与计价案例

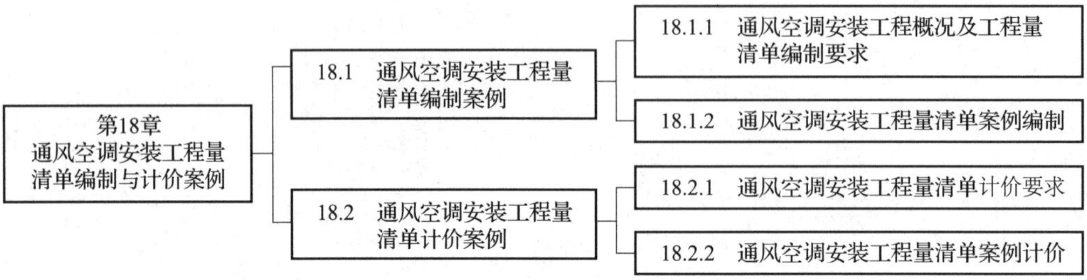

本章知识导图

本章习题精选

【材料题 1】

【背景】某送风系统平面图如图 4–21 所示，材料表如表 4–6 所示。说明如下：

（1）风管采用镀锌薄钢板法兰咬口连接，板厚 δ =1.00mm。

（2）导流叶片采用单叶片，共 7 片，单片面积为 0.14m^2。

（3）单层百叶风口为成品，规格为 1 600mm × 500mm，材质为铝合金。

（4）防火调节阀为成品，规格为 700mm × 320mm，材质为碳钢，*L*=250mm。

（5）常闭型防火阀规格为成品，规格为 700mm × 320mm，材质为碳钢，*L*=200mm。

（6）风管采用玻璃棉保温，保温厚度为 30mm，外包玻璃丝布保护层。

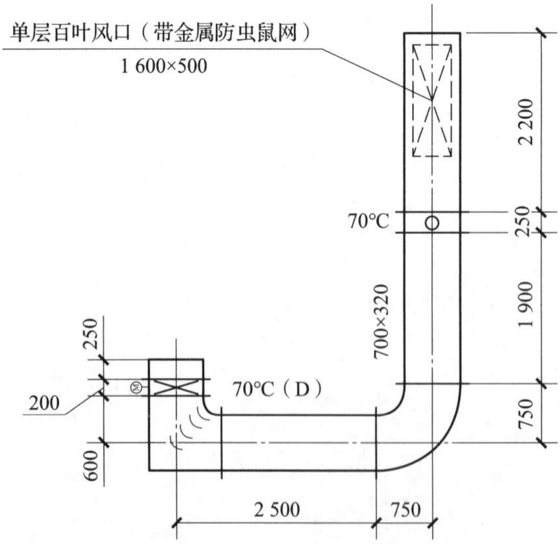

图 4–21　某送风系统平面图

表 4-6　设备材料图

图例	名称	备注
 70°C（D）	70℃电控常闭型防火阀	常闭，火灾时电信号开，70℃熔断关，火灾后弱电信号开
	带导流片弯头	—
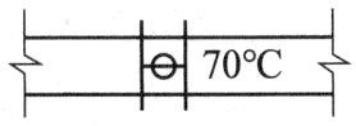	70℃防火调节阀	常开，70℃熔断关

【问题】根据《通用安装工程工程量计算规范》GB 50856—2013 和广东省现行计价依据的相关规定，完成下列不定项选择题（共 10 题，每题选项中至少有 1 项正确）。

1. 计算矩形风管 700×320 的长度为（　　）m。

A. 9.15　　B. 9.40　　C. 8.95　　D. 8.20

2. 计算矩形风管 700×320 的清单工程量为（　　）m^2。

A. 16.73　　B. 18.26　　C. 18.67　　D. 19.18

3. 计算导流叶片的清单工程量为（　　）。

A. 0.14m^2　　B. 7 片　　C. 0.98m^2　　D. 0.84m^2

4. 防火阀可以列（　　）项清单项目。

A. 1　　B. 2　　C. 3　　D. 4

5. 70℃防火阀的清单项目编码为（　　）。

A. 030703001001　　B. 030703002001

C. 030703003001　　D. 030703004001

6. 单层百叶风口的清单项目编码为（　　）。

A. 030703007001　　B. 030703008001　　C. 030703009001　　D. 030703011001

7. 单层百叶风口清单项目特征表述内容应包括（　　）。

A. 规格：1 600×500

B. 材质：铝合金

C. 压力试验及吹、洗设计要求：气压试验、空气吹扫

D. 类型：单层百叶风口（带金属防虫鼠网）

8. 计算矩形风管 700×320 保温的清单工程量为（　　）m^3。

A. 0.60　　B. 0.58　　C. 0.56　　D. 0.63

9. 计算矩形风管 700×320 保护层的清单工程量为（　　）m^2。

A. 19.37　　B. 20.48　　C. 18.26　　D. 18.81

10. 已知镀锌钢板 δ =1.0mm 单价为 41.83 元 /m^2，计算矩形风管 700×320 清单项目综合单价为（　　）元。

A. 78.43　　B. 74.40　　C. 119.42　　D. 128.20

【材料题 2】

【背景】某办公室舒适性空调平面图如图 4-22 所示。说明如下：

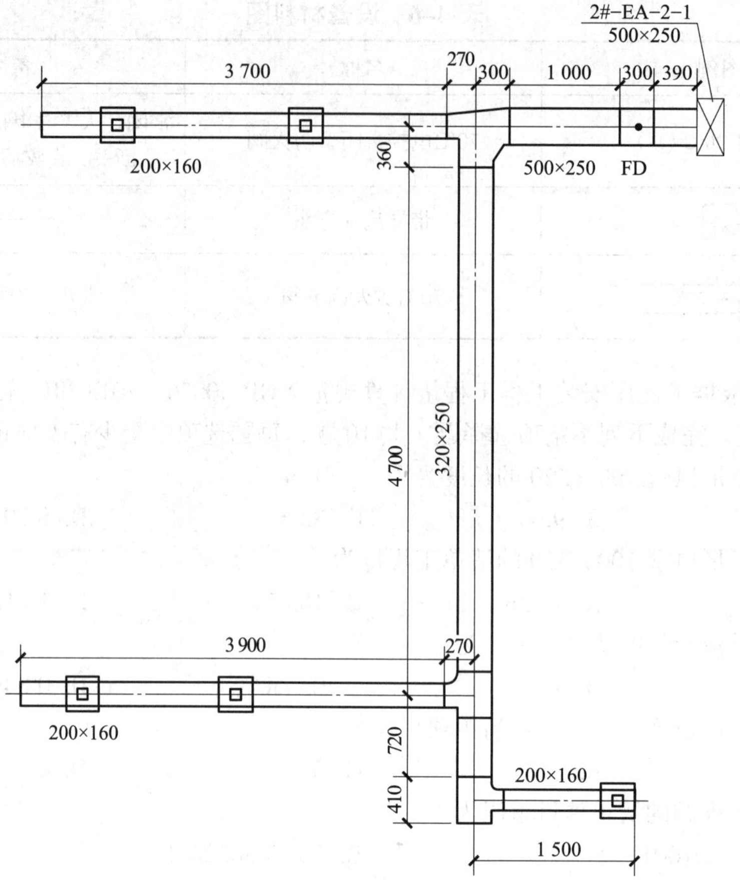

图 4-22　某办公室舒适性空调平面图

（1）风管采用镀锌钢板咬口连接，板厚为 0.5mm，风管中心距地高度均为 3.6m；

（2）空调器（制冷量为 35kW），吊顶安装，采用 4 套支架，单重为 25kg；

（3）防火阀为成品，采用 2 套支架，单重为 8kg；

（4）方形散流器规格为 160mm × 160mm，*L*=0.2m，材质为铝合金，方形散流器在吊顶嵌入式安装，高度为 3.0m。

【问题】根据《通用安装工程工程量计算规范》GB 50856—2013 和广东省现行计价依据的相关规定，完成下列不定项选择题（共 10 题，每题选项中至少有 1 项正确）。

1. 计算矩形风管 200 × 160 的长度为（　　）m。

A. 7.6　　B. 9.37　　C. 9.1　　D. 9.64

2. 计算矩形风管 200 × 160 的清单工程量为（　　）m^2。

A. 6.94　　B. 6.55　　C. 6.75　　D. 5.47

3. 计算矩形风管 500 × 250 的清单工程量为（　　）m^2。

A. 1.50　　B. 2.09　　C. 2.54　　D. 2.99

4. 计算矩形风管 320 × 250 的清单工程量为（　　）m^2。

A. 10.1　　B. 7.55　　C. 9.29　　D. 7.06

5. 计算矩形风管 160 × 160 的清单工程量为（　　）m^2。

A. 1.02　　B. 1.28　　C. 1.92　　D. 1.54

6. 铝合金散流器的清单工程量为（　　）个。

A. 3　　B. 4　　C. 5　　D. 6

7. 铝合金百叶风口清单项目特征表述内容应包括（　　）。

A. 规格：430mm × 430mm　　B. 材质：铝合金

C. 压力试验要求：气压试验　　D. 类型：散流器

8. 防火阀的清单项目编码为（　　）。

A. 030703001001　　B. 030703003001　　C. 030703004001　　D. 0307030015001

9. 空调器（制冷量为 35kW）的定额编号为（　　）。

A. C7-1-10　　B. C7-1-11　　C. C7-1-12　　D. C7-1-13

10. 空调器（制冷量为 35kW）清单项目可组合的定额有（　　）。

A. C7-4-2　　B. C7-4-3　　C. C10-2-19　　D. C10-2-22

【材料题 3】

【背景】某办公室舒适性空调平面图如图 4-23 所示。风管采用镀锌钢板咬口连接，板厚为 1.0mm。密闭对开多叶调节阀（材质为碳钢）及单层百叶风口（材质为铝合金，单个质量为 2.5kg）均为成品。

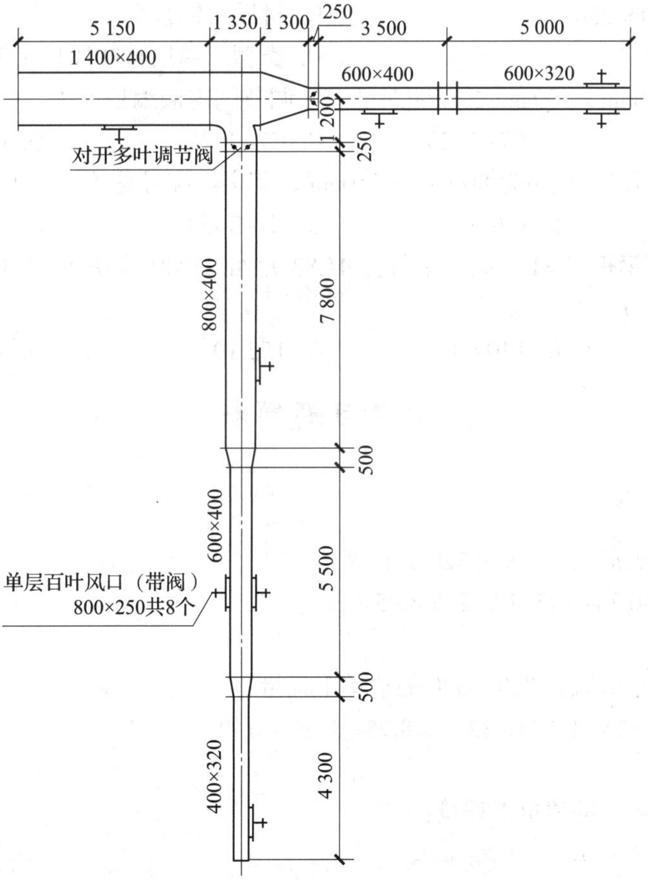

图 4-23　某办公室舒适性空调平面图

【问题】根据《通用安装工程工程量计算规范》GB 50856—2013 和广东省现行计价依据的相关规定，完成下列不定项选择题（共 10 题，每小题所设选项中至少有 1 项正确）。

1. 计算矩形风管 1 400×400 的长度为（ ）m。

A. 7.45 B. 7.80 C. 8.35 D. 7.15

2. 计算矩形风管 800×400 的清单工程量为（ ）m^2。

A. 16.73 B. 22.20 C. 27.60 D. 28.94

3. 计算矩形风管 600×400 的长度为（ ）m。

A. 12.00 B. 14.65 C. 10.15 D. 14.50

4. 矩形风管 600×320 的对应的定额编号为（ ）。

A. C7–2–34 B. C7–2–35 C. C7–2–36 D. C7–2–37

5. 对开多叶调节阀的清单项目编码为（ ）。

A. 030703001001 B. 030703002001

C. 030703003001 D. 030703004001

6. 单层百叶风口的清单项目编码为（ ）。

A. 030703007001 B. 030703008001

C. 030703009001 D. 030703011001

7. 单层百叶风口清单项目特征表述内容应包括（ ）。

A. 规格：800×250 B. 材质：铝合金

C. 质量：2.5kg D. 类型：单层百叶风口（带阀）

8. 规格为 800mm×400mm 的密闭对开多叶调节阀定额编号为（ ）。

A. C7–3–22 B. C7–3–23 C. C7–3–25 D. C7–3–24

9. 单层百叶新风口规格为 800mm×250mm，其定额编号是（ ）。

A. C7–3–52 B. C7–3–53 C. C7–3–54 D. C7–3–55

10. 已知镀锌钢板 δ =1.0mm，单价为 41.83 元 /m^2，计算矩形风管 400×320 清单项目综合单价为（ ）元。

A. 134.63 B. 140.40 C. 152.19 D. 128.19

本章习题解析

【材料题 1】

1.【答案】C

【解析】计算矩形风管 700×320 的长度：

0.25+0.6+2.5+0.75+0.75+1.9+2.2=8.95（m）。

2.【答案】B

【解析】计算矩形风管 700×320 的清单工程量：

S=2（A+B）L=2×（0.7+0.32）×8.95=18.26（m^2）。

3.【答案】C

【解析】导流叶片的清单工程量：

0.14×7=0.98（m^2）。

4.【答案】B

【解析】由图 4–21 可知，本题中共有两种防火阀，应分别列项，可以列 2 项清单项目。

5.【答案】A

【解析】查《通用安装工程工程量计算规范》GB 50856—2013 表 G.3，70℃防火阀应按碳钢阀门编码列项，前九位为 030703001，后三位为 001，项目编码为 030703001001。

6.【答案】D

【解析】查《通用安装工程工程量计算规范》GB 50856—2013 表 G.3，单层百叶风口的材质为铝合金，应按铝及铝合金风口、散流器编码列项，前九位为 030703011，后三位为 001，项目编码为 030703011001。

7.【答案】AD

【解析】查《通用安装工程工程量计算规范》GB 50856—2013 表 G.3，铝及铝合金风口、散流器清单项目，项目特征应表述：名称、型号、规格、类型、形式。

8.【答案】A

【解析】计算矩形风管 700×320 保温的清单工程量：

V=［2×（0.7+0.32）+1.033×4×0.03］×1.033×0.03×8.95=0.60（m^3）。

9.【答案】B

【解析】计算矩形风管 700×320 保护层的清单工程量：

S=［2×（0.7+0.32）+1.033×8×0.03］×8.95=20.48（m^2）。

10.【答案】D

【解析】矩形风管 700×320 清单项目对应于定额子目 C7–2–36，计算清单项目的综合单价为：71.82+（42.68+1.184）×20%+1.138×41.83=128.20（元）。

【材料题 2】

1.【答案】D

【解析】计算矩形风管 200×160 的长度：

0.27+3.7+0.27+3.9+1.5=9.64（m）。

2.【答案】A

【解析】计算矩形风管 200×160 的清单工程量：

S=2（A+B）L=（0.2+0.16）×2×9.64=6.94（m^2）。

3.【答案】C

【解析】计算矩形风管 500×250 的清单工程量：

L=0.39+1+0.3=1.69（m）。

S=2（A+B）L=（0.5+0.25）×2×1.69=2.54（m^2）。

4.【答案】D

【解析】计算矩形风管 320×250 的清单工程量：

L=0.36+4.7+0.72+0.41=6.19（m）。

S=2（A+B）L=（0.32+0.25）×2×6.19=7.06（m^2）。

5.【答案】B

【解析】计算矩形风管 160×160 的清单工程量：

L=（3.6–3–0.2）×5=2（m）。

$S=2(A+B)L=(0.16+0.16)\times2\times2=1.28(m^2)$。

6.【答案】C

【解析】由图 4-22 可知，铝合金散流器的个数为 5 个。

7.【答案】AD

【解析】查《通用安装工程工程量计算规范》GB 50856—2013 表 G.3，铝及铝合金风口、散流器清单项目项目特征应表述：名称、型号、规格、类型、形式。

8.【答案】A

【解析】查《通用安装工程工程量计算规范》GB 50856—2013 表 G.3，防火阀安装在镀锌钢板风管上，材质为碳钢，应按碳钢阀门编码列项，前九位为 030703001，后三位为 001，项目编码为 030703001001。

9.【答案】C

【解析】根据《广东省通用安装工程综合定额（2018）》第七册《通风空调工程》第 C.7.1.3 节空调器安装，空调器（制冷量为 35kW）的定额编号为 C7-1-12。

10.【答案】AB

【解析】根据《广东省通用安装工程综合定额（2018）》第七册《通风空调工程》第 C.7.4.2 节设备及部件支架制作安装，空调器（制冷量为 35kW）清单项目可组合的定额有 C7-4-2 和 C7-4-3。

【材料题 3】

1.【答案】D

【解析】计算矩形风管 1 400×400 的长度：

5.15+1.35+0.65=7.15（m）。

2.【答案】B

【解析】计算矩形风管 800×400 的清单工程量：

$L=1.2+7.8+0.5/2=9.25(m)$。

$S=2(A+B)L=2\times(0.8+0.4)\times9.25=22.2(m^2)$。

3.【答案】C

【解析】计算矩形风管 600×400 的长度：

0.65+3.5+5.5+0.5/2×2=10.15（m）。

4.【答案】C

【解析】根据《广东省通用安装工程综合定额（2018）》第七册《通风空调工程》可知，长边长 $B=600\leqslant1\,000$，定额编号为 C7-2-36。

5.【答案】A

【解析】查《通用安装工程工程量计算规范》GB 50856—2013 表 G.3，对开多叶调节阀应按碳钢阀门编码列项，前九位为 030703001，后三位为 001，项目编码为 030703001001。

6.【答案】D

【解析】查《通用安装工程工程量计算规范》GB 50856—2013 表 G.3，单层百叶风口的材质为铝合金，应按铝及铝合金风口、散流器编码列项，前九位为 030703011，后三位为 001，项目编码为 030703011001。

7.【答案】AD

【解析】查《通用安装工程工程量计算规范》GB 50856—2013 表 G.3，铝及铝合金风口、散流器清单项目项目特征应表述：名称、型号、规格、类型、形式。

8.【答案】A

【解析】规格为 800mm×400mm 的密闭对开多叶调节阀的周长 C=2×（800+400）=2 400 ≤ 2 800，根据《广东省通用安装工程综合定额（2018）》第七册《通风空调工程》可知套用定额编号为 C7-3-22。

9.【答案】C

【解析】单层百叶新风口，规格为 800mm×250mm，其周长 C=2×(800+250)=2 100 ≤ 2 500，根据《广东省通用安装工程综合定额（2018）》第七册《通风空调工程》可知套用定额编号为 C7-3-54。

10.【答案】C

【解析】矩形风管 400×320 清单项目对应于定额子目 C7-2-35，计算清单项目的综合单价为：92.796+（56.782+2.198）×20%+1.138×41.83=152.19（元）。

第 19 章　消防工程清单编制与计价案例

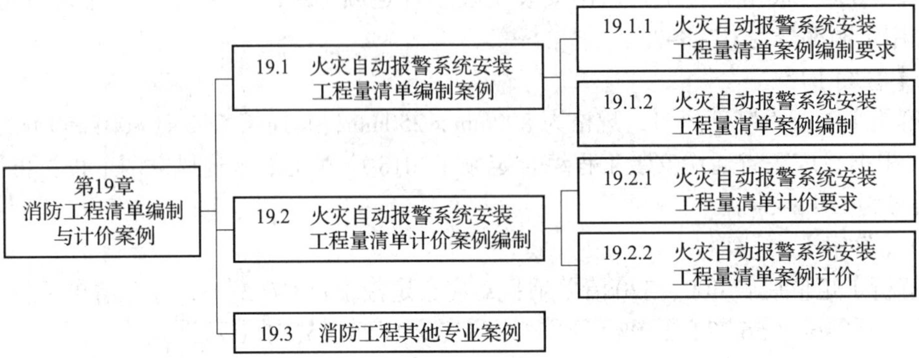

本章知识导图

本章习题精选

【材料题 1】

【背景】某建筑物首层自动喷淋灭火系统安装如图 4–24 所示。说明如下：

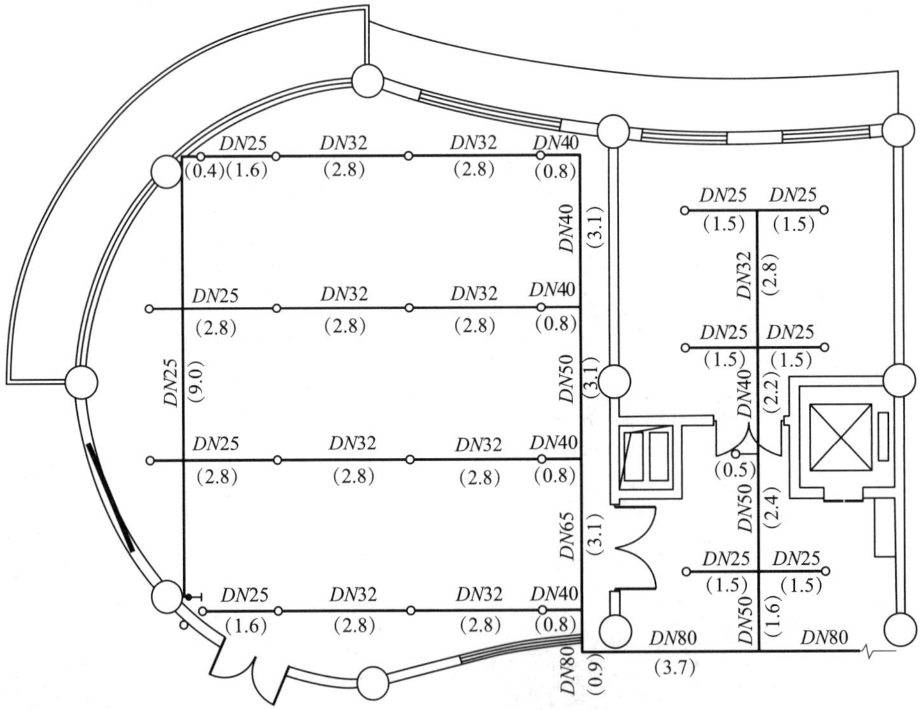

图 4–24　首层喷淋平面图

（1）系统为湿式闭式系统，管道采用镀锌钢管，螺纹连接。

（2）水平吊装高度为 H+2 800，喷头采用快速响应直立型玻璃球闭式喷头 DN15（有吊顶），安装高度为 H+2 600。

（3）末端试水装置接管管径为 DN25，距地高度 1.8m。

（4）括号内数字为水平长度，单位为 m。

【问题】根据《通用安装工程工程量计算规范》GB 50856—2013 和广东省现行计价依据的相关规定，完成下列不定项选择题（共 10 题，每题选项中至少有 1 项正确）。

1. 计算镀锌钢管 DN25 的清单工程量为（ ）m。

A. 18.70 B. 32.30 C. 33.30 D. 32.50

2. 计算镀锌钢管 DN40 的清单工程量为（ ）m。

A. 8.50 B. 5.40 C. 5.30 D. 6.30

3. 安装下垂式喷头 DN15 工作内容包括（ ）。

A. 安装 B. 严密性试验 C. 调试 D. 装饰盘安装

4. 末端试水装置的定额编号为（ ）。

A. C9-1-83 B. C9-1-84

C. C9-1-85 D. C9-1-86

5. 镀锌钢管 DN25 的清单项目编码为（ ）。

A. 030901001001 B. 030901002001

C. 030801001001 D. 031001001001

6. 镀锌钢管 DN25 清单项目特征应表述内容包括（ ）。

A. 安装部位：室内 B. 材质、规格：镀锌钢管、DN25

C. 安装高度：距地 2.6m D. 连接形式：螺纹连接

7. 镀锌钢管 DN25 的每米基价为（ ）元。

A. 22.853 B. 24.245 C. 27.860 D. 28.873

8. 统计 DN15 喷头的工程量为（ ）个。

A. 21 B. 22 C. 23 D. 24

9. 已知镀锌钢管 DN25 管道 8.00 元 /m，室内镀锌钢管管件 3.65 元 / 个，计算镀锌钢管 DN25 清单项目综合单价为（ ）元。

A. 34.44 B. 36.47 C. 38.05 D. 33.05

10. 据第 9 题计算镀锌钢管 DN25 的清单项目合价为（ ）元。

A. 1 177.98 B. 1 214.45 C. 1 221.75 D. 1 100.57

【材料题 2】

【背景】某建筑物一层自动喷淋灭火系统安装如图 4-25 所示。说明如下：

（1）系统为湿式闭式系统，管道采用镀锌钢管，$DN \leqslant 50$ 采用丝扣连接，$DN>50$ 采用沟槽连接。

（2）水平吊装高度为 H+3 600，喷头 DN15（有吊顶）为下垂型，安装高度为 H+3 000。

（3）末端试水装置接管管径为 DN25，距地高度 1.8m。

（4）括号内数字为水平长度，单位为 m。

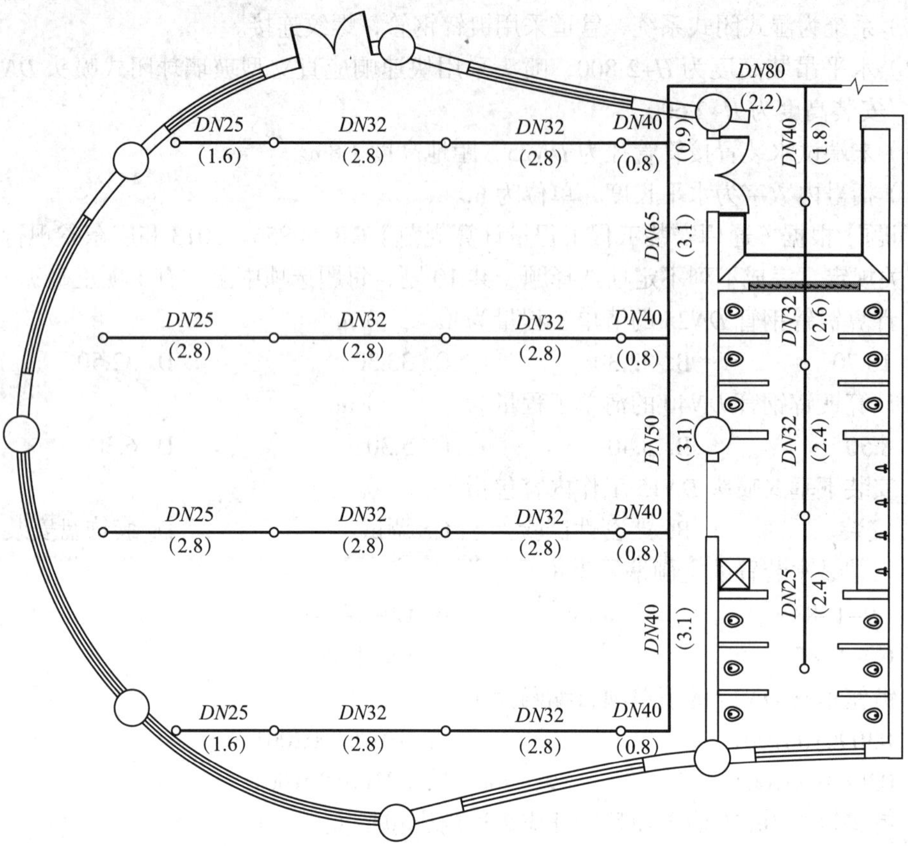

图 4-25　一层喷淋平面图

【问题】根据《通用安装工程工程量计算规范》GB 50856—2013 和广东省现行计价依据的相关规定，完成下列不定项选择题（共 10 题，每题选项中至少有 1 项正确）。

1. 计算镀锌钢管 *DN*32 的清单工程量为（　　）m。

A. 27.40　　B. 23.60　　C. 22.00　　D. 19.60

2. 统计下垂式喷头 *DN*15 的工程量为（　　）个。

A. 17　　B. 18　　C. 19　　D. 20

3. 计算镀锌钢管 *DN*40 的清单工程量为（　　）m。

A. 3.20　　B. 5.00　　C. 8.10　　D. 10.70

4. 镀锌钢管 *DN*40 对应的定额编号是（　　）。

A. C9-1-2　　B. C9-1-3　　C. C9-1-4　　D. C9-1-5

5. 镀锌钢管 *DN*80 的定额编号是（　　）。

A. C9-1-15　　B. C9-1-16　　C. C9-1-23　　D. C9-1-6

6. 喷头的清单项目编码为（　　）。

A. 030901003001　　B. 030902006001

C. 031004014001　　D. 031003001001

7. 镀锌钢管 *DN*32 清单工作内容包括（　　）。

A. 管道与管件安装　　B. 闭水试验

C. 压力试验　　　　　　　　　　　　　D. 冲洗

8. 镀锌钢管 $DN80$ 的每米基价是（　　）元。

A. 37.325　　　　B. 111.503　　　　C. 15.544　　　　D. 17.095

9. 定额中镀锌钢管 $DN80$ 卡箍连接的工作内容包括（　　）。

A. 检查及清扫管材　　　　　　　　　B. 支架制作安装

C. 安装卡箍件　　　　　　　　　　　D. 安装管件

10. 已知镀锌钢管 $DN80$ 钢管 45.00 元 /m，沟槽管件 68.00 元 / 套（共 3 个），计算镀锌钢管 $DN80$ 清单项目综合单价为（　　）元。

A. 149.03　　　　B. 62.77　　　　C. 154.68　　　　D. 157.66

【材料题 3】

【背景】某建筑物一层自动喷淋灭火系统安装如图 4–26 所示。说明如下：

（1）系统为湿式闭式系统，管道采用镀锌钢管，$DN \leqslant 50$ 采用丝扣连接，$DN>50$ 采用沟槽连接。

（2）水平吊装高度为 H+3 600，喷头 $DN15$（有吊顶）为下垂型，安装高度为 H+3 000。

（3）末端试水装置接管管径为 $DN25$，距地高度 1.8m。

（4）括号内数字为水平长度，单位为 m。

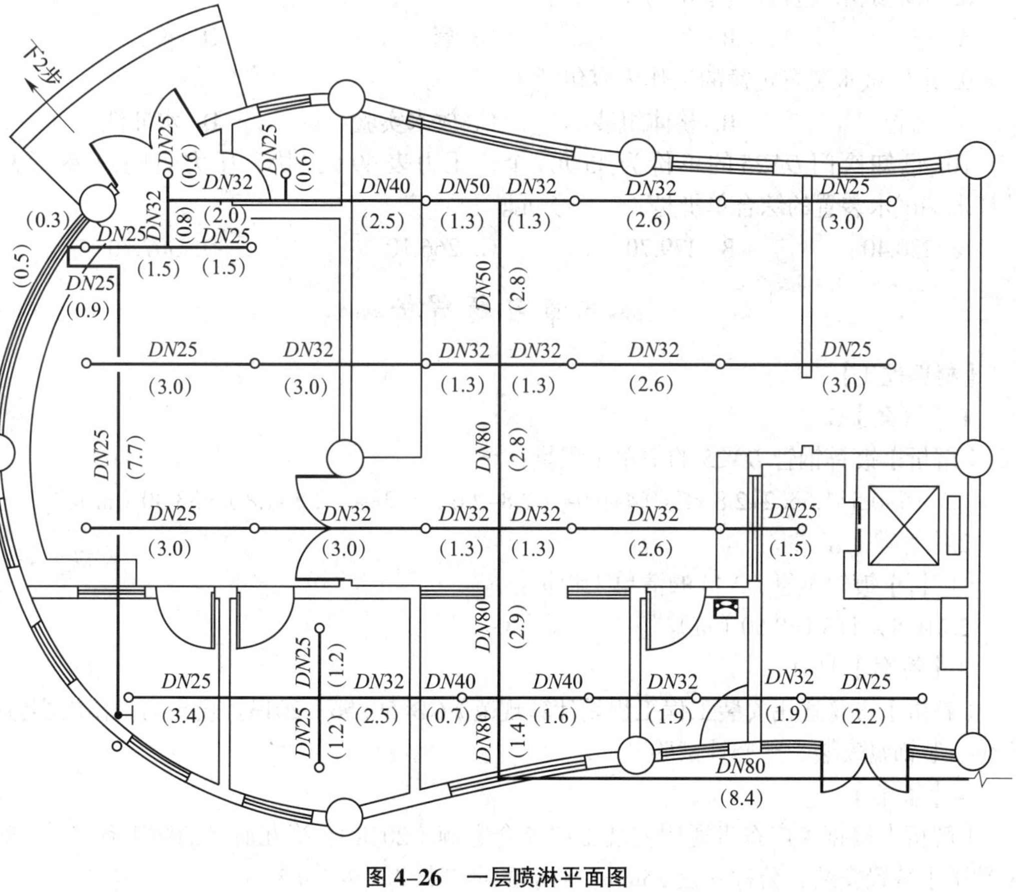

图 4–26　一层喷淋平面图

【问题】根据《通用安装工程工程量计算规范》GB 50856—2013 和广东省现行计价依据的相关规定，完成下列不定项选择题（共 10 题，每题选项中至少有 1 项正确）。

1. 计算镀锌钢管 *DN*25 的清单工程量为（ ）m。

A. 48.90　B. 53.70　C. 51.90　D. 52.50

2. 计算镀锌钢管 *DN*32 的清单工程量为（ ）m。

A. 26.60　B. 28.60　C. 29.40　D. 30.60

3. 计算镀锌钢管 *DN*40 的清单工程量为（ ）m。

A. 3.20　B. 4.10　C. 4.80　D. 2.30

4. 统计下垂式喷头 *DN*15 的工程量为（ ）个。

A. 26　B. 27　C. 28　D. 29

5. 喷头对应的定额编号是（ ）。

A. C9-1-39　B. C9-1-43　C. C9-1-41　D. C9-1-45

6. 末端试水装置对应的定额编号是（ ）。

A. C9-1-85　B. C9-1-86　C. C9-1-92　D. C9-1-127

7. 末端试水装置的清单项目编码为（ ）。

A. 031003001001　B. 030901008001

C. 030901006001　D. 031003002001

8. 末端试水装置计量单位为（ ）。

A. 组　B. 个　C. 套　D. 米

9. 末端试水装置定额的工作内容包括（ ）。

A. 切管　B. 整体组装　C. 放水实验　D. 水冲洗

10. 已知阀门 *DN*25 的单价为 35 元 / 个，压力表 69 元 / 块，压力表阀门 28 元 / 个，计算末端试水装置的综合单价是（ ）元。

A. 230.40　B. 279.70　C. 266.10　D. 307.70

本章习题解析

【材料题 1】

1.【答案】C

【解析】镀锌钢管 *DN*25 的清单工程量：

1.5×6+0.5+1.6×2+2.8×2+0.4+9.0+（2.8−2.6）×23+（2.8−1.8）=33.30（m）。

2.【答案】A

【解析】镀锌钢管 *DN*40 的清单工程量：

2.2+0.8×4+3.1=8.50（m）。

3.【答案】ABD

【解析】查《通用安装工程工程量计算规范》GB 50856—2013。喷头的工作内容包括：安装、装饰盘安装、严密性试验。

4.【答案】C

【解析】根据《广东省通用安装工程综合定额（2018）》第九册《消防工程》，定额中末端试水装置安装，公称外径 25mm，对应的定额号为 C9-1-85。

5.【答案】A

【解析】查《通用安装工程工程量计算规范》GB 50856—2013 表 J.1，前九位为 030901001，后二位为 001，镀锌钢管项目编码为 030901001001。

6.【答案】ABD

【解析】查《通用安装工程工程量计算规范》GB 50856—2013 表 J.1 水喷淋钢管清单项目，镀锌钢管项目特征应表述：安装部位，材质、规格，连接形式，钢管镀锌设计要求，压力试验及冲洗设计要求，管道标识设计要求。

7.【答案】A

【解析】根据《广东省通用安装工程综合定额（2018）》第九册《消防工程》中定额编号 C9-1-1，基价为 228.53 元 /10m。

8.【答案】C

【解析】据图可以计算工程量，由图 4-24 可知，喷头 *DN*15 共 23 个。

9.【答案】B

【解析】镀锌钢管 *DN*25 清单项目对应于定额子目 C9-1-1，计算清单项目的综合单价为：

[228.53+（166.36+5.03）× 20%+10.050 × 8+5.900 × 3.65] /10=36.47（元）。

10.【答案】B

【解析】镀锌钢管 *DN*25 工程量为 33.30m，清单项目合价为：33.30 × 36.47=1 214.45（元）。

【材料题 2】

1.【答案】A

【解析】镀锌钢管 *DN*32 的清单工程量：

2.6+2.4+2.8 × 8=27.40（m）。

2.【答案】D

【解析】据图可以计算工程量，由图 4-25 可知，喷头 *DN*15 共 20 个。

3.【答案】C

【解析】镀锌钢管 *DN*40 的清单工程量：

1.8+0.8 × 4+3.1=8.10（m）。

4.【答案】B

【解析】根据《广东省通用安装工程综合定额（2018）》第九册《消防工程》，定额中水喷淋钢管为螺纹连接，公称直径 40mm，对应的定额号为 C9-1-3。

5.【答案】A

【解析】根据《广东省通用安装工程综合定额（2018）》第九册《消防工程》，定额中水喷淋钢管为沟槽连接，公称直径 80mm，对应的定额号为 C9-1-15。

6.【答案】A

【解析】查《通用安装工程工程量计算规范》GB 50856—2013 表 J.1，前九位为 030901003，后三位为 001，镀锌钢管项目编码为 030901003001。

7.【答案】ACD

【解析】镀锌钢管 *DN*32 清单工作内容，查《通用安装工程工程量计算规范》GB 50856—2013。水喷淋钢管工作内容：管道及管件安装 、钢管镀锌、压力试验、冲洗、管道标识。

8.【答案】D

【解析】镀锌钢管 *DN*80 为沟槽连接，清单项目对应于定额子目 C9-1-15，基价为 170.95 元 /10m。

9.【答案】AC

【解析】定额中安装镀锌钢管 *DN*80 的工作内容，查《广东省通用安装工程综合定额（2018）》第九册《消防工程》。镀锌钢管 *DN*80 卡箍连接的工作内容：检查及清扫管材、切管、压槽、对口、调直、涂抹润滑剂、上胶圈、安装卡箍件、紧螺栓、水压试验、水冲洗。

10.【答案】C

【解析】镀锌钢管 *DN*80 为沟槽连接，清单项目对应于定额子目 C9-1-15 和 C9-1-23，*DN*80 清单工程量：2.2+0.9=3.1（m）。

计算清单项目的综合单价：

［（17.095+（12.244+0.339）×20%+1.015×45）×3.1+（20.798+（15.230+0.929）×20%+1.005×68）×3］/3.1=154.68（元）。

【材料题 3】

1.【答案】B

【解析】镀锌钢管 *DN*25 的清单工程量：

3.4+1.2×2+2.2+3.0+1.5+3.0×2+3.0+0.6×2+1.5×2+0.3+0.5+0.9+7.7+（3.6–3.0）×28+（3.6–1.8）=53.70（m）。

2.【答案】C

【解析】镀锌钢管 *DN*32 的清单工程量：

2.5+1.9×2+3.0+1.3+1.3+2.6+3.0+1.3+1.3+2.6+1.3+2.6+2.0+0.8=29.40（m）。

3.【答案】C

【解析】镀锌钢管 *DN*40 的清单工程量：

0.7+1.6+2.5=4.80（m）。

4.【答案】C

【解析】据图可以计算工程量，由图 4-26 可知，喷头 *DN*15 共 28 个。

5.【答案】B

【解析】根据《广东省通用安装工程综合定额（2018）》第九册《消防工程》，定额中有吊顶水喷淋喷头，公称直径 15mm，对应的定额号为 C9-1-43。

6.【答案】A

【解析】根据《广东省通用安装工程综合定额（2018）》第九册《消防工程》，定额中末端试水装置，公称直径 25mm，对应的定额号为 C9-1-85。

7.【答案】B

【解析】查《通用安装工程工程量计算规范》GB 50856—2013 表 J.1，前九位为

030901008，后三位为 001，末端试水装置项目编码为 030901008001。

8.【答案】A

【解析】末端试水装置计量单位，查《通用安装工程工程量计算规范》GB 50856—2013，末端试水装置计量单位为“组”。

9.【答案】ABC

【解析】查《广东省通用安装工程综合定额（2018）》第九册《消防工程》，定额中安装末端试水装置的工作内容包括：切管、套丝、上零件、整体组装、放水试验。

10.【答案】B

【解析】根据《广东省通用安装工程综合定额（2018）》第九册《消防工程》，定额中末端试水装置，公称直径 25mm，对应的定额号为 C9-1-85。综合单价为：98.40+（65.76+2.25）×20%+2.02×35+1×69+1×28=279.70（元）。

模拟测试卷一

一、单项选择题（共 30 题，每小题 0.8 分，共 24 分。每小题的备选项中，只有 1 个最符合题意）

1. 配管时电线管内导线的总截面（包括外护层）不应超过电线管内截面的（　　）。

A. 30%　　B. 40%

C. 50%　　D. 60%

2. 配管管路较长或有弯时，宜适当加装拉线盒，两个拉线点之间的距离应符合以下要求（　　）。

A. 管长度每超过 30m，有 1 个弯曲

B. 管长度每超过 20m，有 2 个弯曲

C. 管长度每超过 15m，有 2 个弯曲

D. 管长度每超过 8m，有 4 个弯曲

3. 下列给排水管道的阀门中，表示闸阀的是（　　）。

A. D741X-10　　B. J11T-16

C. Z942M-100　　D. Q21F-10

4. 结构简单，运动部件少，易损件少，障率低，寿命长；圆周运动平稳，低负荷运转时无“喘振”现象，噪声低，振动小；调节方便，可在 10%~100% 范围内无级调节，部分负荷时效率高，节电显著的制冷装置为（　　）。

A. 活塞式冷水机组　　B. 螺杆式冷水机组

C. 离心式冷水机组　　D. 冷风机组

5. 电缆敷设前，对 1kV 以下的电缆应进行（　　）。

A. 绝缘电阻测试　　B. 耐压试验

C. 恒定均布荷载试验　　D. 交接试验

6. 关于喷淋系统管道阀门的试验，说法错误的是（　　）。

A. 阀门试验应以每批（同牌号、同规格、同型号）数量中抽查 10%，且不少于一个

B. 安装在主干管上起切断作用的闭路阀门，应逐个做强度和严密性试验

C. 强度试验压力为公称压力的 1.5 倍

D. 严密性试验压力为公称压力的 1.1 倍

7. 以某些新结构、新工艺、技术复杂的或缺乏施工经验的分部分项工程为编制对象，用来指导其施工活动的技术、经济文件是（　　）。

A. 施工组织总设计

B. 单项工程施工组织设计

C. 单位工程施工组织设计

D. 分部分项工程施工组织设计

8. 某双代号网络计划如图 1.1 所示，其关键线路为（　　）。

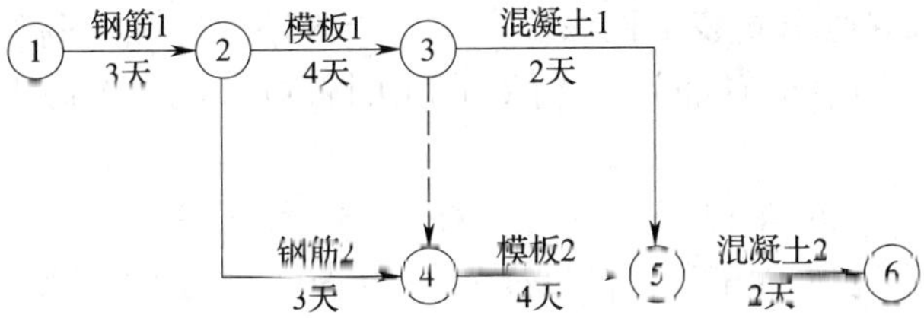

图 1.1 某双代号网络计划

A. ①-②-③-⑤-⑥　　B. ①-②-③-④-⑤-⑥

C. ①-②-④-⑤-⑥　　D. ①-②-③-④-⑤

9. 某工程的横道图如图 1.2 所示，其工期为（　　）天。

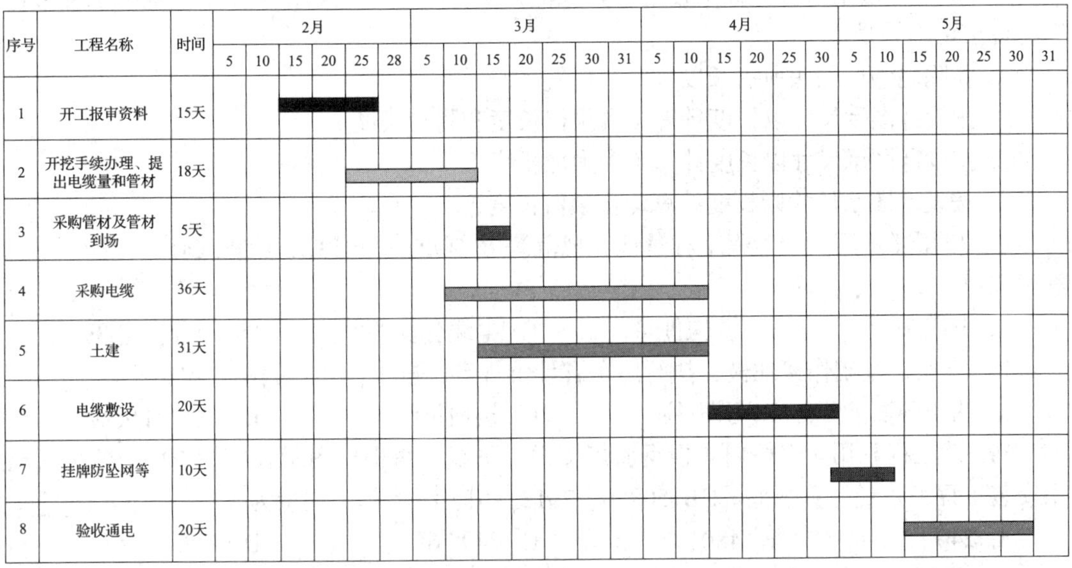

图 1.2 某工程横道图

A. 107　　B. 108　　C. 109　　D. 110

10. 分部分项工程量清单项目编码第二级为（　　）。

A. 工程分类码　　B. 分部工程顺序码

C. 分项工程项目名称顺序码　　D. 专业工程顺序码

11. 依据《通用安装工程工程量计算规范》GB 50856—2013，项目安装高度若超过基本高度时，应在“项目特征”中描述。附录 J 消防工程的基本安装高度为（　　）m。

A. 3.6　　B. 5　　C. 6　　D. 10

12. 当拟建工程中有易燃易爆、有害环境下的工程，可列项（　　）。

A. 特殊地区施工增加　　B. 设备、管道施工的安全防冻和焊接保护

C. 平台铺设、拆除　　D. 金属抱杆安装拆除、移位

13. 电气设备安装工程适用于（　　）kV 以下变配电设备及线路的安装工程、车间动力电气设备及电气照明、防雷及接地装置安装、配管配线、电气调试等。

A. 1　　B. 6　　C. 10　　D. 35

14. 依据《广东省通用安装工程综合定额（2018）》，通风空调工程在管井内、竖井内、断面小于或等于 $2m^2$ 隧道或洞内、封闭吊顶天棚内进行安装的工程，该部分按人工费乘以系数（　　）。

A. 1.10　　B. 1.15　　C. 1.25　　D. 1.33

15. 依据《通用安装工程工程量计算规范》GB 50856—2013，关于低压封闭式插接母线槽清单工程量计算方法，说法正确的是（　　）。

A. 按设计图示尺寸以中心线长度计算

B. 按设计图示尺寸以单相长度计算（含预留长度）

C. 按设计图示尺寸以单相长度计算（含附加长度）

D. 按设计图示尺寸以质量计算

16. 依据《通用安装工程工程量计算规范》GB 50856—2013，关于电力电缆工程量计算，说法正确的是（　　）。

A. 扣除电缆中间头所占长度

B. 按设计图示尺寸以长度计算（含预留长度和附加长度）

C. 按设计图示尺寸以长度计算（含附加长度）

D. 按设计图示尺寸以长度计算（含预留长度）

17. 依据《通用安装工程工程量计算规范》GB 50856—2013，电缆穿刺线夹按（　　）编码列项。

A. 电缆头　　B. 铁构件　　C. 电缆分支箱　　D. 预分支电缆

18. 利用桩基础作接地极，执行广东省计价规定，按（　　）编码列项。

A. 均压环　　B. 引下线　　C. 接地母线　　D. 桩承台接地

19. 某工程利用 4 根柱内 4 根钢筋焊接做引下线，每根柱图示长度为 60m，依据《通用安装工程工程量计算规范》GB 50856—2013，引下线清单工程量为（　　）m。

A. 240　　B. 480　　C. 249.36　　D. 498.72

20. 依据《通用安装工程工程量计算规范》GB 50856—2013，配线进入各种开关箱、柜、板的预留长度为（　　）。

A. 宽 + 高　　B. 0.3　　C. 1.5　　D. 2

21. 根据《广东省通用安装工程综合定额（2018）》，5 根 100m 长的 YJV22–5 × 25 电缆并行直埋，其挖、填土方的工程量为（　　）m^3。

A. 45.00　　B. 75.60　　C. 90.90　　D. 106.20

22. 依据《通用安装工程工程量计算规范》GB 50856—2013，阀门 Z44T–16 应按（　　）编码列项。

A. 螺纹阀门　　B. 螺纹法兰阀门

C. 焊接法兰阀门　　D. 法兰

23. 依据《广东省通用安装工程综合定额（2018）》，室外钢塑复合管（螺纹连接）发生时可执行（　　）子目。

A. 室外镀锌钢管（螺纹连接）

B. 室内镀锌钢管（螺纹连接）

C. 室外钢骨架塑料复合管（电熔连接）

D. 室内钢塑复合管（螺纹连接）

24. 依据《通用安装工程工程量计算规范》GB 50856—2013，关于通风空调设备及部件制作清单工程量计算规则，下列表述不正确的是（　　）。

A. 密闭门、挡水板、金属壳体以“个”计量，按设计图示数量计算

B. 过滤器以“m^2”计量，按设计图示尺寸以过滤器面积计算

C. 空调器以“m^2”计量，按设计图示尺寸以空调器面积计算

D. 通风空调设备安装的地脚螺栓按设备自带考虑

25. 依据《广东省通用安装工程综合定额（2018）》，整个通风系统设计采用渐缩管均匀送风者，圆形风管按平均直径，矩形风管按平均周长执行相应规格项目，其人工乘以系数（　　）。

A. 1.30　　B. 1.50

C. 2.50　　D. 3.00

26. 依据《广东省通用安装工程综合定额（2018）》，空调系统调试费按空调通风系统（包括设备、风管系统及防腐绝热）项目人工费的（　　）计算。

A. 5%　　B. 7%

C. 10%　　D. 15%

27. 某静压箱如图 1.3 所示，计算其清单工程量为（　　）m^2。

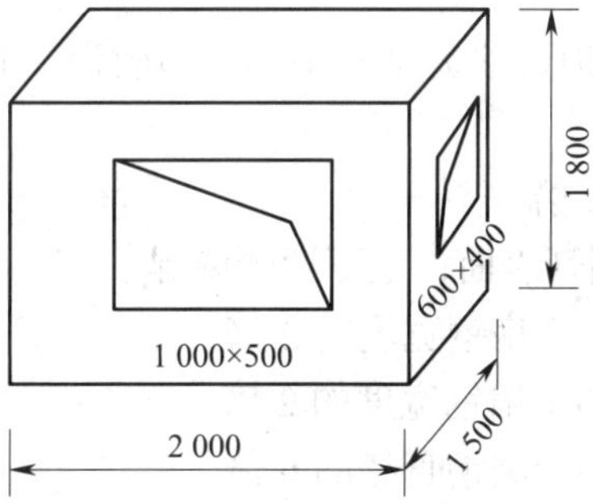

图 1.3　静压箱尺寸

A. 18.6　　B. 18.1

C. 17.86　　D. 5.4

28. 依据《广东省通用安装工程综合定额（2018）》，水灭火系统阀门应执行（　　）相应项目。

A. 给排水、采暖、燃气工程　　B. 消防工程

C. 工业管道　　D. 静置设备与工艺金属结构制作安装

29. 预付款的支付比例不得低于签约合同价（扣除暂列金额）的（　　），不宜高于签约合同价（扣除暂列金额）的（　　）。

A. 10%，20%　　B. 10%，30%

C. 15%，20%　　D. 15%，30%

30. 按照《建设工程质量管理条例》的规定，关于保修期限的说法不正确的是（　　）。

A. 地基基础工程和主体结构工程，为设计文件规定的该工程的合理使用年限

B. 屋面防水工程，有防水要求的卫生间、房间和外墙面的防渗漏为 5 年

C. 供热与供冷系统为 1 个采暖期和供热期

D. 电气管线、给排水管道、设备安装和装修工程为 2 年

二、多项选择题（共 20 题，每小题 1.3 分，共 26 分。每小题的备选项中，有 2 个或 2 个以上符合题意，至少有 1 个错项，错选、多选、少选均不得分）

31. 下列属于空气 – 水系统的是（　　）。

A. 集中式空调系统　　B. 带新风系统的风机盘管系统

C. 无新风系统的风机盘管系统　　D. 诱导器系统

E. 局部式空调系统

32. 下列不宜直接涂敷在金属管材表面的涂料有（　　）。

A. 过氯乙烯漆　　B. 酚醛树脂漆

C. 环氧树脂涂料　　D. 呋喃树脂漆

E. 聚氨酯漆

33. 下列管材中，用外径 × 壁厚表示的有（　　）。

A. 无缝钢管　　B. 镀锌钢管

C. 螺旋缝电焊钢管　　D. 不锈钢管

E. 球墨铸铁管

34. 接地系统中，户外接地母线大部分采用埋地敷设，其连接采用搭接焊，搭接长度要求为（　　）。

A. 圆钢不应小于直径的 6 倍

B. 扁钢与钢管紧贴 1/2 钢管表面，上下两侧施焊

C. 扁钢与扁钢搭接不应小于扁钢宽度的 2 倍

D. 圆钢与扁钢搭接不应小于扁钢宽度的 2 倍

E. 圆钢与扁钢搭接不应小于圆钢直径的 6 倍

35. 下列关于工程量清单计量单位叙述正确的是（　　）。

A. 工程量清单项目一般采用扩大的物理计量单位或自然计量单位

B. 附录中有两个或两个以上计量单位的，选择其中一个确定

C. 在同一个建设项目中，有多个单位工程的相同项目计量单位必须保持一致

D. 以“t”为单位应保留小数后两位数字，第三位小数四舍五入

E. 以“个”“件”“根”“组”“系统”为单位，应取整数

36. 关于工业管道工程与市政管网工程的界限，可以是（　　）。

A. 给水管道以厂区入口水表井为界

B. 给水管道以碰头井为界

C. 排水管道以厂区围墙外第一个污水井为界

D. 热力和燃气以厂区入口第一个计量表（阀门）为界

E. 建筑外墙皮 2m 为界

37. 依据《通用安装工程工程量计算规范》GB 50856—2013 措施项目清单中，属于专业措施项目的有（　　）。

A. 二次搬运　　B. 高层施工增加费
C. 焊接工艺评定　　D. 脚手架搭拆费
E. 夜间施工增加费

38. 依据《通用安装工程工程量计算规范》GB 50856—2013 措施项目清单中，关于高层施工增加的规定，正确的表述有（　　）。
A. 单层建筑物檐口高度超过 20m 应分别列项
B. 多层建筑物超过 8 层时，应分别列项
C. 突出主体建筑物顶的电梯房、水箱间、排烟机房等不计入檐口高度
D. 计算层数时，地下室不计入层数
E. 安装高度超过基准高度时计取

39. 当拟建工程中有（　　），可列项设备、管道施工的安全防冻和焊接保护。
A. 设备、管道冬雨季施工　　B. 三类容器制作、安装
C. 易燃易爆、有害环境施工　　D. 洁净度、防腐要求较高的管道安装
E. 设备、管道焊接质量要求较高时

40. 依据《广东省通用安装工程综合定额（2018）》，属于人工费组成的有（　　）。
A. 工资性收入　　B. 社会保险费
C. 住房公积金　　D. 机上人工费
E. 差旅交通费

41. 依据《广东省通用安装工程综合定额（2018）》，成套配电箱安装未包括（　　）。
A. 焊（压）接线端子　　B. 箱内电器元件
C. 端子板外部（二次）接线　　D. 基础槽钢、角钢的制作、安装
E. 箱内盘柜配线

42. 依据《通用安装工程工程量计算规范》GB 50856—2013，关于室外管道碰头叙述正确的有（　　）。
A. 包括挖工作坑，土方回填
B. 带介质管道碰头不包括开关闸，临时放水管线铺设
C. 适用于新建或扩建工程热源、水源、气源管道与原（旧）有管道碰头
D. 热源管道碰头供、回水接口分别计算
E. 不包括暖气沟局部拆除及修复

43. 依据《通用安装工程工程量计算规范》GB 50856—2013，燃气管道室内外界限划分正确的是（　　）。
A. 以建筑物外墙皮 1.5m 为界
B. 地下引入室内的管道以室内第一个阀门为界
C. 地上引入室内的管道以外墙三通为界
D. 入口处设阀门者以阀门为界
E. 以建筑物外墙皮 3m 为界

44. 依据《广东省通用安装工程综合定额（2018）》，应执行第八册《工业管道工程》的是（　　）。
A. 生产生活共用的管道　　B. 锅炉房内管道

C. 泵房内管道　　D. 制冷机房管道

E. 水箱间管道

45. 依据《广东省通用安装工程综合定额（2018）》，给水管道安装包括（　　）。

A. 管件安装　　B. 支架安装

C. 水压试验　　D. 消毒冲洗

E. 预留孔洞

46. 依据《通用安装工程工程量计算规范》GB 50856—2013，下列以“组”计量的是（　　）。

A. 减压器　　B. 疏水器

C. 水表　　D. 补偿器

E. 热量表

47. 依据《广东省通用安装工程综合定额（2018）》，管道按公称外径表示的有（　　）。

A. 镀锌钢管　　B. 铜管

C. 塑料管　　D. 钢塑复合管

E. 铝塑复合管

48. 依据《广东省通用安装工程综合定额（2018）》，关于风管工程量的计算，表述正确的有（　　）。

A. 风管长度包括管件的长度　　B. 风管长度包括部件的长度

C. 重叠部分和堵头需另行增加　　D. 玻璃钢风管、复合风管规格直径为内径

E. 不扣除检查孔、测定孔、送风口、吸风口等所占面积

49. 关于最高投标限价的编制原则，说法错误的是（　　）。

A. 投标人应编制最高投标限价

B. 工程造价咨询人可同时接受招标人和投标人对同一工程的最高投标限价和投标报价的编制

C. 最高投标限价应在招标文件中公布

D. 最高投标限价超过批准的概算时，招标人应将其报原概算审批部门审核

E. 最高投标限价不得进行上浮或下调

50. 在确定综合单价时，下列不属于承包人应承担的风险有（　　）。

A. 市场价格波动导致的价格风险　　B. 法律风险

C. 人工费调整风险　　D. 技术水平风险

E. 管理水平风险

三、不定项选择题（共 50 题，每小题 1 分，共 50 分。错选、多选、少选均不得分）

案例一（共 10 题，每小题 1 分，共 10 分）

背景资料：某卫生间给水平面图和给水系统图分别如图 1.4、图 1.5 所示。给水管采用 PP-R 管热熔连接。除图中注明外，给水管中心距离内墙面均为 0.1m，淋浴器阀门安装高度 *H*+1 200。管道穿越外墙设置刚性防水套管，穿越楼板设置钢套管，套管规格比穿越的管道规格大 2 号。阀门型号为 J11T-10。拖布池为现场砖砌，其余卫生器具为成套安装。管道安装完毕后需按规范要求进行水压试验和消毒冲洗。

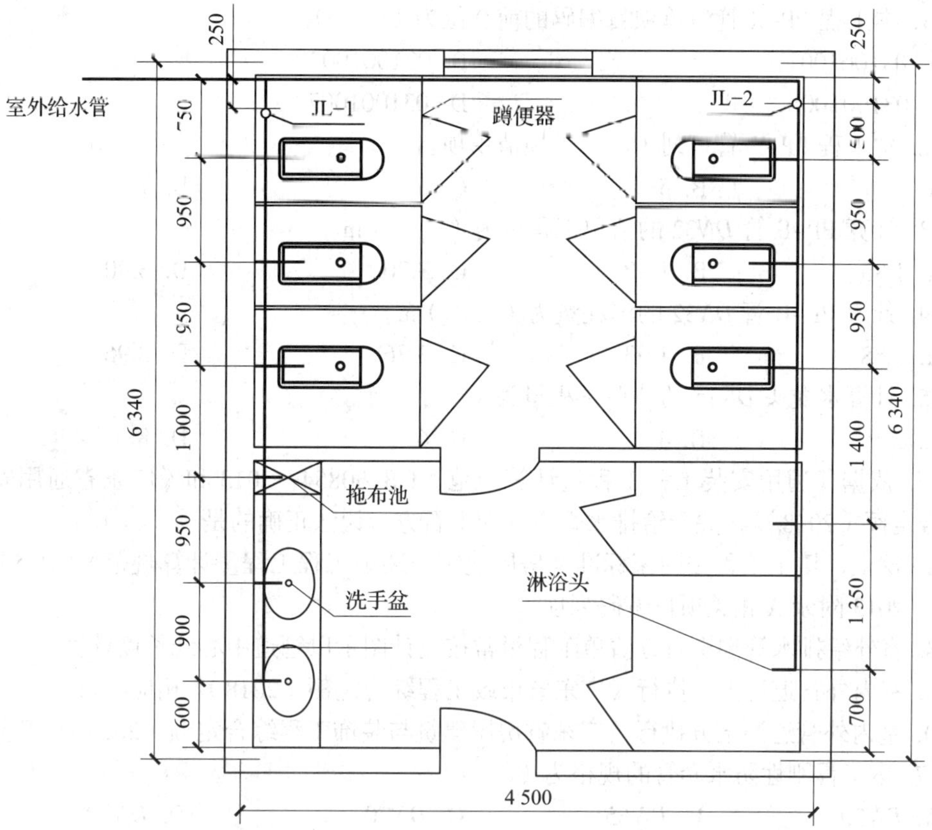

图 1.4　卫生间平面图

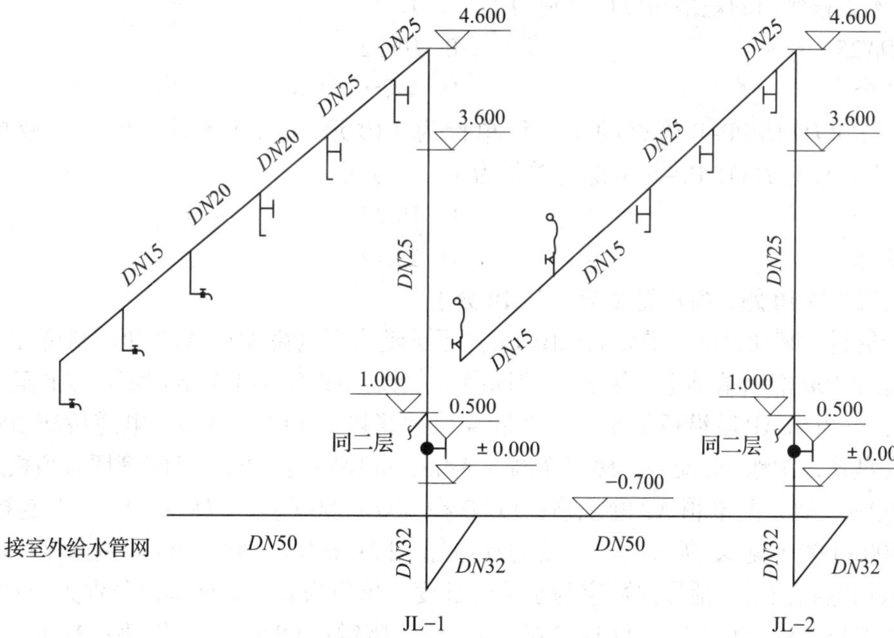

图 1.5　卫生间给水系统图

51. 本工程 PP-R 管清单项目编码的前 9 位为（　　）。

A. 031001001　　B. 031001002

C. 031001006　　D. 031001007

52. 本工程 PP-R 管可列（　　）项清单项目。

A. 4　　B. 5　　C. 6　　D. 7

53. 计算 PP-R 管 *DN*32 的清单工程量为（　　）m。

A. 1.85　　B. 1.90　　C. 3.70　　D. 3.90

54. 计算 PP-R 管 *DN*32 的消耗量为（　　）m。

A. 1.88　　B. 1.93　　C. 3.76　　D. 3.96

55. 计算水龙头 *DN*15 的清单工程量为（　　）个。

A. 2　　B. 4　　C. 6　　D. 8

56. 依据《通用安装工程工程量计算规范》GB 50854—2013 和《广东省通用安装工程综合定额（2018）》，关于给排水管道管沟土石方，说法正确的是（　　）。

A. 挖土、填土工程按国家标准《房屋建筑与装饰工程工程量计算规范》GB 50854—2013 附录 A 相关项目编码列项

B. 室外给排水管沟土石方清单工程量常按设计图示以管道中心线长度计算

C. 室内外管道沟土方执行《广东省市政工程综合定额（2018）》相应项目

D. 室内外管道沟土方执行《广东省房屋建筑与装饰工程综合定额（2018）》相应项目

57. 本工程刚性防水套管的规格为（　　）。

A. *DN*50　　B. *DN*65　　C. *DN*70　　D. *DN*80

58. 本工程穿楼板钢套管的规格为（　　）。

A. *DN*25　　B. *DN*32　　C. *DN*40　　D. *DN*50

59. 本工程阀门的规格和数量分别为（　　）。

A. *DN*25　　B. *DN*32

C. 2 个　　D. 4 个

60. 已知 *DN*15 PP-R 管材的不含税单价为 3.10 元 /m，*DN*15 管件的不含税单价为 1.80 元 / 个，计算 *DN*15 PP-R 的综合单价为（　　）元。

A. 16.62　　B. 19.77

C. 22.51　　D. 23.12

案例二（共 10 题，每小题 1 分，共 10 分）

背景资料：某动力电气平面图如图 1.6 所示，动力配电箱 AP、AL2 和控制箱 AL1 落地安装在地面 10# 槽钢基础上，槽钢基础标高为 +0.1。AP 至 AL1 为 N1 回路，AP 至 AL2 为 N2 回路，电缆出 AP 后沿桥架敷设，然后穿保护管接至 AL1 和 AL2。电缆桥架 200×100 为钢制托盘式，距地 3m 安装，楼层净高为 3.4m，插座距地 1.3m，暗配管埋入顶板及地板内均为 0.1m。动力配电箱 AP 的规格：1 000×1 800×600（宽 × 高 × 厚），控制箱 AL1：800×1 500×600（宽 × 高 × 厚），动力配电箱 AL2：600×1 200×400（宽 × 高 × 厚），电动机采用电磁控制。括号内数字为水平管长度，单位为 m。主材单价分别为：SC50：32 元 /m、YJV4×35：89 元 /m、AL1：3 600 元 / 台、槽钢：4.8 元 /kg、插座：28 元 / 个，均为不含税价格。

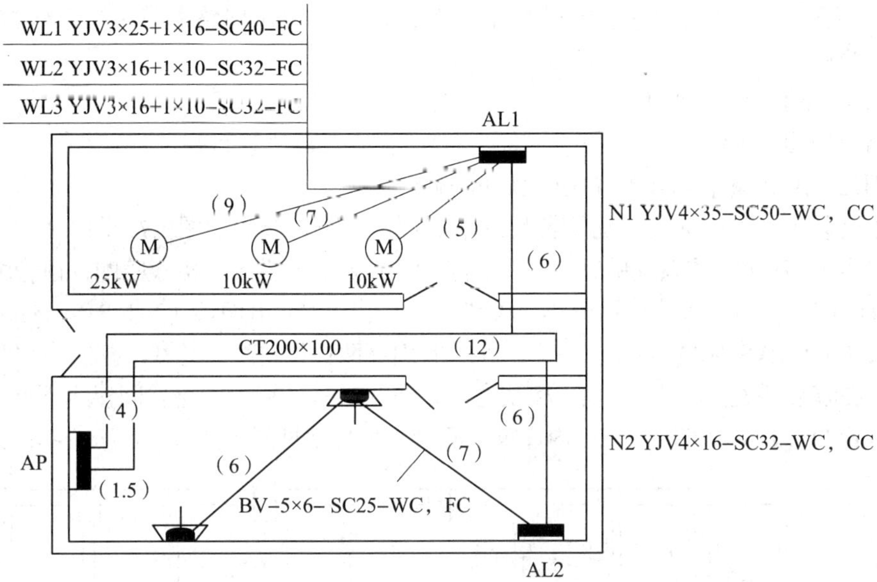

图 1.6　某动力电气平面图

61. 本工程低压控制设备可列的清单项目有（　　）。

A. 030404004 低压开关柜　　B. 030404015 控制台

C. 030404016 控制箱　　D. 030404017 配电箱

62. 依据《广东省通用安装工程综合定额（2018）》，钢制桥架主结构设计厚度大于3mm 时，定额人工费、机具费乘以系数（　　）。

A. 1.10　　B. 1.15　　C. 1.20　　D. 1.25

63. 依据《广东省通用安装工程综合定额（2018）》，钢制桥架主结构设计厚度（　　）mm 以下时，执行金属线槽安装相应项目。

A. 1.0　　B. 1.5　　C. 2.0　　D. 2.5

64. 依据《通用安装工程工程量计算规范》GB 50856—2013 和《广东省通用安装工程综合定额（2018）》，动力配电箱 AP 清单项目可组合的定额有（　　）。

A. 成套配电箱落地安装　　B. 电缆头制作、安装

C. 槽钢基础制作、安装　　D. 压铜接线端子

65. 计算桥架 200 × 100 的清单工程量为（　　）m。

A. 17.50　　B. 20.50　　C. 18.70　　D. 18.60

66. 计算 N1 回路电缆保护管 SC50 的清单工程量为（　　）m。

A. 8.20　　B. 8.30　　C. 8.40　　D. 8.50

67. 计算 N1 回路电缆 YJV-4 × 35 的清单工程量为（　　）m。

A. 30.55　　B. 35.47　　C. 32.39　　D. 36.49

68. 计算 SC25 配管的清单工程量为（　　）m。

A. 17.00　　B. 17.40　　C. 16.00　　D. 15.70

69. 计算 BV6 的清单工程量为（　　）m。

A. 80.00　　B. 87.00　　C. 89.00　　D. 96.00

70. 依据《广东省通用安装工程综合定额（2018）》，N1 回路电缆保护管 SC50 应执行（　　）定额。

A. 电缆保护管（埋地）　　B. 配管（钢管明配）

C. 配管（钢管暗配）　　D. 配管（电线管暗配）

案例三（共 10 题，每小题 1 分，共 10 分）

背景资料：某工程火灾自动报警系统平面图、系统图分别如图 1.7、图 1.8 所示，设备材料表如表 1.1 所示。该系统中管路均为钢管 ϕ20 或 ϕ15 沿墙、楼板暗配，顶管配管高度为离地 4.0m（A 室为 3.0m），钢管 ϕ20 管内穿两根 DC24V 电源线（NH–BV–1.5mm²）和两根报警线（NH–RVS–2×1.5mm²），钢管 ϕ15 管内穿两根报警线二总线。控制模块和输入模块均安装在暗装开关盒内，2 只输入模块之间距离为 0.3m，模块与警铃间接线不计。自动报警系统装置调试的点数按图示范围内计算。配管水平长度见图示括号内数字，单位为 m。

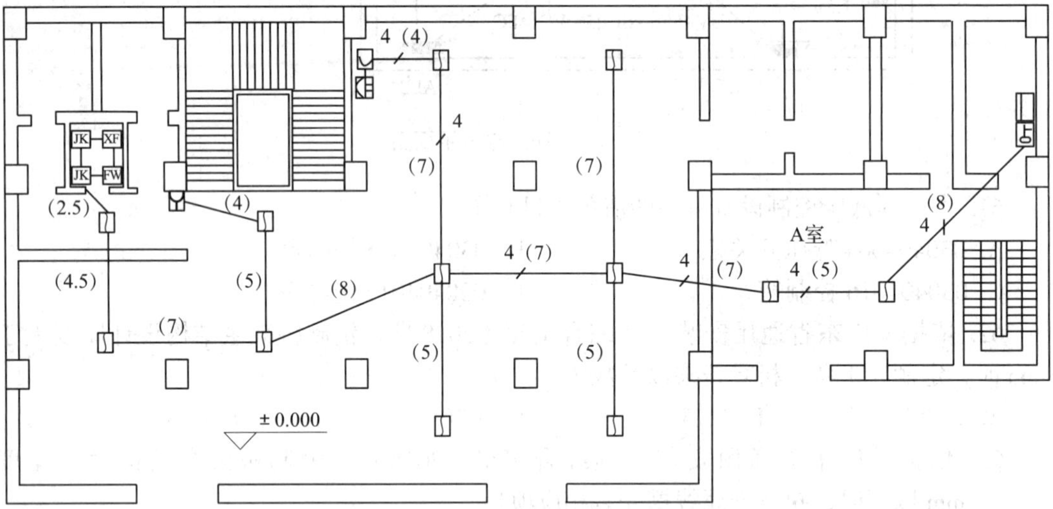

图 1.7　商店一层火灾自动报警平面图

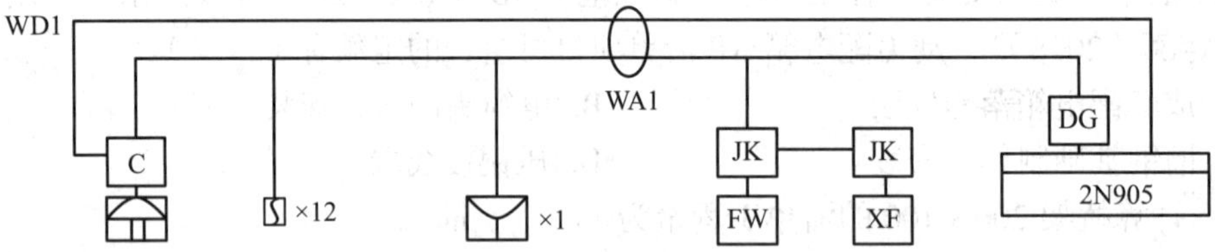

图 1.8　商店一层火灾自动报警系统图

表 1.1　设备材料表

序号	图例	名称、型号、规格	备注
1	[探测器图例]	智能型光电感烟探测器 JTY–GD–3001	与底座配套吸顶安装
2	[控制器图例]	火灾报警控制器 2N–905	嵌入式安装，下口距地 1.5m，尺寸：500×300×200（宽×高×厚）
3	DG	短路隔离器 HJ–175	装在火灾报警控制器内

续表 1.1

序号	图例	名称、型号、规格	备注
4	C	控制模块 HJ-1825	距顶 0.2m 安装
5	JK	输入模块 HJ-1750B	距顶 0.2m 安装
6	W	水流指示器	与输入模块一体
7	XF	信号阀	与输入模块一体
8		警铃 YAE-1	距顶 0.2m 明装
9		手动报警按钮 J-SAP-M-YAI	离地 1.5m 明装

71. 本工程火灾报警控制器清单项目编码前 9 位为（　　）。

A. 030904009 区域报警控制箱　　B. 030904010 联动控制箱

C. 030904012 火灾报警系统控制主机　　D. 030904017 报警联动一体机

72. 本工程短路隔离器项目编码前 9 位为（　　）。

A. 030409019 控制开关　　B. 030404031 小电器

C. 030904008 模块（模块箱）　　D. 030904009 区域报警控制箱

73. 依据《通用安装工程工程量计算规范》GB 50856—2013，消防电话的计量单位为（　　）。

A. 个　　B. 部　　C. 台　　D. 套

74. 本工程智能型光电感烟探测器的清单工程量为（　　）个。

A. 12　　B. 13　　C. 14　　D. 15

75. 本工程的模块可列（　　）项清单项目。

A. 1　　B. 2　　C. 3　　D. 4

76. 计算从火灾报警控制箱至第一个感烟探测器配管的清单工程量为（　　）。

A. ϕ20，10.50m　　B. ϕ20，10.20m

C. ϕ15，10.50m　　D. ϕ15，10.20m

77. 计算从火灾报警控制箱至第一个感烟探测器电源线 NH-BV-1.5mm^2 的清单工程量为（　　）m。

A. 20.40　　B. 21.00　　C. 22.00　　D. 22.60

78. 计算从火灾报警控制箱至第一个感烟探测器报警线 NH-RVS-2×1.5mm^2 的清单工程量为（　　）m。

A. 11.00　　B. 11.30　　C. 22.00　　D. 22.60

79. 依据《通用安装工程工程量计算规范》GB 50856—2013，探测器报警线 NH-RVS-2×1.5mm^2 清单项目特征中的配线名称应为（　　）。

A. 塑料护套配线　　B. 管内穿线　　C. 线槽配线　　D. 槽板配线

80. 依据《广东省通用安装工程综合定额（2018）》，探测器报警线 NH-RVS-2×1.5mm^2 应执行的定额为（　　）。

A. 硬绝缘导线　　B. 多芯软导线　　C. 塑料护套线　　D. 双绞线缆

案例四（共 10 题，每小题 1 分，共 10 分）

背景资料：某通风空调系统如图 1.9 所示，通风空调设备部件附件数据表如表 1.2 所示。图 1.9 为某化工厂试验办公楼的集中空调通风管道系统，图中标注尺寸标高以“m”计，其他均以“mm”计。集中通风空调系统的设备为分段组装式空调器，落地安装。风管及其他管件采用镀锌薄钢板咬口现场制作，板厚 δ =0.75mm。风管系统中的软管接口、风管检查孔、温度测定孔、插板式送风口为现场制安，阀门、散流器为成品。风管法兰、加固框、支托吊架除锈后刷防锈漆两遍。风管保温材料为铝箔玻璃棉，保温厚度为 30mm。

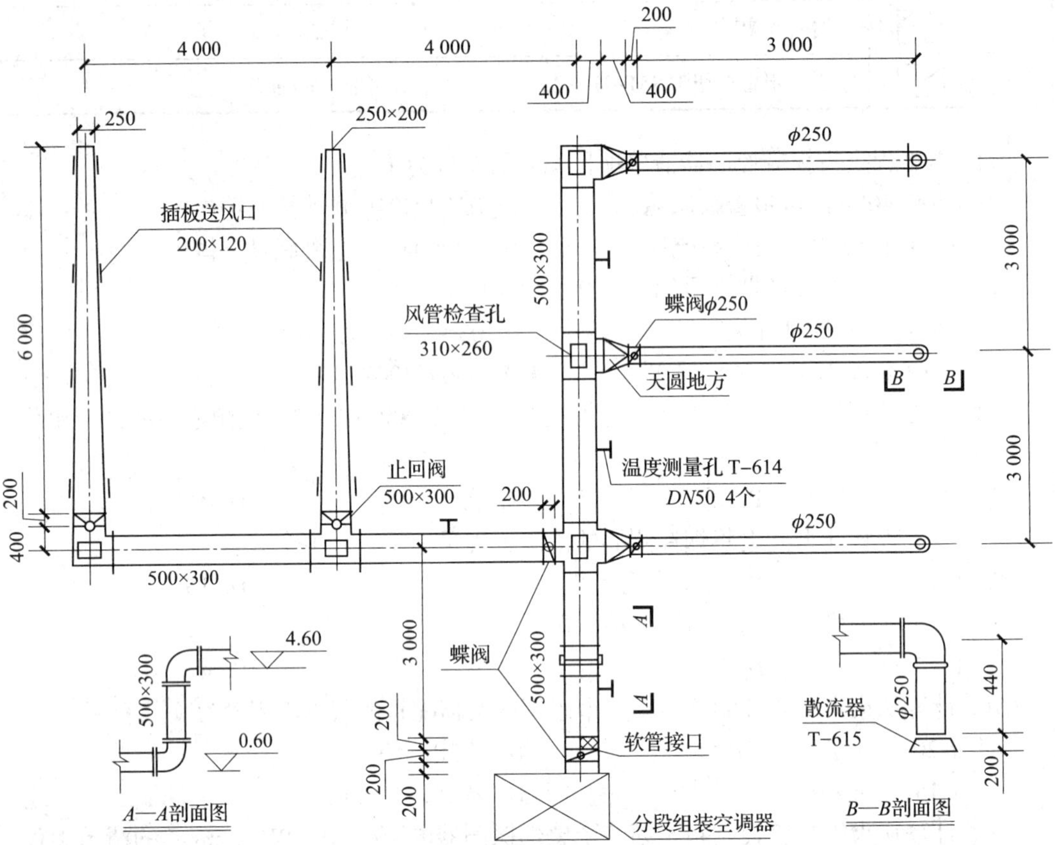

图 1.9　集中空调通风管道系统布置图

表 1.2　通风空调设备部件附件数据表

序号	名称	规格、型号	长度 /mm	单重 /kg
1	空调器	分段组装 ZK–2 000	—	3 000
2	矩形风管	500 × 300	图示	—
3	渐缩风管	500 × 300/250 × 200	图示	—
4	圆形风管	ϕ 250	图示	—
5	矩形蝶阀	500 × 300	200	13.85

续表 1.2

序号	名称	规格、型号	长度 /mm	单重 /kg
6	矩形止回阀	500 × 300	200	15.00
7	圆形蝶阀	ϕ250	200	3.43
8	插板送风口	200 × 120	—	0.88
9	散流器	ϕ250	200	5.45
10	风管检查孔	310 × 260 T–614	—	4.00
11	温度测定孔	T–615	—	0.50
12	软管接口	500 × 300	200	—

81. 本工程的风管可列（　　）项清单项目。

A. 1　　B. 2　　C. 3　　D. 4

82. 统计本工程插板送风口 200 × 120 的清单工程量为（　　）个。

A. 4　　B. 8　　C. 16　　D. 32

83. 统计本工程温度测量孔 T–614 的清单工程量为（　　）个。

A. 3　　B. 4　　C. 5　　D. 6

84. 计算渐缩风管 500 × 300/250 × 200 的清单工程量为（　　）m^2。

A. 7.50　　B. 12.00　　C. 15.00　　D. 15.10

85. 计算圆形风管 ϕ250 的清单工程量为（　　）m^2。

A. 8.10　　B. 8.57　　C. 8.75　　D. 9.04

86. 计算圆形风管 ϕ250 保温的清单工程量为（　　）m^3。

A. 0.28　　B. 0.26　　C. 0.32　　D. 0.30

87. 计算软管接口的清单工程量为（　　）。

A. 0.10m　　B. 0.20m　　C. 0.16m^2　　D. 0.32m^2

88. 依据《通用安装工程工程量计算规范》GB 50856—2013，本工程可计算的调试有（　　）。

A. 采暖系统调试　　B. 空调水系统调试

C. 通风工程检测调试　　D. 风管漏风、漏光试验

89. 依据《广东省通用安装工程综合定额（2018）》，薄钢板通风管道制作安装项目中已包括（　　）。

A. 法兰、加固框的制作　　B. 吊托支架的制作

C. 过跨风管落地支架制作　　D. 法兰、支架的除锈刷油

90. 依据《广东省通用安装工程综合定额（2018）》，每平方米矩形风管 500 × 300 法兰、加固框和吊托支架的消耗量为（　　）kg。

A. 3.52　　B. 3.63　　C. 3.78　　D. 3.80

案例五（共 10 题，每小题 1 分，共 10 分）

背景资料：某工程项目发承包双方签订了工程施工合同，采用一般计税法计税，工期

5 个月，合同约定的工程内容及其价款包括分部分项工程项目（含单价措施项目）4 项。费用数据与施工进度计划如表 1.3 所示，总价措施项目费用 10 万元（其中含安全文明施工费为 6 万元），暂列金额费用 5 万元，管理费和利润为不含税人材机费用之和的 12%，规费为不含税人材机费用与管理费、利润之和的 6%，增值税税率为 9%。

表 1.3　分部分项工程项目费用数据与施工进度计划表

分部分项工程项目（含单价措施项目）				施工进度计划 / 月				
名称	工程量	综合单价	费用 / 万元	1	2	3	4	5
A	800m^3	360 元 /m^3	28.8	——	——			
B	900m^3	420 元 /m^3	37.8		——	——		
C	1 200m^2	280 元 /m^2	33.6			——	——	——
D	1 000m^2	200 元 /m^2	20.0				——	——
合计			120.2	备注：计划和实际施工进度均为匀速进度。				

91. 该工程签约合同价（含税）为（　　）万元。

A. 143.31　　B. 135.20　　C. 147.37　　D. 156.21

92. 开工前，发包人按签约含税合同价（扣除文明施工费和暂列金额）的 20% 作为预付款支付承包人，则预付款为（　　）万元。

A. 26.75　　B. 28.70　　C. 29.16　　D. 29.44

93. 开工前，发包人将安全文明施工费的 70% 作为提前支付的工程款，发包人按每次承包人应得工程款的 90% 支付，则承包人可获得的安全文明施工费工程款为（　　）万元。

A. 4.37　　B. 4.85　　C. 6.24　　D. 4.12

94. 承包人第 2 个月完成的工程款为（　　）万元。

A. 31.20　　B. 38.47　　C. 16.64　　D. 21.84

95. 预付款在施工期间的第 2 ~ 5 个月平均扣回，则第 2 个月应扣回的预付款为（　　）万元。

A. 7.36　　B. 6.69　　C. 7.29　　D. 7.18

96. 预付款在施工期间的第 2 ~ 5 个月平均扣回，发包人按每次承包人应得工程款的 90% 支付，则第 2 个月应支付的工程款为（　　）万元。

A. 31.18　　B. 25.38　　C. 27.44　　D. 27.33

97. 承包人第 3 个月完成的工程款为（　　）万元。

A. 34.78　　B. 32.81　　C. 31.91　　D. 41.25

98. 预付款在施工期间的第 2 ~ 5 个月平均扣回，发包人按每次承包人应得工程款的 90% 支付，则第 3 个月应支付的工程款为（　　）万元。

A. 22.24　　B. 24.01　　C. 21.43　　D. 24.12

99. 承包人索赔的含税金额为 4 万元，则该工程的实际总造价为（　　）万元。

A. 151.73　　B. 154.43　　C. 160.21　　D. 160.83

100. 若工程质量保证金预留比例为3%，已支付给承包人工程款为110万元，则竣工结算尾款为（　　）万元。

A. 16.85　　B. 11.10　　C. 10.64　　D. 8.02

模拟测试卷一答案与解析

一、单项选择题

1.【答案】B

【解析】配管时应注意电线管内导线的总截面（包括外护层）不应超过电线管内截面的40%，并应根据管的长度、弯头的多少等实际情况在管路中间适当设置接线盒或拉线盒。

2.【答案】C

【解析】管路较长或有弯时，宜适当加装拉线盒，两个拉线点之间的距离应符合以下要求：

（1）管长度每超过30m，无弯曲。

（2）管长度每超过20m，有1个弯曲

（3）管长度每超过15m，有2个弯曲。

（4）管长度每超过8m，有3个弯曲。

3.【答案】C

【解析】见表1.4。

表1.4　阀门型号的含义

1	2	3	4	5	6	7
汉语拼音字母表示：阀门类型	一位数字表示：驱动方式	一位数字表示：连接形式	一位数字表示：结构形式	汉语拼音字母表示：密封面或衬里材料	数字表示：公称压力（MPa）	字母表示：阀体材料
Z闸阀 J截止阀 L截流阀 Q球阀 D蝶阀 H止回阀 G隔膜阀 A安全阀 T调节阀 X旋塞阀 Y减压阀 S疏水器	0电磁动 1电磁－液动 2电－液动 3蜗轮 4正齿轮 5伞齿轮 6气动 7液动 8气－液动 9电动	1内螺纹 2外螺纹 3法兰（用于双弹簧安全阀） 4法兰 5法兰（用于杠杆式安全阀，单弹簧安全阀） 6焊接 7对夹式 8卡箍 9卡套	—	T铜合金 X橡胶 N尼龙塑料 F氟塑料 B锡基轴承合金 H合金钢 D渗氮钢 Y硬质合金 J衬胶 Q衬铅 C搪瓷 P渗硼钢	—	Z灰铸铁 K可锻铸铁 Q球墨铸铁 T铸钢 C碳钢 I 2G25I P1Cr18Ni19Ti R Cr18Ni12Mo2Ti V 12Cr1MoV

4.【答案】B

【解析】螺杆式冷水机组优点：易损件少，仅是活塞式的 1/10，故障率低，寿命长；圆周运动平稳，低负荷运转时无“喘振”现象，噪声低，振动小；调节方便，可在 10% ～ 100% 范围内无级调节，部分负荷时效率高，节电显著；体积小，重量轻；属正压运行，不存在外气侵入腐蚀问题。

5.【答案】A

【解析】敷设前，应检查电缆有无机械损伤，电缆盘是否完好，对 3kV 及以上的高压电缆应进行耐压试验，1kV 以下的电缆按相关规范要求进行绝缘电阻测试，绝缘电阻不应小于 10MΩ。

6.【答案】D

【解析】阀门安装前按设计要求，检查其种类、规格、型号及质量，阀杆不得弯曲，按规定对阀门进行强度和严密性试验。阀门试验应以每批（同牌号、同规格、同型号）数量中抽查 10%，且不少于一个，对于安装在主干管上起切断作用的闭路阀门，应逐个做强度和严密性试验。强度试验压力为公称压力的 1.5 倍，严密性试验压力应为阀门出厂规定的压力。

7.【答案】D

【解析】分部分项工程施工组织设计以某些新结构、新工艺、技术复杂的或缺乏施工经验的分部分项工程为编制对象（如大型吊装工程、复杂的基础工程以及有特殊要求的高级装饰工程等），用来指导其施工活动的技术、经济文件。

8.【答案】B

【解析】见图 1.10。

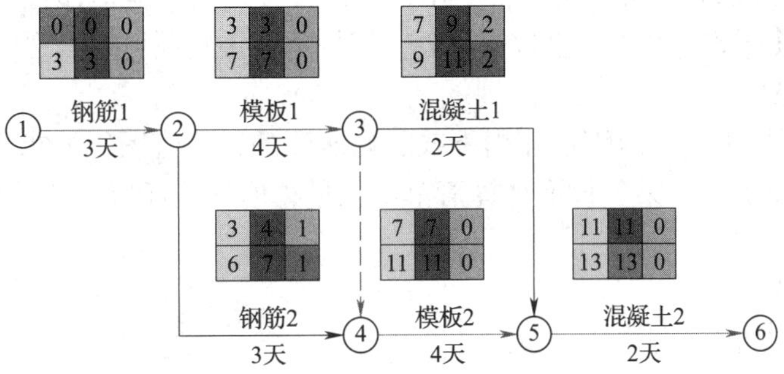

图 1.10　双代号网络计划解析

9.【答案】C

【解析】工期：18（2 月）+31（3 月）+30（4 月）+30（5 月）=109（天）。

10.【答案】D

【解析】第二级编码表示各专业工程。采用两位数字（即第三、四位数字）表示。如安装工程的 0301 为“机械设备安装工程”，0308 为“工业管道工程”等。

11.【答案】B

【解析】项目安装高度若超过基本高度时，应在“项目特征”中描述。《通用安装工程工程量计算规范》GB 50856—2013 安装工程各附录基本安装高度为：附录 A“机械设备安装工程”10m，附录D“电气设备安装工程”5m，附录E“建筑智能化工程”5m，附录G“通风空调工程”6m，附录J“消防工程”5m，附录K“给排水、采暖、燃气工程”3.6m，附录M“刷油、防腐蚀、绝热工程”6m。

12.【答案】B

【解析】当拟建工程中有设备、管道冬雨季施工，有易燃易爆、有害环境施工，或设备、管道焊接质量要求较高时，措施项目清单可列项“设备、管道施工的安全防冻和焊接保护”。

13.【答案】C

【解析】电气设备安装工程适用于10kV以下变配电设备及线路的安装工程、车间动力电气设备及电气照明、防雷及接地装置安装、配管配线、电气调试等。

14.【答案】C

【解析】在管井内、竖井内、断面小于或等于$2m^2$隧道或洞内、封闭吊顶天棚内进行安装的工程，该部分按人工费乘以系数1.25。见《广东省通用安装工程综合定额（2018）》第七册《通风空调工程》。

15.【答案】A

【解析】低压封闭式插接母线槽按设计图示尺寸以中心线长度计算。

16.【答案】B

【解析】电力电缆按设计图示尺寸以长度计算（含预留长度和附加长度）。

17.【答案】A

【解析】电缆穿刺线夹按电缆头编码列项。

18.【答案】D

【解析】执行广东省计价规定的：利用桩基础作接地极，应描述桩台下桩的根数，每桩台下需焊接柱筋根数，其工程量按基计算，按桩承台接地项目编码列项。

19.【答案】A

【解析】利用柱（梁）内钢筋作引下线、均压环的，不管图纸要求焊接钢筋根数是2根或以上，均按图示柱（梁）长度计算清单工程量，但其特征应表述清楚焊接钢筋根数，以便计价。

20.【答案】A

【解析】见表1.5。

表1.5 配线进入箱、柜、板的预留长度/（m/根）

序号	项　目	预留长度	说明
1	各种开关箱、柜、板	宽+高	盘面尺寸
2	单独安装（无箱、盘）的铁壳开关、闸刀开关、启动器、线槽进出线盒等	0.3	从安装对象中心算起
3	由地面管子出口引至动力接线箱	1.0	从管口计算
4	电源与管内导线连接（管内穿线与软、硬母线接点）	1.5	从管口计算
5	出户线	1.5	从管口计算

21.【答案】C

【解析】直埋电缆的挖、填土（石）方，除特殊要求外，可按表 1.6 的规定计算土方量。V=（0.45+3×0.153）×100=90.90（m^3）

表 1.6　直埋电缆的挖、填土（石）方量

项目	电缆根数	
	1～2	每增 1 根
每米沟长挖方量 /m^3	0.45	0.153

22.【答案】C

【解析】阀门 Z44T-16 的含义是法兰闸阀，应按焊接法兰阀门编码列项。

23.【答案】A

【解析】室外钢塑复合管（螺纹连接）发生时可执行室外镀锌钢管（螺纹连接）子目，管道及管件含量不变。

24.【答案】C

【解析】依据《通用安装工程工程量计算规范》GB 50856—2013，密闭门、挡水板、滤水器、滤水盘、金属壳体，以“个”计量，按设计图示数量计算；过滤器以“m^2”计量，按设计图示尺寸以过滤面积计算，或以“台”计量，按设计图示数量计算；空调器以“台（组）”计量，按设计图示数量计算；通风空调设备安装的地脚螺栓按设备自带考虑。

25.【答案】C

【解析】整个通风系统设计采用渐缩管均匀送风者，圆形风管按平均直径，矩形风管按平均周长执行相应规格项目，其人工乘以系数 2.50。

26.【答案】B

【解析】空调系统调试费按空调通风系统（包括设备、风管系统及防腐绝热）项目人工费的 7% 计算。

27.【答案】A

【解析】静压箱的面积计算：按设计图示尺寸以展开面积计算，不扣除开口的面积。S=2×1.5×2+2×1.8×2+1.5×1.8×2=18.6（m^2）。

28.【答案】A

【解析】水灭火系统的各种阀门、法兰安装，套管的制作安装等，室外消防水管道安装，水箱制安等均执行《广东省通用安装工程综合定额（2018）》第十册《给排水、采暖、燃气工程》相应项目。

29.【答案】B

【解析】预付款的支付比例不得低于签约合同价（扣除暂列金额）的 10%，不宜高于签约合同价（扣除暂列金额）的 30%。

30.【答案】C

【解析】本题考查的是保修期的期限。保修期自实际竣工日期起计算，按照《建设工程质量管理条例》的规定，保修期限如下：

（1）地基基础工程和主体结构工程，为设计文件规定的该工程的合理使用年限；

（2）屋面防水工程，有防水要求的卫生间、房间和外墙面的防渗漏为 5 年；

（3）供热与供冷系统为 2 个采暖期和供热期；

（4）电气管线、给排水管道、设备安装和装修工程为 2 年。

二、多项选择题

31.【答案】BD

【解析】本题考查的知识点是空气 – 水系统。这种系统空调房间的热温负荷一部分靠空气负担，另一部分由水负担，有新风系统的风机盘管系统和诱导器系统均属此类。

32.【答案】ABD

【解析】过氯乙烯漆具有良好的耐酸性气体、耐海水、耐酸、耐油、耐盐雾、防霉、防燃烧等性能。其最高使用温度约 70℃，若温度过高，则会导致漆膜破坏。该清漆不耐光，容易老化，而且不耐磨和不耐强烈的机械冲击。此外，它与金属表面附着力不强，特别是光滑表面和有色金属表面更为突出。在漆膜没有充分干燥下往往会有漆膜揭皮现象。

酚醛树脂漆具有良好的电绝缘性和耐油性、耐酸性，但不耐强氧化剂和碱，其漆膜较脆，温差变化大时易开裂，与金属附着力较差，不能作为底漆。

环氧树脂涂料具有良好的耐腐蚀性能，特别是耐碱性，并有较好的耐磨性，与金属和非金属（除聚氯乙烯、聚乙烯等外）有极好的附着力，漆膜有良好的弹性与硬度。

呋喃树脂漆具有优良的耐酸性、耐碱性及耐温性，原料来源广泛，价格较低，不宜直接涂覆在金属或混凝土表面上，必须用其他涂料作为底漆。

聚氨酯漆广泛用于石油、化工、矿山、冶金等行业的管道、容器、设备以及混凝土构筑物表面等防腐领域，具有耐盐、耐酸、耐各种稀释剂等优点，同时又具有施工方便、无毒、造价低等特点。

33.【答案】ACD

【解析】无缝钢管的规格通常用外径 × 壁厚表示，如 $D57\times4.5$ 表示外径为 57mm，壁厚为 4.5mm 的无缝钢管。水煤气输送钢管的规格以公称通径 DN 表示，如 $DN100$ 表示公称通径为 100mm 的水煤气输送钢管。螺旋缝电焊钢管的规格以外径 × 壁厚表示，如 $D529\times8$。不锈钢管的规格以外径 × 壁厚表示，如 $\phi27\times3$。铸铁管的规格常用公称直径 DN 表示，如 $DN200$。

34.【答案】ACE

【解析】扁钢与扁钢搭接不应小于扁钢宽度的 2 倍，且应至少三面施焊；圆钢与圆钢搭接不应小于圆钢直径的 6 倍，且应双面施焊；圆钢与扁钢搭接不应小于圆钢直径的 6 倍，且应双面施焊；扁钢与钢管、扁钢与角钢焊接，应紧贴角钢外侧两面，或紧贴 3/4 钢管表面，上下两侧施焊。

35.【答案】BCE

【解析】汇总工程量时，其精确度取值：以“m^3”“m^2”“m”“kg”为单位，应保留两位小数；以“t”为单位，应保留三位小数；以“台”“套”或“件”等为单位，应取整数，两位或三位小数后的位数按四舍五入法取舍。

《通用安装工程工程量计算规范》GB 50856—2013 规定了安装工程各清单项目的计

量单位。在清单计价方式中，清单项目工程量的计量单位均采用基本单位，不得使用扩大单位。

有两个或两个以上计量单位的，应结合拟建工程的实际选择其中一个。同一工程项目的计量单位应一致。

36.【答案】ACD

【解析】工业管道与市政工程管网工程的界限：给水管道以厂区入口水表井为界，排水管道以厂区围墙外第一个污水井为界，热力和燃气以厂区入口第一个计量表（阀门）为界。

37.【答案】CD

【解析】焊接工艺评定、脚手架搭拆费属于专业措施费，其余选项属于安全文明施工及其他措施项目费。

38.【答案】ACD

【解析】高层施工增加：高层施工引起的人工工效降低以及由于人工工效降低引起的机械降效，通信联络设备的使用。

单层建筑物檐口高度超过 20m，多层建筑物超过 6 层时，应分别列项。突出主体建筑物顶的电梯机房、楼梯出口间、水箱间、瞭望塔、排烟机房等不计入檐口高度。计算层数时，地下室不计入层数。

39.【答案】ACE

【解析】当拟建工程中有设备、管道冬雨季施工，有易燃易爆、有害环境施工，或设备、管道焊接质量要求较高时，措施项目清单可列项“设备、管道施工的安全防冻和焊接保护”。

40.【答案】ABC

【解析】本综合定额的人工费是指直接从事施工作业的生产工人的薪酬，包括了基本用工、辅助用工、人工幅度差、现场运输及清理现场等用工费用，已经综合考虑了不同工种、不同技术等级等因素，内容包括工资性收入、社会保险费、住房公积金、工会经费、职工教育经费、职工福利费及特殊情况下支付的工资等。

41.【答案】ACD

【解析】控制设备安装未包括的工作内容：①二次喷漆及喷字；②电器及设备干燥；③焊（压）接线端子；④端子板外部（二次）接线；⑤基础槽钢、角钢的制作、安装。

42.【答案】AC

【解析】室外管道碰头：

（1）适用于新建或扩建工程热源、水源、气源管道与原（旧）有管道碰头。

（2）室外管道碰头包括挖工作坑、土方回填或暖气沟局部拆除及修复。

（3）带介质管道碰头包括开关闸、临时放水管线铺设等费用。

（4）热源管道碰头每处包括供、回水两个接口。

（5）碰头形式指带介质碰头、不带介质碰头。

43.【答案】BC

【解析】燃气管道室内外界限划分：地下引入室内的管道以室内第一个阀门为界，地上引入室内的管道以外墙三通为界。

44.【答案】ABCD

【解析】工业管道、生产生活共用的管道、锅炉房、泵房、站类管道以及建筑物内加压泵房、空调制冷机房、消防泵房的管道，管道焊缝热处理、无损探伤、医疗气体管道执行《广东省通用安装工程综合定额（2018）》第八册《工业管道工程》相应项目。

45.【答案】ACE

【解析】管道安装定额中，均包括相应管道及管件安装，给水管道包括水压试验及水冲洗工作内容，排（雨）水管道包括灌水（闭水）及通球试验工作内容。管道安装定额中，均包括配合土建预留穿墙体及穿楼板孔洞工作。

46.【答案】ABC

【解析】减压器、疏水器、水表单位为“组”，补偿器单位为“个”，热量表单位为“块”。

47.【答案】BCE

【解析】各类管道安装按室内外、材质、连接形式、规格分别列项以“m”计算。定额中铜管、塑料管、复合管（除钢塑复合管外）按公称外径表示，其他管道均按公称直径表示。

48.【答案】AE

【解析】镀锌薄钢板风管、薄钢板风管、净化风管、不锈钢风管、铝板风管、塑料风管、玻璃钢风管、复合型风管、装配式镀锌薄钢板按设计图示展开面积以“m^2”计算，不扣除检查孔、测定孔、送风口、吸风口等所占面积。矩形风管按设计图示周长乘以管道中心线长度计算，规格直径为内径，周长为内周长；其中玻璃钢风管、复合风管规格直径为外径，周长为外周长。薄钢板风管、净化风管、不锈钢风管、铝板风管、塑料风管、玻璃钢风管、复合型风管长度一律以设计图示中心线长度为准（主管与支管以其中心线交点划分），包括弯头、三通、变径管、天圆地方等管件的长度，但不得包括部件所占长度；重叠部分和堵头不得另行增加。

49.【答案】AB

【解析】最高投标限价的编制原则有：

（1）国有资金投资的工程建设项目应实行工程量清单招标，招标人应编制最高投标限价，并应当拒绝高于最高投标限价的投标报价，即投标人的投标报价若超过公布的最高投标限价，则其投标应被否决。

（2）最高投标限价应由具有编制能力的招标人或受其委托具有相应资质的工程造价咨询人编制。工程造价咨询人不得同时接受招标人和投标人对同一工程的最高投标限价和投标报价的编制。

（3）最高投标限价应在招标文件中公布，对所编制的最高投标限价不得进行上浮或下调。招标人应当在招标时公布最高投标限价的总价，以及各单位工程的分部分项工程费、措施项目费、其他项目费、规费和税金。

（4）最高投标限价超过批准的概算时，招标人应将其报原概算审批部门审核。这是由于我国对国有资金投资项目的投资控制实行的是设计概算审批制度，国有资金投资的工程原则上不能超过批准的设计概算。

50.【答案】BC

【解析】对于法律、法规、规章或有关政策出台导致工程税金、规费、人工费发生变化，并由省级、行业建设行政主管部门或其授权的工程造价管理机构根据上述变化发布的政策性调整，以及由政府定价或政府指导价管理的原材料等价格进行了调整，承包人不应承担此类风险，应按照有关调整规定执行。

二、不定项选择题

案例一

51.【答案】C

【解析】PP-R 管属于塑料管，应按塑料管清单项目列项。

52.【答案】B

【解析】由图 1.5 可知，PP-R 管规格有 *DN*50、*DN*32、*DN*25、*DN*20、*DN*15 共 5 种，因此可以列 5 项清单。

53.【答案】C

【解析】（0.25−0.1）×2+（1+0.7）×2=3.70（m）。

54.【答案】C

【解析】查定额 C10−1−292，3.70×1.016=3.76（m）。

55.【答案】A

【解析】水龙头 *DN*15 清单工程量：1×2=2（个），砖砌拖布池水龙头。

56.【答案】ABC

【解析】挖土、填土工程按国家标准《房屋建筑与装饰工程工程量计算规范》GB 50854—2013 附录 A 相关项目编码列项。室外给排水管沟土石方清单工程量常按设计图示以管道中心线长度计算。室内外管道沟土方执行《广东省市政工程综合定额（2018）》相应项目。

57.【答案】D

【解析】套管规格比穿越的管道规格大 2 号，*DN*50 大 2 号为 *DN*80。

58.【答案】CD

【解析】穿楼板的管径有 *DN*32 和 *DN*25 两种，套管规格比穿越的管道规格大 2 号，分别为 *DN*50 和 *DN*40。

59.【答案】BC

【解析】由图 1.5 可知，立管上有 DN32 的阀门 2 个。

60.【答案】D

【解析】查定额，清单项目对应定额子目：C10−1−289+C10−2−140。

故 14.389+（11.156+0.015）×20%+1.016×3.10+1.52×1.80+0.528 4+0.405 7×20%=23.12（元）。

案例二

61.【答案】CD

【解析】本工程有动力配电箱和控制箱，应列两种清单项目。

62.【答案】C

【解析】钢制桥架主结构设计厚度大于 3mm 时，定额人工费、机具费乘以系数 1.20。

63.【答案】B

【解析】金属线槽、钢制桥架的主结构厚度 1.5mm 以下执行金属线槽安装相应项目，主结构厚度 1.5mm 以上执行钢制桥架安装相应项目。

64.【答案】AC

【解析】动力配电箱 AP 出线为电缆，落地安装在槽钢基础上。

65.【答案】D

【解析】桥架 200×100 的清单工程量：（3−1.8−0.1）（垂直）+（1.5+4+12）（水平）=18.60（m）。

66.【答案】C

【解析】N1 回路电缆保护管 SC50 的清单工程量：（3.4+0.1−3）+6+（3.4+0.1−1.5−0.1）=8.40（m）。

67.【答案】B

【解析】N1 回路电缆 YJV−4×35 的清单工程量：（18.60+8.40+（1+1.8）+（0.6+1.2）+1.5×2）×（1+2.5%）=35.47（m）。

68.【答案】B

【解析】SC25 配管的清单工程量：（0.1+0.1）+7+6+（0.1+1.3）×3=17.40（m）。

69.【答案】D

【解析】BV6 的清单工程量：17.40×5+（0.6+1.2）×5=96.00（m）。

70.【答案】C

【解析】公称直径小于 100mm 的电缆保护管敷设，执行《广东省通用安装工程综合定额（2018）》第四册《电气设备安装工程》中第 C.4.11 章配管、配线相应项目。

案例三

71.【答案】A

【解析】本工程火灾报警控制器应按 030904009 区域报警控制箱列项。

72.【答案】C

【解析】短路隔离器按 030904008 模块（模块箱）列项。

73.【答案】B

【解析】消防电话的计量单位为“部”。

74.【答案】A

【解析】由图 1.8 可知，感烟探测器的清单工程量为 12 个。

75.【答案】C

【解析】由图 1.8 可知，本工程有输入模块、控制模块和短路隔离器三种模块。

76.【答案】B

【解析】由图 1.7 可知，ϕ20：4−1.5−0.3+8=10.2（m）。

77.【答案】C

【解析】由图 1.7 可知，电源线 NH−BV−1.5mm^2：10.2×2+（0.5+0.3）×2=22（m）。

78.【答案】A

【解析】由图 1.7 可知，报警线 NH−RVS−2×1.5mm^2：10.2+（0.5+0.3）=11（m）。

79.【答案】B

【解析】由图 1.7 可知，探测器报警线 NH−RVS−2×1.5mm^2 清单项目特征中的配线名称应为管内穿线。

80.【答案】B

【解析】探测器报警线 NH-RVS-2×1.5mm^2 应执行多芯软导线。

案例四

81.【答案】C

【解析】由图 1.9 可知，本工程风管有矩形风管 500×300，渐缩风管 500×300/250×200 和圆形风管 ϕ250 三种。

82.【答案】C

【解析】由图 1.9 可知，本工程插板送风口 200×120 的清单工程量为 16 个。

83.【答案】B

【解析】由图 1.9 可知，本工程温度测量孔 T-614 的清单工程量为 4 个。

84.【答案】C

【解析】L=6×2=12（m），S=（0.5+0.3+0.25+0.2）×12=15.00（m^2）。

85.【答案】B

【解析】L=（0.4/2+3+0.44）×3=10.92（m），S=πDL=3.14×0.25×10.92=8.57（m^2）。

86.【答案】D

【解析】3.14×（0.25+1.033×0.03）×1.033×0.03×10.92=0.30（m^3）。

87.【答案】D

【解析】2×（0.5+0.3）×0.2=0.32（m^2）。

88.【答案】CD

【解析】通风空调工程可列通风工程检测调试和风管漏风、漏光试验。

89.【答案】AB

【解析】薄钢板通风管道、净化通风管道、玻璃钢通风管道、复合型风管制作的制作安装项目中，包括弯头、三通、变径管、天圆地方等管件及法兰、加固框和吊托支架的制作，但不包括过跨风管落地支架，落地支架执行设备支架项目。法兰、支架除锈刷油，应单独列项计算执行相应项目。

90.【答案】C

【解析】查《广东省通用安装工程综合定额（2018）》第七册《通风空调工程》中 C7-2-36，（1.12+35.2+1.49）/10=3.78（kg）。

案例五

91.【答案】D

【解析】该工程签约合同价（含税）：

（120.2+10+5）×（1+6%）×（1+9%）= 156.21（万元）。

92.【答案】B

【解析】该工程预付款：

（120.2+10−6）×（1+6%）×（1+9%）×20%= 28.70（万元）。

93.【答案】A

【解析】安全文明施工措施费工程款：

6×70%×（1+6%）×（1+9%）×90% =4.37（万元）。

94.【答案】B

【解析】第 2 个月完成的工程款：

（28.8/2+37.8/2）×（1+6%）×（1+9%）=38.47（万元）。

95.【答案】D

【解析】第 2 个月应扣回预付款：

28.70 ÷ 4=7.18（万元）。

96.【答案】C

【解析】第 2 个月应支付的工程款：

38.47 × 90% −7.18= 27.44（万元）。

97.【答案】A

【解析】第 3 个月完成的工程款：

（37.8/2+33.6/3）×（1+6%）×（1+9%）=34.78（万元）。

98.【答案】D

【解析】第 3 个月应支付的工程款：

34.78 × 90% −7.18= 24.12（万元）。

99.【答案】B

【解析】实际总造价：

（120.2+10）×（1+6%）×（1+9%）+4=154.43（万元）。

100.【答案】B

【解析】）竣工结算尾款：

实际总造价 − 工程质量保证金 − 累计已付工程款（不含预付款）− 预付款 =154.43 ×（1−3%）−110−28.70=11.10（万元）。

模拟测试卷二

一、单项选择题（共 30 题，每小题 0.8 分，共 24 分。每小题的备选项中，只有 1 个最符合题意）

1. 集中式空调为（　　）。

A. 全空气系统　　B. 全水系统

C. 空气－水系统　　D. 制冷剂式系统

2. 酚醛树脂漆、过氯乙烯漆及呋喃树脂漆在使用中，其共同的特点为（　　）。

A. 耐有机溶剂介质的腐蚀　　B. 具有良好耐碱性

C. 既耐酸又耐碱腐蚀　　D. 与金属附着力差

3. 工程中直埋电缆必须选用（　　）。

A. 铠装电缆　　B. 普通油浸纸绝缘电缆

C. 不滴油纸绝缘电缆　　D. 交联聚乙烯电缆

4. 具有易损件少，工作可靠，结构紧凑，运转平稳，振动小，噪声低等优点，但在低负荷时会出现“喘振”现象，该制冷装置为（　　）。

A. 活塞式冷水机组　　B. 螺杆式冷水机组

C. 离心式冷水机组　　D. 冷风机组

5. 变压器安装完毕后，必须进行（　　）。

A. 耐压试验　　B. 试运行

C. 交接试验　　D. 绝缘电阻测试

6. 在工程网络计划中，工作 A 的最迟完成时间为 18 天，其持续时间为 4 天。如果工作最早开始时间为 8 天，则工作 A 的总时差为（　　）天。

A. 4　　B. 5　　C. 6　　D. 7

7. 图例  在给排水工程专业图纸中为（　　）。

A. 闸阀　　B. 三通阀　　C. 截止阀　　D. 角阀

8. 招标工程量清单应由具有编制招标文件能力的（　　）进行编制。

A. 招标人

B. 招标人或受其委托具有相应资质的中介机构

C. 招标人或受其委托具有相应资质的工程造价咨询人

D. 建设行政主管部门

9. 大型机械设备进出场及安拆，应按（　　）相关项目编码列项。

A.《房屋建筑与装饰工程工程量计算规范》GB 50854—2013

B.《通用安装工程工程量计算规范》GB 50856—2013

C.《市政工程工程量计算规范》GB 50857—2013

D.《园林绿化工程工程量计算规范》GB 50858—2013

10. 根据《通用安装工程工程量计算规范》GB 50856—2013 附录 A 机械设备安装工

程，工作内容中已包括（　　），不得按措施项目单独列项。

A. 设备负荷试运转　　B. 联合试运转

C. 设备单机试运转　　D. 生产准备试运转

11. 根据《通用安装工程工程量计算规范》GB 50856—2013 附录 C 静置设备与工艺金属结构制作安装工程，球形罐组装如需进行焊接工艺评定，编制清单时应在（　　）中列项。

A. 无损检验　　B. 专业措施项目

C. 工业管道　　D. 自动化控制仪表

12. 某工程室外埋地敷设 1 根电缆 YJV_{23}-4×95+1×70，图示长度为 165m，依据《通用安装工程工程量计算规范》GB 50856—2013 电气设备安装计算规范，计算该电缆铺砂、盖砖工程量为（　　）m。

A. 165　　B. 166.98　　C. 169.13　　D. 171.44

13.《通用安装工程工程量计算规范》GB 50856—2013 电气设备安装计算规范中，接地母线、引下线、避雷网附加长度是（　　）%。

A. 1.5　　B. 2.5　　C. 3.5　　D. 3.9

14. 某工程有单口非屏蔽信息插座 720 个，依据《通用安装工程工程量计算规范》GB 50856—2013 建筑智能化工程计算规范，该双绞线缆测试工程量为 720（　　）。

A. 个　　B. 链路　　C. 套　　D. 系统

15.《通用安装工程工程量计算规范》GB 50856—2013 通风空调工程计算规范中，风机盘管安装的支架制作和安装（　　）。

A. 按附录 H 编码列项　　B. 按附录 C 编码列项

C. 按附录 G 编码列项　　D. 包含在工作内容中

16.《通用安装工程工程量计算规范》GB 50856—2013 消防工程计算规范中，点型探测器安装工作内容包括（　　）。

A. 接线盒　　B. 接线箱　　C. 底座安装　　D. 接口模块

17. 根据《通用安装工程工程量计算规范》GB 50856—2013 给排水、采暖、燃气工程计算规范中表 K.1 给排水、采暖、燃气管道，室外排水管道长度应（　　）长度计算。

A. 按上一个井中心至下一个井中心　　B. 扣除管道井

C. 扣除阀门井　　D. 扣除检查井

18. 根据《通用安装工程工程量计算规范》GB 50856—2013 给排水、采暖、燃气工程计算规范中表 K.9 采暖、空调水工程系统调试，当采暖工程系统、空调水工程系统中管道工程量发生变化时，系统调试费用应（　　）。

A. 按投标报价计取　　B. 作相应调整

C. 按投标合同价包干　　D. 因以系统计量单价不作调整

19. 某工程首层车间通风空调系统安装工程，层高为 4m。风管采用镀锌薄钢板圆风管，法兰咬口连接，风管规格 ϕ630、板厚 δ=1.20、长度 26m，风管采用橡塑玻璃棉保温，保温厚度为 δ=25。依据《通用安装工程工程量计算规范》GB 50856—2013 刷油、防腐蚀、绝热工程表 M.8 绝热工程，计算该风管绝热工程量为（　　）m^3。

A. 1.34　　B. 1.36　　C. 1.37　　D. 1.38

20. 采用综合单价法编制建筑安装工程预算步骤：①准备工作；②套用定额综合单价；③清单划分；④列项并计算工程量；⑤计算其他各项费用，汇总造价；⑥复核、填写封面、编制说明。正确的顺序是（　　）。

A. ①②③④⑤⑥　　B. ①④②⑤③⑥

C. ①②③④⑥⑤　　D. ①③④②⑤⑥

21.《广东省通用安装工程综合定额（2018）》中子目基价及其组项价格均不包含（　　）。

A. 地方教育费附加　　B. 教育费附加

C. 城市维护建设税　　D. 增值税可抵扣进项税额

22. 建设单位采购、供应到现场或到施工单位指定地点的材料，由施工单位负责保管的，经双方协商，可以按照材料价格的（　　）收取保管费。

A. 1%　　B. 1.5%　　C. 3%　　D. 4%

23.《广东省通用安装工程综合定额（2018）》中，对于不能按工作内容单独计量的绿色施工安全防护措施费，具体包括绿色施工、临时设施、安全施工和用工实名管理，编制概预算时，按分部分项的人工费与施工机具费之和的（　　）计算。

A. 8%　　B. 20%　　C. 35.77%　　D. 39.86%

24.《广东省通用安装工程综合定额（2018）》其他项目费用中，暂列金额按（　　）的 10.00% 计算。

A. 措施项目费　　B. 分部分项工程费

C. 分部分项工程费 + 措施项目费　　D. 分部分项工程费中人工费 + 施工机具费

25.《广东省通用安装工程综合定额（2018）》第七册《通风空调工程》中，整个通风系统设计采用渐缩管均匀送风者，圆形风管按平均直径，矩形风管按平均周长执行相应规格项目，其人工乘以系数（　　）。

A. 2.00　　B. 2.50　　C. 3.00　　D. 3.50

26.《广东省通用安装工程综合定额（2018）》第八册《工业管道工程》中，法兰安装以"片"计算时，应执行法兰安装定额子目乘以系数（　　）。

A. 0.60　　B. 0.61　　C. 0.67　　D. 0.70

27.《广东省通用安装工程综合定额（2018）》第十册《给排水、采暖、燃气工程》中，室外钢塑复合管螺纹连接执行（　　）。

A. 室内钢塑复合管螺纹连接

B. 室外镀锌钢管螺纹连接

C. 室内镀锌钢管螺纹连接

D. 室外钢管焊接

28. 某电气工程在楼板内敷设 JDG 薄壁钢管 *DN*25，定额单位为 1m，预算定额表中人工综合 0.068 工日，定额人工单价 100 元 / 工日，材料费 1.43 元，JDG 薄壁钢管消耗量为 1.03m，不含税价格为 6 元 /m，机具费 0.21 元，管理费、利润分别按人工费和机具费之和的 28.74% 和 20%，计算分部分项清单项目的综合单价为（　　）元。

A. 8.44　　B. 14.62　　C. 18.04　　D. 11.86

29. 当最高投标限价复查结论与原公布的最高投标限价误差大于（　　）时应责成招

标人改正。

A. ±2%　　B. ±3%　　C. ±5%　　D. ±10%

30. 已知某建筑工程施工合同价款总额为 1 500 万元，其主要材料及构件所占比重为 60%，预付款总金额为工程价款总额的 30%，则预付款起扣点是（　　）。

A. 500　　B. 750　　C. 800　　D. 600

二、多项选择题（共 20 题，每小题 1.3 分，共 26 分。每小题的备选项中，有 2 个或 2 个以上符合题意，至少有 1 个错项，错选、多选、少选均不得分）

31. 下列属于二类防雷建筑物的有（　　）。

A. 高度超过 50m 的建筑物

B. 国家级重点文物保护建筑物

C. 国际港口客运站

D. 年预计雷击次数大于 0.06 次的省级办公建筑

E. 年预计雷击次数大于或等于 0.06 次，且小于或等于 0.30 次的住宅

32. 下列属于清通设备的是（　　）。

A. 透气帽　　B. 伸缩节

C. 检查口　　D. 清扫口

E. 室内检查井

33. 关于工程量清单项目的计量单位，说法正确的是（　　）。

A. 清单项目工程量的计量单位均采用基本单位

B. 清单项目工程量的计量单位可以采用扩大单位

C. 有两个或两个以上计量单位的，应结合拟建工程的实际选择其中一个

D. 同一工程项目的计量单位应一致

E. 同一工程项目的计量单位可以不一致

34. 下列属于环境保护范围的是（　　）。

A. 现场施工机械设备降低噪声、采取防扰民措施

B. 水泥和其他易飞扬细颗粒建筑材料密闭存放或采取覆盖措施

C. 现场围挡的墙面美化

D. 施工现场操作场地的硬化

E. 工程防扬尘洒水

35. 关于暂估价的说法错误的是（　　）。

A. 用于支付必然发生但暂时不能确定价格的材料、工程设备的单价以及专业工程的金额

B. 招标人在工程量清单中暂定并包括在合同价款中的一笔款项

C. 编制最高投标限价时，材料暂估价、工程设备暂估单价应按招标人在其他项目清单中列出的单价计入综合单价

D. 编制投标报价时，材料暂估价、工程设备暂估单价应按招标人在其他项目清单中列出的单价计入其他项目清单

E. 用于施工中可能发生工程变更所需的费用

36.《通用安装工程工程量计算规范》GB 50856—2013 电气设备安装计算规范中，关

于电缆预留长度的说法正确的是（　　）。

A. 电梯电缆与电缆架固定点 0.3m　　B. 电缆进入建筑物预留 2.0m

C. 电缆至电动机 0.3m　　D. 电力电缆终端头预留 1.5m

E. 电缆中间接头盒两端各预留 2.0m

37. 下列情况应按照相关规定顺延施工工期的有（　　）。

A. 遇不可抗力或政府政策

B. 发生重大设计变更的

C. 地质勘察报告与实际地质出入较大的

D. 停水、停电、停气导致暂停施工的

E. 因承包人原因未能按规定开工的

38. 广东省通用安装工程采用工程量清单计价时，规费包括（　　）。

A. 社会保险费　　B. 工程排污费

C. 公积金　　D. 施工噪声排污费

E. 维修作业意外伤害保险

39.《广东省通用安装工程综合定额（2018）》中的定额人工费包含（　　）。

A. 工资性收入　　B. 社会保险费

C. 住房公积金　　D. 利润

E. 企业管理费

40.《广东省通用安装工程综合定额（2018）》定额中的材料消耗量包括（　　）。

A. 施工操作损耗

B. 施工现场堆放损耗

C. 从工地仓库、现场集中堆放地点或现场加工地点到操作或安装地点的运输损耗

D. 从来源地到工地仓库的运输损耗费

E. 仓储损耗费

41.《广东省通用安装工程综合定额（2018）》第四册《电气设备安装工程》中，关于刚性 PVC 难燃线管和半硬质难燃线管，说法正确的是（　　）。

A. 刚性 PVC 难燃线管弯曲时需要专用弯曲弹簧

B. 刚性 PVC 难燃线管颜色有黄、红、白色

C. 半硬质难燃线管弯曲自如而无须专用工具

D. 刚性 PVC 难燃线管管材成捆供应，一般为每捆 100m

E. 半硬质难燃线管管材长度一般为 4m/ 根

42.《广东省通用安装工程综合定额（2018）》第九册《消防工程》中，关于管道界限的划分，说法正确的是（　　）。

A. 室内外消防给水管道界线以建筑物外墙皮为界

B. 室内外消防给水管道界线入口处设阀门者以阀门为界

C. 设在高层建筑内的消防泵房管道界线，以泵房外墙皮 1.5m 为界

D. 室外消防给水管道与市政给水管道的界线，以与市政给水管道碰头点（井）为界

E. 室外消防给水管道与市政给水管道的界线，以水表井为界

43.《广东省通用安装工程综合定额（2018）》第十册《给排水、采暖、燃气工程》

中，关于套管，说法正确的是（　　）。

A. 套管制作安装项目已包含堵洞工作内容

B. 刚性防水套管和柔性防水套管安装项目中，包括了配合土建预留穿墙体及穿楼板孔洞及浇筑混凝土工作内容

C. 套管定额子目规格均为穿过套管的介质管道公称直径

D. 套管定额子目规格均为套管公称直径

E. 保温管道穿墙、板采用套管时，按穿过套管的介质管道规格执行套管相应项目

44. 依据《广东省通用安装工程综合定额（2018）》，下列工程量计算以“m”为单位的有（　　）。

A. 绝缘垫铺设

B. 独立利用型钢作接地引下线敷设

C. 利用建筑物柱内主筋且焊接主筋数超过两根作接地引下线敷设

D. 利用建筑物梁内主筋作均压环敷设

E. 筏板基础接地极制作安装

45. 依据《广东省通用安装工程综合定额（2018）》，风管长度一律以设计图示中心线长度为准，包括（　　）等长度。

A. 风阀　　B. 变径管

C. 消声器　　D. 天圆地方

E. 弯头

46. 依据《广东省通用安装工程综合定额（2018）》，下列工程量计算以“m^2”为单位的有（　　）。

A. 钢丝网　　B. 边界保温带

C. 隔热板　　D. 铝箔保护层

E. 地板辐射采暖管道

47. 根据《建设工程工程量清单计价规范》GB 50500—2013，关于国有资金的投资项目最高投标限价的说法，正确的有（　　）。

A. 最高投标限价可以在公布后上浮或下调

B. 最高投标限价是对招标工程限定的最高限价

C. 最高投标限价的作用与标底完全相同

D. 最高投标限价超过批准的概算时，招标人应将最高投标限价及相关资料报送工程所在地工程造价管理机构备查

E. 投标人的投标报价高于最高投标限价的，其投标应予以拒绝

48. 投标报价时，确定综合单价时的注意事项有（　　）。

A. 在招标投标过程中，当出现招标工程量清单特征描述与设计图纸不符时，投标人应以招标工程量清单的项目特征描述为准，确定投标报价的综合单价

B. 当施工中施工图纸或设计变更与招标工程量清单项目特征描述不一致时，发承包双方应按实际施工的项目特征，依据合同约定重新确定综合单价

C. 招标文件中在其他项目清单中提供了暂估单价的材料和工程设备，投标人应按其暂估的单价计入清单项目的综合单价中

D. 在招标投标过程中，当出现招标工程量清单特征描述与设计图纸不符时，投标人应以设计图纸特征描述规定为准，确定投标报价的综合单价

E. 招标文件中要求投标人承担的风险费用，投标人应考虑进入综合单价

49. 由于不可抗力致使合同无法履行解除合同的，发包人应向承包人支付合同解除之日前已完成工程尚未支付的合同价款，此外，还应支付（　　）。

A. 合同中约定应由发包人承担的费用

B. 已实施或部分实施的措施项目应付价款

C. 承包人为合同工程合理订购且已交付的材料和工程设备货款

D. 承包人撤离现场所需的合理费用，包括员工遣送费和临时工程拆除、施工设备运离现场的费用

E. 承包人为完成合同工程而预期开支的所有费用，且该项费用未包括在本款其他各项支付之内

50. 竣工决算的核心内容是（　　）。

A. 竣工财务决算说明书　　　B. 竣工财务决算报表

C. 工程竣工图　　　D. 工程竣工造价对比分析

E. 竣工决算明细表

三、不定项选择题（共 50 题，每小题 1 分，共 50 分。错选、多选、少选均不得分）

案例一（共 10 题，每小题 1 分，共 10 分）

背景资料：某公共卫生间给排水平面图、系统图分别如图 2.1、图 2.2 所示。说明如下：

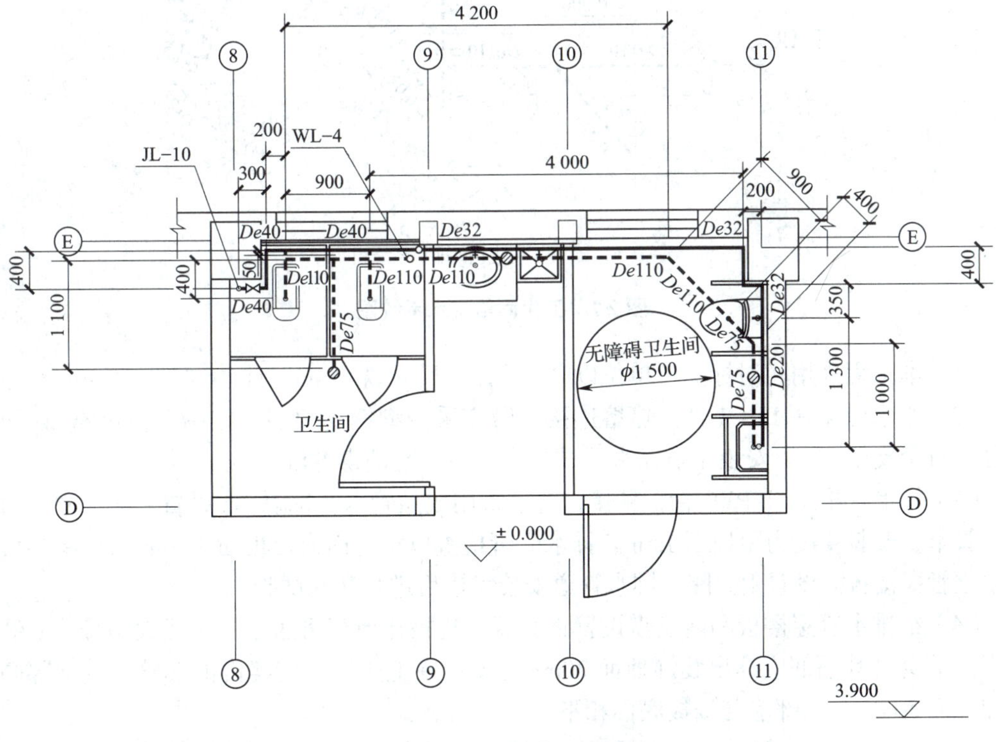

图 2.1　卫生间给排水大样图

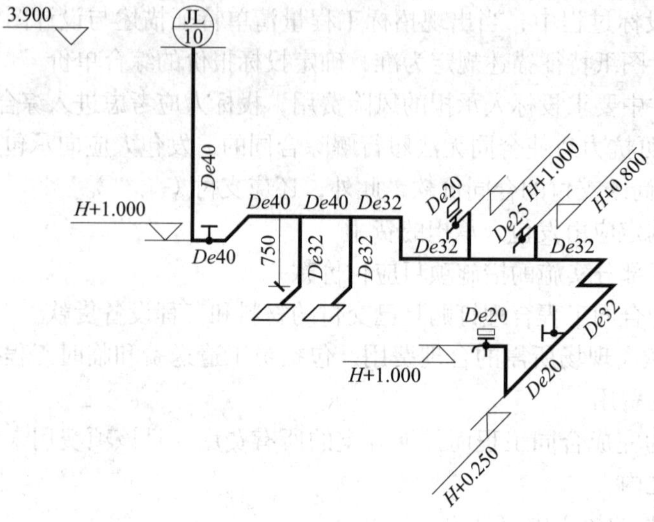

（a）卫生间给水系统图

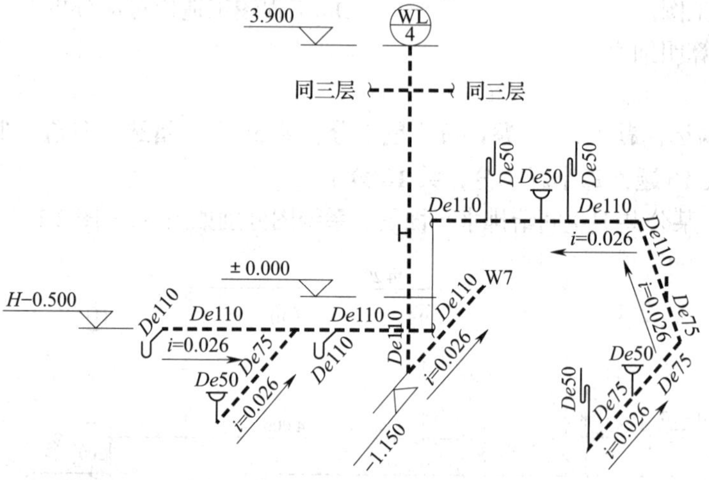

（b）卫生间排水系统图

图 2.2　卫生间给排水系统图

（1）本工程采用相对标高，单位以“m”计，尺寸以“mm”计。

（2）给水管采用 PP–R 管，热熔连接，管道采用型钢支架固定在墙上，每隔 2m 设置一套，每套支架 2kg。安装完毕经水压试验合格后进行消毒冲洗。

（3）排水管采用 U–PVC 管，粘接，管道采用成品管卡，每隔 2m 设置一套，立管每层装一管卡、安装高度为距地面 1.5m。排水立管检查口距地面或楼板面 1.00m。$De \geqslant 110$mm 排水立管穿楼板需设置阻火圈，排水管道安装完毕后进行灌水试验。

（4）给排水管穿楼板和内墙需设置钢套管，规格比所穿管道公称直径大两号，安装在楼板内的套管其顶部应高出装饰地面 20mm；安装在卫生间及厨房内的套管，其顶部高出装饰地面 50mm，底部应与楼板底面相平。

（5）$DN \leqslant 50$mm 时采用截止阀螺纹连接，$DN>50$mm 采用闸阀法兰连接。

（6）本工程采用陶瓷卫生器具，选型分别为：感应水龙头洗手盆，壁挂式小便器采用感应式冲洗阀，蹲式大便器采用液压脚踏冲洗阀。

（7）所有卫生器具和地漏共排水口下均应设置存水弯，如器具自带存水弯则不设，存水弯的水封深度不小于 50mm。

根据《通用安装工程工程量计算规范》GB 50856—2013 和广东省现行计价依据的相关规定，回答下列问题。

51. 计算塑料排水 U–PVC 管 *De*110 的清单工程量为（　　）m（不计排出管）。

A. 12.45　　B. 10.90

C. 12.30　　D. 10.30

52. 计算卫生间塑料排水 U–PVC 管 *De*75 的清单工程量为（　　）m。

A. 1.50　　B. 2.50

C. 0.40　　D. 3.50

53. 计算卫生间塑料给水 PP–R 管 *De*25 的清单工程量为（　　）m。

A. 0.45　　B. 0.20

C. 0.80　　D. 0.55

54. 计算卫生间塑料给水 PP–R 管 *De*20 的清单工程量为（　　）m。

A. 2.80　　B. 1.30

C. 2.05　　D. 1.50

55. 塑料排水 U–PVC 管 *De*50 的清单项目编码为（　　）。

A. 031001001001　　B. 031001002001

C. 031001006001　　D. 031001007001

56. 塑料排水 U–PVC 管 *De*50 清单项目特征应表述内容包括（　　）。

A. 安装部位：室内

B. 介质：排水

C. 压力试验及吹、洗设计要求：灌水试验

D. 阻火圈：*De*50

57. 给水管穿内墙需设置钢套管，则关于 *De*32 塑料给水 PP–R 管穿墙套管的规格和数量为（　　）。

A. 套管规格为 *DN*40　　B. 套管规格为 *DN*50

C. 套管数量为 2 个　　D. 套管数量为 1 个

58. 塑料排水 U–PVC 管 *De*75 的定额编号是（　　）。

A. C10–1–251　　B. C10–1–260

C. C10–1–329　　D. C10–1–276

59. 统计 *DN*20 水龙头的工程量为（　　）个。

A. 1　　B. 2　　C. 3　　D. 4

60. 已知塑料给水 PP–R 管 *De*32 管道 11.58 元 /m，管件 3.76 元 / 个，计算给水 PP–R 管 *De*32 清单项目综合单价为（　　）元。

A. 36.48　　B. 35.76

C. 36.38　　D. 33.08

案例二（共 10 题，每小题 1 分，共 10 分）

背景资料：某电气平面图如图 2.3 所示，动力配电箱 2AL（其系统图如图 2.4 所示）设置于强电间落地安装，户配电箱嵌墙暗装，设备材料表如表 2.1 所示。根据《通用安装工程工程量计算规范》GB 50856—2013 和广东省现行计价依据的相关规定，回答下列问题。

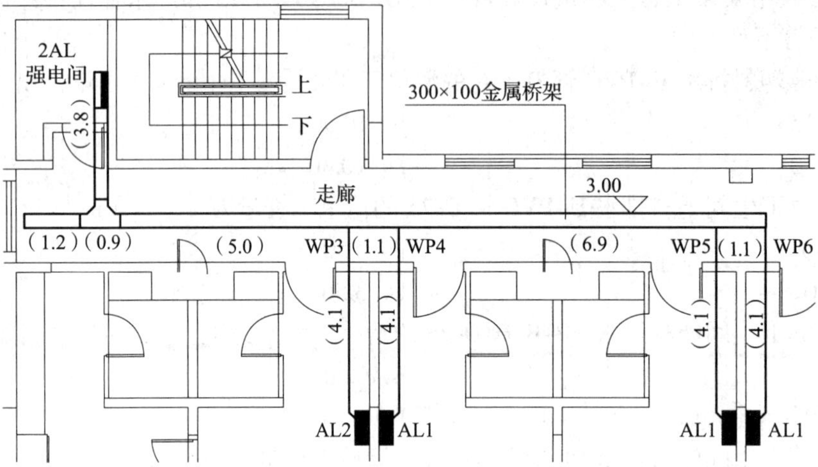

图 2.3　1# 公寓楼二层动力平面图

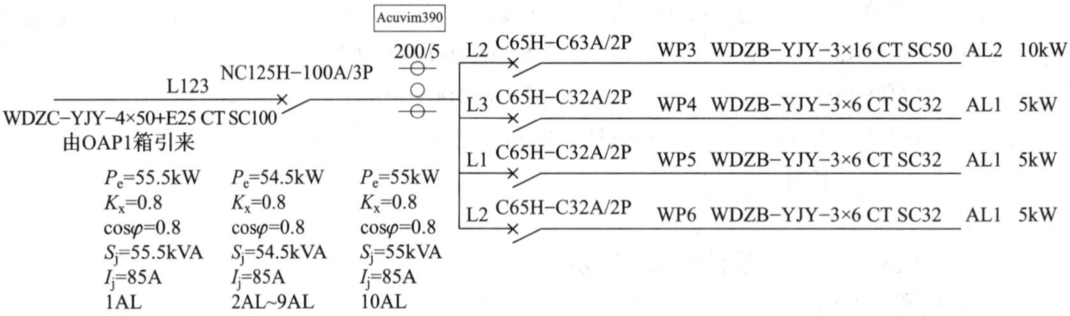

图 2.4　2AL 配电箱系统图

表 2.1　设备材料表

序号	图例	名称	规　　格	单位	备注
1		配电箱	800mm × 1 000mm × 600mm（宽 × 高 × 厚）	台	落地安装 10# 槽钢基础
2		配电箱 AL1	500mm × 400mm × 200mm（宽 × 高 × 厚）	台	距地高度 1.4m
3		配电箱 AL2	500mm × 600mm × 200mm（宽 × 高 × 厚）	台	距地高度 1.4m

61. 计算 WP3 回路电气配管 SC50 的清单工程量为（　　）m。

A. 4.10　　B. 5.10　　C. 5.70　　D. 6.50

62. 计算 WP4 回路电气配管 SC32 的清单工程量为（　　）m。

A. 4.10　　B. 5.70

C. 5.30　　D. 6.70

63. 计算 WP3 回路电缆线 YJY $3\times16\text{mm}^2$ 的清单工程量为（　　）m。

A. 17.90　　B. 20.80

C. 22.70　　D. 25.83

64. 计算桥架 300×100 的清单工程量为（　　）m。

A. 21.10　　B. 21.90

C. 20.70　　D. 20.00

65. 计算 WP4 回路电缆线 YJY-$3\times6\text{mm}^2$ 的清单工程量为（　　）m。

A. 19.10　　B. 27.06

C. 25.00　　D. 24.86

66. 计算配电箱 AL1 的清单工程量为（　　）台。

A. 1　　B. 2

C. 3　　D. 4

67. 配电箱 AL2 的清单项目编码为（　　）。

A. 030404017001　　B. 030404016001

C. 030404015001　　D. 030404018001

68. 配电箱 AL1 清单项目特征应表述内容包括（　　）。

A. 安装部位：室内

B. 端子板外部接线材质、规格：无端子外部接线 6mm^2 9 个

C. 安装方式：落地安装

D. 规格：$500\text{mm}\times400\text{mm}\times200\text{mm}$（宽 × 高 × 厚）

69. 配电箱 2AL 对应的定额编号是（　　）。

A. C4-4-29　　B. C4-4-33

C. C4-4-35　　D. C4-4-37

70. 已知 YJY-$3\times16\text{mm}^2$ 电缆的单价为 28.50 元 /m，计算电缆 YJY-$3\times16\text{mm}^2$ 清单项目的综合单价为（　　）元。

A. 38.55　　B. 38.61

C. 39.82　　D. 37.34

案例三（共 10 题，每小题 1 分，共 10 分）

背景资料：某建筑物大厅自动喷淋灭火系统安装如图 2.5 所示，未标管径喷淋配水支管管径按其负责供水的喷头数确定（见表 2.2）。说明如下：

（1）系统为湿式闭式系统，管道采用镀锌钢管，$DN\leqslant50$ 采用丝扣连接，$DN>50$ 采用沟槽连接。

（2）水平吊装高度为 H+3 000，喷头 DN15（有吊顶）为下垂型，安装高度为 H+2 600。

（3）括号内数字为水平长度，单位为 m。

根据《通用安装工程工程量计算规范》GB 50856—2013 和广东省现行计价依据的相关规定，回答下列问题。

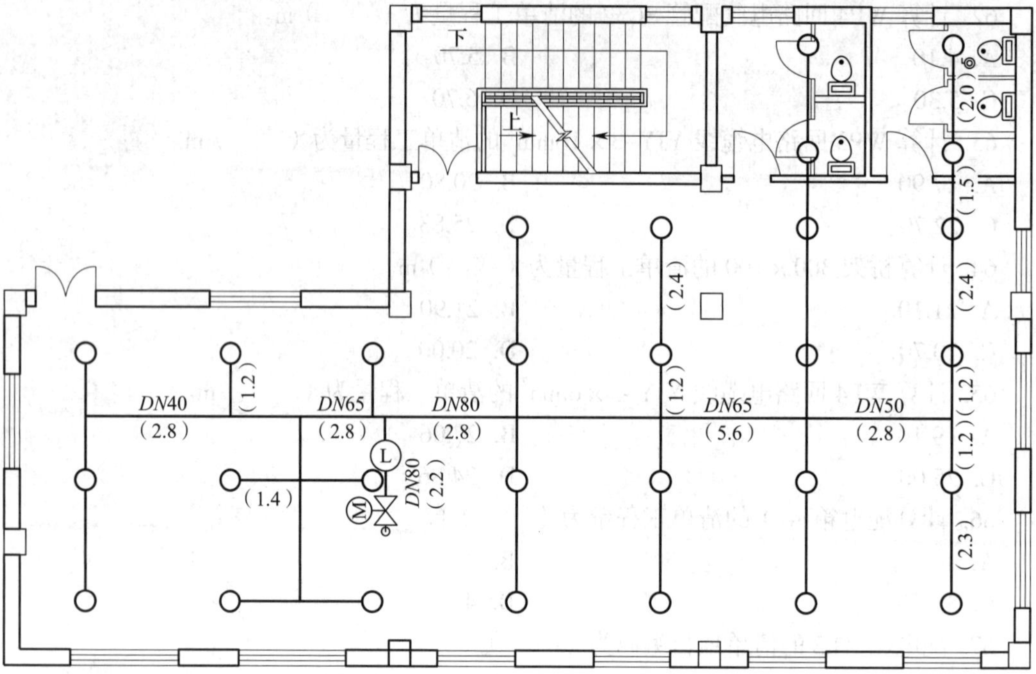

图 2.5　某建筑物大厅喷淋平面图

表 2.2　未标管径喷淋配水支管管径的确定

喷头数 / 个	1	2	3	4 ~ 7
公称直径	25	32	40	50

71. 计算镀锌钢管 *DN*25 的清单工程量为（　　）m。

A. 29.50　　B. 41.10　　C. 29.90　　D. 41.50

72. 计算镀锌钢管 *DN*50 的清单工程量为（　　）m。

A. 7.80　　B. 6.40　　C. 4.20　　D. 2.80

73. 信号阀门的清单项目编码为（　　）。

A. 030901004001　　B. 031003001001

C. 031003003001　　D. 030807003001

74. 水流指示器的定额编号为（　　）。

A. C9–1–71　　B. C9–1–76

C. C9–1–65　　D. C9–1–62

75. 统计下垂式喷头 *DN*15 的工程量为（　　）个。

A. 26　　B. 27　　C. 28　　D. 29

76. 水流指示器对应定额的安装工作内容包括（　　）。

A. 套丝　　B. 焊法兰

C. 法兰、紧螺栓安装　　D. 功能检测

77. 关于水流指示器的项目特征描述正确的有（　　）。

A. 名称：水流指示器　　B. 规格：*DN*80

C. 连接形式：沟槽连接　　D. 支架制作安装：型钢支架

78. 已知喷头单价为 12.00 元 / 个，计算喷头安装的清单项目综合单价为（　　）元。

A. 45.84　　B. 41.79　　C. 32.18　　D. 29.83

79. 接上题，计算喷头安装的清单项目合价为（　　）元。

A. 865.07　　B. 933.22　　C. 1 211.91　　D. 1 329.36

80. 已知沟槽法兰 15.45 元 / 片，水流指示器 160 元 / 套，计算水流指示器的清单项目综合单价为（　　）元。

A. 335.65　　B. 354.13　　C. 367.28　　D. 345.37

案例四（共 10 题，每小题 1 分，共 10 分）

背景资料：某生活水泵房通风管道如图 2.6 所示，设备材料如表 2.3 所示，排风机出入口设置 *L*=150mm 的帆布软接口。风管采用镀锌钢板咬口连接，板厚为 1.00mm。单层百叶风口材质为铝合金。天圆地方按大口径计算。

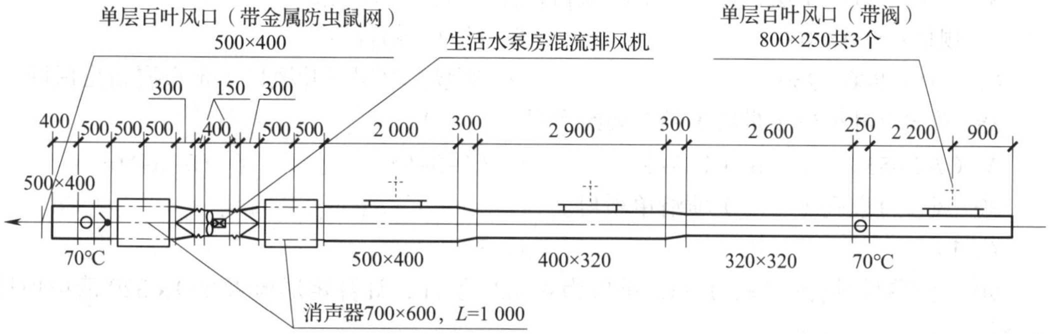

图 2.6　某生活水泵房通风管道

表 2.3　设备材料表

图例	名称	备注
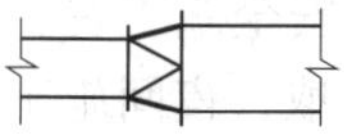	天圆地方	左接矩形风管，右接圆形风管
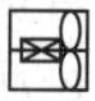	轴流风机或排气扇侧墙安装	—
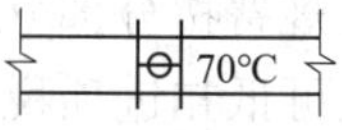	70℃防火调节阀	常开，70℃熔断关
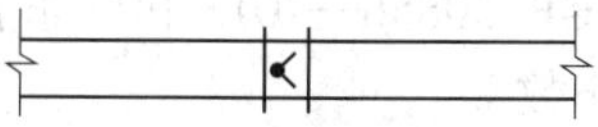	风管逆止阀	—

根据《通用安装工程工程量计算规范》GB 50856—2013 和广东省现行计价依据的相关规定，回答下列问题。

81. 计算矩形风管 500×400 的长度为（　　）m。

A. 2.55　　B. 2.70　　C. 2.85　　D. 3.15

82. 计算矩形风管 400×320 的清单工程量为（　　）m^2。

A. 3.98　　B. 4.02　　C. 4.56　　D. 4.61

83. 阻抗复合消声器的清单项目编码为（　　）。

A. 030703020001　　B. 030703021001

C. 030701003001　　D. 030701004001

84. 计算矩形风管 300×320 的长度为（　　）m。

A. 5.85　　B. 6.20　　C. 6.45　　D. 6.70

85. 70℃防火阀的清单项目编码为（　　）。

A. 030703001001　　B. 030703002001

C. 030703003001　　D. 030703004001

86. 单层百叶风口的清单项目编码为（　　）。

A. 030703007001　　B. 030703008001

C. 030703009001　　D. 030703011001

87. 排向室外的单层百叶风口清单项目特征应表述内容包括（　　）。

A. 规格：500×400　　B. 材质：铝合金

C. 规格：800×250　　D. 类型：单层百叶风口（带金属防虫鼠网）

88. 单层百叶风口（带阀）的定额编号是（　　）。

A. C7-3-53　　B. C7-3-54　　C. C7-3-55　　D. C7-3-56

89. 风口可以列（　　）项清单项目。

A. 1　　B. 2　　C. 3　　D. 4

90. 已知镀锌钢板 δ =1.0mm，单价为 41.83 元 /m^2，计算矩形风管 320×320 清单项目综合单价为（　　）元。

A. 189.72　　B. 174.40　　C. 119.42　　D. 128.20

案例五（共 10 题，每小题 1 分，共 10 分）

背景资料：某办公楼管道安装工程的分部分项工程人材机费用合计为 60 万元，其中人工费占 25%。单价措施项目中仅有脚手架项目，脚手架搭拆的人材机费用 2.4 万元，其中人工费占 20%；总价措施项目费中的安全文明施工费用（包括安全施工费、文明施工费、环境保护费、临时设施费）按分部分项工程人工费的 20% 计取，夜间施工费、二次搬运费、冬雨季施工增加费、已完工程及设备保护费等其他总价措施项目费用合计按分部分项工程人工费的 12% 计取，总价措施费中人工费占 30%。暂列金额 6 万元，不考虑计日工费用。企业管理费和利润分别按人工费的 60% 和 30% 计取，规费按分部分项工程和措施项目费中全部人工费的 25% 计取。上述费用均不包含增值税可抵扣进项税额，增值税税率按 9% 计取。根据《通用安装工程工程量计算规范》GB 50856—2013 和广东省现行计价依据的相关规定，回答下列问题（计算结果保留两位小数）。

91. 该工程分部分项工程费为（　　）万元。

A. 60.00　　B. 69.00　　C. 73.50　　D. 75.00

92. 该工程脚手架搭拆费为（　　）万元。

A. 2.40　　B. 2.68　　C. 2.88　　D. 2.83

93. 该工程安全文明施工费为（　　）万元。

A. 12.00　B. 3.00　C. 6.00　D. 9.00

94. 该工程其他总价措施项目费为（　　）万元。

A. 1.80　B. 3.60　C. 6.40　D. 9.20

95. 该工程的措施项目费（　　）万元。

A. 2.83　B. 7.63　C. 5.83　D. 4.80

96. 该工程措施项目的人工费为（　　）万元。

A. 0.48　B. 1.38　C. 1.02　D. 1.92

97. 该工程的规费为（　　）万元。

A. 0.48　B. 3.75　C. 4.23　D. 4.71

98. 该工程税前不含税工程造价为（　　）万元。

A. 91.36　B. 87.13　C. 81.13　D. 73.50

99. 该工程的增值税为（　　）万元。

A. 7.84　B. 8.22　C. 7.30　D. 8.62

100. 本工程的招标控制价为（　　）万元。

A. 87.13　B. 91.36　C. 99.58　D. 102.45

模拟测试卷二答案与解析

一、单项选择题

1.【答案】A

【解析】本题考查的是通风空调工程。全空气系统，这种系统空调房间的负荷全部由经过处理的空气来负担。集中式空调即为全空气式空调。

2.【答案】D

【解析】本题考查的是涂料。过氯乙烯漆与金属表面附着力不强，特别是光滑表面和有色金属表面更为突出。呋喃树脂漆必须在酸性固化剂的作用和加热下才能固化，但酸类固化剂对金属（或混凝土）有酸性腐蚀作用，故不宜直接涂覆在金属或混凝土表面上，必须用其他涂料作为底漆。酚醛树脂漆漆膜较脆，温差变化大时易开裂，与金属附着力较差。

3.【答案】A

【解析】本题考查的是电力电缆。工程中直埋电缆必须选用铠装电缆。

4.【答案】C

【解析】本题考查的是冷水机组。离心式冷水机组的优点：叶轮转速高，输气量大，单机容量大；易损件少，工作可靠，结构紧凑，运转平稳，振动小，噪声低；单位制冷量重量指标小；制冷剂中不混有润滑油，蒸发器和冷凝器的传热性能好；EER 值高，理论值可达 6.9；调节方便，在 10%～100% 内可无级调节。离心式冷水机组的缺点：单级压缩机在低负荷时会出现“喘振”现象，在满负荷时运转平稳。

5.【答案】C

【解析】本题考查的是变压器安装。变压器安装完毕后，必须进行交接试验。

6.【答案】C

【解析】本题考查的是网络计划技术。$LS=LF-D=18-4=14$（天），$TF=LS-ES=14-8=6$（天）。

7.【答案】D

【解析】本题考查的是给排水工程的图形符号和文字符号。在给排水工程专业图纸中为角阀。

8.【答案】C

【解析】本题考查的是安装工程工程量清单的编制。招标工程量清单应由具有编制能力的招标人或受其委托具有相应资质的工程造价咨询人编制。

9.【答案】A

【解析】本题考查的是措施项目清单。大型机械设备进出场及安拆，应按《房屋建筑与装饰工程工程量计算规范》GB 50854—2013 相关项目编码列项。

10.【答案】C

【解析】本题考查的是《通用安装工程工程量计算规范》GB 50856—2013 附录 A 机

械设备安装工程第 A.14.4 条，工业炉烘炉、设备负荷试运转、联合试运转、生产准备试运转，应 按本规范附录 N 措施项目相关项目编码列项。

11.【答案】B

【解析】本题考查的是《通用安装工程工程量计算规范》CB 50856—2013 附录 C 静置设备与工艺金属结构制作安装工程表 C.5 注 2：如需进行焊接工艺评定，在专业措施项日中列项。

12.【答案】A

【解析】本题考查的是《通用安装工程工程量计算规范》GB 50856—2013 附录 D 电气设备安装工程。电缆铺砂、盖砖工程量按设计图示尺寸以长度计算。

13.【答案】D

【解析】本题考查的是《通用安装工程工程量计算规范》GB 50856—2013 附录 D 电气设备安装工程表 D.15.7-6，接地母线、引下线、避雷网附加长度是 3.9%。

14.【答案】B

【解析】本题考查的是《通用安装工程工程量计算规范》GB 50856—2013 附录 E 建筑智能化工程。双绞线缆测试计量单位为链路、信息点。

15.【答案】D

【解析】本题考查的是《通用安装工程工程量计算规范》GB 50856—2013 附录 G 通风空调工程。风机盘管安装的支架制作和安装包含在工作内容中。

16.【答案】C

【解析】本题考查的是《通用安装工程工程量计算规范》GB 50856—2013 附录 J 消防工程。点型探测器安装工作内容包括：底座安装、探头、校接线、编码、探测器调试。

17.【答案】A

【解析】本题考查的是《通用安装工程工程量计算规范》GB 50856—2013 附录 K 给排水、采暖、燃气工程表 K.1 注 10：管道工程量计算不扣除阀门、管件（包括减压器、疏水器、水表、伸缩器等组成安装）及附属构筑物所占长度；方形补偿器以其所占长度列入管道安装工程量。

18.【答案】B

【解析】本题考查的是《通用安装工程工程量计算规范》GB 50856—2013 附录 K 给排水、采暖、燃气工程表 K.9 注 3：当采暖工程系统、空调水工程系统中管道工程量发生变化时，系统调试费用应作相应调整。

19.【答案】D

【解析】本题考查的是《通用安装工程工程量计算规范》GB 50856—2013 附录 M 刷油、防腐蚀、绝热工程。$V=\pi\cdot(D+1.033\delta)\cdot1.033\delta\cdot L=3.14\times(0.63+1.033\times0.025)\times1.033\times0.025\times26=1.38$（$m^3$）。

20.【答案】D

【解析】本题考查的是施工图预算编制程序和方法。采用综合单价法编制建筑安装工程预算步骤：①准备工作；②清单划分；③列项并计算工程量；④套用定额综合单价；⑤计算其他各项费用，汇总造价；⑥复核、填写封面、编制说明。

21.【答案】D

【解析】本题考查的是《广东省通用安装工程综合定额（2018）》总说明。《广东省通用安装工程综合定额（2018）》中子目基价及其组项价格均不包含增值税可抵扣进项税额。

22.【答案】B

【解析】本题考查的是《广东省通用安装工程综合定额（2018）》总说明。建设单位采购、供应到现场或到施工单位指定地点的材料，由施工单位负责保管的，经双方协商，可以按照材料价格的 1.50% 收取保管费。

23.【答案】C

【解析】本题考查的是《广东省通用安装工程综合定额（2018）》措施项目。对于不能按工作内容单独计量的绿色施工安全防护措施费，具体包括绿色施工、临时设施、安全施工和用工实名管理，编制概预算时，按分部分项的人工费与施工机具费之和的 35.77% 计算。

24.【答案】B

【解析】本题考查的是《广东省通用安装工程综合定额（2018）》其他项目费用。暂列金额按分部分项工程费的 10.00% 计算。

25.【答案】B

【解析】本题考查的是《广东省通用安装工程综合定额（2018）》第七册《通风空调工程》第 C.7.2 章说明。整个通风系统设计采用渐缩管均匀送风者，圆形风管按平均直径，矩形风管按平均周长执行相应规格项目，其人工乘以系数 2.50。

26.【答案】B

【解析】本题考查的是《广东省通用安装工程综合定额（2018）》第八册《工业管道工程》第 C.8.11 章说明。法兰安装以“片”计算时，应执行法兰安装定额子目乘以系数 0.61，螺栓数量不变。

27.【答案】B

【解析】本题考查的是《广东省通用安装工程综合定额（2018）》第十册《给排水、采暖、燃气工程》第 C.10.1 章说明。室外钢塑复合管（螺纹连接）发生时可执行室外镀锌钢管（螺纹连接）子目，管道及管件含量不变。

28.【答案】C

【解析】本题考查的是综合单价的组成。综合单价 = 人工费 + 材料和工程设备费 + 施工机具使用费 + 企业管理费 + 利润 = 0.068 × 100+1.43+0.21+（0.068 × 100+0.21）×（28.74%+20%）+1.03 × 6=18.04（元）。

29.【答案】B

【解析】本题考查的是最高投标限价的编制原则。当最高投标限价复查结论与原公布的最高投标限价误差大于 ± 3% 时应责成招标人改正。

30.【答案】B

【解析】本题考查的是预付款。T=1 500−1 500 × 30%/60%=750（万元）。

二、多项选择题

31.【答案】BCD

【解析】本题考查的是防雷系统组成。二类防雷建筑物包括：

（1）高度超过 100m 的建筑物等。

（2）国家级重点文物保护建筑物。

（3）国家级的会堂、办公建筑物、档案馆、大型博展建筑物，特大型、大型铁路旅客站，国际性的航空港、通信枢纽，国宾馆、大型旅游建筑，国际港口客运站。

（4）国家级计算中心、国家级通信枢纽等对国民经济有重要意义且装有大量电子设备的建筑物。

（5）年预计雷击次数大于 0.06 次的部、省级办公建筑及其他重要或人员密集的公共建筑物。

（6）年预计雷击次数大于 0.30 次的住宅、办公楼等一般民用建筑物。

32.【答案】CDE

【解析】本题考查的是排水设施。清通设备是疏通排水管道的设备，包括检查口、清扫口和室内检查井。

33.【答案】ACD

【解析】本题考查的是分部分项工程量清单。《通用安装工程工程量计算规范》GB 50856—2013 规定了安装工程各清单项目的计量单位。在清单计价方式中，清单项目工程量的计量单位均采用基本单位，不得使用扩大单位。有两个或两个以上计量单位的，应结合拟建工程的实际选择其中一个。同一工程项目的计量单位应一致。

34.【答案】ABE

【解析】本题考查的是措施项目清单。环境保护：现场施工机械设备降低噪声、采取防扰民措施，水泥和其他易飞扬细颗粒建筑材料密闭存放或采取覆盖措施等，工程防扬尘洒水，土石方、建渣外运防护措施等，现场污染源的控制、生活垃圾清理外运、场地排水排污措施，其他环境保护措施。

35.【答案】BDE

【解析】本题考查的是其他项目清单。暂估价是指招标人在工程量清单中提供的用于支付必然发生但暂时不能确定价格的材料、工程设备的单价以及专业工程的金额。包括材料暂估单价、工程设备暂估单价、专业工程暂估价。编制最高投标限价、投标报价时，材料暂估价、工程设备暂估单价应按招标人在其他项目清单中列出的单价计入综合单价，专业工程暂估价应按招标人在其他项目清单中列出的金额填写。

36.【答案】BDE

【解析】本题考查的是《通用安装工程工程量计算规范》GB 50856—2013 附录 D 电气设备安装工程表 D.15.7-5，电梯电缆与电缆架固定点 0.5m，电缆至电动机 0.5m，电缆进入建筑物预留 2.0m，电力电缆终端头预留 1.5m，电缆中间接头盒两端各预留 2.0m。

37.【答案】ABCD

【解析】本题考查的是工期的调整。因承包人原因未能按规定开工的，工期不予顺延。因发包人原因致使工程不具备开工条件的，工期应予顺延。施工合同履行过程中，发生下列情形之一影响施工进度或暂停施工的，应按照相关规定顺延施工工期：

（1）遇不可抗力或政府政策；

（2）地质勘察报告与实际地质出入较大的；

（3）遇地下障碍物或发现地下文物、化石、古迹遗址等具有考古价值文物的；

（4）发生重大设计变更的；

（5）发包人违约导致暂停施工或影响关键工作的；

（6）停水、停电、停气导致暂停施工的；

（7）其他非承包人原因引起的暂停施工或工期延误的。

38.【答案】BDE

【解析】本题考查的是广东省通用安装工程工程量清单计价程序。采用工程量清单计价时，规费包括工程排污费、施工噪声排污费、防洪工程维护费、维修作业意外伤害保险。

39.【答案】ABC

【解析】本题考查的是《广东省通用安装工程综合定额（2018）》。《广东省通用安装工程综合定额（2018）》中的定额人工费包括工资性收入、社会保险费、住房公积金、工会经费、职工教育经费、职工福利费及特殊情况下支付的工资等。

40.【答案】ABC

【解析】本题考查的是《广东省通用安装工程综合定额（2018）》。定额中的材料消耗量已含成品、半成品、材料配料等施工及场内运输过程中合理的损耗消耗量，包括直接消耗在施工中的原材料、辅助材料、构配件、零件和半成品等的费用和周转使用材料的摊销（或租赁）费用，并计入了相应损耗，其内容和范围包括从工地仓库、现场集中堆放地点或现场加工地点到操作或安装地点的运输损耗、施工操作损耗、施工现场堆放损耗。

41.【答案】AC

【解析】本题考查的是《广东省通用安装工程综合定额（2018）》第四册《电气设备安装工程》第 C.4.11 章。刚性难燃线管为刚性 PVC 难燃线管，分轻型、中型、重型，颜色有白、纯白色，弯曲时需要专用弯曲弹簧，管材长度一般为 4m/ 根，管子的连接方式采用专用接头插入法连接，连接处结合面涂专用胶合剂，接口密封。半硬质难燃线管，颜色有黄、红、白色等，管道柔软，弯曲自如而无须专用工具或加热，安装难以横平竖直，管材成捆供应，一般为每捆 100m，管子的连接方式采用专用接头抹塑料胶后粘接。

42.【答案】BD

【解析】本题考查的是《广东省通用安装工程综合定额（2018）》第九册《消防工程》册说明。管道界限的划分：①室内外消防给水管道界线以建筑物外墙皮 1.5m 为界，入口处设阀门者以阀门为界；②设在高层建筑内的消防泵房管道界线，以泵房外墙皮为界；③室外消防给水管道与市政给水管道的界线，以与市政给水管道碰头点（井）为界。

43.【答案】ABC

【解析】本题考查的是《广东省通用安装工程综合定额（2018）》第十册《给排水、采暖、燃气工程》第 C.10.2 章说明。套管制作安装项目已包含堵洞工作内容。刚性防水套管和柔性防水套管安装项目中，包括了配合土建预留穿墙体及穿楼板孔洞及浇筑混凝土工作内容。套管定额子目规格均为穿过套管的介质管道公称直径。保温管道穿墙、板采用套管时，按保温层外径规格执行套管相应项目。

44.【答案】BCD

【解析】本题考查的是《广东省通用安装工程综合定额（2018）》第四册《电气设备安装工程》第 C.4.9 章的工程量计算规则。筏板基础接地极制作安装，按设计图示尺寸以

“m^2”计算。独立利用型钢作接地引下线敷设，按设计图示尺寸以“m”计算，其长度按设计图示规定长度另加 3.9% 的附加长度（包括转弯、波动、避绕障碍物、搭接头所占长度）计算。利用建筑物柱内主筋作接地引下线敷设，按设计图示需要作引下线的柱的中心线长度以“m”计算。每一柱子内按焊接两根主筋考虑，如果焊接主筋数超过两根时，可按比例调整。利用建筑物梁内主筋作均压环敷设，按设计需要作均压接地的梁的中心线长度以“m”计算。每一梁内按焊接两根主筋考虑，如果焊接主筋数超过两根时，可按比例调整。绝缘垫铺设，区别其厚度，按设计图示尺寸以“m^2”计算。

45.【答案】BDE

【解析】本题考查的是《广东省通用安装工程综合定额（2018）》第七册《通风空调工程》第 C.7.2 章的工程量计算规则。风管长度一律以设计图示中心线长度为准（主管与支管以其中心线交点划分），包括弯头、三通、变径管、天圆地方等管件的长度，但不得包括部件所占长度；重叠部分和堵头不得另行增加。

46.【答案】ACD

【解析】本题考查的是《广东省通用安装工程综合定额（2018）》第十册《给排水、采暖、燃气工程》第 C.10.5 章的工程量计算规则。地板辐射采暖管道区分管道外径，按设计图示中心线长度以“m”计算。保护层（铝箔）、隔热板、钢丝网按设计图示尺寸计算实际铺设面积，以“m^2”计算。边界保温带按设计图示长度以“m”计算。

47.【答案】BE

【解析】本题考查的是最高投标限价的编制原则。最高投标限价是指根据国家或省级建设行政主管部门颁发的有关计价依据和办法，依据拟订的招标文件和招标工程量清单，结合工程具体情况发布的招标工程的最高投标限价。最高投标限价不得进行上浮或下调。《招标投标法实施条例》规定，招标人可以自行决定是否编制标底，国有资金投资的工程建设项目应实行工程量清单招标，招标人应编制最高投标限价。投标人的投标报价若超过公布的最高投标限价，则其投标应被否决。最高投标限价超过批准的概算时，招标人应将其报原概算审批部门审核。

48.【答案】ABCE

【解析】本题考查的是投标报价的编制内容和方法。确定综合单价时的注意事项：

（1）以项目特征描述为依据。项目特征是确定综合单价的重要依据之一，投标人投标报价时应依据招标文件中清单项目特征描述确定综合单价。当招标文件未明确，出现招标工程量清单特征描述与设计图纸不符时，投标人应以招标工程量清单的项目特征描述为准，确定投标报价的综合单价。当施工中施工图纸或设计变更与招标工程量清单项目特征描述不一致时，发承包双方应按实际施工的项目特征，依据合同约定重新确定综合单价。

（2）材料、工程设备暂估价的处理。招标文件中在其他项目清单中提供了暂估单价的材料和工程设备，应按其暂估的单价计入清单项目的综合单价中。

（3）考虑合理的风险。招标文件中要求投标人承担的风险费用，投标人应考虑进入综合单价。

49.【答案】ABCD

【解析】本题考查的是合同解除的价款结算与支付。由于不可抗力解除合同的，发包人除应向承包人支付合同解除之日前已完成工程但尚未支付的合同价款，还应支付下列金额：

（1）合同中约定应由发包人承担的费用。

（2）已实施或部分实施的措施项目应付价款。

（3）承包人为合同工程合理订购且已交付的材料和工程设备货款。发包人一经支付此项货款，该材料和工程设备即成为发包人的财产。

（4）承包人撤离现场所需的合理费用，包括员工遣送费和临时工程拆除、施工设备运离现场的费用。

（5）承包人为完成合同工程而预期开支的任何合理费用，且该项费用未包括在本款其他各项支付之内。

50.【答案】AB

【解析】本题考查的是竣工决算。其中竣工财务决算说明书和竣工财务决算报表两部分又称建设项目竣工财务决算，是竣工决算的核心内容。

三、不定项选择题

案例一

51.【答案】A

【解析】塑料排水 U–PVC 管 *De*110 的清单工程量：

（3.9+1.15）+（4.2+0.9）+（0.4+0.5）×2+0.5=12.45（m）。

52.【答案】B

【解析】卫生间塑料排水 U–PVC 管 *De*75 的清单工程量：

1. 1+0.4+1=2.50（m）。

53.【答案】D

【解析】卫生间塑料给水 PP–R 管 *De*25 的清单工程量：

0. 8–0.25=0.55（m）。

54.【答案】A

【解析】塑料给水 PP–R 管 *De*20 的清单工程量：

1. 3+（1–0.25）×2=2.80（m）。

55.【答案】C

【解析】PP–R 管属于塑料管，查《通用安装工程工程量计算规范》GB 50856—2013 表 K.1，应按塑料管编码列项，前九位为 031001006，后三位为 001，项目编码为 031001006001。

56.【答案】ABC

【解析】U–PVC 管属于塑料管，查《通用安装工程工程量计算规范》GB 50856—2013 表 K.1 塑料管清单项目，项目特征要表述：①安装部位；②介质；③材质、规格；④连接形式；⑤阻火圈设计要求（针对排水管）；⑥压力试验及吹、洗设计要求；⑦警示带形式。针对本例中排水 U–PVC 管 *De*50 清单项目特征应表述：①安装部位：室内；②介质：排水；③材质、规格：U–PVC 管 *De*50；④连接形式：粘接；⑤压力试验及吹、洗设计要求：灌水试验。

57.【答案】AC

【解析】根据设计说明“给水管穿楼板和内墙需设置钢套管，规格比所穿管道公称直径大两号”，*De*32 的套管规格应为 *DN*40；由平面图（图 2.1）可知，*De*32 穿越内墙共 2 处，因此套管数量为 2 个。

58.【答案】C

【解析】根据《广东省通用安装工程综合定额（2018）》第十册《给排水、采暖、燃气工程》，定额中铜管、塑料管、复合管（除钢塑复合管外）按公称外径表示，其他管道均按公称直径表示。室内塑料排水管（粘接），公称外径 75mm 以内，对应的定额号为 C10-1-329。

59.【答案】A

【解析】只有拖布池的水龙头可以计算工程量，由图 2.1 可知，水龙头 *DN*20 共 1 个。

60.【答案】A

【解析】塑料给水 PP-R 管 *De*32 清单项目对应于定额子目 C10-1-291 和 C10-2-142，计算清单项目的综合单价为：17.251+（13.384+0.015）×20%+1.016×11.58+1.081×3.76+0.621 7+0.471 1×20%=36.48（元）。

案例二

61.【答案】B

【解析】WP3 回路电气配管 SC50 的清单工程量：

水平（4.1）+ 竖直（层高 3- 距地安装高度 1.4- 配电箱高度 0.6）=5.10（m）。

62.【答案】C

【解析】WP4 回路电气配管 SC32 的清单工程量：

水平（4.1）+ 竖直（层高 3- 距地安装高度 1.4- 配电箱高度 0.4）=5.30（m）。

63.【答案】C

【解析】计算 WP3 回路电缆线 YJY-3×16mm^2 的清单工程量：

水平长：4.1+5.0+0.45+3.8=13.35（m）。

垂直长：2AL 配电箱（3-1.0-0.1）+AL2 配电箱（3-1.4-0.6）=2.9（m）。

预留长：进 2AL 配电箱预留（0.8+1）+ 进 AL2 配电箱预留（0.5+0.6）+ 终端头预留（1.5×2）=5.9（m）。

电缆工程量：（13.35+2.9+5.9）×（1+2.5%）=22.70（m）。

64.【答案】B

【解析】垂直段（3-1.0-0.1）+ 水平（3.8+1.2+0.9+5.0+1.1+6.9+1.1）=21.90（m）。

65.【答案】D

【解析】计算 WP4 回路电缆线 YJY-3×6mm^2 的清单工程量：

水平长：4.1+1.1+5.0+1+0.45+3.8 =15.45（m）。

垂直长：2AL 配电箱（3-1.0-0.1）+AL1 配电箱（3-1.4-0.4）=3.10（m）。

预留长：进 2AL 配电箱预留（0.8+1）+ 进 AL1 配电箱预留（0.5+0.4）+ 终端头预留（1.5×2）=5.70（m）。

电缆工程量：（15.45+3.10+5.70）×（1+2.5%）=24.86（m）。

66.【答案】C

【解析】由图 2.3 可知，配电箱 AL1 的清单工程量共 3 台。

67.【答案】A

【解析】查《通用安装工程工程量计算规范》GB 50856—2013 表 D.4 控制设备及低压电器安装，应按配电箱编码列项，前九位为 030404017，后三位为 001，项目编码为 030404017001。

68.【答案】D

【解析】查《通用安装工程工程量计算规范》GB 50856—2013 表 D.4 中配电箱清单项目，项目特征需要表述：名称，型号，规格，基础形式、材质、规格，接线端子材质、规格，端子板外部接线材质、规格，安装方式。

69.【答案】A

【解析】根据《广东省通用安装工程综合定额（2018）》第四册《电气设备安装工程》第 C.4.4.9 节配电箱，2AL 配电箱规格：800mm × 1 000mm × 600mm（宽 × 高 × 厚），落地安装对应的定额号为 C4-4-29。

70.【答案】B

【解析】电缆 YJY-3 × 16mm^2 清单项目对应于定额子目 C4-8-2，计算清单项目的综合单价为：8.553 4+（6.190 2+0.145）× 20%+1.01 × 28.50=38.61（元）。

案例三

71.【答案】B

【解析】镀锌钢管 *DN*25 的清单工程量：

1.2 × 3+1.4 × 4+2.3 × 5+2.4 × 2+2.0 × 2+（3.0-2.6）× 29=41.10（m）。

72.【答案】A

【解析】镀锌钢管 *DN*50 的清单工程量：

2.8+1.2 × 3+1.4=7.80（m）。

73.【答案】C

【解析】信号阀门按《通用安装工程工程量计算规范》GB 50856—2013 表 K.3 相关项目编码列项，前九位为 031003003，后三位为 001，项目编码为 031003003001。

74.【答案】B

【解析】根据《广东省通用安装工程综合定额（2018）》第九册《消防工程》，定额中水流指示器沟槽连接，公称直径 80mm，对应的定额号为 C9-1-76。

75.【答案】D

【解析】据图可以计算工程量，由图 2.5 可知，喷头 *DN*15 共 29 个。

76.【答案】CD

【解析】定额中安装水流指示器的工作内容，查《广东省通用安装工程综合定额（2018）》第九册《消防工程》。水流指示器（沟槽法兰连接）工作内容：外观检查、功能检测、切管、坡口、法兰安装、紧螺栓、临时短管装拆、安装及调整、试验后复位。

77.【答案】BC

【解析】查《通用安装工程工程量计算规范》GB 50856—2013，水流指示器的项目特征需描述：规格、型号，连接形式。

78.【答案】A

【解析】根据《广东省通用安装工程综合定额（2018）》第九册《消防工程》，定额中有吊顶喷头安装，公称直径 15mm，对应的定额号为 C9–1–43，喷头安装综合单价为：29.674+20.218×20%+1.01×12=45.84（元）。

79.【答案】D

【解析】接上题，喷头安装的清单项目合价：

45．84×29=1 329.36（元）。

80.【答案】B

【解析】根据《广东省通用安装工程综合定额（2018）》第九册《消防工程》，定额中水流指示器沟槽连接，公称直径 80mm，对应的定额号为 C9–1–76，综合单价为：144.75+（90.80+1.62）×20%+2.000×15.45+1×160=354.13（元）。

案例四

81.【答案】D

【解析】计算矩形风管 500×400 的长度：

0.4+0.3+0.3+2+0.3/2=3.15（m）。

82.【答案】D

【解析】计算矩形风管 400×320 的清单工程量：

L（风管长度）=0.3/2+2.9+0.3/2=3.2（m）。

S=2（A+B）L=2×（0.4+0.32）×3.2=4.61（m^2）。

83.【答案】A

【解析】查《通用安装工程工程量计算规范》GB 50856—2013 可知，阻抗复合消声器按消声器编码列项，前九位为 030703020，后三位为 001，项目编码为 030703020001。

84.【答案】A

【解析】计算矩形风管 320×300 的长度：

0.3/2+2.6+2.2+0.9=5.85（m）。

85.【答案】A

【解析】查《通用安装工程工程量计算规范》GB 50856—2013 表 G.3，70℃防火阀应按碳钢阀门编码列项，前九位为 030703001，后三位为 001，项目编码为 030703001001。

86.【答案】D

【解析】查《通用安装工程工程量计算规范》GB 50856—2013 表 G.3，单层百叶风口的材质为铝合金，应按铝及铝合金风口、散流器编码列项，前九位为 030703011，后三位为 001，项目编码为 030703011001。

87.【答案】AD

【解析】查《通用安装工程工程量计算规范》GB 50856—2013 表 G.3，铝及铝合金风口、散流器清单项目，项目特征要表述：名称、型号、规格、类型、形式。

88.【答案】B

【解析】规格为 800mm×250mm 的方形散流器的周长为：C=2×（800+250）=2 100≤2 500，根据《广东省通用安装工程综合定额（2018）》第七册《通风空调工程》，可知套用定额编号为 C7–3–54。

89.【答案】B

【解析】由图 2.6 可知，本题中共有两种风口，应分别列项，可以列 2 项清单项目。

90.【答案】A

【解析】矩形风管 320×320 清单项目对应于定额子目 C7-2-34，计算清单项目的综合单价为：125.683+（78.012+4.176）×20%+1.138×41.83=189.72（元）。

案例五

91.【答案】C

【解析】分部分项工程费合计 =60.00+60.00×25%×（60%+30%）=73.50（万元）。

92.【答案】D

【解析】脚手架搭拆费 =2.40+2.40×20% ×（60%+30%）=2.83（万元）。

93.【答案】B

【解析】安全文明施工费 = 60.00×25%（分部分项工程费中人工费）×20%=3.00（万元）。

94.【答案】A

【解析】其他总价措施项目费 = 60.00×25%（分部分项工程费中人工费）×12% =1.80（万元）。

95.【答案】B

【解析】措施项目费合计 =2.83+3.00+1.80=7.63（万元）。

96.【答案】D

【解析】措施项目的人工费 =2.40×20%+（3.00+1.80）×30%=1.92（万元）。

97.【答案】C

【解析】规费 =（60×25%+1.92）×25% =4.23（万元）。

98.【答案】A

【解析】工程税前不含税工程造价 =73.50+7.63+6.00+4.23=91.36（万元）。

99.【答案】B

【解析】增值税 = 税前不含税工程造价 × 销项增值税税率 =（73.50+7.63+6.00+4.23）×9%=8.22（万元）。

100.【答案】C

【解析】单位工程招标控制价 = 分部分项工程费 + 措施项目费 + 其他项目费 + 规费 + 税金 =73.50+7.63+6.00+4.23+8.22=99.58（万元）。

模拟测试卷三

一、单项选择题（共 30 题，每小题 0.8 分，共 24 分。每小题的备选项中，只有 1 个最符合题意）

1. 在潮湿及有酸碱腐蚀的场所配管应优先采用（　　）。

A. 水、煤气钢管　B. 电线管　C. 金属软管　D. 刚性阻燃管

2. 电缆外护层代号第一个数字 2 的含义是（　　）。

A. 钢带　B. 双钢带　C. 细圆钢丝　D. 粗圆钢丝

3. 可以在竖井、水中、有落差的地方敷设，且能承受外力的电力电缆型号为（　　）。

A. $YJLV_{12}$　B. $YJLV_{22}$　C. $YJLV_{23}$　D. $YJLV_{32}$

4.（　　）的优点是结构尺寸小，占据空间小，安装简便，补偿能力大。

A. 方形补偿器　B. 套筒式补偿器　C. 波形补偿器　D. L 形补偿器

5. 室内消火栓阀门中心距地面为（　　）m。

A. 0.8　B. 1.0　C. 1.1　D. 1.2

6. 在不影响总工期的前提下，本工作可以利用的机动时间为（　　）。

A. 工作总时差　B. 工作自由时差　C. 工作机动时差　D. 工作随机时差

7. 依据《通用安装工程工程量计算规范》GB 50856—2013 的规定，项目编码设置中的第三级编码的数字位数及表示含义为（　　）。

A. 2 位数，表示工程分类码　B. 2 位数，表示专业工程顺序码

C. 2 位数，表示分部工程顺序码　D. 3 位数，表示分项工程顺序码

8. 依据《通用安装工程工程量计算规范》GB 50856—2013，项目安装高度若超过基本高度，则应在“项目特征”中描述。对于附录 G 通风空调工程，其基本安装高度为（　　）m。

A. 3.6　B. 5　C. 6　D. 10

9. 下列费用项目中，不属于措施项目费的是（　　）。

A. 环境保护费　B. 二次搬运费　C. 工程定位复测费　D. 总承包服务费

10.《通用安装工程工程量计算规范》GB 50856—2013 附录 C 静置设备与工艺金属结构制作安装工程，容器组装项目特征中的到货状态是指（　　）运到施工现场。

A. 组装成整体　B. 容器本体及内部固定件

C. 设备以分段或分片的结构状态　D. 设备本体及内部固定件重量

11.《通用安装工程工程量计算规范》GB 50856—2013 电气设备安装计算规范中，软母线工程量计算规则是（　　）。

A. 按设计图示数量计算

B. 按设计图示尺寸以中心线长度计算

C. 按设计图示尺寸以单相长度计算（含预留长度）

D. 按设计图示尺寸以长度计算

12.《通用安装工程工程量计算规范》GB 50856—2013 电气设备安装计算规范中，汽车充电桩应该选用（　　）的项目名称。

A. 控制开关　　B. 控制器　　C. 其他电器　　D. 小电器

13.《通用安装工程工程量计算规范》GB 50856—2013 电气设备安装计算规范中，轻轨滑触线终端预留长度为（　　）m/ 根。

A. 0.2　　B. 0.5　　C. 1.0　　D. 0.8

14. 某工程接地母线热镀锌扁钢 -40×4 按设计图示尺寸以长度计算工程量为 522m，依据《通用安装工程工程量计算规范》GB 50856—2013 电气设备安装计算规范，计算该接地母线热镀锌扁钢 -40×4 工程量为（　　）m。

A. 522　　B. 529.83　　C. 532.44　　D. 542.36

15.《通用安装工程工程量计算规范》GB 50856—2013 电气设备安装计算规范中，配线工程量计算规则正确的是（　　）。

A. 按设计图示数量计算

B. 按设计图示尺寸以中心线长度计算

C. 按设计图示尺寸以长度计算（含预留长度）

D. 按设计图示尺寸以长度计算

16.《通用安装工程工程量计算规范》GB 50856—2013 建筑智能化工程计算规范中，电缆 HH-10×2×0.5 应按（　　）项目编码列项。

A. 电力电缆　　B. 控制电缆　　C. 多芯电缆　　D. 大对数电缆

17.《通用安装工程工程量计算规范》GB 50856—2013 通风空调工程计算规范中，通风空调管道的过跨风管落地支架制作、安装，表述错误的是（　　）。

A. 包含在工作内容中　　B. 在项目特征中描述

C. 单独列清单项目　　D. 描述支架设计要求

18.《通用安装工程工程量计算规范》GB 50856—2013 工业管道工程量计算规范中，冷冻机组站内的管道安装，应按本规范附录（　　）相关项目编码列项。

A. F 自动化控制仪表安装工程　　B. K 给排水工程

C. K 采暖工程　　D. H 工业管道工程

19.《通用安装工程工程量计算规范》GB 50856—2013 消防工程计算规范中，消防管道上的阀门、管道及设备支架制作安装，应按（　　）相关项目编码列项。

A. 附录 C 静置设备与工艺金属结构制作安装工程

B. 附录 F 自动化控制仪表安装工程

C. 附录 H 工业管道工程

D. 附录 K 给排水、采暖、燃气工程

20. 某工程首层车间通风空调系统安装工程，层高为 4m。风管采用镀锌薄钢板圆风管，法兰咬口连接，风管规格 ϕ450、板厚 δ=1.20、长度 42m，风管采用橡塑玻璃棉保温，保温厚度 δ=25，采用铁丝网做保护层。依据《通用安装工程工程量计算规范》GB 50856—2013 刷油、防腐蚀、绝热工程第 M.8 节绝热工程，计算该风管保护层工程量为（　　）m^2。

A. 66.26　　B. 67.35　　C. 63.72　　D. 62.64

21. 2014 年 9 月，广东省住房和城乡建设厅发出《关于开展建筑信息模型 BIM 技术推广应用工作的通知》，要求 2020 年底（　　）万平方米以上建筑工程普遍应用 BIM 技术。

A. 1　　B. 2　　C. 3　　D. 4

22.《广东省通用安装工程综合定额（2018）》遇有两个或两个以上系数时，按（　　）计算。

A. 最大值　　B. 最小值　　C. 连加法　　D. 连乘法

23.《广东省通用安装工程综合定额（2018）》第一册《机械设备安装工程》，旧设备的拆除费用，按相应安装人工费和机械费的（　　）计算（不计材料费）。

A. 30%　　B. 40%　　C. 50%　　D. 60%

24.《广东省通用安装工程综合定额（2018）》第四册《电气设备安装工程》，如发生土石方工程时，另执行（　　）相应项目。

A.《广东省房屋建筑与装饰工程综合定额（2018）》

B.《广东省通用安装工程综合定额（2018）》

C.《广东省市政工程综合定额（2018）》

D.《广东省园林绿化工程综合定额（2018）》

25.《广东省通用安装工程综合定额（2018）》第四册《电气设备安装工程》中，铜芯电力电缆敷设定额综合不同敷设方式按三芯（包括三芯连地）考虑的，五芯电力电缆敷设定额项目乘以系数（　　）。

A. 1.15　　B. 1.30　　C. 1.45　　D. 1.60

26.《广东省通用安装工程综合定额（2018）》第四册《电气设备安装工程》中，等电位接地线安装执行（　　）安装相应项目。

A. 户外接地母线　　B. 户内接地母线

C. 利用梁内钢筋作均压环敷设　　D. 避雷网

27. 某管道安装工程定额单位为 10m，预算定额表中人工综合 0.203 工日，定额人工单价 90 元 / 工日，材料费 26.86 元，管道消耗量为 9.91m，不含税价格为 2.8 元 /m，管件消耗量为 14.49 个，不含税价格为 2.5 元 / 个，机具费为 3.71 元，管理费、利润分别按人工费和机具费之和的 27.72% 和 20%，计算分部分项清单项目的综合单价为（　　）元。

A. 12.33　　B. 8.71　　C. 5.93　　D. 4.88

28. 下列关于最高投标限价中综合单价的风险因素说法不正确的是（　　）。

A. 最高投标限价的综合单价应包括招标文件中要求投标人所承担的风险内容及其范围（幅度）产生的风险费用

B. 对于技术难度较大和管理复杂的项目，可考虑一定的风险费用，并纳入综合单价中

C. 对于工程设备、材料价格的市场风险，应依据招标文件的规定，工程所在地或行业工程造价管理机构的有关规定，以及市场价格趋势考虑一定率值的风险费用，纳入综合单价中

D. 法律、法规、规章和政策变化的风险和人工单价等风险费用应纳入综合单价中

29. 根据工程特点和工期要求，一般采取的方式是承包人承担（　　）以内的材料、工程设备价格风险。

A. 3% B. 5% C. 10% D. 15%

30. 某工程签约合同价款为 1 200 万元，预付款额度为 20%，材料费占 75%，则预付款起扣点是（ ）万元。

A. 300 B. 880 C. 960 D. 600

二、多项选择题（共 20 题，每小题 1.3 分，共 26 分。每小题的备选项中，有 2 个或 2 个以上符合题意，至少有 1 个错项，错选、多选、少选均不得分）

31. 下列属于空气处理设备是（ ）。

A. 表面式冷却器 B. 喷水室

C. 消声器 D. 冷水机组

E. 加湿器

32. 关于变配电设备说法正确的是（ ）。

A. 高压负荷开关具有简单的灭弧装置，能通断一定的负荷电流和短路电流

B. 高压熔断器主要功能是对电路及其设备进行短路和过负荷保护

C. 高压隔离开关没有明显可见的断开间隙

D. 高压断路器不仅能通断正常负荷电流，而且能接通和承受一定时间的短路电流

E. 高压负荷开关是对电路及其设备进行短路和过负荷保护

33. 电缆终端头的类型有（ ）。

A. 干包式 B. 保温式

C. 浇注式 D. 屏蔽式

E. 热缩式

34. 关于信号阀和水流指示器的安装，说法正确的是（ ）。

A. 水流指示器安装应在管道试压和冲洗合格后进行

B. 信号阀安装应在管道试压和冲洗合格后进行

C. 水流指示器前后应保持有 10 倍安装管径长度的直管段

D. 信号阀应安装在水流指示器前的管道上

E. 信号阀与水流指示器之间的距离不应小于 500mm

35. 关于室外给排水、采暖、燃气工程与市政工程管网工程的界限说法正确的是（ ）。

A. 室外排水管道以市政管道碰头井为界

B. 室外给水管道以厂区内水表井为界

C. 室外采暖管道以市政管道碰头井为界

D. 室外采暖、燃气管道以计量表为界

E. 室外燃气管道以市政管道碰头井为界

36. 依据《通用安装工程工程量计算规范》GB 50856—2013 的规定，下列（ ）可列“特殊地区施工增加”措施项目。

A. 高原、高寒地区 B. 有害气体产生区域

C. 高浓度氧气区域 D. 地震多发地区

E. 粉尘产生场所

37. 依据《通用安装工程工程量计算规范》GB 50856—2013 的规定，关于其他项目

清单中的暂列金额，说法正确的是（　　）。

A. 用于工程合同签订时尚未确定或者不可预见的所需材料、工程设备、服务的采购等费用

B. 施工过程中出现质量问题或事故的处理费用

C. 施工中可能发生工程变更所需的费用

D. 合同约定调整因素出现时的合同价款调整及发生的索赔、现场签证确认等的费用

E. 不包括在合同价款中

38.《通用安装工程工程量计算规范》GB 50856—2013 给排水、采暖、燃气工程计算规范表 K.4 中，成品卫生器具项目中的排水配件包括（　　）等。

A. 存水弯　　B. 阀门

C. 下水口　　D. 喷头

E. 排水栓

39.《广东省通用安装工程综合定额（2018）》中的人工费包含（　　）。

A. 基本用工　　B. 辅助用工

C. 人工幅度差　　D. 不可避免的休息用工

E. 现场运输及清理现场等用工

40.《广东省通用安装工程综合定额（2018）》第一册《机械设备安装工程》中，起重设备安装的工作内容包括（　　）。

A. 静负荷试运转　　B. 动负荷试运转

C. 超负荷试运转　　D. 联合试运转

E. 生产准备试运转

41.《广东省通用安装工程综合定额（2018）》第四册《电气设备安装工程》中，关于桥架的说法正确的是（　　）。

A. 桥架安装包括运输、组对、吊装、固定

B. 桥架安装包括切割口防腐、桥架开孔

C. 桥架安装包括上管件、隔板安装、盖板安装

D. 桥架安装已包括支架制作安装

E. 桥架安装包括接地

42.《广东省通用安装工程综合定额（2018）》第九册《消防工程》中，说法正确的是（　　）。

A. 水灭火系统的各种阀门、法兰安装，套管的制作安装等，均执行第八册《工业管道工程》相应项目

B. 室外消防水管道安装、水箱制安等均执行第十册《给排水、采暖、燃气工程》相应项目

C. 泵房管道安装、管道系统强度试验、严密性试验和冲洗等执行第八册《工业管道工程》相应项目

D. 泡沫灭火系统的管道、管件、法兰、阀门、管道支架等的安装及管道系统水冲洗、强度试验、严密性试验等执行第八册《工业管道工程》相应项目

E. 气体灭火系统的不锈钢管和铜管及管件、管道系统强度试验、严密性试验和冲洗

等执行第十册《给排水、采暖、燃气工程》相应项目

43.《广东省通用安装工程综合定额（2018）》第十册《给排水、采暖、燃气工程》中，关于采暖管道界限划分，说法正确的是（　　）。

A. 室内外界线以建筑物外墙皮 1.5m 为界，建筑物入口处设阀门者以阀门为界

B. 室外设有采暖入口装置者以入口装置循环管三通为界

C. 与工业管道界线以锅炉房或热力站外墙皮 1.5m 为界

D. 与设在建筑物内的换热站管道以站房外墙皮为界

E. 与设在建筑物内的换热站管道以站房外墙皮 1.5m 为界

44. 依据《广东省通用安装工程综合定额（2018）》，电缆保护管长度除按设计规定长度计算外，遇有下列情况，应按以下规定增加保护管长度（　　）。

A. 横穿道路，按路基宽度两端各增加 2m

B. 垂直敷设时，管口距地面增加 1m

C. 穿过建筑物外墙时，按基础外缘以外增加 1m

D. 穿过排水沟时，按沟壁外缘以外增加 2m

E. 穿过排水沟时，按沟壁外缘以外增加 1m

45. 依据《广东省通用安装工程综合定额（2018）》，ZSS 湿式报警装置成套产品包括内容有（　　）。

A. 湿式阀　　B. 装置压力表

C. 水力警铃　　D. 延时器

E. 排气阀

46. 依据《广东省通用安装工程综合定额（2018）》，下列工程量计算以"个"为单位的有（　　）。

A. 点型探测器安装　　B. 红外线探测器安装

C. 火焰探测器安装　　D. 线形探测器安装

E. 可燃气体探测器安装

47. 各类管道安装定额中（　　）按公称外径表示，其他管道均按公称直径表示。

A. 铜管　　B. 镀锌钢管

C. 钢塑复合管　　D. 塑料管

E. 铸铁管

48. 下列关于工程量清单综合单价的计算公式正确的有（　　）。

A. 清单项目单价 = 清单项目合价 ÷ 工程量清单项目工程量

B. 清单项目合价 = 定额项目合价 + 未计价材料费

C. 定额项目合价 = 定额项目工程量 ×［Σ（定额人工消耗量 × 人工单价）+Σ（定额材料消耗量 × 材料单价）+Σ（定额机械台班消耗量 × 机械台班单价）+ 价差（基价或人工、材料、机具费用）+ 管理费和利润］

D. 定额项目合价 = 定额项目工程量 ×［Σ（定额人工消耗量 × 人工单价）+Σ（定额材料消耗量 × 材料单价）+Σ（定额机械台班消耗量 × 机械台班单价）+ 价差（基价或人工、材料、机具费用）］

E. 清单项目单价 = 定额项目合价 ÷ 工程量清单项目工程量

49. 投标报价确定综合单价时，以下风险由承包人全部承担的有（　　）。

A. 承包人的管理费

B. 承包人的利润

C. 法律、法规变化导致规费变化

D. 法律、法规变化导致人工费变化

E. 建筑材料价格风险

50. 承包人应在每个计量周期到期后向发包人提交已完工程进度款支付申请。支付申请应包括（　　）。

A. 竣工结算合同价款总额

B. 本周期实际应支付的合同价款

C. 应预留的质量保证金

D. 本周期合计完成的合同价款

E. 累计已实际支付的合同价款

三、不定项选择题（共 50 题，每小题 1 分，共 50 分。错选、多选、少选均不得分）

案例一（共 10 题，每小题 1 分，共 10 分）

背景资料：某公共卫生间给水平面图、系统图分别如图 3.1、图 3.2 所示。说明如下：

（1）本工程采用相对标高，单位以“m”计，尺寸以“mm”计。

（2）给水管采用 PP-R 管热熔连接，安装完毕经水压试验合格后进行消毒冲洗。

（3）$DN \leqslant 50$mm 时采用截止阀螺纹连接，$DN>50$mm 采用闸阀法兰连接。

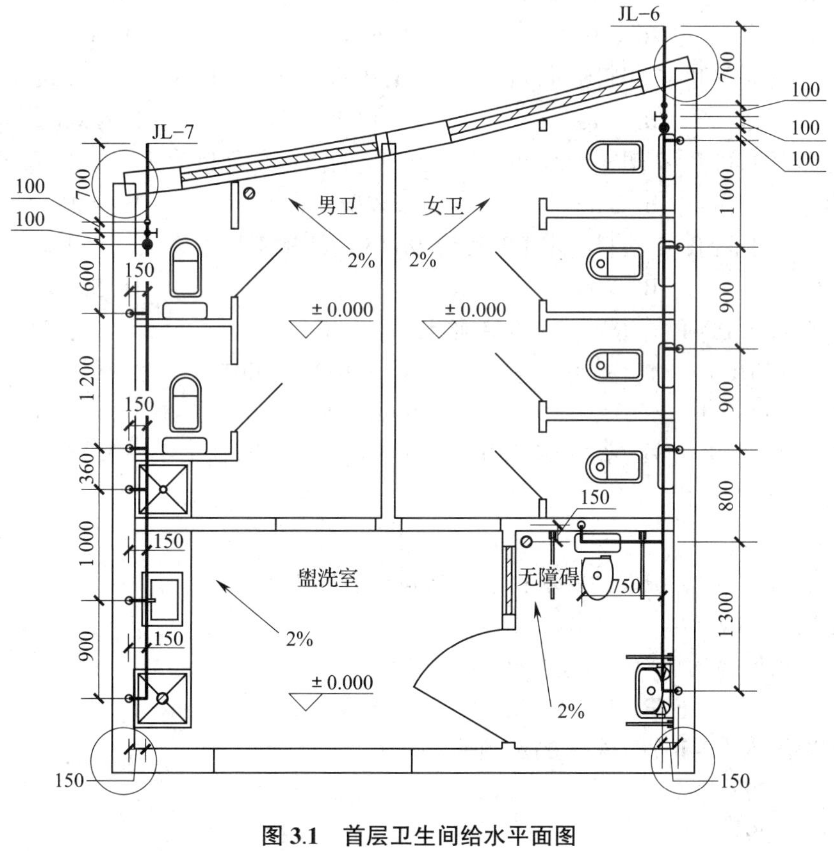

图 3.1　首层卫生间给水平面图

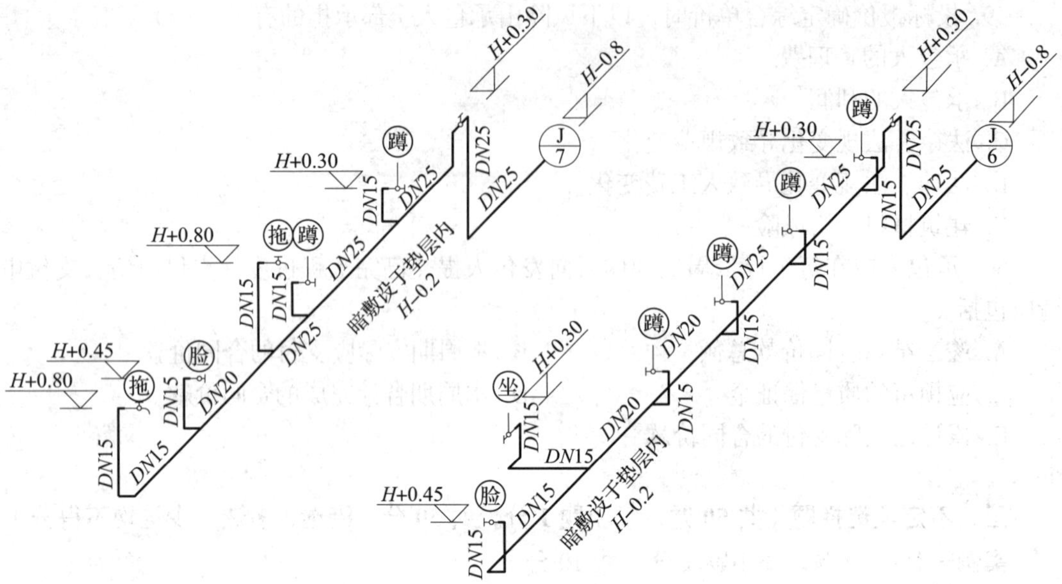

图 3.2　首层卫生间给水系统图

根据《通用安装工程工程量计算规范》GB 50856—2013 和广东省现行计价依据的相关规定，回答下列问题。

51. 计算 JL–6 塑料给水 PP–R 管 *DN*15 的清单工程量为（　　）m。

A. 5.90　　B. 6.10　　C. 6.30　　D. 6.50

52. 计算卫生间 JL–6 塑料给水 PP–R 管 *DN*20 的清单工程量为（　　）m。

A. 1.53　　B. 1.70　　C. 1.92　　D. 2.00

53. 计算卫生间 JL–7 塑料给水 PP–R 管 *DN*25 的清单工程量为（　　）m。

A. 3.46　　B. 3.86　　C. 4.06　　D. 4.26

54. 计算卫生间 JL–7 塑料给水 PP–R 管 *DN*15 的清单工程量为（　　）m。

A. 4.76　　B. 4.90　　C. 5.16　　D. 5.30

55. 塑料给水 PP–R 管 *DN*15 的清单项目编码为（　　）。

A. 031001001001　　B. 031001002001

C. 031001006001　　D. 031001007001

56. 塑料给水 PP–R 管 *DN*25 清单项目特征表述内容应包括（　　）。

A. 安装部位：室内

B. 介质：给水

C. 压力试验及吹、洗设计要求：水压试验、消毒冲洗

D. 阻火圈：*DN*25

57. 计算蹲便器的清单工程量为（　　）组。

A. 2　　B. 4　　C. 6　　D. 7

58. 塑料给水 PP–R 管 *DN*25 的定额编号是（　　）。

A. C10–1–223　　B. C10–1–224

C. C10–1–291　　D. C10–1–292

59. 统计 DN15 水龙头的工程量为（　　）个。

A. 1　　B. 2　　C. 3　　D. 4

60. 已知塑料给水 PP-R 管 DN25 管道 9.58 元/m，管件 3.16 元/个，计算给水 PP-R 管 DN25 清单项目综合单价为（　　）元。

A. 38.32　　B. 33.80　　C. 33.08　　D. 31.02

案例二（共 10 题，每小题 1 分，共 10 分）

背景资料：某柴油发电机房照明系统如图 3.3 所示，层高为 3.6m，配电箱 ALCY（其系统图如图 3.4 所示）规格为 800mm×600mm×200mm（宽×高×厚），嵌墙暗装，安装高度距地 1.7m。暗配管埋入顶板及地板的深度均为 0.1m，防爆插座（16A）距地高度为 0.3m 暗装，开关距地高度为 1.3m 暗装，隔爆灯吸顶安装。配管水平长度见图示括号内数字，单位：m。计算结果保留两位小数。

根据《通用安装工程工程量计算规范》GB 50856—2013 和广东省现行计价依据的相关规定，回答下列问题。

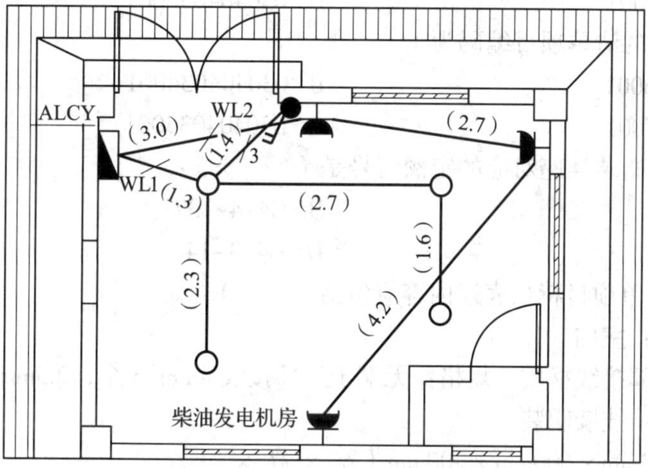

图 3.3　柴油发电机房平面图

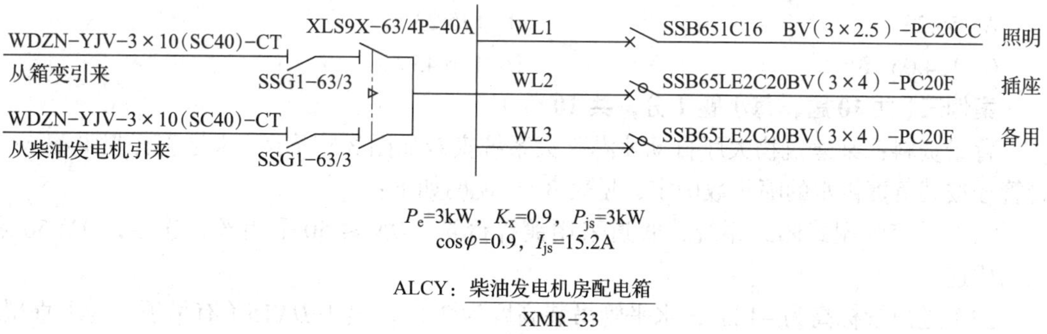

图 3.4　配电箱 ALCY 系统图

61. 计算 WL1 回路电气配管 PC20 的清单工程量为（　　）m。

A. 11.50　　B. 8.60　　C. 12.60　　D. 13.10

62. 计算 WL1 回路电气配线 BV-2.5mm^2 的清单工程量为（　　）m。

A. 24.14　　B. 43.50

C. 27.70　　D. 39.30

63. 计算 WL2 回路电气配管 PVC20 的清单工程量为（　　）m。

A. 13.70　　B. 14.90

C. 13.50　　D. 14.10

64. 计算 WL2 回路电气配线 BV-4mm^2 的清单工程量为（　　）m。

A. 43.50　　B. 29.20

C. 29.92　　D. 45.30

65. 计算隔爆灯的清单工程量为（　　）套。

A. 1　　B. 2　　C. 3　　D. 4

66. 防爆插座的清单项目编码为（　　）。

A. 030404036001　　B. 030404034001

C. 030404035001　　D. 030404033001

67. 双联开关的清单项目编码为（　　）。

A. 030404036001　　B. 030404034001

C. 030404035001　　D. 030404033001

68. 单相五孔暗装插座对应的定额编号是（　　）。

A. C4-4-133　　B. C4-4-137

C. C4-4-139　　D. C4-4-144

69. 配电箱清单项目特征表述内容应包括（　　）。

A. 安装部位：室内

B. 端子板外部接线材质、规格：无端子外部接线 4mm^2 3 个，2.5mm^2 3 个

C. 安装方式：挂墙明装

D. 规格：800mm × 600mm × 200mm（宽 × 高 × 厚）

70. 已知隔爆荧光灯单价为 120 元 / 套，计算隔爆荧光灯清单项目的综合单价为（　　）元。

A. 55.23　　B. 175.23

C. 184.05　　D. 176.43

案例三（共 10 题，每小题 1 分，共 10 分）

背景资料：某建筑物大厅自动喷淋灭火系统安装如图 3.5 所示，未标管径喷淋配水支管管径按其负责供水的喷头数确定，见表 3.1。说明如下：

（1）系统为湿式闭式系统，管道采用镀锌钢管，*DN* ≤ 50 采用丝扣连接，*DN*>50 采用沟槽连接。

（2）进户管标高为 -1.2m，水平管吊装高度为 2.8m；喷头 *DN*15（有吊顶）为下垂型，安装高度为 2.6m。

（3）括号内数字为水平长度，单位为 m。

根据《通用安装工程工程量计算规范》GB 50856—2013 和广东省现行计价依据的相关规定，回答下列问题。

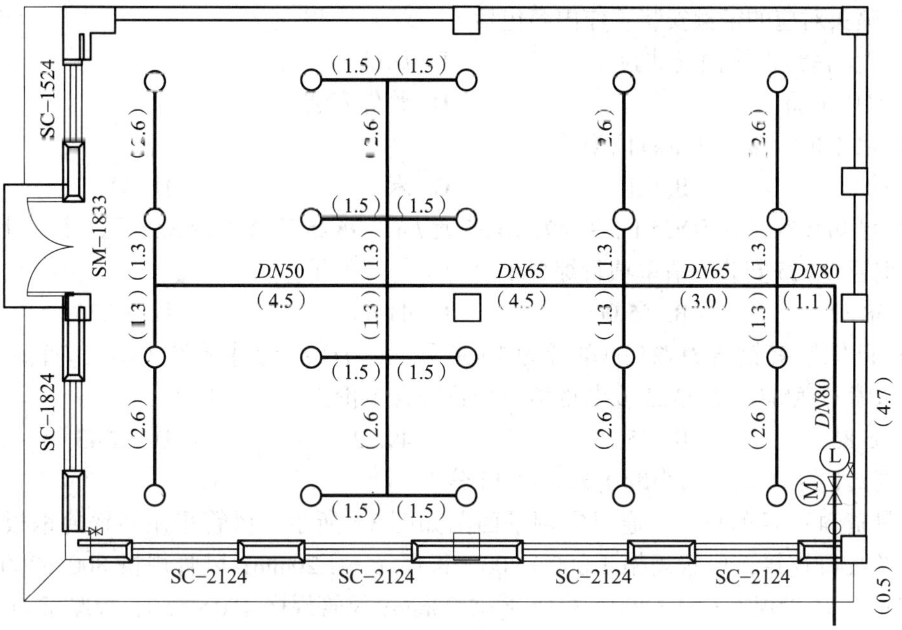

图 3.5　某建筑物大厅喷淋平面图

表 3.1　未标管径喷淋配水支管管径的确定

喷头数 / 个	公称直径 /mm
1	25
2	32
3	40
4 ~ 7	50

71. 计算镀锌钢管 *DN*32 的清单工程量为（　　）m。

A. 13.00　　B. 23.40　　C. 7.92　　D. 6.92

72. 计算镀锌钢管 *DN*25 的清单工程量为（　　）m。

A. 31.60　　B. 35.10　　C. 29.40　　D. 27.60

73. 计算镀锌钢管 *DN*80 的清单工程量为（　　）m。

A. 5.80　　B. 6.30　　C. 11.50　　D. 10.50

74. 计算镀锌钢管 *DN*50 的清单工程量为（　　）m。

A. 4.50　　B. 5.80　　C. 9.00　　D. 7.10

75. 水流指示器的清单项目编码为（　　）。

A. 030901005001　　B. 030901006001

C. 031003003001　　D. 030807003001

76. 水流指示器的清单工作内容包括（　　）。

A. 安装　　B. 电气接线　　C. 调试　　D. 严密性试验

77. 喷头对应的定额安装工作内容包括（　　）。

A. 喷头密封性能抽查试验　　B. 调试

C. 水压试验　　D. 管件安装

78. 水流指示器的计量单位为（　　）。

A. 个　　B. 组　　C. 米　　D. 套

79. 已知镀锌钢管 $DN25$ 的单价为 16.36 元 /m，$DN25$ 管件单价 3.96 元 / 个，计算水喷淋镀锌钢管 $DN25$ 安装的清单项目综合单价为（　　）元。

A. 38.32　　B. 45.06　　C. 41.63　　D. 35.76

80. 已知镀锌钢管 $DN25$ 的单价为 16.36 元 /m，$DN25$ 管件单价 3.96 元 / 个，计算管道井内水喷淋镀锌钢管 $DN25$ 安装的清单项目综合单价为（　　）元。

A. 65.85　　B. 45.79　　C. 49.22　　D. 62.43

案例四（共 10 题，每小题 1 分，共 10 分）

背景资料：某车间首层通风空调平面图如图 3.6 所示。风管采用镀锌薄钢板矩形风管，法兰咬口连接，风管规格 1 000 × 300，板厚 δ = 1.20mm；风管规格 800 × 300，板厚 δ =1.00mm；风管规格 630 × 300，板厚 δ =1.00mm；风管规格 450 × 450，板厚 δ =0.75mm。风管采用玻璃棉保温，保温厚度为 δ = 20mm。

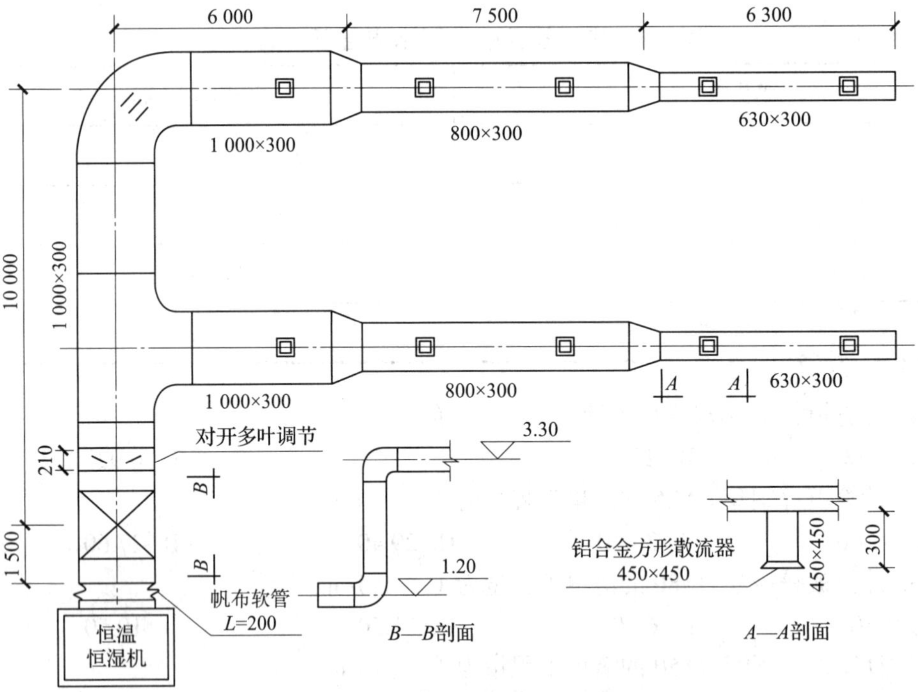

图 3.6　首层通风空调平面图

根据《通用安装工程工程量计算规范》GB 50856—2013 和广东省现行计价依据的相关规定，回答下列问题。

81. 计算矩形风管 1 000 × 300 的清单工程量为（　　）m^2。

A. 66.56　　B. 66.01　　C. 55.35　　D. 34.81

82. 计算矩形风管 800×300 的清单工程量为（　　）m^2。

A. 15.00　　B. 16.50　　C. 33.00　　D. 49.50

83. 计算矩形风管 630×300 的清单工程量为（　　）m^2。

A. 12.60　　B. 23.44　　C. 11.72　　D. 34.26

84. 计算矩形风管 450×450 的清单工程量为（　　）m^2。

A. 8.10　　B. 5.40　　C. 4.05　　D. 2.03

85. 铝合金方形散流器 450×450 的清单工程量为（　　）个。

A. 8　　B. 10　　C. 12　　D. 6

86. 对开多叶调节阀的清单项目编码为（　　）。

A. 030703001001　　B. 030703002001

C. 030703003001　　D. 030703004001

87. 计算矩形风管玻璃棉保温的清单工程量为（　　）m^3。

A. 3.52　　B. 2.80　　C. 2.70　　D. 3.40

88. 计算矩形风管漏光试验、漏风试验的清单工程量为（　　）m^2。

A. 130.55　　B. 122.45　　C. 122.95　　D. 131.07

89. 依据《广东省通用安装工程综合定额（2018）》，薄钢板通风管道制作安装项目中已包括（　　）。

A. 法兰、加固框的制作　　B. 吊托支架的制作

C. 过跨风管落地支架制作　　D. 法兰、支架的除锈刷油

90. 依据《广东省通用安装工程综合定额（2018）》，每 10m^2 矩形风管 450×450 法兰、加固框和吊托支架的消耗量为（　　）kg。

A. 36.99　　B. 35.66　　C. 39.16　　D. 38.92

案例五（共 10 题，每小题 1 分，共 10 分）

背景资料：根据招标文件和常规施工方案，某安装工程计算出的各分部分项工程人、材、机费用合计为 100 万元，其中人工费占 25%。单价措施项目中仅有脚手架子目，脚手架搭拆的人、材、机费用为 0.8 万元，其中人工费占 20%；总价措施项目费中的安全文明施工费用（包括安全施工费、文明施工费、环境保护费、临时设施费）根据当地工程造价管理机构发布的规定按分部分项工程人工费的 22% 计取，夜间施工费、二次搬运费、冬雨季施工增加费、已完工程及设备保护费等其他总价措施项目费用合计按分部分项工程人工费的 10% 计取，其中总价措施费中人工费占 30%。企业管理费、利润分别按人工费的 50%、30% 计。暂列金额 1 万元，专业工程暂估价 2 万元（总承包服务费按 3% 计取），不考虑计日工费用。规费按分部分项工程和措施项目费中全部人工费的 25% 计取。上述费用均不包含增值税可抵扣进项税额，增值税税率按 9% 计取。根据《通用安装工程工程量计算规范》GB 50856—2013 和广东省现行计价依据的相关规定，回答下列问题（计算结果保留两位小数）。

91. 该工程分部分项工程费为（　　）万元。

A. 100.00　　B. 120.00　　C. 112.50　　D. 107.50

92. 该工程脚手架搭拆费为（　　）万元。

A. 0.80　　B. 0.85　　C. 0.88　　D. 0.93

93. 该工程安全文明施工费为（　　）万元。

A. 5.50　　B. 4.40　　C. 3.30　　D. 2.20

94. 该工程其他总价措施项目费为（　　）万元。

A. 1.80　　B. 3.60　　C. 2.50　　D. 4.20

95. 该工程的措施项目费（　　）万元。

A. 2.83　　B. 7.63　　C. 5.83　　D. 8.93

96. 该工程措施项目的人工费为（　　）万元。

A. 2.40　　B. 1.65　　C. 0.16　　D. 2.56

97. 该工程的其他项目清单费为（　　）万元。

A. 1.00　　B. 3.06　　C. 5.00　　D. 3.00

98. 该工程的规费为（　　）万元。

A. 0.48　　B. 3.75　　C. 6.89　　D. 4.71

99. 该工程的增值税为（　　）万元。

A. 12.50　　B. 13.89　　C. 11.88　　D. 13.20

100. 本工程的招标控制价为（　　）万元。

A. 151.38　　B. 131.81　　C. 138.88　　D. 145.83

模拟测试卷三答案与解析

一、单项选择题

1.【答案】D

【解析】本题考查的是室内配电线路的敷设。明敷于潮湿场所或埋地敷设的金属管布线，应采用水、煤气钢管（即厚壁钢管）；明敷或暗敷于干燥场所的金属管布线可采用电线管（即薄壁钢管），但不宜用于埋地敷设；硬质塑料管具有较强的耐酸、碱腐蚀性能，且防潮性能良好，可取代部分钢管作导线保护管，并可作明配和暗配用，在潮湿及有酸碱腐蚀的场所应优先采用。目前常用的硬质塑料管多为刚性阻燃管即刚性 PVC 管（也称难燃线管），多用于一般居住和办公建筑等干燥场所的电气照明工程中作暗敷布线。

2.【答案】B

【解析】本题考查的是电力电缆。电缆通用外护层型号数字含义：1 表示钢带，2 表示双钢带，3 表示细圆钢丝，4 表示粗圆钢丝。

3.【答案】D

【解析】本题考查的是电力电缆。交联聚乙烯绝缘电力电缆特性如表 3.2 所示。

表 3.2　交联聚乙烯绝缘电力电缆特性

电缆型号		名称	适用范围
铜芯	铝芯		
YJV	YJLV	交联聚乙烯绝缘聚氯乙烯护套电力电缆	室内、隧道、穿管、埋入土内（不承受机械力）
YJY	YJLY	交联聚乙烯绝缘聚乙烯护套电力电缆	
YJV_{22}	$YJLV_{22}$	交联聚乙烯绝缘聚氯乙烯护套双钢带铠装电力电缆	室内、隧道、穿管、埋入土内
YJV_{23}	$YJLV_{23}$		
YJV_{32}	$YJLV_{32}$	交联聚乙烯绝缘聚氯乙烯护套细钢丝铠装电力电缆	竖井、水中、有落差的地方，能承受外力
YJV_{33}	$YJLV_{33}$		

4.【答案】B

【解析】本题考查的是补偿器。套筒式补偿器的优点是结构尺寸小，占据空间小，安装简便，补偿能力大。

5.【答案】C

【解析】本题考查的是消防工程。室内消火栓其栓口应朝外，且不应与门框相碰。阀门中心距地面为 1.1m，距箱后内表面为 100mm。

6.【答案】A

【解析】本题考查的是网络计划技术。工作总时差是指在不影响总工期的前提下，本工作可以利用的机动时间。

7.【答案】C

【解析】本题考查的是建筑安装编码体系。第三级编码表示各专业工程下的各分部工程，采用两位数字（即第五、六位数字）表示。

8.【答案】C

【解析】项目安装高度若超过基本高度时，应在“项目特征”中描述。《通用安装工程工程量计算规范》GB 50856—2013 安装工程各附录基本安装高度为：“附录 A 机械设备安装工程”10m，“附录 D 电气设备安装工程”5m，“附录 E 建筑智能化工程”5m，“附录 G 通风空调工程”6m，“附录 J 消防工程”5m，“附录 K 给排水、采暖、燃气工程”3.6m，“附录 M 刷油、防腐蚀、绝热工程”6m。

9.【答案】D

【解析】本题考查的是措施项目清单。依据《通用安装工程工程量计算规范》GB 50856—2013 的规定，环境保护、二次搬运费、工程定位复测费属于安全文明施工及其他措施项目。

10.【答案】C

【解析】本题考查的是《通用安装工程工程量计算规范》GB 50856—2013 附录 C 静置设备与工艺金属结构制作安装工程。到货状态是指设备以分段或分片的结构状态运到施工现场。容器或塔器组装不包括组装成整体后的就位吊装，该部分的工作内容应另编码列项。

11.【答案】C

【解析】本题考查的是《通用安装工程工程量计算规范》GB 50856—2013 附录 D 电气设备安装工程中表 D.3。软母线按设计图示尺寸以单相长度计算（含预留长度）。

12.【答案】C

【解析】本题考查的是《通用安装工程工程量计算规范》GB 50856—2013 附录 D 电气设备安装工程表 D.4 注 3：其他电器安装指本节未列的电器项目。

13.【答案】D

【解析】本题考查的是《通用安装工程工程量计算规范》GB 50856—2013 附录 D 电气设备安装工程表 D.15.7-4，轻轨滑触线终端预留长度为 0.8m/ 根。

14.【答案】D

【解析】本题考查的是《通用安装工程工程量计算规范》GB 50856—2013 附录 D 电气设备安装工程。接地母线热镀锌扁钢 -40×4 工程量：522×（1+3.9%）=542.36（m）。

15.【答案】C

【解析】本题考查的是《通用安装工程工程量计算规范》GB 50856—2013 附录 D 电气设备安装工程。配线工程量计算规则为按设计图示尺寸以长度计算（含预留长度）。

16.【答案】D

【解析】本题考查的是《通用安装工程工程量计算规范》GB 50856—2013 附录 E 建筑智能化工程。电缆 HH-10×2×0.5 属于大对数电缆。

17.【答案】C

【解析】本题考查的是《通用安装工程工程量计算规范》GB 50856—2013 附录 G 通风空调工程。过跨风管落地支架包括在风管制作安装工作内容中，应在项目特征中描述。

18.【答案】D

【解析】本题考查的是《通用安装工程工程量计算规范》GB 50856—2013附录H工业管道工程。《通用安装工程工程量计算规范》GB 50856—2013第G.5.3条：冷冻机组站内的管道安装，应按本规范附录H工业管道工程相关项目编码列项。

19.【答案】D

【解析】本题考查的是《通用安装工程工程量计算规范》GB 50856—2013附录J消防工程第J.6.3条：消防管道上的阀门、管道及设备支架、套管制作安装，应按本规范附录K给排水、采暖、燃气工程相关项目编码列项。

20.【答案】B

【解析】本题考查的是《通用安装工程工程量计算规范》GB 50856—2013附录M刷油、防腐蚀、绝热工程。$S=\pi\cdot(D+2.1\delta+0.0082)\cdot L=3.14\times(0.45+2.1\times0.025+0.0082)\times42=67.35$（$m^2$）。

21.【答案】B

【解析】本题考查的是BIM在工程量计算的应用。2014年9月，广东省住房和城乡建设厅发出《关于开展建筑信息模型BIM技术推广应用工作的通知》，要求2020年底2万平方米以上建筑工程普遍应用BIM技术。

22.【答案】D

【解析】本题考查的是《广东省通用安装工程综合定额（2018）》总说明。《广东省通用安装工程综合定额（2018）》遇有两个或两个以上系数时，按连乘法计算。

23.【答案】C

【解析】本题考查的是《广东省通用安装工程综合定额（2018）》第一册《机械设备安装工程》册说明。旧设备的拆除费用，按相应安装人工费和机械费的50%计算（不计材料费）。

24.【答案】C

【解析】本题考查的是《广东省通用安装工程综合定额（2018）》第四册《电气设备安装工程》册说明。如发生土石方工程时，另执行《广东省市政工程综合定额（2018）》相应项目。

25.【答案】B

【解析】本题考查的是《广东省通用安装工程综合定额（2018）》第四册《电气设备安装工程》第C.4.8章说明。铜芯电力电缆敷设定额综合不同敷设方式按三芯（包括三芯连地）考虑的，五芯电力电缆敷设定额项目乘以系数1.30，六芯电力电缆乘以系数1.60，每增加一芯定额增加30%，以此类推。单芯电力电缆敷设按同截面电缆敷设定额项目乘以系数0.67，两芯电力电缆按三芯电力电缆敷设定额执行。

26.【答案】B

【解析】本题考查的是《广东省通用安装工程综合定额（2018）》第四册《电气设备安装工程》第C.4.9章说明。等电位接地线安装执行户内接地母线安装相应项目。

27.【答案】A

【解析】本题考查的是综合单价的组成。综合单价＝人工费＋材料和工程设备费＋施工机具使用费＋企业管理费＋利润＝[$0.203\times90+26.86+3.71+(0.203\times90+3.71)\times(27.72\%+$

20%）+9.91×2.8+14.49×2.5］/10=12.33（元）。

28.【答案】D

【解析】本题考查的是最高投标限价分部分项工程费的编制。综合单价应包括招标文件中要求投标人所承担的风险内容及其范围（幅度）产生的风险费用：

（1）对于技术难度较大和管理复杂的项目，可考虑一定的风险费用，并纳入综合单价中。

（2）对于工程设备、材料价格的市场风险，应依据招标文件的规定，工程所在地或行业工程造价管理机构的有关规定，以及市场价格趋势考虑一定率值的风险费用，纳入综合单价中。

（3）税金、规费等法律、法规、规章和政策变化的风险和人工单价等风险费用不应纳入综合单价中。

29.【答案】B

【解析】本题考查的是投标报价的编制内容和方法。根据工程特点和工期要求，一般采取的方式是承包人承担5%以内的材料、工程设备价格风险，10%以内的施工机具使用费风险。

30.【答案】B

【解析】本题考查的是预付款。T=1 200−1 200×20%/75%=880（万元）。

二、多项选择题

31.【答案】ABE

【解析】本题考查的是空调系统的组成。空气处理设备是对空气进行热湿处理和净化处理的主要设备，有表面式冷却器、喷水室、加热器、加湿器等。

32.【答案】BD

【解析】本题考查的是高压配电装置。高压负荷开关具有简单的灭弧装置，专门用在高压装置中通断负荷电流，但因灭弧能力不高，故不能切断短路电流，它必须和高压熔断器串联使用，靠熔断器切断短路电流；高压熔断器功能主要是对电路及电路设备进行短路保护，有的也具有过负荷保护的功能；高压隔离开关主要用于隔离高压电源，以保证其他设备和线路的安全检修。用了隔离开关，可以将高压装置中需要修理的设备与其他带电部分可靠地断开，并构成明显可见的断开间隔，充分保证检修人员和设备的安全；高压断路器的功能是不仅能通断正常负荷电流，而且能接通和承受一定时间的短路电流，并能在保护装置作用下自动跳闸，切除短路的故障。

33.【答案】ACE

【解析】本题考查的是电缆敷设。常用塑料类电缆应根据电压等级、使用部位、防护要求等选择采用干包式、热缩式、浇注式电缆终端头。

34.【答案】AD

【解析】本题考查的是消防工程。水流指示器安装应在管道试压和冲洗合格后进行。水流指示器前后应保持有5倍安装管径长度的直管段。信号阀的规格、型号和安装位置均应符合设计要求，应安装在水流指示器前的管道上，与水流指示器之间的距离不应小于300mm。

35.【答案】ACE

【解析】本题考查的是《通用安装工程工程量计算规范》GB 50856—2013 与其他计量规范相关内容界线划分。安装给排水、采暖、燃气工程与市政工程管网工程的界定：室外给排水、采暖、燃气管道以市政管道碰头井为界（如给水管道有水表井的以水表井为界）。

36.【答案】AD

【解析】本题考查的是措施项目清单。当拟建工程在高原、高寒或地震多发地区进行施工时，措施项目清单可列项“特殊地区施工增加”。

37.【答案】ACD

【解析】本题考查的是其他项目清单。暂列金额是指招标人在工程量清单中暂定并包括在合同价款中的一笔款项。用于工程合同签订时尚未确定或者不可预见的所需材料、工程设备、服务的采购，施工中可能发生的工程变更、合同约定调整因素出现时的合同价款调整以及发生的索赔、现场签证确认等的费用。

38.【答案】ACE

【解析】本题考查的是《通用安装工程工程量计算规范》GB 50856—2013 附录 K 给排水、采暖、燃气工程表 K.4 注 1：成品卫生器具项目中的附件安装，主要指给水附件包括水嘴、阀门、喷头等，排水配件包括存水弯、排水栓、下水口等以及配备的连接管。

39.【答案】ABCE

【解析】本题考查的是《广东省通用安装工程综合定额（2018）》。《广东省通用安装工程综合定额（2018）》中的人工费是指直接从事施工作业的生产工人的薪酬，包括了基本用工、辅助用工、人工幅度差、现场运输及清理现场等用工费用。

40.【答案】ABC

【解析】本题考查的是《广东省通用安装工程综合定额（2018）》第一册《机械设备安装工程》第 C.1.1 章说明。第 C.1.1 章定额包括下列工作内容：①起重机静负荷、动负荷及超负荷试运转；②必需的端梁铆接及脚手架搭拆；③解体供货的起重机现场组装。

41.【答案】ABCE

【解析】本题考查的是《广东省通用安装工程综合定额（2018）》第四册《电气设备安装工程》第 C.4.11 章。桥架安装包括运输、组对、吊装、固定，弯通或三、四通修改、制作组对，切割口防腐、桥架开孔、上管件、隔板安装、盖板安装、接地、附件安装等工作内容。槽架安装未包括支架制作安装。

42.【答案】BCD

【解析】本题考查的是《广东省通用安装工程综合定额（2018）》第九册《消防工程》册说明。水灭火系统的各种阀门、法兰安装，套管的制作安装等，室外消防水管道安装，水箱制安等均执行第十册《给排水、采暖、燃气工程》相应项目。泵房管道安装、气体灭火系统的不锈钢管和铜管及管件、管道系统强度试验、严密性试验和冲洗等执行第八册《工业管道工程》相应项目。泡沫灭火系统的管道、管件、法兰、阀门、管道支架等的安装及管道系统水冲洗、强度试验、严密性试验等执行第八册《工业管道工程》相应项目。

43.【答案】ABCD

【解析】本题考查的是《广东省通用安装工程综合定额（2018）》第十册《给排水、采暖、燃气工程》第 C.10.1 章说明。采暖管道界线划分：①室内外界线以建筑物外墙皮

1.5m 为界，建筑物入口处设阀门者以阀门为界，室外设有采暖入口装置者以入口装置循环管三通为界；②与工业管道界线以锅炉房或热力站外墙皮 1.5m 为界；③与设在建筑物内的换热站管道以站房外墙皮为界。

44.【答案】ACE

【解析】本题考查的是《广东省通用安装工程综合定额（2018）》第四册《电气设备安装工程》第 C.4.8 章的工程量计算规则。电缆保护管长度除按设计规定长度计算外，遇有下列情况，应按以下规定增加保护管长度：

（1）横穿道路，按路基宽度两端各增加 2m。

（2）垂直敷设时，管口距地面增加 2m。

（3）穿过建筑物外墙时，按基础外缘以外增加 1m。

（4）穿过排水沟时，按沟壁外缘以外增加 1m。

45.【答案】ABCD

【解析】本题考查的是《广东省通用安装工程综合定额（2018）》第九册《消防工程》第 C.9.1 章的工程量计算规则。室内消火栓安装，区分不同形式，分别按单栓和双栓按设计图示数量以“套”计算。成套产品包括的内容详见表 3.3。

表 3.3　成套产品包括的内容

序号	项目名称	型号	包括内容
1	湿式报警装置	ZSS	湿式阀、蝶阀、装配管、供水压力表、装置压力表、试验阀、泄放试验阀、泄放试验管、试验管流量计、过滤器、延时器、水力警铃、报警截止阀、漏斗、压力开关等
2	干湿两用报警装置	ZSL	两用阀、蝶阀、装配管、加速器、加速器压力表、供水压力表、试验阀、泄放试验阀（湿式）、泄放试验阀（干式）、挠性接头、泄放试验管、试验管流量计、排气阀、截止阀、漏斗、过滤器、延时器、水力警铃、压力开关等
3	电动雨淋报警装置	ZSY1	雨淋阀、蝶阀（2 个）、装配管、压力表、泄放试验阀、流量表、截止阀、注水阀、止回阀、电磁阀、排水阀、手动应急球阀、报警试验阀、漏斗、压力开关、过滤器、水力警铃等
4	预作用报警装置	ZSU	干式报警阀、控制蝶阀（2 个）、压力表（2 块）、流量表、排放阀、截止阀、注水阀、止回阀、泄放阀、报警试验阀、液压切断阀、装配管、供水检验管、气压开关（2 个）、试压电磁阀、应急手动试压器、漏斗、过滤器、水力警铃等

46.【答案】ACE

【解析】本题考查的是《广东省通用安装工程综合定额（2018）》第九册《消防工程》第 C.9.4 章的工程量计算规则。点型探测器安装，不分规格、型号、安装方式与位置，按设计图示数量以“个”计算。红外线探测器安装，按设计图示数量以“对”计算。火焰探测器、可燃气体探测器安装，不分规格、型号、安装方式与位置，按设计图示数量以“个”计算。线形探测器安装，不分安装方式、线制及保护形式，按设计图示尺寸以“m”

计算。

47.【答案】AD

【解析】本题考查的是《广东省通用安装工程综合定额（2018）》第十册《给排水、采暖、燃气工程》第C.10.1章的工程量计算规则。各类管道安装按室内外、材质、连接形式、规格分别列项，以“m”计算。定额中铜管、塑料管、复合管（除钢塑复合管外）按公称外径表示，其他管道均按公称直径表示。

48.【答案】ABC

【解析】本题考查的是分部分项工程费的编制。综合单价的组价过程：

（1）定额项目合价 = 定额项目工程量 × [Σ（定额人工消耗量 × 人工单价）+Σ（定额材料消耗量 × 材料单价）+Σ（定额机械台班消耗量 × 机械台班单价）+ 价差（基价或人工、材料、机具费用）+ 管理费和利润]。

（2）清单项目合价 = 定额项目合价 + 未计价材料费。

（3）清单项目单价 = 清单项目合价 ÷ 工程量清单项目工程量。

49.【答案】AB

【解析】本题考查的是投标报价的编制内容和方法。对于承包人根据自身技术水平、管理、经营状况能够自主控制的风险，如承包人的管理费、利润的风险，承包人应结合市场情况，根据企业自身的实际合理确定、自主报价，该部分风险由承包人全部承担。

50.【答案】BDE

【解析】本题考查的是期中支付。承包人应在每个计量周期到期后向发包人提交已完工程进度款支付申请一式四份，详细说明此周期认为有权得到的款额，包括分包人已完工程的价款。支付申请应包括下列内容：

（1）累计已完成的合同价款。

（2）累计已实际支付的合同价款。

（3）本周期合计完成的合同价款，包括：本周期已完成单价项目的金额、本周期应支付的总价项目的金额、本周期已完成的计日工价款、周期应支付的安全文明施工费、本期应增加的金额。

（4）本周期合计应扣减的金额，包括：周期应扣回的预付款、本周期应扣减的金额。

（5）本周期实际应支付的合同价款。

三、不定项选择题

案例一

51.【答案】B

【解析】JL–6 塑料给水 PP–R 管 *DN*15 的清单工程量：

1.3+0.75+ 坐便（0.15+0.2+0.3）+ 洗脸盆（0.15+0.45+0.2）+ 蹲便（0.15+0.3+0.2）×4=6.1（m）。

52.【答案】B

【解析】卫生间 JL–6 塑料给水 PP–R 管 *DN*20 的清单工程量：

0.8+0.9=1.7（m）。

53.【答案】C

【解析】JL–7 塑料给水 PP–R 管 *DN*25 的清单工程量：

0.36+1.2+0.6+0.1+0.1+0.7+（0.3+0.2）+（0.3+0.8）=4.06（m）。

54.【答案】D

【解析】卫生间 JL-7 塑料给水 PP-R 管 *DN*15 的清单工程量：

0.9+0.15×5+（0.8+0.2）×2+（0.45+0.2）+（0.3+0.2）×2 =5.3（m）。

55.【答案】C

【解析】PP-R 管属于塑料管，查《通用安装工程工程量计算规范》GB 50856—2013 表 K.1，应按塑料管编码列项，前九位为 031001006，后三位为 001，项目编码为 031001006001。

56.【答案】ABC

【解析】PP-R 管属于塑料管，查《通用安装工程工程量计算规范》GB 50856—2013 表 K.1 塑料管清单项目，项目特征要表述：①安装部位；②介质；③材质、规格；④连接形式；⑤阻火圈设计要求（针对排水管）；⑥压力试验及吹、洗设计要求；⑦警示带形式。针对本例中给水 PP-R 管 *DN*32 清单项目特征应表述：①安装部位：室内；②介质：给水；③材质、规格：PP-R 管 *DN*25；④连接形式：热熔连接；⑤压力试验及吹、洗设计要求：水压试验、消毒冲洗。

57.【答案】C

【解析】由图 3.2 可知，蹲便器的清单工程量为 6 组。

58.【答案】C

【解析】根据《广东省通用安装工程综合定额（2018）》第十册《给排水、采暖、燃气工程》，定额中铜管、塑料管、复合管（除钢塑复合管外）按公称外径表示，其他管道均按公称直径表示。塑料给水 PP-R 管 *DN*25 对应的公称外径为 32，因此应选用室内塑料给水管热熔连接，公称外径 32mm，对应的定额号为 C10-1-291。

59.【答案】B

【解析】只有拖布池的水龙头可以计算工程量，由图 3.2 可知，水龙头 *DN*15 共 2 个。

60.【答案】B

【解析】塑料给水 PP-R 管 *DN*25 清单项目对应于定额子目 C10-1-291 和 C10-2-142，计算清单项目的综合单价为：17.251+（13.384+0.015）×20%+1.016×9.58+1.081×3.16+0.621 7+0.471 1×20%=33.80（元）。

案例二

61.【答案】D

【解析】WL1 回路电气配管 PC20 的清单工程量：

（层高 3.6+0.1- 配电箱距地 1.7- 箱高 0.60）+1.3+ 水平（1.4）+ 竖直（层高 3.6+0.1- 开关距地 1.3）+2.3+2.7+1.6=13.10（m）。

62.【答案】B

【解析】计算 WL1 回路电气配线 BV-2.5mm^2 的清单工程量：

13. 10×3+ 配电箱预留（0.8+0.6）×3=43.50（m）。

63.【答案】A

【解析】计算 WL2 回路电气配管 PVC20 的清单工程量：

（配电箱底 1.7+0.1）+ 水平（3.0+2.7+4.2）+ 竖直（0.3+0.1）×5=13.70（m）。

64.【答案】D

【解析】计算 WL2 回路电气配线 BV-4mm^2 的清单工程量：

13. 70×3+ 配电箱预留（0.8+0.6）×3=45.30（m）。

65.【答案】D

【解析】由图 3.4 可知，隔爆灯的清单工程量共 4 套。

66.【答案】C

【解析】防爆插座按插座列项，查《通用安装工程工程量计算规范》GB 50856—2013 表 D.4，插座前九位为 030404035，后三位为 001，项目编码为 030404035001。

67.【答案】B

【解析】双联开关属于照明开关，查《通用安装工程工程量计算规范》GB 50856—2013 表 D.4，应按照明开关编码列项，前九位为 030404034，后三位为 001，项目编码为 030404034001。

68.【答案】D

【解析】根据《广东省通用安装工程综合定额（2018）》第四册《电气设备安装工程》第 C.4.4.23 节插座，防爆插座暗装，16A 以下对应的定额号为 C4-4-144。

69.【答案】BD

【解析】查《通用安装工程工程量计算规范》GB 50856—2013 表 D.4 配电箱清单项目，项目特征需要表述：名称，型号，规格，基础形式、材质、规格，接线端子材质、规格，端子板外部接线材质、规格，安装方式。

70.【答案】C

【解析】隔爆荧光灯清单项目对应于定额子目 C4-12-33，计算清单项目的综合单价为：55.226+38.141×20%+1.01×120=184.05（元）。

案例三

71.【答案】A

【解析】镀锌钢管 *DN*32 的清单工程量：

1.3×6+2.6×2=13.00（m）。

72.【答案】A

【解析】镀锌钢管 *DN*25 的清单工程量：

2.6×6+1.5×8+（2.8−2.6）×20=31.60（m）。

73.【答案】D

【解析】镀锌钢管 *DN*80 的清单工程量：

0.5+（3+1.2）+4.7+1.1=10.50（m）。

74.【答案】D

【解析】镀锌钢管 *DN*50 的清单工程量：

4.5+1.3×2=7.10（m）。

75.【答案】B

【解析】查《通用安装工程工程量计算规范》GB 50856—2013 表 J.1，前九位为 030901006，后三位为 001，水流指示器项目编码为 030901006001。

76.【答案】ABC

【解析】查《通用安装工程工程量计算规范》GB 50856—2013，水流指示器安装的工作内容包括：安装、电气接线、调试。

77.【答案】AD

【解析】查《广东省通用安装工程综合定额（2018）》第九册《消防工程》，有吊顶喷头安装的工作内容包括：管件安装、喷头密封性能抽查试验、安装、外观清洁。

78.【答案】A

【解析】查《通用安装工程工程量计算规范》GB 50856—2013，水流指示器的计量单位为“个”。

79.【答案】B

【解析】根据《广东省通用安装工程综合定额（2018）》第九册《消防工程》，定额中水喷淋钢管螺纹连接，公称直径 25mm，对应的定额号为 C9-1-1，综合单价为：22.853+（16.636+0.503）×20%+1.005×16.36+0.59×3.96=45.06（元）。

80.【答案】C

【解析】根据《广东省通用安装工程综合定额（2018）》第九册《消防工程》，在管井内、竖井内、断面小于或等于 $2m^2$ 隧道或洞内、封闭吊顶天棚内进行安装的工程，该部分按人工费乘以系数 1.25。对应的定额号为 C9-1-1，综合单价为：22.853+16.636×0.25+（16.636+0.503）×20%+1.005×16.36+0.59×3.96=49.22（元）。

案例四

81.【答案】B

【解析】计算矩形风管 1 000×300 的清单工程量：

L（风管长度）=1.5+10-0.21+（3.3-1.2）+6×2=25.39（m）。

$S=2(A+B)L=2\times(1+0.3)\times25.39=66.01(m^2)$。

82.【答案】C

【解析】计算矩形风管 800×300 的清单工程量：

L（风管长度）=7.5×2=15（m）。

$S=2(A+B)L=2\times(0.8+0.3)\times15=33.00(m^2)$。

83.【答案】B

【解析】计算矩形风管 630×300 的清单工程量：

L（风管长度）=6.3×2=12.6（m）。

$S=2(A+B)L=2\times(0.63+0.3)\times12.6=23.44(m^2)$。

84.【答案】A

【解析】计算矩形风管 450×450 的清单工程量：

L（风管长度）=（0.3+0.15）×10=4.5（m）。

$S=2(A+B)L=2\times(0.45+0.45)\times4.5=8.10(m^2)$。

85.【答案】B

【解析】由图 3.6 可知，铝合金方形散流器 450×450 的清单工程量为 10 个。

86.【答案】A

【解析】查《通用安装工程工程量计算规范》GB 50856—2013 表 G.3，对开多叶调节阀应按碳钢阀门编码列项，前九位为 030703001，后三位为 001，项目编码为 030703001001。

87.【答案】B

【解析】[2×（1+0.3）+1.033×4×0.02]×1.033×0.02×25.39+[2×（0.8+0.3）+1.033×4×0.02]×1.033×0.02×15+[2×（0.63+0.3）+1.033×4×0.02]×1.033×0.02×12.6+[2×（0.45+0.45）+1.033×4×0.02]×1.033×0.02×4.5=2.80（m^3）。

88.【答案】A

【解析】66.01+33.00+23.44+8.10=130.55（m^2）。

89.【答案】AB

【解析】薄钢板通风管道、净化通风管道、玻璃钢通风管道、复合型风管制作的制作安装项目中，包括弯头、三通、变径管、天圆地方等管件及法兰、加固框和吊托支架的制作，但不包括过跨风管落地支架，落地支架执行设备支架项目。法兰、支架除锈刷油应单独列项计算，执行相应项目。

90.【答案】D

【解析】查《广东省通用安装工程综合定额（2018）》第七册《通风空调工程》C7-2-35，消耗量为：1.93+1.33+35.66=38.92（kg）。

案例五

91.【答案】B

【解析】分部分项工程费 =100.00+100.00×25%×（50%+30%）=120.00（万元）。

92.【答案】D

【解析】脚手架搭拆费 =0.80+0.80×20%×（50%+30%）=0.93（万元）。

93.【答案】A

【解析】安全文明施工费 =100.00×25%（分部分项工程费中人工费）×22%=5.50（万元）。

94.【答案】C

【解析】其他总价措施项目费 =100.00×25%（分部分项工程费中人工费）×10% =2.50（万元）。

95.【答案】D

【解析】措施项目费合计 =0.93+5.50+2.50 = 8.93（万元）。

96.【答案】D

【解析】措施项目的人工费 =0.80×20%+（5.50+2.5）×30% = 2.56（万元）。

97.【答案】B

【解析】其他项目清单计价合计 = 暂列金额 + 专业工程暂估价 + 总承包服务费 =1.00+2.00+2.00×3% = 3.06（万元）。

98.【答案】C

【解析】规费 =（25.00+2.56）×25% = 6.89（万元）。

99.【答案】A

【解析】增值税 = 税前不含税工程造价 × 销项增值税税率 =（120.00+8.93+3.06+6.89）×9%=12.50（万元）。

100.【答案】A

【解析】单位工程招标控制价 = 分部分项工程费 + 措施项目费 + 其他项目费 + 规费 + 税金 =120.00+8.93+3.06+6.89+12.50=151.38（万元）。